FREDERIK POHL

TSCHERNOBYL

Roman

BASTEI LÜBBE

BASTEI-LÜBBE-TASCHENBUCH
Band 13 147

Erste Auflage: Mai 1988

Deutsche Lizenzausgabe 1988
Bastei-Verlag Gustav H. Lübbe GmbH & Co., Bergisch Gladbach
Originaltitel: Chernobyl
Ins Deutsche übertragen von Harro Christensen
Lektorat: Reinhard Rohn
Umschlaggestaltung: Quadro Grafik, Bensberg
Druck und Verarbeitung:
Brodard & Taupin, La Flèche, Frankreich
Printed in France
ISBN 3-404-13147-9

Der Preis dieses Bandes versteht sich einschließlich der gesetzlichen Mehrwertsteuer.

1

FREITAG, 25. APRIL 1986

Simyon Smin ist ein lebhafter freundlicher Mann von vierundsechzig Jahren, der wie ein ehemaliger Schwergewichtsringer aussieht. Er ist klein und stämmig. Er lächelt oft, und sein Lächeln ist von der Art, die ansteckend wirkt. Als einen gutaussehenden Mann kann man ihn nicht bezeichnen, was wohl darauf zurückzuführen ist, daß sich an seiner linken Gesichtshälfte ein Streifen glatter, fast glasiger Haut von der Oberlippe bis in den Nacken zieht. Dennoch strahlt sein Gesicht etwas aus, das es seinen männlichen Untergebenen leicht macht, offen mit ihm zu reden, und das Frauen attraktiv finden. Diese Ausstrahlung war auch einer der Gründe, daß seine Frau Selena ihn geheiratet hatte, obwohl er zum Zeitpunkt der Eheschließung fast vierzig Jahre alt war und sie erst neunzehn. Hinzu kam, daß er als schwerverwundeter und hochdekorierter Kriegsveteran gewisse Privilegien genoß. So brauchte er sich vor keinem Geschäft in die Warteschlange einzureihen, sondern wurde sofort bedient, und er war zum Einkauf in besonderen Läden berechtigt. Außerdem war schon damals zu erkennen, daß er seinen Weg machen würde. Er hatte Erfolg. Er ist stellvertretender Direktor des Kernkraftwerks Tschernobyl, das die östliche Ukraine mit fast einem Viertel der benötigten Energie versorgt. Seit dreiundvierzig Jahren ist er Parteimitglied und darf hin und wieder ins Ausland reisen. Zweimal durfte Selena ihn dabei begleiten. Einmal war es nur eine Reise nach Ostdeutschland, aber das andere Mal verbrachten sie fünf wunderschöne Tage in Wien, wo ihr Mann das Hauptquartier der Internationalen Atomenergiekommission aufgesucht hatte.

Gleich nach dem Mittagessen empfing Smin an diesem Tag im Konferenzraum der Anlage die drei Besucher aus Südjemen. Mit der schneeweißen Büste W. I. Lenins, der herausfordernd von der Wand herabschaute, und dem dicken armenischen Teppich auf dem Fußboden war dieser Raum eines der Paradestücke des Werks. Seine Sekretärin hatte einen langen Tisch aus Birkenholz aufgestellt, auf dem alles stand, was hochstehenden ausländischen Besuchern angemessen war, die vielleicht (das hofften die Leute in Nowosibirsk jedenfalls) für ihr Land einen Reaktor des Typs RBMK-1000 bestellen wollten. (Aus politischen Gründen würde es natürlich noch lange dauern, bis sie jemals einen bekämen, aber den für Kernkraftwerke zuständigen Behörden war sehr daran gelegen, daß sie wenigstens fragten.) Auf dem Tisch standen geöffnete Flaschen mit Pepsi-Cola und Fanta, und amerikanische Marlboro-Zigaretten lagen bereit. In dem kleinen Kühlschrank unter dem Sideboard lagen noch Dosen mit griechischem Orangensaft. (Im winzigen Eisfach des Kühlschranks befand sich außerdem eine Flasche Stolitschnaja-Wodka, für den Fall, daß die Jemeniten mehr dem Marxismus als dem Islam zuneigten.)

Als Paraska Kandyba, Smins Sekretärin, die Jemeniten hereinführte, zeigte ihr faltiges, hageres altes Gesicht keine Regung. Der Dolmetscher betrat als letzter den Raum und wartete, bis die Herren in den weißen Gewändern Platz genommen hatten, bevor er sich ehrerbietig ganz an das Ende des Tisches setzte. »Ich heiße Sie willkommen im Kernkraftwerk Tschernobyl«, sagte Smin mit seiner angenehmen Tenorstimme. »Ich bitte Sie um Verständnis dafür, daß unser Direktor Genosse Zaglodin wegen unaufschiebbarer dienstlicher Angelegenheiten nicht anwesend sein kann, aber er hofft mit mir, daß Ihr Besuch die freundschaftlichen Beziehungen zwischen unseren beiden Ländern noch vertiefen möge.« Er machte eine Pause, damit der Dolmetscher seine Worte in die Sprache der Gäste übersetzen konnte. Es war die Standard-Begrüßungsansprache mit Freundschaftsbeteuerungen und stolzen Hinweisen auf die Vorzüge des Kraftwerks, immer nur zwei Sätze und dann eine Pause für die Übersetzung. Er unterbrach seine Rede nicht, als seine Sekretärin auf einem

Tablett kleine Tassen Kaffee und einen Teller mit süßem Gebäck hereinbrachte und unter den Gästen verteilte. Mit unbewegten Mienen nippten die Männer an ihrem Kaffee und knabberten ihr Gebäck, während Smin das System der sowjetischen Kernkraftanlagen pries, den unermüdlichen Eifer lobte, mit dem die Beschlüsse des 27. Parteitags durchgeführt würden, und hervorhob, daß das Plansoll erreicht werden würde.

Seine Rede entsprach in fast allen Punkten der Wirklichkeit, aber die Kunstgriffe und Schnellverfahren, die es wenigstens technisch möglich machten, den Plan zu erfüllen, erwähnte Smin nicht; er sagte auch nicht, welche dienstlichen Angelegenheiten den Direktor davon abhielten, die so hochgeschätzten jemenitischen Gäste zu begrüßen. (Es war ganz einfach so, daß andere Gäste gekommen waren, die dem Direktor wichtiger zu sein schienen als ein paar Araber aus dem einzigen Land auf der arabischen Halbinsel, in dem kein Öl gefördert wurde.) Smin hätte die Ansprache im Schlaf herunterrasseln können. Manchmal tat er es beinah. Die Zeit, die der Dolmetscher zum Übersetzen brauchte, nutzte er normalerweise dazu, seine Gäste zu beobachten – Kubaner und Ostdeutsche, Angolaner und Kambodschaner, Vietnamesen und Polen –, und dabei fragte er sich, wie dieses gewaltige Monument sowjetischer Wissenschaft und Technologie wohl auf sie wirkte. Natürlich hatten viele dieser Länder eigene Kernkraftwerke oder hofften, bald welche zu bekommen. Allerdings handelte es sich dabei in der Regel um Druckwasserreaktoren. Keines der Länder, aus denen die Fremden stammten, besaß Reaktoren des Typs RBMK-1000, wie sie in Tschernobyl verwendet wurden. Dieser Typ wurde nicht in die sozialistischen Bruderländer exportiert. Die dort vorhandenen Reaktoren reichten zweifellos aus, elektrische Energie zu erzeugen, für andere Zwecke waren sie aber kaum zu gebrauchen. (Natürlich nicht. Wer würde denn schon Kambodschanern oder Polen die Mittel liefern, Plutonium zu produzieren?) Manchmal fragte sich Smin, was die ausländischen Gäste wohl tun würden, wenn sie tatsächlich Reaktoren des Typs RBMK-1000 bestellen und auch bekommen würden. Er neigte zu der Ansicht, daß sie die verbrauchten Brennelemente brav zur Wiederaufbereitung in die UdSSR zurückschicken würden, ohne auch nur ein einziges zurückzuhalten.

Aber ganz sicher war er sich da nicht.

Doch darum ging es heute auch überhaupt nicht. Er mußte an ganz andere Dinge denken. Als der Leiter der jemenitischen Delegation das Wort ergriff, um auf seine Begrüßungsansprache zu antworten, nickte Smin nach jedem Satz zustimmend und nahm die Gelegenheit wahr, »Experiment nach Plan?« auf ein Stück Papier zu schreiben. Unauffällig reichte er seiner Sekretärin den Zettel, als sie hereinkam, um den Gästen Orangensaft anzubieten. Keiner seiner Gäste schien es zu bemerken. Der Leiter der Delegation verdrehte den Hals, um in den Kühlschrank zu schauen, als die Sekretärin ihn öffnete. Er drehte sich zu Smin um und sagte: *»Peut-être un peu de vodka?«*

»Mais certainement«, sagte Smin freundlich. *»Et alors, vous parlez francais? Très bien!«* Er bedeutete der Sekretärin, den Raum zu verlassen, und öffnete die eiskalte Wodkaflasche selbst. Jedem Gast schenkte er fast genau hundertfünfzig Millimeter Wodka ein. Daß er sich selbst nichts einschenkte, schien nicht aufzufallen; jedenfalls sagte niemand etwas. Danach setzten sie das Gespräch auf französisch fort, das beide Seiten zwar nicht beherrschten, aber doch leidlich sprechen konnten. So ging alles viel schneller. Smin erklärte, daß jeder der vier Reaktorblöcke des Kernkraftwerks Tschernobyl eine Kapazität von eintausend Megawatt habe und während des Betriebs mit neuen Brennelementen beschickt werden könne, woraus sich kürzere Ausfallzeiten ergäben als bei den meisten westlichen Systemen. Er verteilte Hochglanzfotos von der Turbinenhalle, den Reaktorkuppeln und den bogenförmig angeordneten Bedienungselementen, die rund um die Uhr von vier oder fünf Technikern besetzt waren. Außerdem zeigte er ihnen einen Band mit Luftaufnahmen, die man während der Bauphase aufgenommen hatte und die zeigten, wie die riesige Kraftwerksanlage Schicht für Schicht gewachsen war.

»Aber warum zeigen Sie uns nur diese Fotos?« fragte einer der Jemeniten höflich. »Können wir die Anlage nicht persönlich besichtigen?«

»Aber gewiß!« rief Smin. »Sie werden allerdings ein wenig steigen müssen – aber ein paar Treppen machen Ihnen gewiß nichts aus –, und vorsichtshalber werden Sie Schutzkleidung tragen, aber wir können sofort aufbrechen.« Und das Ganze schnell hinter uns bringen, dachte er, denn auf den Zettel, dem ihm die Sekretärin zugesteckt hatte, stand: »Ja, das Experiment läuft ab vierzehn Uhr.«

Tschernobyl war nicht nur ein Kernkraftwerk, es war fast eine Stadt für sich. Die RBMK-1000-Reaktoren selbst waren von gewaltigem Ausmaß: tonnenschwere Graphitblöcke, um die Neutronen abzubremsen; siebzehnhundert ummantelte Stahlrohre, die das Wasser durch die Kerne leiteten; die Trockentanks, in denen alle siebzehnhundert Rohre zusammenliefen, um die vom Kondenswasser befreite Dampfenergie den Turbinen zuzuführen; riesige Turbinenhallen, in denen die Maschinen einen Höllenlärm verursachten; die meterdicken Kuppeln aus Stahlbeton, die jeden Reaktor umgaben – zur Sicherung für den völlig unwahrscheinlichen Fall, daß irgendwann irgendeine Panne passieren sollte. Im Kernkraftwerk Tschernobyl waren bereits vier Reaktoren ans Netz gegangen. Das Werk selbst war nur ein Teil des Gesamtkomplexes, zu dem auch Lagerräume, Werkstätten, Verwaltungsgebäude und eine Krankenstation gehörten. Außerdem gab es Duschräume für die Belegschaft, Restaurants und Aufenthaltsräume, in denen das Personal sich nach der Schicht erholen konnte und in denen auch gelegentlich Partys stattfanden. Durch Betteln und notfalls durch Bestechung war es Smin gelungen, Tschernobyl zu einer nahezu perfekten Anlage auszubauen.

Für diese Dinge war der stellvertretende Direktor zuständig, und die Tatsache, daß absolute Perfektion nicht herzustellen war, hielt Smin nicht davon ab, sich ständig darum zu bemühen, auch gegen alle Widerstände und trotz aller Rückschläge. Von denen gab es viele, und der Ärger fing schon bei den Arbeitern an. Entweder tranken sie, oder sie entfernten sich ohne Erlaubnis von ihrem Arbeitsplatz, und diejenigen, die beides nicht taten, suchten sich nur allzu oft gleich nach der

Ausbildung eine andere Arbeit. Theoretisch war das in der UdSSR gar nicht so einfach, denn ohne ein Zeugnis seines Arbeitgebers bekam niemand einen neuen Job, und die Arbeitgeber waren angewiesen, jeder Fluktuation entgegenzuwirken. In der Praxis waren die Leute, die in Tschernobyl gearbeitet hatten, so gesucht, daß selbst schlechte Zeugnisse den Bewerbern nicht schadeten. Neben den Personalproblemen gab es noch andere Schwierigkeiten. Selbst wenn es gelang, die Arbeiter zufriedenzustellen, ja, vielleicht sogar zu motivieren, hatte man es immer noch mit Materialproblemen zu tun. Material von guter Qualität war schwer zu beschaffen – wie sehr man sich auch bemühte –, und Smin war unermüdlich und kannte keine Skrupel, wenn es galt, einwandfreien Stahl, brauchbare Kabel und hochwertigen Zement aufzutreiben und für die Küchen der Restaurants die besten und frischesten Produkte einzukaufen, die das privat genutzte Land der umliegenden Kolchosen hergab. Erst vor ein paar Wochen war in der *Literaturna Ukraina* ein Artikel erschienen, der rücksichtslos die Unfähigkeit einiger Arbeiter und die Schlampereien in der Produktion anprangerte. Der Artikel hatte Smins Vorgesetzte peinlich berührt, auf lange Sicht Smin jedoch darin bestärkt, nur noch mehr Druck auszuüben und schließlich sogar Funktionäre zu bestechen – was oft notwendig war –, um zu bekommen, was er brauchte. Diese Methode gefiel Smin zwar nicht sonderlich, aber manchmal hatte er gar keine andere Wahl, wenn er erfolgreich arbeiten wollte.

Smin zeigte den Jemeniten nicht alles, denn er hatte es eilig. Er ließ die Räume über den Reaktoren aus, in denen Dieselöl gelagert wurde, das für den Fall eines Energieausfalls die Notaggregate antreiben sollte, und ließ seine Gäste nur kurz durch die mit dickem Glas versehene Luke einen Blick in das Innere der Beschickungskammer werfen, in der die Beschikkungsmaschine mit ihren spinnenbeinartigen Greifern sich nach Bedarf auf massiven Gleisen bewegte, um die verbrauchten Brennstäbe herauszuheben und durch neue zu ersetzen, wobei die Stromerzeugung keinen Augenblick unterbrochen wurde. Er zeigte ihnen auch nicht den »Roten Raum«, das Restaurant und die Duschanlagen, obwohl er auf alle diese

Einrichtungen stolz war, denn sie waren die Beweise, daß er sich ständig um das Wohlergehen der viertausend Männer und Frauen sorgte, die in Tschernobyl arbeiteten. Natürlich gestattete er den Gästen nicht den Zutritt zu den vier Reaktorkammern, wenn er sie bei Block I auch kurz durch die verglaste Luke schauen ließ. Block I war Tschernobyls ältester Reaktor, der immer noch unermüdlich Energie lieferte. Er mußte den Maschinenlärm überschreien, um den Besuchern zu erklären, daß dieser Reaktor in Kategorien der Sicherheit und Zuverlässigkeit die beste Bilanz aller Reaktoren der UdSSR aufweise. Er ließ sie sogar die riesigen Rohre des Kühlsystems bewundern, die ohnehin auf ihrem Weg lagen. Sie wandten sich ab, und der Leiter der jemenitischen Delegation sprang erschrocken zurück, als er die zischenden Flammen des Wasserstoffbrenners sah, die so hell waren, daß die Augen schmerzten.

»Was ist denn das?« rief er. »Ich denke, Atomenergie bedeutet, daß kein Öl verbrannt wird!«

»Das ist auch kein Öl«, beruhigte ihn Smin. »Es hat auch nichts mit der eigentlichen Dampferzeugung zu tun, sondern ist nur eine Methode, Gase zu beseitigen, die sonst gefährlich werden könnten. Wenn das Wasser durch den Reaktor läuft, zerfällt ein Teil davon durch Radiolyse in Wasserstoff und Sauerstoff. Diese Gase dürfen nicht im System bleiben, denn das wäre gefährlich! Deshalb werden sie hier abgefackelt und verbrannt.« Dann führte er sie durch die Turbinenhalle. Sie hatten sich Stöpsel in die Ohren gesteckt und trugen Helme, denn Smin wußte, daß die Jemeniten es bei diesem Lärm nicht lange in der Halle aushalten und darauf drängen würden, gleich zu den Kontrollräumen der Reaktorblöcke I und II zu gehen.

Während der Dolmetscher sich mit den Fragen beschäftigte, die die Besucher dem leitenden Ingenieur der Schicht vorlegen wollten, ging Smin an ein Telefon, um sich noch einmal zu vergewissern. Ja, die Genossen Besucher hätten sich schon versammelt, um das Experiment zu beobachten, das planmäßig ablaufe. Smin schaute auf die Uhr und stellte fest, daß auch sein Rundgang nach Plan ablief. Er hatte noch zehn Minuten Zeit, die Jemeniten loszuwerden, bevor er sich auf den Weg zur

Schaltzentrale machte. Er ging zu den Männern hinüber und lächelte.

Der Schichtingenieur lächelte nicht. Er wandte sich von den Besuchern ab und murmelte: »Sie fragen mich über Luba Kowalewska aus«, sagte er zu Smin.

Smin seufzte und wandte sich an die Jemeniten. »Haben Sie irgendwelche Fragen?« sagte er höflich.

Der ältere Jemenit schaute ihn an. Es war nicht leicht, den Gesichtsausdruck des Mannes zu deuten, aber er sagte: »Man hat so einiges gehört.«

Smin blieb freundlich. »Und das wäre?« fragte er, obwohl er die Antwort kannte.

»Es hat Berichte in Ihrer Presse gegeben«, sagte er in einem Ton, als wollte er sich rechtfertigen. Er setzte seine Brille auf und zog ein Papier aus der Tasche. »Aus Ihrer Zeitschrift *Literaturna Ukraina*, wenn ich den Namen richtig ausspreche. In dem Artikel ist von Konstruktionsmängeln, von fehlerhaftem Material und von der Disziplinlosigkeit der Arbeiter die Rede.« Er faltete das Papier wieder zusammen. »Wenn man so etwas in westlichen Presseorganen lesen würde, wüßte man, daß es nicht ernst zu nehmen ist. Aber in Ihren eigenen Zeitschriften?«

»Ah«, sagte Smin und nickte. »Das nennen wir *Glasnost*.« Er benutzte das russische Wort und übersetzte es rasch. »Das bedeutet Transparenz. Offenheit.« Er lächelte freundlich. »Ich nehme an, es überrascht Sie, in einer sowjetischen Zeitschrift eine so herbe Kritik zu lesen. Sie müssen wissen, daß die Zeiten sich geändert haben. Unser Generalsekretär Michail Gorbatschow hat zu Recht gesagt, daß wir *Glasnost* brauchen. Wir müssen ehrlich und in aller Öffentlichkeit über Fehler und Mängel aller Art reden. Frau Kowalewskas Artikel ist dafür ein Beispiel.« Er zuckte in gespielter Verzweiflung die Achseln. »Es ist für uns sehr nützlich, wenn wir uns für unsere Fehler öffentlich rechtfertigen müssen. Es tut zwar weh, aber nur so können wir die Fehler rechtzeitig feststellen und korrigieren. Manchmal geht vielleicht jemand ein bißchen zu weit. Eine Journalistin wie Frau Kowalewska hört Gerüchte und schreibt in einer Zeitschrift einen Artikel darüber – nun, es ist gut, daß man solchen Gerüchten auf den Grund geht. Man muß nicht unbedingt jedes Wort für die reine Wahrheit halten.«

»Dann steht in diesem Artikel in der *Literaturna Ukraina* also die Unwahrheit?«

»Nicht ganz«, räumte Smin ein, während der Schichtingenieur sich stirnrunzelnd bemühte, Smins Französisch zu verstehen. »Gewiß sind Fehler gemacht worden. Aber sie werden korrigiert. Und beachten Sie bitte, meine Freunde, daß die Dinge, über die Frau Kowalewska so detailliert berichtet, sich alle auf Konstruktionsmängel und Bedienungsfehler beziehen. Mit keinem Wort wird hier angedeutet, daß mit dem RBMK-1000-Reaktor selbst etwas nicht stimmt! Unsere Reaktoren sind völlig sicher. Das sieht jeder ein, daß es in der Geschichte der Atomkraft in der Sowjetunion bei der Nutzung der Kernkraft noch nie einen Unfall irgendwelcher Art gegeben hat.«

»Noch nie?« fragte der Jemenit boshaft. »Stimmt das auch? Und was mit mit dem Unfall in Kyschtym im Jahre 1958?«

»Es hat 1958 in Kyschtym keinen Unfall gegeben«, sagte Smin entschieden, und er fragte sich, ob er jetzt die Wahrheit sagte.

Als Smin die Besucher zur Tür hinausbegleitet hatte, war es schon zwanzig Minuten nach zwei. Von den Männern im Kontrollraum hatte er gehört, daß Reaktorblock IV immer noch mit voller Leistung gefahren wurde; das Experiment konnte also noch nicht beginnen. Das bedeutete, daß er noch ein wenig Zeit hatte. Er benutzte sie, um den freundlichen Gastgeber zu spielen. »Sehen Sie diesen See dort?« fragte er und zeigte auf den See, an dem sie entlanggingen. »Das ist unser Kühlwasser. Der See ist sechs Kilometer lang, und, wie Sie sehen, ist er sehr schön. Im See wimmelt es von Fischen. Unsere Angler sagen, daß das Angeln hier sogar noch besser ist als am Pripjet.«

»Wieso das?« erkundigte sich der Jemenit höflich.

»Weil das Wasser sich das ganze Jahr hindurch aufwärmt.«

»Ich sehe aber Eis im Wasser«, sagte der Ältere trocken.

»Wir sind in der Ukraine«, sagte Smin lächelnd. »Die Winter

sind hier extrem kalt. Aber selbst im kältesten Winter friert der See nicht ganz zu, und die Fische gedeihen prächtig. Und jetzt ist Frühling – die Blumen sprießen, und die Bäume werden grün.« Er schaute zu den riesigen Bauten hinüber, in denen die Reaktorblöcke III und IV untergebracht waren.

»Von hier aus«, sagte er, »können Sie sehen, wie groß das Kraftwerk Tschernobyl ist. Vier Reaktoren sind in Betrieb, und jeder erzeugt tausend Megawatt elektrischer Energie, genug, um eine Stadt mit einer Million Einwohnern zu versorgen. Wir haben zudem schon mit dem Bau zweier weiterer, noch größerer Reaktoren begonnen. Wenn sie fertig sind, werden wir in der Lage sein, eine Stadt von sieben Millionen Einwohnern mit Energie zu versorgen.«

»Wir haben keine Städte mit sieben Millionen Einwohnern«, sagte der ältere Jemenit. »Und bei uns gibt es auch keine Seen.«

»Mit soviel Energie können Sie so viele Seen schaffen wie Sie wollen«, sagte Smin großspurig. »Kommen Sie, ich zeige Ihnen, wo die neuen Reaktoren gebaut werden. Die Arbeiten sind schon im Gange.«

Als sie am Rand der riesigen Baugrube standen, wo der Kern des Reaktorblocks V bald seinen Platz finden sollte und wo jetzt Baumaschinen das Erdreich bewegten und Kipplastwagen den Aushub wegkarrten, schienen die Jemeniten noch immer nicht ganz zufrieden. »Sind dies ebenfalls Reaktoren des Typs RBMK-1000?« fragte der ältere Jemenit.

»Nein, nein. Diese werden sogar noch größer sein. Sie haben eine Kapazität von fünfzehnhundert Megawatt!«

»Aber es sind ebenfalls Graphitreaktoren«, sagte der Jemenit nachdenklich. »Es wird behauptet, daß diese Konstruktion nicht so gut ist wie die im Westen üblichen Druckwasserreaktoren.«

»Ach, der Westen«, sagte Smin, dessen Laune sich schlagartig besserte, als er zwischen den Lastwagen und den Planierraupen den dunkelblauen Wolga heranfahren sah, der seine Gäste abholen sollte. »Wissen Sie, auch die Sowjetunion hat Druckwasserreaktoren. Wir verwenden beide Systeme. Jedes hat seine besonderen Vorteile. Die Amerikaner haben da keine

Wahl. Ihre gesamte Kernenergie beziehen sie aus den Antriebsaggregaten von U-Booten.«

Der Jemenit schaute ihn verblüfft an. »Was haben U-Boote denn damit zu tun?«

Smin lächelte. »Wissen Sie, warum die Amerikaner bei ihren Druckwasserreaktoren bleiben? Sie sind Opfer eines historischen Zufalls und bewegen sich in ausgefahrenen Gleisen. Die ersten in Amerika gebauten Reaktoren waren als Antriebsaggregate für U-Boote bestimmt. Wegen des beschränkten Raums auf U-Booten mußten es Druckwasserreaktoren sein. Weiterentwickelte Systeme wie unser RBMK können als Antriebsaggregate für U-Boote einfach nicht verwendet werden. Als die Amerikaner sich endlich entschlossen, die Kernenergie zur Stromgewinnung einzusetzen, bauten sie ganz einfach neue und größere Antriebsaggregate. Der RBMK ist anders, und wenn ich ›anders‹ sage, meine ich ›besser‹. Zum einen reagiert er extrem schnell. Die amerikanischen Reaktoren sind, wie alle Druckwasserreaktoren, nur für eine Grundlast ausgelegt. Sie brauchen eine sehr lange Anlaufzeit, und genauso lange dauert es, sie wieder herunterzufahren. Der RBMK reagiert da schneller. Wenn plötzlich mehr Energie gebraucht wird, kann ein RBMK innerhalb einer Stunde ans Netz gehen. Und – nun, da wäre noch das Problem der Sicherheit. Three Mile Island war ein Druckwasserreaktor, wie Sie wohl wissen.«

»Wenn das so ist«, sagte der ältere Jemenit plötzlich, »warum haben Sie uns dann nicht den Reaktorblock IV gezeigt?«

Smin schüttelte betrübt den Kopf. »Unglücklicherweise wird der Block IV gerade wegen Wartungsarbeiten vom Netz genommen. Während dieser Zeit werden keine Besucher zugelassen, auf Grund des allerdings geringen Risikos, daß sie sich der Strahlung aussetzen. Auf die Einhaltung dieser Vorsichtsmaßnahme wird streng geachtet – wissen Sie, wir sind äußerst vorsichtig, ganz gleich, was die Zeitungen in ihren *Glasnost*-Artikeln schreiben. Schade! Aber vielleicht können Sie morgen noch einmal kommen, wenn alles wieder ruhig ist?«

»Zu dumm«, sagte der Jemenit mürrisch, »wir werden heute abend im Hotel Dniepro in Kiew erwartet und fliegen morgen früh nach Moskau.«

»Schade«, wiederholte Smin, der das alles schon gewußt hatte. »Und da kommt auch schon Ihr Wagen. Hoffentlich hat Ihnen der Besuch des Kernkraftwerks Tschernobyl interessante Einblicke vermittelt. Ich würde mich freuen, Sie bei Gelegenheit wieder hier begrüßen zu dürfen!«

Smin dachte immer noch an die Jemeniten, als er stehenblieb, um sich, bevor er in die Schaltzentrale ging, zu vergewissern, ob das Experiment wie geplant anlaufen würde. Aber als er hörte, was der Schichtingenieur zu sagen hatte, waren die Jemeniten sofort vergessen. »Abgesagt? Warum wurde das Experiment abgesagt? Was machen wir nun mit den vielen Leuten?«

Der Ingenieur seufzte. »Vielleicht haben Sie einen Vorschlag? Die Leute sind alle noch hier. Ich weiß nur, daß die Leute in Kiew sagen, daß wir jetzt nicht vom Netz gehen können. Ich habe nicht selbst mit ihnen gesprochen; Sie werden also den Direktor fragen müssen. Was? Nein, er ist nicht hier; er müßte unten in der Turbinenhalle sein.«

Smin legte stirnrunzelnd den Hörer auf. Das war ärgerlich. Etwa ein Dutzend Leute waren gekommen, um das Experiment zu beobachten. Es waren Kraftwerksdirektoren, Turbinenhersteller und Elektroingenieure, und einige waren eigens aus Leningrad gekommen. Sie alle wollten sehen, ob das Experiment glücken würde, nach Abschaltung des Reaktors aus der Resthitze Energie zu gewinnen. Das Experiment hätte schon beginnen sollen, und das bedeutete, daß sie alle wieder in ihre Wagen stiegen, um noch vor Einbruch der Dunkelheit irgendwelche anderen Leute zu belästigen.

Aber was nun?

Die einzige Person, die diese Frage beantworten konnte, war der Direktor selbst; Smin machte sich auf die Suche nach ihm. Er achtete immer peinlich genau darauf, daß seine Leute bei der Arbeit vorschriftsmäßig gekleidet waren, gab ihnen selbst ein gutes Beispiel, indem er sich einen Strahlenmesser ansteckte und eine weiße Kappe, einen Overall und Tuchschuhe anzog, bevor er die Turbinenhalle betrat.

Außerdem steckte er sich Stöpsel in die Ohren. In den Turbinenhallen, besonders in der großen, in der der Energieausstoß der Reaktorblöcke III und IV zusammenlief, herrschte ein größerer Lärm als an jeder anderen Stelle des Kernkraftwerks Tschernobyl. Vielleicht ist dies der lauteste Ort der Welt, dachte Smin, aber er freute sich über den Lärm. Das Kreischen des Dampfes in den Turbinen gefiel ihm, denn es zeigte, daß die Hitze der sterbenden Atome die großen Räder antrieb und den Dampf auf wunderbare Weise in Elektrizität umwandelte, so daß die Beleuchtung, die Radios, die Fernsehgeräte und die Elektromotoren in einem Viertel der Ukrainischen Föderativen Sozialistischen Sowjetrepublik funktionieren konnten – wobei noch genügend Elektrizität für den Export in die sozialistischen Nachbarländer Polen, Bulgarien und Rumänien übrigblieb.

Weniger angenehm war, daß die Jemeniten unangenehme Fragen gestellt hatten. Die schlimmste war die Frage nach dem Unfall in Kyschtym.

Stimmte diese Geschichte mit Kyschtym?

Bei der Internationalen Atomenergiekommission in Wien hatte man dieselbe Frage an ihn gerichtet. Dort hatte er sich nicht so leicht herausreden können wie bei den Jemeniten. Sie hatten ihm sogar ein Buch gezeigt, das dieser Renegat Zhores Medwedew geschrieben hatte und in dem eine beängstigende Geschichte stand. Darin hieß es, daß sich 1958 in einer Kernkraftanlage in Sibirien ein entsetzlicher Unfall ereignet hatte. Nukleare Abfälle – oder so etwas – hatten irgendwie auf unerklärliche Weise die kritische Masse erreicht und waren explodiert. Seen waren zerstört worden. Flüsse vergiftet. Dörfer waren unbewohnbar geworden, und ein ganzer Landstrich hatte sich in eine radioaktive Wüste verwandelt.

Konnte das wahr sein?

Smin mußte sich eingestehen, daß er es nicht wußte. Aber selbst wenn diese Geschichte stimmt, dachte Smin trotzig, ist doch alles – *fast* alles –, was ich den Jemeniten in diesem Zusammenhang gesagt habe, wahr und zu beweisen. Niemals hatte es in der Sowjetunion im Zusammenhang mit der Atomenergie einen Unfall gegeben. Wenigstens nicht bei einem Reaktor und schon gar nicht in Tschernobyl.

Selbst mit den Stöpseln im Ohr dröhnte ihm der Kopf von dem Lärm. Er war froh, als der Direktor Zaglodin hinten in der Halle stehen sah. Bei ihm standen Chrenow, der Personalchef, und Warazin, der Chefingenieur. Sie sprachen mit einem vierten Mann. *Sprachen* war nicht das richtige Wort. Sie schienen dort unter den riesigen Halbzylindern der Turbinen eine besondere Art Rendezvous zu haben. Die drei hohen Funktionäre hatten die Köpfe zusammengesteckt, und der vierte Mann versuchte, sich zwischen sie zu drängen. Die vier Männer brüllten so laut sie konnten, um das Kreischen der Turbinen zu übertönen.

Als Smin sich ihnen näherte, löste sich der vierte Mann von den anderen und ging mit finsterer Miene an Smin vorbei zum Ausgang. Es war Scherantschuk, der Hydrologie-Ingenieur des Kraftwerks. Gewöhnlich war er recht umgänglich, aber heute nickte er Smin nur kurz zu, als er wütend an ihm vorbeieilte. Einige Ingenieure mit Checklisten in den Händen, die an Turbine sechs verschiedene Werte ablasen, waren wesentlich besser gelaunt. Freundlich, aber respektvoll, hoben sie die Hand zum Gruß, und Smin grüßte lächelnd zurück.

Chrenow hatte ihn dabei beobachtet, was Smin nicht überraschte. Als Leiter der Ersten Sektion des Werks, nämlich Personalangelegenheiten und Sicherheit – das heißt, die Sektion, die für den KGB Berichte schrieb – hatte er die Pflicht, alles zu beobachten. Auch der Direktor machte ein finsteres Gesicht. Er bedeutete Smin, nach draußen zu gehen, und die vier leitenden Männer zogen sich in den Korridor zurück, wo es verhältnismäßig ruhig war.

Sobald sie sich die Stöpsel aus den Ohren gezogen hatten, bemerkte Chrenow: »Sie sind ziemlich beliebt bei den Leuten, Smin.«

»Auf Beliebtheit kommt es nicht an«, sagte der Direktor gereizt. »Haben Sie schon gehört, Smin? Wie finden Sie das, was die Leute in Kiew uns jetzt erzählen? Das Überlandnetz braucht unseren Strom; wir können heute nicht vom Netz gehen.«

»Ich weiß«, sagte Smin. Das Experiment konnte nur durchgeführt werden, wenn der Reaktor abgeschaltet wurde. »Und die Leute, die das Experiment beobachten wollten?«

»Genosse Warazin«, sagte der Direktor und schaute den Chefingenieur an, »wird das Vergnügen haben, sich um die Leute zu kümmern. Dazu hat er sich eben freiwillig gemeldet.«

»Der Himmel mag wissen, was ich mit ihnen anfangen soll«, sagte der Chefingenieur mürrisch. »Vielleicht werde ich morgen mit ihnen die Reaktorkammern besichtigen. Das wird sie interessieren, denn sie haben alle keine Ahnung von Kernenergie.«

»Es wird ihnen sicher gefallen«, sagte Smin, der froh war, daß er nicht selbst sein Wochenende opfern mußte. Lächelnd fügte er hinzu: »Wenigstens sind wir jetzt in der Lage, den Plan für den Monat April überzuerfüllen.«

Direktor Zaglodin sah ihn nachdenklich an. Dann ließ er sich zu einem Lächeln herab. »Wenigstens kann ich jetzt verschwinden«, erklärte er, »um meine Maschine noch zu erreichen. Soll ich Ihnen irgend etwas aus Moskau mitbringen? – Nicht, daß mir zum Einkaufen viel Zeit bleibt«, fügte er rasch hinzu, für den Fall, daß Smin überraschenderweise tatsächlich irgendeine Bitte äußerte.

»Meiner Frau würde bestimmt eine Menge einfallen, Genosse Direktor«, sagte Smin gutgelaunt. »Aber sie ist nicht hier. Haben Sie irgendwelche Anweisungen für die Zeit Ihrer Abwesenheit?«

Natürlich hatte Zaglodin Anweisungen. Er zählte sie eine nach der anderen an den Fingern ab. »Das Zementwerk hat schon fünfhundert Tonnen Zement für das Fundament für Reaktorblock V angeliefert. Natürlich können wir ihn noch gar nicht brauchen; außerdem entspricht die Qualität wahrscheinlich nicht den Anforderungen. Kümmern Sie sich darum, Smin.«

»Selbstverständlich, Genosse Direktor.« Chrenows verständnisvoller Blick war ihm nicht entgangen, aber er verzichtete auf einen Kommentar. Sie wußten alle vier, daß es jetzt in Smins Verantwortung lag, entweder den minderwertigen Zement zu akzeptieren oder das Schütten der Fundamente zu verzögern, ein klassisches Beispiel für eine Situation, in der man nicht gewinnen kann. Ein Glück für Direktor Zaglodin, daß er am Wochenende in der Nähe von Moskau auf die Jagd gehen durfte, noch dazu mit sehr hochgestellten Persönlichkeiten.

»Und dann ist da noch Ihr Mann, dieser Scherantschuk«, nörgelte der Direktor.

»Ich sah ihn mit Ihnen sprechen«, sagte Smin mißtrauisch. »Was wollte er denn?«

»Was er immer will! Er ist mit unserem Kraftwerk nicht zufrieden, Smin. Er will schon wieder alle Ventile nachbohren.«

Smin nickte. Sie waren sich alle darin einig, daß Scherantschuk, der Hydrologie-Ingenieur, Smins persönlicher Schützling war, was bedeutete, daß der Direktor das Recht hatte, Smin Vorwürfe zu machen, wenn er sich über den Hydrologen geärgert hatte, und von diesem Recht machte er auch regelmäßig Gebrauch. »Wenn er glaubt, daß es nötig ist, hat er wahrscheinlich recht«, sagte Smin. »Warum sollte er es dann nicht tun?«

»Warum reißt er nicht gleich die ganze Anlage ab und baut eine neue?« schäumte der Direktor. Dann beruhigte er sich ein wenig. »Sie übernehmen die Leitung, während ich in Moskau bin«, sagte er. »Tun Sie, was Sie wollen.«

»Selbstverständlich«, sagte Smin, aber natürlich verlor er kein Wort darüber, daß er, was die Leitung des Kraftwerks betraf, ohnehin immer tat, was er wollte. Der Direktor war eigentlich nur nominell Smins Vorgesetzter. Auch das hatte Gorbatschow eingeführt; er setzte den Mann, der die eigentliche Arbeit tat, an die zweite Stelle, während es dem vermeintlichen Chef eines Projekts überlassen blieb, hochgestellte Besucher zu bewirten, die Organisation zu offiziellen Anlässen zu vertreten und an Empfängen teilzunehmen – kurz gesagt, er war die Galionsfigur. Im vorliegenden Fall allerdings hatte er es Smin übertragen, die jemenitischen Besucher herumzuführen.

»Außerdem findet morgen ein Fußballspiel statt«, sagte Chrenow und sah Smin dabei an.

Der Direktor hob den Kopf. Er war ziemlich klein und hatte etwas Spatzenhaftes an sich. Ihm fehlte nur noch der kleine

Spitzbart, dann würde er genauso aussehen wie die Statue von W. I. Lenin, die auf dem Hof der Anlage stand. Er schien das auch zu wissen, denn Zaglodin nahm sogar die gleiche Haltung ein, die man bei allen Statuen oder Abbildungen von Lenin sehen kann – das Kinn energisch vorgeschoben, die Hände ausgestreckt, als wollten sie nach etwas greifen – was immer das sein mochte. Vielleicht war es die ganze Welt, nach der Lenin griff. Und vielleicht, dachte Smin, will der Direktor genau wie Lenin nach der ganzen Welt greifen, aber das würde ihm vom Direktorensessel eines Kraftwerks aus, das dazu nicht einmal in der Russischen Föderativen Sozialistischen Sowjetrepublik lag, wohl kaum gelingen.

Zaglodin lächelte. »Sie wollen also, daß Ihr bester Stürmer heute abend eine Freischicht hat, damit er sich für das Spiel ausruhen kann. Warum eigentlich nicht, Chrenow? Aber Sie müssen darüber natürlich mit Smin sprechen, denn ich bin schon weg.« Endlich erinnerte sich der Direktor an die Besucher des Nachmittags. »Wie war es denn mit den Jemeniten?« fragte er.

Smin zuckte die Achseln. »Sie fragten wegen Luba Kowalewskas Artikel nach. Sie haben auch Kyschtym erwähnt.«

»In Kyschtym ist nichts passiert«, sagte der Direktor streng. »Was die Kowalewska und ihre illoyalen Artikel betrifft, so muß ich ihretwegen nach Moskau fliegen, um unseren Vorgesetzten zu versichern, daß wir hier nicht ganz und gar unfähig sind.« Er sah Smin scharf an. »Hoffentlich stimmt das auch.«

Bevor sie auseinandergingen, schlug der Personalchef vor, gemeinsam ein Dampfbad zu nehmen, aber Smin lehnte ab. »Ich muß in mein Büro zurück«, sagte er. »Wer weiß, was da schon wieder für Mist gebaut wurde, während ich die Araber herumführen mußte.«

Er stellte fest, daß entgegen seiner Befürchtung alles in Ordnung war, aber der Haufen Papier auf seinem Schreibtisch war, während er sich mit den Jemeniten abplagen mußte, ein gutes Stück angewachsen. Es schien aber nichts sehr Dringendes dabeizusein, doch auch die älteren Vorgänge mußten erledigt werden. »Paraska!« rief er. »Eine Tasse Tee, bitte!« Dann begann er, die Papiere durchzuarbeiten. Bestätigungen von Aufträgen für Baustahl, Ersatzkugellager, feuerfeste Kabel, Steine, Ziegel, Ersatzteile für Generatoren, Fensterglas, Sicherheitsglas von doppelter Stärke, Fußbodenbelag, Schläuche und Bedachungsmaterial. Briefe von Lieferanten, die außerordentlich bedauerten, die bestellten Artikel nicht zum gewünschten Zeitpunkt liefern zu können, die aber versuchen wollten, in einem Monat oder in drei Monaten oder noch später zu liefern. Parteidirektiven mit Hinweisen auf den Beschluß des 27. Parteitags, die Produktion zu erhöhen, und Produktionszahlen von Lieferanten, die zeigten, wie dringend das erforderlich war. Abwesenheitslisten und Krankmeldungen aus Chrenows Erster Abteilung – gar nicht so schlecht, dachte Smin mit einiger Selbstgefälligkeit; in dieser Hinsicht war das Kernkraftwerk Tschernobyl das beste in der ganzen Sowjetunion. Er fand den kleinen Zettel, auf dem Wladimir Ponomorenko bat, von der Vier-Uhr-Schicht in der Baubrigade von Reaktorblock V freigestellt zu werden. Smin unterschrieb ihn mit einem kleinen Grinsen. Die Ponomorenkos trainierten bestimmt alle für das Fußballspiel am nächsten Tag; es konnte außerdem nicht schaden, Chrenows Erster Abteilung gelegentlich einen kleinen Gefallen zu tun.

Der Tee war schon kalt, als er ihn trank, aber er hatte schon ein Zehntel seiner Schreibarbeit erledigt. Er ging den Rest rasch durch und fand immer noch nichts, was besonders wichtig war. Er lehnte sich zurück und dachte an das Wochenende. Wenn alles klappte, konnten seine Frau und er einen Teil der Zeit fünfundzwanzig Kilometer weiter nördlich auf dem kleinen Grundstück verbringen, auf dem ihre Datscha, an der schon seit fast einem Jahr gebaut wurde, allmählich ihrer Vollendung entgegenging. Wenn sie doch nur schon fertig wäre! Jetzt war April, fast schon Mai. Spätestens im Juli würden die Türen und Fenster eingebaut sein, und im August würden sie wenigstens einen der Räume beziehen können. Ab Herbst würden sie gewiß jedes Wochenende dort verbringen, und die

Enten in den Pripjetsümpfen würden erfahren, daß Simyon Smin mit der Schrotflinte umzugehen wußte.

Er zündete sich nachdenklich eine der Marlboro-Zigaretten an und betrachtete die Witzzeichnung, die er über seinem Schreibtisch an die Wand geklebt hatte. Sie stammte aus der satirischen Zeitschrift *Krokodil* und zeigte einen Bolzen von der Größe eines Eisenbahnwaggons mit einer Mutter von der Größe eines Mietshauses, die aus einer Werkshalle mit der Aufschrift SCHRAUBENWERK NR. 1 ROTER STERN herauskam. Die Bildunterschrift lautete: »Und so erfüllen wir unseren Plan mit einem einzigen Schritt!« Ein nicht unfairer Seitenhieb gegen das sowjetische Produktionssystem, wie Smin fand.

Sein Arbeitstag war fast beendet; heute hoffte er sogar, pünktlich nach Hause gehen zu können. Er nahm den Hörer auf und rief seine Frau an, um ihr das zu sagen, aber Selena Smin hatte Neuigkeiten für ihren Mann.

»Wir fahren nicht zur Datscha«, sagte sie. »Deine Mutter hat angerufen. Sie will, daß wir sie heute abend zum Essen besuchen. Sie sagt, du seist gestern abend nicht gekommen, also solltest du wenigstens heute kommen. Weißt du, was sie damit meint?«

Smin stöhnte. Er wußte es, aber er hatte keine Lust, darüber am Telefon zu reden. »Aber das bedeutet, daß wir nach Kiew und zurück fahren müssen«, sagte er.

»Nein, wir können in ihrer Wohnung in unserem Zimmer übernachten, und ich kann morgen früh in Kiew einkaufen«, sagte sie. »Vielleicht können wir am Sonntag zur Datscha fahren. Ach, sie sagte auch, daß sie eine Überraschung für dich hat.«

»Was für eine Überraschung?«

»Sie war sicher, daß du das fragen würdest. Ich soll dir sagen, daß es keine Überraschung mehr wäre, wenn sie es dir vorher erzählen würde. Es ist eine *große* Überraschung.«

Smin gab auf. Als er aufgelegt hatte, drückte er auf den Summer. »Ich brauche heute meinen Wagen«, sagte er, als seine Sekretärin hereinkam. »Aber ich werde selbst fahren. Tschernawze soll volltanken und den Wagen unten abstellen. Dann kann er nach Hause gehen.«

Jetzt blieb für Smin nur noch eins, bevor er nach Hause fuhr, und auch damit gab er in gewisser Weise ein Beispiel: der Gang unter die Dusche. Er zog sich im Umkleideraum aus, ließ sich von einer Bediensteten ein Laken und ein Handtuch geben und ging zu den Duschen hinüber.

Es hatte in Tschernobyl schon immer Duschen gegeben, denn Männer, die mit radioaktiven Stoffen umgehen, brauchen Duschen. Aber diese Einrichtung hatten die Leute allein Smin zu verdanken. Die flachen Pritschen, auf denen die Männer liegen konnten, die Duschen selbst, die Seifenspender – alles hatte Smin besorgt. Er streckte sich aus, drehte das Wasser so schwach auf, daß es nur tröpfelte, und fing an, sich einzuseifen. Nackt lag er auf seiner Pritsche, deutlich war jetzt seine glasige Narbe zu sehen, aber es war niemand da; er war allein im Duschraum. Er schloß die Augen und hörte das Grölen und Lachen der Frauen aus dem Bad auf der anderen Seite der Wand. Ein paar von den Frauen der Belegschaft hatten dort ihren Spaß und tauchten sich gegenseitig in dem kleinen Schwimmbecken unter. Er überlegte beiläufig, ob sie die luxuriöse Einrichtung, die er für sie angeschafft hatte, überhaupt zu schätzen wußten. Aber ob das nun der Fall war oder nicht, was machte es schon aus. Die besondere Fürsorge, die er seinen Leuten angedeihen ließ, schlug sich positiv in den Abwesenheitslisten nieder, und wichtiger als alles andere war nun einmal die Anlage selbst.

Als er sich abgespült hatte, wickelte er sich das Laken um die breiten Schultern und ging in die Sauna. Es war fast Zeit für den Schichtwechsel. In der mit Dampf gefüllten Sauna waren acht oder neun Männer. Zwei kräftige junge Leute spielten mit einem zusammengeknoteten Handtuch wie mit einem Ball. Einer ließ es fallen, schob es mit dem Fuß einem andern zu und nickte ein wenig verlegen, als Smin hereinkam.

»Kümmert euch nicht um mich«, sagte Smin, der die jungen Männer erkannt hatte. »Spielt morgen nur vernünftig.«

»Darauf können Sie sich verlassen, Genosse stellvertretender Direktor«, sagte der große Wladimir Ponomorenko, der »Herbst« unter den vier miteinander verwandten Spielern, die die Vier Jahreszeiten genannt wurden. Es waren je zwei

Brüder, und auch ihre Väter waren Brüder gewesen; sie hatten alle den gleichen Nachnamen Ponomorenko. Arkady war der »Frühling«, ein schlanker, ein wenig schüchterner Mann von dreiundzwanzig Jahren, der gerade seinen Militärdienst hinter sich hatte und der in Scherantschuks Abteilung als Rohrschlosser arbeitete, aber auf dem Fußballfeld war er wie umgewandelt. Wassili oder »Sommer« war Feuerwehrmann; Wjatscheslaw, »Winter«, Maschinenschlosser. Alle außer »Herbst« – Wladimir – arbeiteten in der Nachtschicht des Werks.

»Ihr bereitet euch wohl auf das Training für das morgige Spiel vor«, sagte Smin, als er sich in dem dichten Dampf nach einem freien Platz umschaute. Er war nie ganz sicher, mit welcher der Vier Jahreszeiten er gerade redete. Sie hatten alle kantige Gesichter und waren noch recht jung, dunkelhaarig und von mittlerer Größe. Frühling war der Lebhafte und Herbst der Muskelbepackte, das wußte Smin noch; aber die anderen beiden?

»Das ist richtig, Genosse stellvertretender Direktor«, sagte einer von ihnen. »Werden Sie auch kommen?«

»Natürlich«, sagte Smin und war selbst überrascht. Aber warum sollte er eigentlich nicht hingehen; sie würden doch hoffentlich keinen ganzen Tag in Kiew bleiben, und das Spiel fand am Nachmittag statt, damit die Spieler von der Nachtschicht etwas schlafen konnten. Ein Mann auf der Bank vor ihm nahm sich das Handtuch vom Gesicht. Es war Chrenow, der Mann von der Ersten Abteilung. »Genug Dampf, Genossen Fußballer«, sagte er. »Jetzt duscht euch kalt ab und fangt mit dem Training an.« Und zu Smin: »Danke, daß Herbst heute eine Freischicht hat.«

»Warum denn nicht?« sagte Smin achselzuckend. Fußballer bekamen für das Training schon mal frei. Daß der Sport gefördert werden mußte, war eine von Moskaus Direktiven. In dieser Hinsicht unterschied sich das Werk Tschernobyl kaum von anderen Betrieben. In einigen Firmen war es gängige Praxis, Spitzensportlern gute Jobs anzubieten, in denen sie nicht einmal arbeiten mußten.

Das war natürlich nicht Smins Methode, aber hier war er

immerhin zu Konzessionen bereit, denn es gab so viele andere Fälle, in denen er keine Konzessionen machen durfte. Er wich aus, um an Chrenow vorbeizukommen, und das Handtuch glitt ihm von der Schulter. Aber Chrenow ging nicht aus dem Weg. Er tat, wie Smin fand, etwas für ihn sehr Typisches. Wenn Smin in den Duschräumen einmal nackt war, wandten die meisten Männer den Blick ab. Nicht so Chrenow. Der Mann von der Ersten Abteilung streckte die Hand aus und berührte nachdenklich das Narbengewebe in Smins Nacken, wie ein Kunstsammler, der die Patina einer antiken Bronze prüft. Er gab keinen Kommentar dazu ab, aber auch das war Chrenows Art. Immer, wenn er sie sah, begutachtete er die Narbe, obwohl Smin fest davon überzeugt war, daß er nicht nur ihre Abmessungen genau kannte, sondern wahrscheinlich auch die Seriennummer des brennenden T-34-Panzers, in dem er diese Narbe erworben hatte.

Smin entzog sich Chrenows Berührung. »Was meinen Sie?« fragte er, um das Thema zu wechseln. »Werden wir das Spiel morgen gewinnen?«

»Natürlich werden wir es gewinnen«, sagte Chrenow vergnügt und fing an zu erzählen, auf welche Weise die Vier Jahreszeiten auf dem Spielfeld triumphieren würden. Smin hörte ihm geduldig zu. Es gehörte zu seiner Strategie, den Mann von der Sicherheit möglichst liebenswürdig zu behandeln, so daß etwaige Konfrontationen glimpflicher ablaufen würden. Für einen Mann in seiner Stellung war Gorodot Chrenow eigentlich ein ganz netter Kerl. Die Männer, die zu den Organen der Staatssicherheit zählten, gab es in zwei Varianten – diejenigen, die wollten, daß man wußte, wer sie waren, wie Chrenow, und diejenigen, die das nicht wollten. Letztere waren manchmal ein Ärgernis, denn da man nie genau wußte, wer sie waren und was sie suchten, mußte man ständig auf seine Worte achten und genau überlegen, was man tat. Leute wie Chrenow hingegen verhielten sich betont auffällig. Sie waren wie der Milizionär an der Straßenecke, der weniger Gesetzesbrecher fangen, als vielmehr durch seine bloße Gegenwart daran erinnern sollte, daß das Auge des Gesetzes wacht. Manchmal fragte sich Smin amüsiert, ob es vielleicht für Typen wie Chrenow zur KGB-Ausbildung gehört, zu lernen, finster und allwissend auszusehen.

Doch mischte sich Chrenow seltener ein als andere Organe in anderen Betrieben, und sein Interesse am Sport wirkte echt, auch wenn es offiziell vorgeschrieben war. Der Personalchef sah ebenfalls so aus, als sei er früher einmal Ringer gewesen. Er war sogar noch kleiner als Smin und nicht annähernd so kräftig gebaut, aber er hatte eine vorwärtsdrängende Energie, die einem Gegner im Ring vielleicht unangenehm gewesen wäre.

»Nun, ja«, sagte Smin, um den Vortrag über Fußballtaktik zu unterbrechen. »Es dürfte ein großartiges Spiel werden, wenn die Vier Jahreszeiten in Form sind. Warum lassen wir die Männer von der Nachtschicht nicht eine oder zwei Stunden früher nach Hause gehen, damit sie ein wenig länger schlafen können?«

Chrenow lächelte erfreut. »Danke. Ich sage es ihnen.« Dann verschwand er, um die Männer beim Training zu beobachten.

Smin setzte sich und schloß die Augen. Vorsichtig atmete er durch den geöffneten Mund den Dampf ein. Er schaltete alle Gedanken aus und saß ganz friedlich da, als er seinen Namen hörte. Er öffnete die Augen und sah, daß es der Hydrologie-Ingenieur war.

»Guten Abend, Genosse Klempner Scherantschuk«, sagte Smin. »Was machen Ihre schwergängigen Pumpenventile? Stimmt es, daß Sie beabsichtigen, in der Anlage jedes einzelne Teil nachzubohren?«

»Fürs erste nur einige wenige, Genosse stellvertretender Direktor«, sagte Scherantschuk feierlich.

»Ja, natürlich. Die anderen haben Sie schon alle fertig«, zog Smin ihn auf. Scherantschuk war unter Tschernobyls leitenden Angestellten die jüngste Neuerwerbung, ein untersetzter rothaariger Ukrainer, den sie aus einer alten torfbefeuerten Dampfanlage gerettet hatten, die außer Dienst gestellt werden sollte, und der sich nun dankbar mit Tschernobyls Wasserkreislauf beschäftigte. Es hatte viele Probleme gegeben; alle angelieferten Ventile hatten nur annähernd die richtigen

Abmessungen gehabt, so daß Scherantschuk alle hatte nachschleifen müssen.

Der Ingenieur zögerte und schaute zur Tür, durch die Chrenow eben hinausgegangen war. »Ich nehme an«, sagte er, »Sie wissen, daß Direktor Zaglodin angeordnet hat, daß heute nachmittag das automatische Pumpensystem abgeschaltet wird?«

Smin runzelte die Stirn. Das hatte er nicht gewußt. Aber er sagte: »Ja, natürlich, um das Experiment vorzubereiten. Aber da das Experiment abgesagt wurde, wird der Chefingenieur die Pumpen bestimmt wieder einschalten lassen.«

»Das nehme ich an. Übrigens, das mit heute nachmittag tut mir leid, Smin.«

»Warum? Der Direktor bringt mich auch manchmal ganz schön in Wut. Das wichtigste ist, daß Sie Ihre Arbeit getan kriegen.«

»Ich komme morgen und überprüfe alles noch einmal«, versprach Scherantschuk.

Smin nickte. »Dann werden wir ja zur Maifeier gut in Schuß sein«, sagte er. »Ich finde«, fügte er dann hinzu, »im allgemeinen haben Sie recht gut gearbeitet.« Er spürte, wie ihm die heiße Luft fast die Lippen versengte, als er sprach. Einer der Männer hatte wieder Wasser über die heißen Keramikteile gegossen, und der Dampf machte den Aufenthalt in der Sauna jetzt nahezu unerträglich.

Smin zog sich das dicke rauhe Laken um die Schultern und suchte nach irgendeinem freundlichen Wort, um seinen Ingenieur ein wenig aufzuheitern. Ein Witz? Ja, natürlich. Er dachte an den Witz, den er heute morgen von einem der Männer in der Turbinenhalle gehört hatte. »Sagen Sie mir, Scherantschuk«, sagte er. »Mögen Sie die Witze über Radio Eriwan? Jemand ruft Radio Eriwan an und fragt ›Was war die erste Volksdemokratie?‹«

»Und wie lautet die Antwort?« fragte Scherantschuk, der schon lächelte.

»Das war, als Gott Adam und Eva erschuf und dann zu Adam sagte: ›Und nun such dir eine Frau.‹«

2

FREITAG, 25. APRIL 1986

Leonid Scherantschuk ist zweiundvierzig Jahre alt und sieht aus wie ein Eishockeyspieler, der er vor zwanzig Jahren auch war. Seitdem hat er zwei falsche Schneidezähne. Trotzdem ist er ein gutaussehender Mann mit rotem Bart. Die Frauen mögen ihn. Soweit seine Frau Tamara weiß, geht er aber darauf nicht ein, selbst dann nicht, wenn gewisse Frauen ihr Interesse offen bekunden. Dennoch wäre es Tamara lieber, wenn sie und ihr Mann ihren Urlaub gemeinsam verbringen könnten. Sie arbeitet als Ärztin im Krankenhaus der Stadt Pripjet. Die Stadt grenzt fast an das Gelände des Kraftwerks, verfügt aber über getrennte Einrichtungen. Das bedeutet, daß Tamara ihren Sommerurlaub im Ferienheim des Krankenhauses verbringen muß, das vierhundert Kilometer weiter südlich an einem See liegt; ihr Mann hingegen muß seinen Urlaub im Heim des Kraftwerks am Schwarzen Meer verbringen. Sie würde sich gern in die medizinische Abteilung des Werks versetzen lassen, da die Bezahlung dort jedoch wesentlich besser und das Ferienhaus weitaus komfortabler ist, sind solche Posten sehr gesucht. Dennoch haben sie und ihr Mann Glück gehabt. Sie leben in Pripjet, seit Smin ihrem Mann vor ein paar Monaten diesen wesentlich höher dotierten Posten verschafft hat. Sie weiß, daß sie gut leben. Mit Scherantschuks dreihundert Rubeln im Monat und ihren hundertachtzig gelten sie zu Recht als wohlhabend. Er hat ein ganzes Regal voller Medaillen aus seiner Eishockeyzeit und besitzt alle Diplome und Zeugnisse, die man braucht, um sich als Hydrologie-Ingenieur zu qualifizieren. Schließlich ist er kein »Klempner«; er wäre sehr böse, wenn jemand ihn als solchen bezeichnen würde; eine solche Titulierung ließe er sich allenfalls vom stellvertretenden Direktor Smin gefallen.

Scherantschuk ließ Smin in den Waschräumen zurück. Der Hydrologie-Ingenieur fühlte sich wunderbar erfrischt und beschloß, seine Büroarbeit nicht bis auf den nächsten Tag zu verschieben. Es war noch früh am Abend; seine Frau hätte nichts dagegen, wenn er heute Überstunden machte.

Niemand zwang Scherantschuk dazu, schon gar nicht der stellvertretende Direktor Smin. Diese gelegentlichen Überstunden hatte Scherantschuk sich selbst auferlegt. Als einer der leitenden Ingenieure mußte er laut Dienstplan an fünf Tagen der Woche von neun bis fünf Uhr dreißig arbeiten. Aber er wußte, daß er Smins Vertrauen hatte. Das wollte er behalten, und einen Abend zu Hause zu verbringen, war weniger wichtig als sicherzustellen, daß Smins Vertrauen gerechtfertigt war.

Deshalb saß Scherantschuk lange nach fünf Uhr dreißig noch an seinem Schreibtisch in dem Büro, das er mit zwei Assistenten und dem Sportdirektor des Werks teilte, und notierte, was er zu tun gedachte, wenn der Reaktorblock IV für die Wartungsarbeiten abgeschaltet wurde. Das Experiment, bei dem versucht wurde, zusätzliche Energie aus den Turbinen herauszuholen, ging ihn nichts an. Was ihn besonders interessierte, war, einen Blick in das Innere der Hauptkühlmittelpumpe zu werfen, die das Wasser aus dem Wärmeaustauscher in das Auffangbecken unter dem Reaktorkern zurückpumpte. Nach den Unterlagen, die er von seinem Vorgänger übernommen hatte, war die Pumpe vor einiger Zeit auseinandergenommen und überprüft worden, aber Scherantschuk wollte sie sich selbst einmal ansehen.

Er ging alle Informationen über jedes einzelne Teil durch und achtete dabei besonders auf die Lieferdaten. Ein Ventil, das in der ersten Woche irgendeines beliebigen Monats in Tschernobyl angeliefert wurde, mochte in der letzten Woche des Vormonats gefertigt worden sein. Die letzte Woche eines Monats verlief in den Fabriken immer besonders hektisch. Dann machten die Leute jede Menge Überstunden, um mit aller Gewalt das Produktionssoll des Monats noch zu schaffen, denn das entschied, ob die Arbeiter einen Bonus bekamen oder nicht. Es kam vor, daß in einem Werk die halbe Monatsproduktion in der letzten Woche erledigt wurde. In dieser Zeit arbeiteten die Leute gehetzt und schlampig, und wenn die neuen Teile ihren Bestimmungsort erreichten, konnten sie gleich auf den Schrott geworfen werden, weil sie nicht paßten. Schlimmer noch war es, wenn sie trotzdem eingebaut wurden.

Sein Vorgänger als leitender Hydrologie-Ingenieur hatte natürlich die Gefahren gekannt. Er hatte alle Teile auf die vorgeschriebenen Toleranzen geprüft; sie waren ausgebaut und gegebenenfalls abgeschliffen oder ausgebohrt oder durch neue Teile ersetzt worden. Das wußte Scherantschuk, und trotzdem wollte er sich vergewissern.

Er nahm seine Checkliste für die verschiedenen Teile und schaute nach, ob der stellvertretende Direktor Smin vielleicht in sein Büro zurückgegangen war. Er war nicht da. Sein Büro war dunkel wie die meisten Büros, an denen er vorbeikam; nur im Büro der Ersten Abteilung brannte noch Licht. Das überraschte Scherantschuk nicht; Chrenows Leute von der Personal- und Sicherheitsabteilung waren immer irgendwo im Werk anzutreffen. Er überlegte, ob er nach Hause gehen sollte, wo seine Frau sich vielleicht schon Sorgen um ihn machte, aber dann ging er zum Hauptkontrollraum für die Reaktorblöcke III und IV hinauf.

Auch hier war Smin nicht, wohl aber Chrenow, der eine Zigarette rauchte und sich mit dem Schichtingenieur darüber unterhielt, wie das Fußballtraining gelaufen war. Hinter ihnen lag die in einem Bogen verlaufende große Instrumentenwand, an der der Zustand jedes einzelnen Elements aller Systeme des Kraftwerks abzulesen war. Die meisten Anzeigen, aufblinkenden Lampen und Oszilloskopaufzeichnungen hatten mit Dingen zu tun, die Scherantschuk nicht weiter interessierten, aber automatisch prüfte er die Werte für die Wasserumlauf- und die Dampfdrucksysteme. Das Dampfdrucksystem war normal, und die Umlaufpumpen liefen unter normalem Druck – alles gut und schön, außer, daß die Pumpen direkt von den Technikern gesteuert wurden. Das automatische System war immer noch abgeschaltet.

Scherantschuk runzelte die Stirn und schaute sich um. Mit mürrischem Gesicht stand einer der Techniker an der Tür, den Scherantschuk als Kalytschenko erkannte. Als Scherantschuk ihn höflich fragte, ob die automatischen Systeme nicht wieder eingeschaltet werden könnten, antwortete der Mann wütend: »Wie soll ich das denn wissen? Ich gehöre überhaupt nicht zu dieser Schicht. Ich verschwende hier nur meine Zeit.«

Chrenow schaute abrupt auf und kam zu ihnen herüber. »Ah, Kalytschenko«, sagte er, ohne den Ingenieur zu beachten, »sind Sie immer noch hier?«

»Wo sollte ich denn sonst sein? So ein Mist! Ich gehöre zur Nachtschicht, aber wegen dieses Experiments, das nun gar nicht stattfindet, mußte ich früher kommen. Wann soll ich denn schlafen?«

»Sie könnten«, sagte Chrenow lachend, »zur Abwechslung mal in Ihrem eigenen Bett schlafen, statt die halbe Nacht in irgendeinem anderen.«

Scherantschuk sah, daß der große blasse Mann errötete, als hätte Chrenow einen wunden Punkt berührt, aber das ging ihn nichts an. »Entschuldigen Sie bitte«, sagte Scherantschuk, »ich habe nur darauf hingewiesen, daß das automatische Pumpensystem noch immer ausgeschaltet ist.«

»Ja, ja«, sagte Chrenow. »Ich bin sicher, daß das dem Chefingenieur bekannt ist.«

»Die Direktive besagt, daß es ständig eingeschaltet bleiben muß, außer, besondere Umstände erfordern es.«

»Sie erledigen Ihre Arbeit mit großer Zuverlässigkeit«, sagte Chrenow und legte Bewunderung in seine Stimme. »Aber hier liegen in der Tat besondere Umstände vor. Chefingenieur Warazin hat hier die Leitung. Er hat entschieden, daß wenigstens der eine Teil des Experiments fortgesetzt werden soll, nämlich zu beobachten, wie die Pumpen manuell überwacht werden können. Wenn Sie etwas an seinem Vorgehen zu kritisieren haben, sollten Sie sich an ihn direkt wenden.«

Scherantschuk knirschte mit seinen Metallzähnen. Es war nicht Chrenows Aufgabe, ihn in technischen Dingen zu belehren. Aber damit erinnerte Chrenow Scherantschuk und die anderen Anwesenden daran, daß der Mann von der Personalabteilung über alle Vorgänge im Werk orientiert war, auch wenn er mit dem eigentlichen Betrieb nichts zu tun hatte. Scherantschuk zuckte die Achseln und schwieg.

Chrenow schaute ihn eine Weile ein wenig herablassend an. Dann wandte er sich an den Techniker. »Nun, Kalytschenko«, sagte er, »da Sie im Augenblick nichts zu tun haben, sollten Sie sich eine Weile hinlegen. Zur Abwechslung allein, wenn es Ihnen nichts ausmacht, damit Sie bei Schichtbeginn wieder fit sind.«

Scherantschuk interessierte Kalytschenkos Antwort nicht. Er wandte sich ab und verließ den Raum.

Er vermutete, daß Kalytschenko überhaupt nicht antworten würde, obwohl er rot geworden war und ziemlich wütend dreinblickte. Scherantschuk hatte Mitgefühl mit dem Techniker. Es ging den Personalchef überhaupt nichts an, wenn Kalytschenko es sich erlaubte, schon vor der Hochzeit die Freuden der Ehe zu genießen.

Die Frage war nicht so sehr, wo Kalytschenko schlief, sondern eher, ob Chrenow überhaupt schlief. Scherantschuk wußte, daß der Mann um sechs Uhr morgens gekommen war. Er schien sich ständig irgendwo im Werk aufzuhalten. Hatte er überhaupt ein Zuhause? Schlief er dort? Hatte er vielleicht eine Pritsche in seinem Büro stehen, auf der er sich gelegentlich ausstreckte, um dann wieder mit Augen, denen nichts entging, das Werk zu inspizieren?

Das war eine Möglichkeit, aber niemand außerhalb der Ersten Abteilung würde das jemals erfahren. Bei jedem anderen Chef würde irgendeine Sekretärin es einer anderen erzählen, und es würde dann im ganzen Werk weitererzählt werden.

Doch nicht bei Chrenow.

Chrenow war die Erste Abteilung. Sie nannte sich zwar »Personal und Sicherheit«, aber natürlich handelte es sich dabei um das staatliche Aufsichtsorgan. Gorodot Chrenows Sekretärin würde niemandem etwas zuflüstern, aber alles, was im Werk geflüstert wurde, kam ihr zu Ohren. Chrenow würde es mit Sicherheit innerhalb einer Stunde erfahren, und am nächsten Morgen würde ein entsprechendes Geheimdossier den berüchtigten Dzerschinskaja-Platz in Moskau erreichen.

Als Scherantschuk die Liste mit den Teilen, die er überprüfen wollte, in die Tasche gesteckt hatte und das Reaktorgebäude verließ, sah er erstaunt, daß im oberen Stockwerk des Bürogebäudes noch Licht brannte. Dort befanden sich die speziellen Empfangsräume für wichtige Besucher – so unter anderem der Speisesaal für festliche Anlässe. Das kann nur eins bedeuten, dachte Scherantschuk, als er der Wache am Werkstor seinen Ausweis zeigte. Die Leute, die das Experiment beobachten wollten, mußten noch hier sein, und der Chefingenieur war beauftragt worden, ihnen ein Essen servieren zu lassen und sie irgendwie zu unterhalten. Wahrscheinlich würden sie bis nach dem Wochenende bleiben, denn erst dann konnte der Reaktor IV so weit heruntergefahren werden, daß das Experiment stattfinden konnte.

Wenig später dachte er nicht mehr an die Gäste. Sich um irgendwelche Würdenträger zu kümmern, die das Werk besuchten, gehörte nicht zu seinen Aufgaben. Seine Sorge galt Rohren, Pumpen und Ventilen, die das Wasser im Kraftwerk Tschernobyl zirkulieren ließen.

Soweit stimmte der freundlich gemeinte Spitzname, den Smin ihm gegeben hatte. Scherantschuk war hauptsächlich für Klempnerarbeiten verantwortlich. Das heißt, fast überall, wo im Werk Wasser floß, war Scherantschuk zuständig. Natürlich kümmerte er sich nicht um das Wasser in den Waschräumen, in den Toiletten und in den Küchen; solche Kleinigkeiten erledigten seine Assistenten; er hatte ihnen klargemacht, daß sie ihn mit Anfragen in diesem Zusammenhang auf keinen Fall belästigen durften. Scherantschuks unmittelbare Sorge galt dem Wasser, das in den Generatoren und Kernen und um sie herum zirkulierte. Es gab zwei Hauptsysteme, die völlig voneinander getrennt waren.

Bei dem einen floß das Wasser aus dem Kühlteich in die Anlage. Es wurde hineingepumpt, um den Dampf zu kondensieren, wenn er die Turbinen verlassen hatte, und dann, inzwischen ein wenig heißer, wieder in den Kühlteich hinausgepumpt. Bei diesem System ergaben sich kaum Probleme. Der andere Kreislauf war komplizierter und kritischer. Sein Wasser kam aus dem Kondensator und wurde von riesigen Pumpen in die Kühlwasserwanne unter dem Reaktorkern gepumpt und dann über Hunderte von schmalen Rohren durch das Graphit und das Uran des eigentlichen Kerns nach oben gepumpt. Dort wurde es durch die bei der Kernreaktion entstehende Hitze in Dampf umgewandelt. Von dort wurde er in Trockentanks geleitet, wo der Dampf von Wassertropfen befreit wurde, um dann die gewaltigen Turbinen anzutreiben.

Danach strömte der etwas abgekühlte (aber immer noch sehr heiße) Dampf in die Kondensatoren und wurde in den Rohren zur Kühlwasserwanne wieder in flüssiges Wasser umgewandelt. Kein einziges Molekül dieses Wassers drang jemals in die Außenwelt. Es war ein völlig geschlossenes System – und das war auch gut für jeden, der sich in der Nähe aufhielt, denn bei ihrem Weg durch den Kern lösten die Wassermoleküle winzige Metallpartikel von den Wänden der Rohre, und viele von diesen Partikeln waren radioaktiv. Nur das nichtradioaktive Wasser aus dem geschlossenen Kühlsystem gelangte in den Kühlsee zurück – und manchmal, wenn dieser See durch Tauwetter oder Herbstregen überfloß, auch in den Pripjet, das Trinkwasserreservoir für Millionen von Ukrainern bis weit in den Süden.

Scherantschuks Verantwortung endete bei den Kühlwassersystemen, nicht aber seine Sorgen. Er nahm sich den stellvertretenden Direktor Simyon Smin zum Vorbild; bei allem, was Scherantschuk tat, fragte er sich, wie wohl Smin unter den jeweiligen Umständen gehandelt hätte.

Denn Scherantschuk bewunderte den stellvertretenden Direktor mehr als jeden anderen Mann. Er war Smin nicht nur zu Dank verpflichtet, weil er ihn aus seinem aussichtslosen Job bei dem torfbefeuerten Kraftwerk gerettet hatte. Er hatte Smin auch beobachtet und gesehen, daß ein tüchtiger und entschlossener Mann alle Hindernisse überwinden und für jedes Problem eine Lösung finden konnte, damit dieses »Kernkraftwerk Tschernobyl« genannte komplizierte Geflecht von Systemen seine Aufgabe erfüllte. Er hatte viel von Smin gelernt, vor allem aber, daß das *gesamte* Kraftwerk das Anliegen aller sein mußte, die in ihm arbeiteten.

Ein Reaktor vom Typ RBMK-1000 war Leistungsschwankungen unterworfen, und wenn sie auftraten, mußten sie korrigiert werden können. Grundsätzlich gab es drei Methoden, dies zu bewerkstelligen. Die eine bestand darin, in die Masse von Uran und Graphit, die den Reaktorkern bildete, Stäbe einzuführen, die aus einem neutronenabsorbierenden Metall hergestellt waren und daher die Reaktionsgeschwindigkeit verringerten. Dies war die klassische Methode. Schon vor mehr als vierzig Jahren hatte Enrico Fermi seinen ersten Kernreaktor in Chicago auf diese Weise gesteuert. Die zweite Methode bestand darin, den Reaktor mit zusätzlichem Wasser zu versorgen, um so die Reaktion zu bremsen, oder den Wasserfluß zu drosseln, um sie wieder zu beschleunigen; auch Wasser absorbierte Neutronen, und je mehr Wasser vorhanden war, um so weniger Atome wurden gespalten.

Die dritte Methode war etwas heikler. Innerhalb des Containments*, das den RBMK umgab, wurden die Graphitziegel, die Brennstäbe und die Kühlkanäle, die den eigentlichen Reaktor ausmachten, von einer künstlichen Atmosphäre aus den Gasen Helium und Stickstoff umgeben. Das geschah aus zwei Gründen. Zum einen verhinderte das Gemisch aus Helium und Stickstoff, daß Sauerstoff aus der Luft eindringen konnte, was zur Folge hatte, daß die Graphitziegel nicht in Brand geraten konnten. Zum anderen ließ sich die Reaktorleistung durch Variierung der jeweiligen Gasanteile steuern. Die beiden Gase unterschieden sich in ihrer Wärmeleitfähigkeit. Dadurch, daß man den jeweiligen Gasanteil veränderte, konnte man die Wärmeleitfähigkeit der Gesamtatmosphäre verändern und den Reaktor »heißer« oder »kälter« fahren. Leistungsschwankungen ließen sich so ebenfalls ausgleichen.

Normalerweise.

Natürlich konnte kein Mensch die Anzeigen so sorgfältig

---

* Der von Pohl benutzte Begriff »containment« ist in diesem Zusammenhang mißverständlich. Containment bezeichnet gewöhnlich ein bestimmtes druckfestes Sicherheitsbehältnis, das zwar bei westeuropäischen oder amerikanischen, nicht aber bei russischen Reaktoren vorhanden ist.

überwachen und die nötigen Maßnahmen so schnell berechnen, daß er immer das Richtige tat.

Ein ähnliches Problem trat in modernen Hochleistungsflugzeugen auf. Wenn der Pilot eines konventionellen, relativ kleinen Flugzeugs die Hände vom Steuer nahm, flog die Maschine weiter, zumindest eine Zeitlang. Tat der Pilot eines modernen Jagdflugzeugs dasselbe, stürzte die Maschine ab. Aber selbst wenn er sein Flugzeug ständig unter Kontrolle hatte, konnte er die Maschine nicht allein fliegen. Das war einfach nicht möglich. Er müßte zu viele Dinge in zu schneller Folge erledigen, und so schnell arbeitet das menschliche Gehirn nicht. Ein Computer flog die Maschine; der Pilot sagte dem Computer nur, was er tun sollte.

So ähnlich verhielt es sich auch mit dem RBMK. Die Menschen, die ihn bedienten, sagten dem kybernetischen System lediglich, wie es zu arbeiten hatte. Der eingebaute Computer regulierte die jeweiligen Leistungsschwankungen. Das Bedienungspersonal las nur die Instrumente ab, hochempfindliche Geräte, die zum größten Teil für viel Geld aus dem Westen importiert wurden, aber in einem Notfall reagierten zuerst die Computer – und das bedeutete, daß hauptsächlich sie das Funktionieren der riesigen Anlage gewährleisteten. Das Personal trug natürlich zu dem Gesamterfolg bei. Aber nur die Computer und die paar Techniker in der Schaltzentrale konnten jederzeit eine Katastrophe auslösen.

3

FREITAG, 25. APRIL 1986

Smins Mutter, die schon Witwe war, als Smin geboren wurde, wohnt in einer Vierzimmerwohnung in einem Mietshaus am Stadtrand von Kiew. Natürlich reden die Nachbarn über sie. In der Sowjetunion stehen einer Person offiziell neun Quadratmeter Wohnfläche zu, doch diese alte Frau, die noch nicht einmal arbeitet, nimmt mehr als vierzig Quadratmeter für sich in Anspruch. Gewiß, die alte Aftasia Smin ist seit den Anfängen Parteimitglied, aber es stimmt auch, daß sie seit vielen Jahren nicht mehr aktiv in der Partei mitarbeitet. Darum sprechen die Nachbarn auch nicht mehr darüber, daß sie eine Veteranin des Bürgerkriegs ist, sondern sie machen sich ihre Gedanken, warum sie eine so große Wohnung hat. Vermutlich, so munkeln die Nachbarn, weil ihr Sohn eine so hohe Position bekleidet; und damit haben die Nachbarn recht.

Als Smin die Wohnung seiner Mutter betrat, entdeckte er, daß die angekündigte Überraschung wirklich eine Überraschung war. Ein amerikanisches Ehepaar war zu Besuch gekommen.

Der junge Wassili Smin, der sich seit zwei Stunden darüber beklagte, daß er schon wieder eine Nacht in Babuschkas Armee-Faltbett verbringen mußte, hörte auf zu jammern, als er den Amerikaner und dessen große blonde junge Frau in ihrer maßgeschneiderten kanariengelben Hose sah. Der Amerikaner trug eine Digitaluhr, von der man nicht nur die Ortszeit, sondern auch die Zeit in Los Angeles ablesen konnte. Smin sah, daß sein Sohn sich verliebt hatte. Er hoffte nur, daß Wassili nicht versuchen würde, dem Amerikaner die Uhr abzukaufen, der, wie sich herausstellen sollte, Smins Vetter zweiten Grades war. »Weißt du noch?« krähte Smins Mutter. »Ich habe dir doch von meinem Vetter Jerim erzählt, der 1923 nach Amerika ging. Dies ist sein Enkel! Und das ist seine Frau! Er macht Filme für das Fernsehen!«

Der Name dieses Vetters lautete nicht etwa Jerim Skaztschenko. Er hieß Dean Garfield, aber dennoch gehörte er zur Familie – er gehörte so sehr zur Familie, daß er für alle Geschenke mitgebracht hatte, obwohl er bei seiner Abreise aus Los Angeles noch gar nicht gewußt hatte, welche Familienmitglieder er vorfinden würde. Deshalb hatte er Allzweckgeschenke mitgebracht. Smin bekam die Freiheitsstatue in Silber als Krawattennadel, seine Frau einen Kaschmirpullover (schade nur, daß er ein wenig zu eng war, aber anscheinend war er für amerikanische Figuren gefertigt) und Wassili einen Taschenrechner. Für alle gab es eine Schachtel Weinbrandbohnen, und Aftasia bekam einen wunderschönen Seidenschal. Das Beste von allem aber war ein ganzer Karton voll Videokassetten für die ganze Familie; es waren nicht etwa amerikanische Filme, die der eine oder andere von ihnen möglicherweise schon kannte, sondern Kopien von Fernsehfilmen, die Dean Garfield selbst produziert hatte – »Höchste Einschaltquoten«, verkündete er bescheiden.

Die Unterhaltung gestaltete sich ein wenig schwierig, denn Garfield sprach nur Englisch und seine Frau Englisch und ein wenig Spanisch; keiner von ihnen verstand Russisch oder Ukrainisch und auch nicht Französisch oder Deutsch, beides Sprachen, in denen sich Smin einigermaßen ausdrücken konnte. Wassili mit seinen zwei Jahren Schulenglisch verstand nicht die Hälfte von dem, was Garfield und seine Frau Candace sagten.

Aber dieses Problem hatte Smins Mutter schon gelöst. Sie hatte ein junges Ehepaar namens Ditschuk aus der Wohnung unter ihr eingeladen. Die beiden jungen Leute waren Englischlehrer an einer örtlichen Schule. Smin merkte, daß sie sich in der Gegenwart eines höheren Parteifunktionärs, der einen schwarzen Tschaika mit gelben Nebelscheinwerfern fuhr, nicht recht wohl fühlten, von zwei echten Amerikanern ganz zu schweigen, und er versuchte, besonders nett zu ihnen zu sein.

Während die junge Frau Wassilis aufgeregte Fragen an die hübsche Amerikanerin übersetzte, plauderte Smin mit ihrem Mann über die Vorteile des Tschaikas gegenüber dem Schiguli, den er lobte, und dem Moskwitsch (ja, ein guter Wagen, aber leider sehr reparaturanfällig) und dem Wolga, den er in mancher Hinsicht für fast besser als seinen eigenen Wagen hielt. Der junge Lehrer hörte ihm aufmerksam zu und erkundigte sich höflich nach Smins Ansicht über den Zaparoschet, den er und seine Frau in einem oder zwei Jahren kaufen wollten. Der Zaparoschet war der billigste Wagen, den es in der UdSSR zu kaufen gab, aber auch über ihn äußerte sich Smin günstig. Immerhin sei er, so bemerkte Smin, in der Ukraine hergestellt und allemal sein Geld wert. »Aber achten Sie darauf«, sagte Smin, »daß Sie einen kriegen, der am Anfang des Monats montiert wurde, bevor die Pfuscherei wieder losgeht.« Der Lehrer freute sich über diesen guten Rat und nickte dankbar, obwohl er diesen Hinweis eigentlich gar nicht brauchte. Schließlich kannten alle Sowjetbürger die Vor- und Nachteile von Autos, die sie vielleicht irgendwann im einundzwanzigsten Jahrhundert würden kaufen können.

Wenig später merkte Ditschuk, daß Smin abgelenkt war. Der ältere Mann schaute seine Frau an und lächelte leise.

Als Selena Smin die blonde kalifornische Prinzessin eine Zeitlang betrachtet hatte, war sie rasch in die winzige Toilette der Wohnung gelaufen. Als sie zurückkehrte, waren ihre Wimpern dunkler und ihre Lippen röter, und sie hatte sogar das Parfüm benutzt, das er ihr von seiner letzten Reise nach Wien mitgebracht hatte. Smin stellte mit Genugtuung fest, daß seine Frau sich offenbar entschlossen hatte, diesen Amerikanern ein für allemal zu zeigen, daß sowjetische Frauen nicht unbedingt ein Metallgebiß und Haare unter den Achselhöhlen haben müssen. Dean Garfield schien den Unterschied nicht zu bemerken, aber seine Frau registrierte ihn sofort, wie Smin mit Vergnügen beobachtete.

Garfield hörte sich Wassilis unbeholfene Versuche an, mit den Schwierigkeiten der englischen Sprache fertig zu werden. Smin verstand ein paar Worte, die Wassili gebrauchte, und runzelte die Stirn. »Entschuldigen Sie«, sagte er zu dem Lehrer und dann, an seinen Sohn gewandt: »Wassili? Ich spreche zwar kein Englisch, aber ich verstehe Worte wie *Neutronen* und *Uran*. Was erzählst du unseren amerikanischen Freunden gerade?«

Der Junge errötete. »Ich habe über deine Arbeit gesprochen, Vater.«

»Ja, daß ich ein Atomkraftwerk leite. Aber was hast du sonst noch gesagt?«

»Ach, Vetter Garfield wußte nicht, wie man die Kernreaktion kontrolliert, und da habe ich ihm erzählt, was ich von dir gelernt habe, nämlich, daß zwar die meisten Neutronen sofort freigesetzt werden, daß es aber bei anderen Sekundenbruchteile länger dauert und daß man deshalb die Geschwindigkeit der Reaktion beeinflussen kann. Hatte ich das verstanden?«

»Vielleicht zu gut«, sagte Smin trocken. »Ich glaube nicht, daß Gorodot Chrenow sehr begeistert wäre, wenn er wüßte, daß du dich mit Amerikanern über Atomkraft unterhältst. Geh und hilf lieber deiner Großmutter; sie will gerade das Essen auftragen.«

Wassili wurde gebeten, zwei Tische zusammenzustellen und die nötigen Stühle zu holen; die junge Frau Ditschuk half der alten Dame, das Essen auf den Tisch zu stellen. Nach ein paar Minuten hatten alle irgendwie einen Platz gefunden, und sie unterhielten sich weiter.

Smin hätte gern gewußt, was die beiden Amerikaner dachten. Die Frau sah wirklich gut aus. Sie kam ihm vor wie einer dieser westlichen Filmstars mit ihren schönen Zähnen und mit der Figur eines jungen Mädchens – nun, sie war ja auch noch ein junges Mädchen. Ein Filmstar. Aus Hollywood. Gewiß wohnte sie in einem dieser großen Acht- oder Neunzimmerhäuser an einem Hang über dem Meer – zweifellos mit einem Swimmingpool und zwei oder drei dieser riesigen amerikanischen Autos in der Garage. Was würden sie von der Wohnung seiner Mutter halten mit ihren dünnen Tapeten und den schäbigen Möbeln und den Wänden, von denen an allen Ecken die Farbe abblätterte?

Resigniert sagte er sich, daß darüber noch gesprochen werden würde. Seine Frau würde das Thema anschneiden. Sie hatte sich schon immer über die »Chruschtschow-Wohnung« seiner Mutter aufgeregt, die vor dreißig Jahren in aller Eile hochgezogen worden war und seitdem rasch verfiel und die noch nicht einmal ein Telefon hatte. »Vergiß nicht, Simyon«, pflegte sie geduldig zu sagen – immer wieder –, »daß du eine wichtige Stellung einnimmst. Du solltest entsprechend leben. Natürlich nicht wie Breschnew; das tut heute niemand mehr. Aber mit Würde, auch in der Wohnung deiner Mutter, denn schließlich benutzen wir sie häufig.« Es hatte gar keinen Zweck, ihr – immer wieder! – zu erzählen, daß seine Mutter ganz einfach so lebte, wie es ihr gefiel, denn dann würde sie antworten, daß alte Leute nicht immer wissen, was gut für sie ist.

Smin überlegte, ob es sich lohnen würde, den Bemerkungen

seiner Frau zuvorzukommen und den Amerikanern ein wenig mehr über seine Mutter zu erzählen. Eine schwere Aufgabe, denn schließlich saß die alte Aftasia dabei und hätte jedes Wort mitgehört. Aber Smin konnte es sich ersparen; die Unterhaltung lief auch so ganz gut. Mit Hilfe von Frau Ditschuk erklärte Garfield den Anwesenden, warum er lieber in Beverly Hills wohne als in Brentwood, obwohl Beverly Hills viel teurer sei.

Plötzlich schwieg er und schaute sich die Speisen näher an, die Aftasia Smin auf den Tisch gestellt hatte. Dann grinste er und sprach sehr schnell zu seiner Frau, die lachend etwas erwiderte. Die beiden redeten offenbar über das Essen.

»Was haben sie gerade gesagt?« fragte Smin den Lehrer.

Ditschuk wurde ein wenig verlegen. »Es ist komisch, aber Mrs. Garfield hat gesagt« – er zögerte – »nun, sie hat gesagt, sie sei überrascht, daß es keinen Kohl gibt.«

Smin lachte. »Sagen Sie ihr bitte, daß meine Mutter keinen Kohl verträgt. War das alles?«

»Oh, nein.« Der Lehrer versuchte offenbar, sich möglichst taktvoll auszudrücken. »Mr. Garfield hat zu seiner Frau gesagt, daß dies Tausendgüldenkraut sei, und diese Kekse hier nennt er ›Matzen‹, und dann hat er noch etwas gesagt, was ich nicht ganz verstanden habe.«

»Es geht schon wieder los mit meiner Mutter«, seufzte Smin. »Dies ist ein jüdischer Feiertag – der zweite Tag des Passah-Festes. Bitte sagen Sie ihm, daß wir nicht religiös sind, aber meine Mutter . . .«

»Sie werden nichts dergleichen sagen!« rief seine Mutter und stellte eine Terrine mit Suppe auf den Tisch. »Unser Vetter aus Amerika spricht zwar kein Hebräisch, aber er ist dennoch Jude. Ich habe ihn gefragt.«

Im weiteren Verlauf der Unterhaltung stellte sich dann heraus, daß Garfield genausowenig religiös war wie Smin.

Eigentlich sei er »Unitarier«, und seine Frau sei »Methodistin«, und sie wollten ihre Kinder in die »Sonntagsschule« schicken; und dann ließ sich Smins Mutter von den Kindern erzählen.

Die Hühnersuppe war hervorragend – Smins Mutter erzählte stolz, sie habe eine Stunde Schlange gestanden, um das Huhn zu besorgen. Eine Köstlichkeit nach der anderen wurde aufgetischt – in saurer Sahne gebackene Pilze, das Fleisch des Huhns, aus dem die Suppe gekocht war, Fleischpasteten und Stör in Gelee. Zum Schluß wurden Früchtekompott und kleine Kuchen mit Obstfüllung gereicht. Das Lehrerehepaar war zu schüchtern, um viel zu essen, aber dann gab es georgischen Wein, armenischen Weinbrand und eiskalten Wodka.

Als der Weinbrand eingeschenkt wurde und noch bevor der Wodka an der Reihe war, langten sie kräftig zu; und wenn auch die beiden Amerikaner wenig aßen, so lobten sie doch alles in höchsten Tönen und tranken dafür um so mehr. Sie machten Smins Mutter sogar ein Kompliment wegen ihrer beiden Tischdecken, die überstanden, um auch den runden Tisch zu bedecken, der an den langen Tisch herangeschoben war, um Platz für acht Personen zu schaffen. Über die seltsame Kollektion von Küchenstühlen, Lehnstühlen und anderen Sitzmöbeln, die den Tisch umstanden, verloren sie kein Wort. Es gefiel ihnen offenbar, ihre Verwandten und die anderen mit ihrem Wohlstand und Garfields Fernseharbeiten zu beeindrukken, aber in Wirklichkeit war Garfield auch von seinem Vetter zweiten Grades beeindruckt. »Direktor eines Atomkraftwerks!« ließ er die junge Lehrerin übersetzen. »Das ist aber eine wichtige Position.«

»Es ist die wichtigste Position in der ganzen Ukraine«, sagte Smins Mutter streng, aber Smin hatte Einwände.

»Es gibt viele Leute, die überrascht wären, wenn sie das hörten«, sagte er, dann erzählte er den Amerikanern, was genau Tschernobyl war: vier Milliarden Watt elektrische Energie durch rauchlose, die Umwelt nicht verschmutzende Spaltung von Urandioxid, genug Energie, um eine ganze Stadt oder eine ganze Serie von Fabriken zu versorgen.

Es stellte sich heraus, daß der Amerikaner durchaus seine eigenen Ansichten über Kernenergie hatte. Er sprach über San Onofro und Three Mile Island, von Gefahren durch Erdbeben und vom China-Syndrom, von genetischen Schäden bei

Ungeborenen und von einem Anstieg der Leukämiefälle. Die beiden jungen Lehrer übersetzten unverdrossen, aber über einige Ausdrücke mußten sie sich erst beraten. »Ja«, warf Wassili eifrig ein, »aber unsere Reaktoren sind anders. Vor Jahren stand ein Bericht in einer wissenschaftlichen Publikation – ich habe ihn in der Schule gelesen –, und in dem Bericht hieß es, daß in der Sowjetunion das Problem der nuklearen Sicherheit gelöst ist.«

»Nein, nein«, sagte Smin freundlich, »nicht *gelöst*. Dieses Problem wird nie *gelöst*. Es ist zwar richtig, daß wir die Lösungen kennen und in der täglichen Praxis anwenden, aber die Lösung muß jeden Tag erneut angewandt werden, jede Minute. Entschuldigen Sie – ich will nichts gegen die amerikanische Praxis sagen.« Er wartete höflich, bis der Satz übersetzt worden war.

»Sprechen Sie nur weiter«, sagte der Amerikaner lächelnd und fügte dann etwas hinzu, was Ditschuk bei der Übersetzung stottern ließ: »Ich selbst hasse diese Scheißdinger.«

Smin erschrak ein wenig, aber er fuhr mit den Fakten fort, wie sie ihm erinnerlich waren. »In Amerika«, sagte er, »ist es der menschliche Faktor, der zu Unfällen in Kernkraftwerken führt. Ich erwähne nur Idaho Falls, wo 1961 drei Männer getötet wurden, als man irrtümlich Regelstäbe entfernte; in unserem Reaktor werden automatisch Regelstäbe in den Graphitblock hineingeschoben, wenn irgend etwas schiefgeht. In eurem Werk Brown's Ferry in Alabama suchte 1975 ein Mann nach undichten Stellen in der Wandung, und dazu benutzte er eine brennende Kerze! Die Isolierung geriet in Brand, und die meisten Sicherheitssysteme fielen aus, weil sie Energie verloren – das hätte sich fast zu einer totalen Katastrophe entwickelt. In eurem Werk Sequoia in Tennessee traten 1981 über eine viertel Million Liter radioaktive Flüssigkeit aus. Erst vor ein paar Monaten erhitzte ein Mann einen Behälter mit Kernbrennstoff, so daß er explodierte und einen Arbeiter tötete und hundert andere verletzte. Und Three Mile Island – nun, jeder weiß, daß es in Three Mile Island fast zum Schmelzen des Kerns gekommen wäre. Das konnte erst in letzter Minute verhindert werden.«

»Ja, das stimmt.« Garfield nickte. »Es ist wirklich beängstigend.«

»Aber alle Störfälle waren auf menschliches Fehlverhalten zurückzuführen, Vetter Dean. Wir lassen kein menschliches Fehlverhalten zu. Unsere Arbeiter sind nicht nur hochqualifiziert . . .« Smin schluckte und mußte an den Bericht in der *Literaturna Ukraina* denken, aber den konnte Garfield kaum kennen, ». . . sie werden außerdem angehalten, ständig wachsam zu sein. Sie dürfen auch nicht arbeiten, wenn sie nicht hundertprozentig fit sind. Stimmt es, Vetter Dean, daß in Amerika die Reaktorarbeiter bei der Arbeit Drogen nehmen?«

»Ja, das habe ich auch schon gehört«, räumte Garfield ein. »Aber ich glaube, das waren nur Sicherheitsleute und vielleicht ein paar Arbeiter, aber keine Techniker. Habt ihr hier kein Gras?«

Der Lehrer mußte sich dieses Wort erklären lassen und übersetzte es schließlich mit Marihuana. Smin schüttelte den Kopf. »Aber«, grinste der Amerikaner, »ich nehme an, daß hin und wieder jemand ein wenig trinkt!«

»Niemals!« erklärte Smin. »Kein Sowjetbürger trinkt ein wenig! Wir trinken immer sehr viel – geben Sie mir Ihr Glas!«

Smin selbst trank nichts, nicht einmal Wein, aber für die anderen war genug da; selbst das Lehrerehepaar war schon leicht angetrunken und bei bester Laune. Smins Mutter erzählte immer wieder, daß der Brief aus Amerika erst am Vormittag angekommen sei und sie sofort ein Auto zum Hotel geschickt habe, um die Gäste abzuholen. Wassili schilderte in allen Einzelheiten, wie wichtig die Arbeit seines Vaters sei; auch er wolle später Ingenieur in einem Kernkraftwerk werden – oder vielleicht Hubschrauberpilot wie sein älterer Bruder Nikolei, der jetzt schon Leutnant sei (aber niemand erwähnte, in welchem Land Leutnant Nikolei Smin gerade seinen Hubschrauber flog).

Die Amerikaner erzählten, wie sehr sie von Moskau beeindruckt seien (eine gewaltige Stadt wie ein einziges riesiges Denkmal) und von Leningrad (wirklich, es wird zu Recht das

Venedig des Nordens genannt), doch der Höhepunkt ihrer Reise sei dieser Abend; alle bedauerten, daß sie einander erst jetzt getroffen hatten, denn am nächsten Morgen wollten die Garfields nach Tiflis fliegen. In der gelösten und freundlichen Atmosphäre wagte Ditschuk es sogar, ein paar sowjetische Witze zu erzählen, so unter anderem einen von Radio Eriwan, in dem es um die Definition eines Streichtrios geht (das sei ein sowjetisches Quartett, das gerade von einer Tournee aus dem Westen zurückgekehrt ist). Dabei blickte er gelegentlich zu Smin hinüber, um zu sehen, ob der auch keinen Anstoß nahm. Dean Garfield revanchierte sich mit einem Witz über Aeroflot-Stewardessen. (In Amerika sagen die Stewardessen: »Wollen Sie Kaffee, Tee oder mich?« und die Stewardessen bei der Aeroflot sagen: »Weißwein, Kirschsaft oder gehen Sie in die Ecke, Genosse, und machen Sie es selbst?«) Aber dieser Witz, vor dessen Übersetzung es eine aufgeregte Beratung gab, ließ die junge Lehrerin erröten.

Smin schaute verstohlen auf die Uhr. Es war schon nach zehn, und immer noch saßen sie um den Eßtisch herum. Aber wenigstens, dachte er zufrieden, habe ich drei oder mehr Stunden nicht an die Probleme des Kernkraftwerks Tschernobyl denken müssen. Amüsiert und mitfühlend – mehr amüsiert als mitfühlend – dachte er an den Chefingenieur und den Mann von der Sicherheit, die jetzt versuchen mußten, die Beobachter loszuwerden, für die es kein Experiment gab, das sie hätten beobachten können. Nicht zum ersten Mal fand er, daß die etwas altmodische Lebensart seiner Mutter auch ihr Gutes hatte. Wenn es ein Telefon im Haus gegeben hätte, wäre er versucht gewesen, im Werk anzurufen, so aber konnte er sich ganz einfach entspannen.

Es war nicht einmal schwer, die Unterhaltung in Gang zu halten. Nachdem Dean Garfield seinen sowjetischen Verwandten Amerika erklärte hatte, erklärte er ihnen die Sowjetunion. Sie waren schon in Leningrad und Moskau gewesen, und in Moskau war es ihnen sogar gelungen, Karten für ein Konzert des berühmten Emigranten Wladimir Horowitz zu bekommen, was Smin mit einigem Erstaunen zur Kenntnis nahm. (Wieviele Sowjetbürger wären bereit gewesen, einen ganzen

Monatslohn für eine solche Eintrittskarte zu bezahlen. Aber bei Intourist wurden Touristen natürlich bevorzugt behandelt – dabei hätten sie in Amerika jederzeit ein Horowitz-Konzert hören können.) In Kiew hatten sie verschiedene Kathedralen aus dem zehnten Jahrhundert besichtigt und die Knochen der alten Mönche in den Lawra-Katakomben und das Große Goldene Tor, das Mussorgski mit seinen *Bildern einer Ausstellung* berühmt gemacht hatte. Sie wohnten sogar in dem ganz neuen Hotel, das dem Großen Tor gegenüber in der Straße lag, die Kreschtschatik hieß.

Garfield wußte lustige Geschichten über ihre Erlebnisse zu erzählen. »Die Reiseführerin zeigte uns also die Fußgängerbrücke, die zum Strand führt. Ihr kennt sie wahrscheinlich, ich meine die Brücke, die in Kiew über den Fluß führt. Ich erzählte ihr, daß wir in New York nicht nur Brücken zu den Inseln im Fluß haben, sondern auch Cable-Cars. Dann zeigte sie uns das Regenbogentor, das im Gedenken an den Anschluß der Ukraine an Rußland errichtet wurde, und ich erzählte ihr, daß wir in St. Louis ein Tor haben, das genauso aussieht – den Gateway Arch –, nur ist es zweihundert Meter hoch, und in seinem Innern kann man in kleinen Kabinen ganz nach oben fahren.«

»Ja, in Amerika ist alles größer«, sagte Aftasia trocken. »Was? Ihr eßt ja gar kein Kompott. Mögt ihr das nicht?«

Dann erzählte Smins Sohn, der sich mit seinem Englisch schon ein wenig mehr hervorwagte, seinen Verwandten von den Vier Jahreszeiten, jenen vier großartigen Fußballern in der Mannschaft des Kraftwerks Tschernobyl, und Dean Garfield antwortete mit Geschichten über seine Mannschaft, die in Los Angeles. »Ziegen«, wie Ditschuk sie nannte, aber Smin konnte nicht recht glauben, daß das Team wirklich so hieß.

Smin gähnte, während sein Sohn sich weiter mit den Amerikanern unterhielt; plötzlich bemerkte er, wie die Gäste mitfühlend die glasige Narbe an seinem Hals betrachteten, und er wußte, was sein Sohn gerade gesagt hatte.

Smin legte eine Hand auf Wassilis Schulter und sagte zu Ditschuk: »Sagen Sie unseren Freunden bitte, daß Wassili, wie alle Jungen, von Geschichten aus dem Krieg fasziniert ist. Besonders gern gibt er mit den Heldentaten seines Vaters an.

Dabei war ich nur in einem Panzer eingeschlossen, als er brannte. Das liegt schon über vierzig Jahre zurück.«

»Aber du hast doch vier Auszeichnungen bekommen«, rief sein Sohn beleidigt.

»Und für dich hoffe ich nichts mehr, als daß du nie in die Lage kommst, dir solche Auszeichnungen zu verdienen«, sagte Smin in einem Ton, der jeden Widerspruch ausschloß. »Und nun, wessen Glas ist leer?«

Es wurde ein langer und schließlich doch ermüdender Abend, vor allem, weil er mit der Zeit ziemlich mühselig wurde, jedes Wort dolmetschen zu lassen. Smin war froh, wenn er nicht direkt angesprochen wurde. Die Frauen unterhielten sich untereinander. Mrs. Ditschuk, die junge Lehrerin, sprach englisch mit der hübschen jungen Amerikanerin. »Was haben Sie eben zu ihr gesagt?« fragte Aftasia.

»Ach«, sagte Mrs. Ditschuk und wurde ganz lebhaft, »ich habe nur erzählt, daß ich gestern im Laden Hunderte von Rollen Toilettenpapier sah. Stellen Sie sich das einmal vor! Soviel wie man haben wollte! Ich kaufte also gleich zwölf Rollen, und plötzlich schimpfte der Verkäufer mit mir. Er sagte: ›Sie brauchen nicht zu horten; ab jetzt werden wir immer genug davon haben.‹ Glauben Sie, daß das stimmt?«

»Ich glaube«, sagte die alte Aftasia Smin, »daß das kein Thema ist, das wir bei Tisch mit unseren Gästen besprechen sollten.« Dann bekam sie plötzlich ganz glänzende Augen. »Ich habe noch etwas Interessantes. Wollen Sie die Frau meines Vetters fragen, ob sie mit uns ins Schlafzimmer kommt? Ich möchte ihr etwas zeigen.«

»Es geht schon wieder los mir ihr«, sagte Smins Frau und schaute stirnrunzelnd ihrer Schwiegermutter nach, als sie mit den beiden Frauen das Zimmer verließ.

»Wahrscheinlich hast du recht«, sagte Smin. Als die Frauen wiederkamen, erkannte er an der Art, wie die blonde Amerikanerin Aftasia anschaute, daß seine Mutter wieder ihre Kriegsverletzungen gezeigt hatte. Nun, das war ihr gutes Recht. Nicht jede alte Frau hatte tapfer im Bürgerkrieg mitgekämpft und konnte eine um zwanzig Jahre längere Parteizugehörigkeit als Smin aufweisen.

Wieder schaute Smin unauffällig auf die Uhr. Schon nach Mitternacht! Er war schon seit sechs Uhr auf den Beinen, doch der nächste Tag würde nicht besonders anstrengend werden. Das Experiment, bei dem man versuchen wollte, aus einem abgeschalteten Reaktor Energie zu gewinnen, konnte wahrscheinlich am Samstag noch nicht stattfinden. Vielleicht ließ es sich sogar aufschieben, bis der Direktor wieder zurück war. Schließlich war das Experiment seine Idee. Aber es sah dem Direktor ähnlich, zuerst eine solche Idee auszubrüten und dann in »dringenden Geschäften« zu verreisen, so daß die Verantwortung dafür an Smin hängenblieb. Dringende Geschäfte? In der Nähe von Moskau Enten schießen! Wenn Direktor Zaglodin unbedingt ein paar Enten erlegen wollte, in den Pripjetsümpfen direkt nördlich vom Kraftwerk gab es Millionen . . . Aber natürlich war Zaglodin nicht an den Enten, sondern an der Gesellschaft interessiert, in der er sich dort befinden würde. Er jagte mächtige Gönner viel intensiver als Wasservögel.

Smin gähnte und warf einen Blick auf die Wodkaflasche. Es war noch zu früh für den einen Drink, den er sich jeden Tag gönnte. »Kann ich wenigstens einen Tee bekommen?« fragte er seine Mutter, als der Lehrer Ditschuk ganz begeistert rief: »Können Sie sich das vorstellen? Mr. und Mrs. Garfield sagen, daß sie nur ein paar Kilometer von Disneyland entfernt wohnen!«

Es war also ein angenehmer und für alle Beteiligten interessanter Abend. Er lenkte Smin von den Sorgen ab, die er sich um das Kraftwerk Tschernobyl machte, und er verzieh seiner Mutter ihre Überraschungen, selbst ihren hartnäckigen Entschluß, auf ihre alten Tage wieder damit anzufangen, die jüdischen Feiertage zu begehen. Als auch Wassili anfing zu gähnen und die alte Großmutter in ihrem Sessel eingenickt war, konnte man kein Taxi mehr bekommen. Smin fuhr seine neuen Verwandten in ihr Hotel zurück und nahm Ditschuk als Dolmetscher mit.

Bevor sie die Brücke über den Dnjepr erreichten, waren sie in den Vorortstraßen von Kiew fast allein. Die Beamten in einem gelegentlichen Milizfahrzeug schauten zwar zu ihnen herüber, aber wenige Polizisten hatten Lust, einen schwarzen Tschaika mit gelben Nebelscheinwerfern anzuhalten. In der Innenstadt allerdings herrschte auch um diese Zeit noch reger Verkehr. Auf dem größten Platz der Stadt erhellten Armeelastwagen mit Scheinwerfern die Szenerie, während neue Transparente für die große Maiparade angebracht wurden – WIR WERDEN UNSEREN PLAN ERFÜLLEN und WIR WOLLEN FRIEDEN UND FREIHEIT FÜR DIE WELT. Als sie den Platz überquerten, auf dem die große alte Kathedrale stand, sagte Smin zu Ditschuk: »Sagen Sie ihnen, daß dort jeden Sonntag Gottesdienst abgehalten wird; wenn man an Gott glauben will, darf man es tun.«

»Das habe ich schon getan«, sagte Ditschuk stolz. »Sie waren sehr froh, als sie das hörten.«

Der Zug der Maiparade würde natürlich über den Kreschtschatik führen – es gab keine berühmtere Straße in Kiew. Sie mußten um die Armeelastwagen herumfahren, um den Hoteleingang zu erreichen. Natürlich war die Tür um diese Zeit verschlossen. Als Ditschuk den Nachtpförtner geweckt hatte, damit dieser seine Gäste einlassen konnte, blieben sie noch eine Weile in der kühlen Luft der Aprilnacht stehen. »Ich wünschte«, sagte Candace Garfield ernst, und Ditschuk übersetzte, »wir hätten uns früher kennengelernt, Vetter Simyon. Es ist zu schade, daß wir morgen nach Tiflis weiterreisen müssen. Wir haben den Abend sehr genossen, und wenn Sie jemals nach Beverly Hills kommen . . .«

»Natürlich«, sagte Smin höflich und streckte die Arme aus, um sie an sich zu drücken. Als er seine Arme um sie legte, war sie noch schlanker, als er gedacht hatte, und ihr Haar duftete nach Frankreich und nach Amerika. »Nun, ja«, sagte Smin zu Ditschuk, als sie wegfuhren, »noch ein Pflichtbesuch, wenn wir wieder mal in Kalifornien sind. Lästig, nicht wahr?« Aber jetzt, da sie allein waren, schien es Ditschuk wieder bewußt geworden zu sein, daß Smin stellvertretender Direktor und höherer Parteifunktionär war; er schien nicht recht zu wissen, was er auf diese Bemerkung antworten sollte.

Als Smin wieder in der Wohnung seiner Mutter eintraf, schliefen alle schon. Um seinen Sohn nicht zu wecken, bewegte er sich ganz leise, als er sich 150 Milliliter Weinbrand einschenkte, die Menge, auf die er sich stets beschränkte. Dann streckte er sich dankbar neben seiner leise schnarchenden Frau aus. Es war ein interessanter Abend gewesen, wenn er auch einige Rätsel aufgegeben hatte – was hatte Dean Garfield wohl gemeint, als er seine Frau ein »Mädchen aus dem Tal« nannte? Ganz sicher war es ein angenehmes Ende eines Tages gewesen, der mit so vielen lästigen Sorgen begonnen hatte.

Als die Türglocke klingelte und jemand gleichzeitig laut an die Tür klopfte, schrak Smin aus seinem Schlaf auf. Es war nach drei Uhr! Selena saß aufrecht neben ihm im Bett und machte ein ängstliches Gesicht. »Nein, nein«, sagte er begütigend. Er brauchte sie nicht zu fragen, worüber sie sich erschrocken hatte, doch die schlimmen Tage waren vorbei, wo ein Klopfen an die Tür nur eines bedeuten konnte.

Er hätte sich fast wieder hingelegt, als er die Stimmen draußen hörte. Plötzlich stürzte sein Sohn in eine Wolldecke gehüllt ins Zimmer. »Papa!« rief er. »Es ist die Miliz! Sie haben eine wichtige Nachricht für dich – du mußt sofort nach Tschernobyl zurückfahren!«

4

FREITAG, 25. APRIL 1986

Leonid Scherantschuk versteht ähnlich wie die meisten Ingenieure und höheren Funktionäre des Kraftwerks Tschernobyl wenig von Kernenergie. Scherantschuks Fachgebiet sind Rohre, Pumpen, Wasser und Dampf, und seine Erfahrung beschränkt sich auf die Arbeit in der uralten torfbefeuerten Anlage nördlich von Moskau. Die meisten anderen Ingenieure haben ihre Erfahrungen in Kohle- und Ölkraftwerken gesammelt und dort auch Kenntnisse über Turbinen, Transformatoren und Elektrizität im allgemeinen erworben. Die Atomindustrie in der Sowjetunion hat sich so rapide entwickelt, daß sich zwangsläufig ein Mangel an in der Kerntechnik ausgebildeten Ingenieuren ergab – wenn sich auch die Arbeitsweise von Kernkraftwerken nicht grundsätzlich von der konventioneller Kraftwerke unterscheidet. In beiden verwandelt man Wasser in Dampf und den Dampf in Elektrizität. Die spezifischen Probleme, die sich aus der Nutzung der Kernkraft ergeben, so lernen die Ingenieure, seien schon lange auf höherer Ebene gelöst worden. Scherantschuk will mehr darüber wissen. Er hat sogar am örtlichen Polytechnikum einen Kursus in Nukleonik belegt, der allerdings erst in einem Monat beginnen soll. Inzwischen liest er jeden Text zum Thema, der ihm zugänglich ist.

Als Scherantschuk zu Hause ankam, überlegte er, sich noch ein Buch vorzunehmen, aber er war wirklich müde. Vielleicht später, dachte er. Statt dessen aß er eine Kleinigkeit, während die Neun-Uhr-Nachrichten unbeachtet über den Bildschirm gingen. Seine Frau hatte bereits mit ihrem Sohn gegessen, aber sie leistete ihm bei einem Glas Wein Gesellschaft. »War heute im Werk irgend etwas Besonderes los?« fragte sie wie eine brave Ehefrau.

»Nein«, sagte Scherantschuk; es hatte keinen Zweck, wenn er seiner Frau von dem Ärger mit dem geplanten Experiment in Reaktorblock IV erzählte; sie neigte ohnehin schon dazu, sich wegen der unbekannten Gefahren der Kernenergie Sorgen zu machen. »Es gab ein paar Probleme mit den Pumpen«, sagte er, »aber das hat sich inzwischen geklärt.« Er dachte einen Augenblick nach. »Der stellvertretende Direktor sagt, daß ich im allgemeinen gute Arbeit leiste.«

»Im allgemeinen?«

»Das ist so seine Art. Er nennt mich seinen Klempner.«

»Klempner!« Aber sie wußte, wie sehr ihr Mann den stellvertretenden Direktor Smin schätzte. »Dann wirst du morgen nicht hinfahren müssen?« fragte sie. »Du hast nämlich einen Termin bei der Zahnärztin.«

»An den Termin bei der Zahnärztin habe ich gar nicht mehr gedacht«, gestand Scherantschuk. Dann grinste er. »Weißt du, was sie mir beim letzten Mal sagte? Sie sagte: ›Es ist eine Schande, daß Sie diese Zähne aus rostfreiem Stahl haben. Heute könnten wir Ihnen viel bessere machen, welche aus Porzellan, die wären besser als Ihre eigenen. Alle Mädchen würden sich nach Ihnen umdrehen.‹«

»Die Mädchen brauchen sich nicht nach dir umzudrehen«, sagte Tamara scharf.

»Nicht einmal, um mich anzuschauen? Ich werde ihre Blicke schon nicht erwidern.«

»Die Weiber drehen sich gerade genug nach dir um«, sagte seine Frau. Schweigend fing sie an, das Geschirr abzuräumen, aber dann erinnerte sie sich an das junge Mädchen, das am Vormittag in die Klinik gekommen war, um eine Abtreibung vornehmen zu lassen. »Stell dir vor, Leonid! Sie war erst sechzehn Jahre alt. Nicht älter als Boris!«

»Unser Sohn kann wenigstens nicht schwanger werden«, erwiderte Scherantschuk. Er lächelte.

»Das Ganze ist doch schließlich kein Witz! Sie zerstört ein Leben, das sie in sich trägt, und dabei ist sie noch so jung.«

Nüchtern entgegnete ihr Mann: »Was soll sie denn sonst tun, Tamara? Mit sechzehn ist sie zum Heiraten noch zu jung. Erst recht ist sie zu jung, ein Kind großzuziehen. Sie ist doch selbst noch eins.«

»Ich könnte so etwas nie tun«, beharrte Tamara.

»Du mußtest es ja auch nie tun«, erwiderte Scherantschuk beschwichtigend. Warum auch? Sie arbeitete in einer Klinik und hatte Zugang zu Spiralen und anderen Verhütungsmitteln. Aber der Blick, den sie ihm zuwarf, als sie mit ihrer Hausarbeit weitermachte, hielt ihn davon ab, es ihr zu sagen. Es war kein wütender Blick, eher ein herablassender. *Du bist ein Mann,* schien dieser Blick zu sagen, *was verstehst du schon davon?*

Scherantschuk schaltete das Fernsehgerät ab und suchte aus

seiner Bibliothek ein paar Bücher über Kernenergie heraus. Als er das erste Buch aufschlug, mußte er gähnen. Um sich besser konzentrieren zu können, schob er eine Magnitizdat-Kassette in das Abspielgerät, und zu den leisen Klängen eines satirischen Songs von Wladimir Wyschinsky fing er an zu lesen.

Tamara Scherantschuk hielt in ihrer Arbeit inne und hörte zu. Es war nicht ungewöhnlich, daß sie Kassetten von Wyschinsky, Aleksander Galitsch oder Boulat Okutschawa abspielten – alles Liedermacher, die im aber nicht vom Sowjetsystem lebten. Ihre Aufnahmen wurden von Melodya nicht in Platten gepreßt. Ihre Lieder waren offiziell nicht anerkannt, aber fast jeder Sowjetbürger kannte sie auswendig. Sie gingen von Hand zu Hand und wurden heimlich auf Kassetten aufgenommen, die *»magnitizdat«* genannt wurden. »Könntest du es nicht ein bißchen leiser stellen?« bat sie. Die Bänder waren nicht illegal, aber man bestand nicht unbedingt darauf, daß die Nachbarn mithörten.

Dennoch . . .

Sie hatte Scherantschuk bei einem Okutschawa-Konzert kennengelernt. Das Konzert hatte nicht etwa in einem Saal oder Stadion, sondern an einem Frühlingsabend in einem Wald aus Birken und Kiefern stattgefunden; es war kühl gewesen und hatte leicht geregnet. Dennoch waren über zweihundert Leute in den Wald gekommen, um den Balladen dieses Liedermachers aus Georgien zuzuhören.

Die Leute waren alle ziemlich jung gewesen, unter ihnen hatte sie einen rothaarigen jungen Mann gesehen, der allein gekommen war und nicht lächelte, als er sie sah. Während die Zuhörer unter den Bäumen auf und ab gingen, um sich ein wenig aufzuwärmen, hatte sie plötzlich neben ihm gestanden. Sie hatte sich von der kleinen Gruppe verabschiedet, mit der sie gekommen war, und Scherantschuk hatte sie nach Hause gebracht.

Bei diesem Konzert hatte Tamara sich erkältet, aber gleichzeitig einen Ehemann gefunden.

Scherantschuk war entschlossen, am nächsten Morgen trotz des Termins bei der Ärztin früh und in guter Verfassung zur Arbeit zu fahren. Deshalb gab er seinen immer wieder von Gähnen unterbrochenen Kampf mit seiner Lektüre auf und ging um zehn Uhr ins Bett. Aber er konnte nicht einschlafen. Er hörte, wie seine Frau bei leiser Radiomusik Boris' weißes Schulhemd für den nächsten Morgen bügelte und wie Boris von seiner Komsomol-Versammlung nach Hause kam und sofort zum Kühlschrank ging. Die Versammlung hatte der Vorbereitung der Maifeier gedient.

Kurz bevor er einschlief, fiel ihm ein, daß er nicht geprüft hatte, ob die automatischen Pumpen wieder eingeschaltet worden waren, nachdem sich herausgestellt hatte, daß das Experiment am Nachmittag nicht durchgeführt werden konnte.

Das Experiment selbst ging ihn nichts an. Die Pumpen allerdings waren seine Sache. Er dachte einen Augenblick nach. Dann drehte er sich auf die linke Seite und rollte sich wie ein Fötus zusammen, eine Position, die für ihn bequem war und in der er gut einschlafen konnte. Die Schichtingenieure werden schon dafür gesorgt haben, daß die Pumpen wieder eingeschaltet werden, beruhigte er sich. Es hatte keinen Sinn, wach zu bleiben und sich darüber Sorgen zu machen. Er versuchte, an angenehme Dinge zu denken; an Tamara zum Beispiel, die immer noch im Nebenzimmer beschäftigt war. Er wollte sie schon bitten, zu ihm ins Bett zu kommen, denn danach konnte er immer gut schlafen, aber dann dachte er an den Jungen, der jetzt wahrscheinlich seine Bücher vor sich ausgebreitet hatte und noch einen Apfel aß. Er mußte sich auf die Geographieprüfung am Samstag vorbereiten. Scherantschuk bedauerte, nicht früher daran gedacht zu haben; dann hätten sie die Abwesenheit des Jungen ausnutzen können, und es wäre so gewesen wie in der ersten Zeit ihrer Ehe . . . Er war schon fast eingeschlafen, als das laute Geräusch der Toilettenspülung aus der Nachbarwohnung ihn hochschrecken ließ. Er tastete nach dem Wecker und hielt ihn in das Licht, das vom Fenster herkam. Es war schon nach Mitternacht. Ein neuer Tag, und immer noch mußte er an die Pumpen denken.

Scherantschuk stöhnte, richtete sich auf, stellte die Füße auf den Fußboden und rieb sich das Kinn. Nach einer Weile seufzte er, warf sich seinen Morgenmantel über und ging ins Wohnzimmer, um im Werk anzurufen. In der Diele traf er auf Tamara, die gerade ins Bad wollte. »Was? Du bist noch wach?« rief sie. Er gab ihr einen leichten Klaps auf den Hintern, aber er blieb nicht stehen.

Boris schlief schon auf der Couch, und Scherantschuk versuchte, seine Stimme zu dämpfen, als er mit Kalytschenko sprach, einem der Techniker der Nachtschicht. »Die Pumpen . . .« sagte er und schwieg überrascht, als Kalytschenko ihm erklärte, der Reaktor werde bereits in Naturumlauf gefahren, das Experiment finde also gerade statt. Das bedeutete, daß der Reaktor auf sechs Prozent seiner Volleistung heruntergefahren worden war und das Kühlwasser in seinem Kreislauf zwischen den heißen Brennelementen und den Turbinen nicht mehr von Pumpen, sondern durch seine eigene Thermik umgewälzt wurde. »Ohne die Anwesenheit des Direktors? Aber dann ist gewiß Smin . . .« Aber nein, Smin sei auch nicht da; er werde auch nicht vermißt, erwiderte Kalytschenko, denn, abgesehen von einigen lokalen Leistungserhöhungen, verlaufe das Experiment ohne Zwischenfälle.

Scherantschuk runzelte die Stirn. »Was für Leistungserhöhungen? Von sechs auf elf Prozent. Das ist doch nicht wenig!« Er hörte noch eine Weile zu und legte auf. Er öffnete den Kühlschrank und schenkte sich ein Glas Apfelsaft ein. Während er den Saft trank, betrachtete er nachdenklich seinen schlafenden Sohn.

Dabei fiel ihm ein, daß Boris wohl nicht aufwachen und daß seine Frau wahrscheinlich noch nicht schlafen würde.

Er nahm sich vor, keinen Schlaf mehr über Dinge zu verlieren, für die er nicht verantwortlich war. Dann ging er ins Bett. Tamara schlief schon auf ihrer Seite des Bettes, und vorsichtshalber legte Scherantschuk einen Arm um sie. Sie machte ein leises Geräusch, aber dann wandte sie sich ab.

Nun, ja.

Auch er drehte sich um und war bald darauf eingeschlafen.

Eine halbe Stunde später stand er seufzend auf und zog sich an. Um ein Uhr war er unten auf der kalten Straße, denn er hatte keine Lust, wach zu Hause zu sitzen und sich Sorgen um das Werk zu machen. Diese Sorgen konnte er sich ebenso gut an Ort und Stelle machen. Um diese Zeit war er fast allein auf der Straße; die Trolleybusse hatten für diese Nacht schon lange den Betrieb eingestellt; nur gelegentlich sah er ein erleuchtetes Fenster in einem der Wohnblocks. Ein Duft von Flieder durchzog die Nacht.

Irgendwie war Scherantschuk froh, daß er auch zu einer so ungewöhnlichen Tageszeit ins Kraftwerk gehörte. Das erinnerte ihn an die Bedeutung ihrer Tätigkeit. Überall im Land hatten die Fabriken längst geschlossen, die Leute hatten das Licht gelöscht und ihre Fernsehgeräte ausgeschaltet; der Bedarf an Elektrizität sank von Minute zu Minute. Ölbefeuerte Kraftwerke stellten nachts die Turbinen ab. Kohle- und Torfanlagen hielten nur ihre Feuer am Brennen; die hydroelektrischen Generatoren wurden langsamer, wenn die Dampfzufuhr gedrosselt wurde, um die Betriebstemperatur in den riesigen Behältern aufrechtzuerhalten. Aber Tschernobyl arbeitete weiter. Das Kraftwerk durfte nicht stillstehen.

Es war eine warme Nacht; nur wenige Wolken zogen unter den Sternen dahin, als er durch die stillen Straßen von Pripjet ging. Er fragte sich, warum Smin in dieser Nacht nicht da war. Gewiß, der stellvertretende Direktor hatte es sich zur Regel gemacht, die anfallende Arbeit den Leuten zu überlassen, denen sie auch anvertraut war. Andererseits hatte Smin die Gewohnheit, aufzutauchen, wann und wo er gebraucht wurde. Der Mann leistete hervorragende Arbeit. Scherantschuk mußte an das Gespräch in der Sauna denken. Als Smin das Handtuch verrutscht war, hatte Scherantschuk die breite, blasse, fast glänzende Brandnarbe gesehen, die sich an seiner linken Gesichtsseite über den Hals bis zum Rücken hinzog; sie stammte aus dem Großen Vaterländischen Krieg, das wußte Scherantschuk, aber Smin hatte nie darüber gesprochen, wie er sie sich zugezogen hatte. Scherantschuk hätte gern gewußt, was für ein Gefühl es ist, im Krieg zu sein. Während des Großen Vaterländischen Krieges war er noch ein Kind gewesen; seinen eigenen Militärdienst hatte er im Frieden absolviert – allgemein jedenfalls herrschte damals Frieden, wenn man von ein paar Schießereien mit den Chinesen am Amur absah, aber Scherantschuk war dreitausend Kilometer von jeder Art von Gefechten entfernt gewesen.

Scherantschuks kleine Wohnung lag drei Kilometer vom Kraftwerk entfernt, aber in dieser Nacht hatte er Glück. Ein Krankenwagen fuhr langsam vorbei, und auf sein Winken hin hielt der Fahrer an und nahm ihn mit. Scherantschuk glaubte, in dem Arzt, der mitfuhr, einen Kollegen von Tamara zu erkennen, und als er seinen eigenen Namen nannte, wußte der Mann sofort, wer er war. Er komme gerade von einem kleinen Mädchen, erzählte der Arzt, das etwas verschluckt hatte, was es nicht hätte verschlucken dürfen – ja, ja, das Kind sei wohlauf, ihm sei nur noch ein wenig übel, weil ihm der Magen ausgepumpt worden war –, und er selbst sei nun auf dem Weg zurück in die Klinik. Aber er habe es nicht eilig und sei gern bereit, Tamara Scherantschuks Mann einen Gefallen zu tun.

Der Wagen mußte einem Radfahrer ausweichen und brachte den Ingenieur bis vor das Werkstor. Er bedankte sich bei dem Arzt, stieg aus und suchte nach seinem Ausweis, während er den Krankenwagen langsam davonfahren sah. Obwohl das Kernkraftwerk Tschernobyl jenseits des Zaunes so hell erleuchtet war, als sei jetzt Tag, lag hier draußen die friedliche Dunkelheit der Nacht über dem Land. Das einzige, was sich bewegte, waren der Krankenwagen, der Radfahrer und irgendein Gesundheitsfanatiker, der seinen Morgenspaziergang absolvierte und Scherantschuk, der immer noch vor dem Tor stand, überhaupt nicht beachtete.

Merkwürdig war, daß Scherantschuk sich jetzt, wo er das Werk erreichte, wirklich schläfrig fühlte: am liebsten wäre er auf der Stelle umgekehrt und wieder ins Bett gegangen.

Er mußte lachen. Doch da er nun einmal hier war, wollte er auch hineingehen und selbst sehen, was die Leute mit dem Reaktor IV anstellten . . .

Er zeigte der Wache am Tor gerade seinen Ausweis, als sich die Welt um ihn herum veränderte.

Plötzlich sah er einen orangeweißen Lichtblitz, aus dem ein Feuerpilz emporstieg, und dann ließ das donnernde, ohrenbetäubende Krachen einer gewaltigen Explosion die Erde erbeben. »Mein Gott!« rief Scherantschuk und packte den Mann neben ihm am Arm. Entsetzt starrten die beiden Männer zu dem Feuer hinüber.

Der Lärm hörte nicht auf. In der Ferne hörten sie das Gebrüll von Männern. »Aber das ist doch ganz unmöglich!« schrie der Wachmann Scherantschuk anklagend ins Ohr.

Scherantschuk schaute immer noch mit offenem Mund in den brennenden Himmel. Der große Feuerball schwebte davon und wurde kleiner, aber hinter ihm entstand eine dunkelrote Glut, die rasch anschwoll. Zu den anderen Geräuschen kam ein neues hinzu, ein Prasseln – nein, ein Sturzbach –, aber es war kein Regen, der vom Himmel fiel; was um sie herum auf den Boden aufschlug, waren Steinbrocken, Ziegel und Metalltrümmer. »Ja«, sagte Scherantschuk wie in Trance, »es ist ganz unmöglich.«

Aber es war geschehen.

5

SAMSTAG, 26. APRIL 1986

Das Kernkraftwerk Tschernobyl besteht aus vier Einheiten; jede dieser Einheiten ist ein RBMK-1000-»Druckröhren«-Reaktor. Der RBMK ist nicht der einzige, jedoch der meistgebaute Kernreaktortyp in der Sowjetunion. Über das ganze Land verteilt sind etwa zwei Dutzend dieser Kernreaktoren in Betrieb; die Modelle der Serie 1000 mit einer Leistung von je 1000 Megawatt sind die größten und modernsten aller bisher ans Netz gegangenen Reaktoren. Allerdings befinden sich noch größere bereits im Bau.

Die Brennelemente bestehen aus Urandioxidstäben, die von einem Stahlmantel umgeben sind und in einem Druckrohr aus einer Zirkon-Niob-Legierung stecken. Diese Brennstäbe sind in einen riesigen Block aus Graphit-Ziegeln eingelassen. (Dieser Graphit dient als sogenannter »Moderator«. Zur Spaltung eines Uranatoms bedarf es keines äußeren Einflusses. Es spaltet sich von selbst; das heißt, es bricht auseinander. Bei diesem Spaltungsprozeß wird Atomenergie in Gestalt von Wärme erzeugt. Da sich Uran-Atome ständig spalten, nennt man das Uran »radioaktiv«. Wenn ein Atom sich spaltet, werden Neutronen frei, die Kerne anderer Atome treffen und diese ebenfalls spalten. Die bei einer Spaltung freigesetzten Neutronen schießen jedoch so schnell aus den zerfallenen Urankernen heraus, daß sie von den anderen Uran-Atomen nicht eingefangen werden können; sie müssen abgebremst werden, damit die Reaktion so abläuft, daß sie dem Menschen von Nutzen ist. Zusammen mit einigem anderen Material hat Graphit die Eigenschaft, die herausschießenden Neutronen zu »moderieren« bzw. abzubremsen; auf diese Weise kann in einem Reaktor die Geschwindigkeit der Reaktion gesteuert werden.)

Neben den Brennstäben durchziehen im Reaktorkern fast 1700 senkrecht verlaufende Bohrungen, die Kühlkanäle, den Graphit-Moderatorblock. Wenn sich das Uran spaltet, gibt es Wärme ab. Das durch die Kühlkanäle fließende Wasser nimmt diese Wärme auf, so daß das Uran nicht schmelzen kann. Gleichzeitig liefert dieses Wasser den Dampf, der die Turbinen antreibt und dadurch elektrische Energie erzeugt. Wie jeder andere Kernreaktor auf der Welt ist auch der RBMK-1000 so ausgelegt, daß er völlig sicher ist. Und das ist er auch, solange nichts schiefgeht.

An diesem Freitagabend um zehn Uhr versuchte auch Bohdan Kalytschenko zu schlafen, aber er befand sich in einer weniger günstigen Situation als Leonid Scherantschuk. Er lag in einer

Schlafkoje in der Feuerschutzabteilung des Kernkraftwerks Tschernobyl. Die Koje hatte ihm ein befreundeter Feuerwehrmann namens Wissgerdis zur Verfügung gestellt, der zur Feuerschutzabteilung Nr. 2 des Werks gehörte. Die Koje war für einen sehr viel kleineren Mann gebaut worden als Kalytschenko. Er hatte Mühe, sich einigermaßen bequem hinzulegen. Doch es lag nicht nur an der Koje, es lag an seiner Arbeit, an seinem Chef, an den Vorgesetzten seines Chefs wie Chrenow, an seinem Mädchen und der bevorstehenden Hochzeit – es lag auch an der Tatsache, daß die Feuerwehrleute ihn dazu verleitet hatten, zwei Stunden mit ihnen Karten zu spielen, daß er nicht schlafen konnte. Jetzt war er acht Rubel und fünfzig Kopeken ärmer als am Nachmittag, und Raia, seine Verlobte, würde bestimmt erfahren, daß er wieder gespielt hatte.

Er zog sich die dünne verschwitzte Wolldecke über den Kopf, um den Lärm der Kartenspieler nicht hören zu müssen. Es nützte nichts. Jetzt war es für ihn zwar dunkel, aber gleichzeitig zu heiß; und die Stimmen der Männer im Nebenzimmer waren immer noch zu hören. Er roch sogar den Qualm ihres Tabaks. Kalytschenko war stolz darauf, daß er wenigstens nicht rauchte. Er war sogar Rauchern gegenüber ausgesprochen intolerant. Auch seine Verlobte rauchte – aber in ihrem Fall war es ganz nützlich, daß sie wenigstens einem Laster frönte, das er nicht hatte. Besonders günstig wird sich das nach unserer Eheschließung auswirken, dachte er finster. Jedenfalls würde er eine solche Aufrechnungsmöglichkeit dann besonders dringend brauchen.

Der Gedanke an eine Heirat war für Bohdan Kalytschenko kein Grund zu ungetrübter Freude. Früher oder später mußte er natürlich heiraten. Das tat schließlich jeder. Aber er war für diese Art der Kapitulation eigentlich noch nicht reif. Im übrigen war es ganz allein Raias Schuld, daß sie schwanger geworden war. Wenn sie allerdings erst verheiratet waren und ein Zimmer in einem Familienhotel bekamen, würden sie jede Nacht miteinander schlafen können, und dieser Gedanke war nicht direkt unangenehm. Allerdings nur, bis das Baby geboren war, denn für alle drei würde das eine Zimmer nicht ausreichen. Selbst in Pripjet gab es lange Wartelisten für Wohnungen. Zuerst würden sie natürlich in die Flitterwochen fahren . . . Aber selbst da wird es Schwierigkeiten geben, dachte Kalytschenko mißmutig. Raia wollte unbedingt ans Schwarze Meer fahren. Keiner von ihnen stand in der Hierarchie so hoch, daß das Werk sie in eines der eigens unterhaltenen »Sanatorien« schicken würde; das bedeutete, daß sie irgendeinem Wegelagerer auf der Krim sieben Rubel pro Tag würden zahlen müssen und noch froh sein mußten, wenn in ihrem Zimmer nicht noch sechs weitere Betten standen.

Er klopfte auf das Kissen, schlug die Decke zur Seite und richtete sich wütend auf.

Wie konnten die anderen Männer hier nur so fest schlafen? Mindestens ein halbes Dutzend Kojen waren besetzt, und aus den meisten drangen leise Schnarchtöne. Aus der Koje neben seiner kam ein etwas lauteres Schnarchen. Der Feuerwehrmann, der in ihr schlief, wurde »Sommer« genannt, er war der beste Torschütze der Vier Jahreszeiten.

Kalytschenko überlegte noch immer, ob es sich wohl lohnte, sich wieder hinzulegen, als Wissgerdis den Kopf zur Tür hereinsteckte. »Kalytschenko? Telefon!« rief er. Als Kalytschenko fragte, wer ihn denn hier anrufen würde, schaute Wissgerdis nach oben und reckte einen Daumen in die Luft. Dann ging er zu seinen Karten zurück. Das konnte bedeuten: Entweder rief ihn der liebe Gott selbst oder – der KGB. Aber was zum Teufel konnte *der* von ihm wollen? Die Stimme am Telefon gehörte Chrenow, dem Beauftragten für Personal und Sicherheit. »Techniker Kalytschenko«, sagte er freundlich, »wie schön, daß Sie zur Abwechslung mal allein schlafen, aber vielleicht ist es Ihnen möglich, sich ein wenig früher zur Arbeit zu melden, denn wir brauchen Sie. Die thermische Leistung bei Reaktor IV sinkt sehr schnell ab.«

»Mit Vergnügen«, knurrte Kalytschenko und schaute auf die Uhr. Es war noch nicht einmal elf! Während er sich anzog, trank er eine halbe Tasse von dem starken Tee, den die Feuerwehrmänner für den Fall bereithielten, daß sie schnell munter werden mußten. Rasch streifte er sich seine Kleidung über. Es sah Chrenow ähnlich, ihn selbst anzurufen, anstatt diese Arbeit dem Schichtingenieur zu überlassen. Es war nicht etwa so, daß Chrenow sich in die technischen Belange im Kraftwerk einmischte – er hielt sich streng in den Grenzen seiner Kompetenz.

Aber wo lagen diese Grenzen?

Kalytschenko verschwendete nicht viel Zeit darauf, sich über Chrenows Befehle zu ärgern oder sich zu überlegen, wieso der Personalchef gewußt hatte, wo er, Kalytschenko, zu finden war; natürlich fand Chrenow jederzeit jeden, wenn er es wollte. Was Kalytschenko aber wirklich ärgerte, waren Chrenows ständige dumme Witze über seine Beziehungen zu der Frau, die er schließlich heiraten wollte. Das ging den KGB nun wirklich nichts an.

Kalytschenko kam nicht auf den Gedanken, sich bei irgendwem über Chrenows Verhalten zu beschweren. Bei wem sollte er sich schon über den KGB beschweren?

Wissgerdis stand vom Spieltisch auf und ging zu Kalytschenko hinüber. »Was ist los?« fragte er. »Man erzählt, daß mit dem Reaktorblock IV heute nacht seltsame Dinge geschehen.«

Kalytschenko hatte sich gerade einen Stiefel angezogen. »Ja, natürlich«, sagte er, aber dann erinnerte er sich wieder. »Nein, das ist nichts Seltsames. Hier wird nur eine neue Methode der Energiekonservierung getestet.« Irgendwie waren die beiden Freunde – Wissgerdis war wie er ein halber Litauer. Schon dadurch, daß die beiden Männer sich durch ihre Größe und Blässe von den untersetzten Slawen unterschieden, waren sie zumindest gute Bekannte geworden. Dennoch vergaß Kalytschenko nie, daß er akkreditierter Nukleartechniker war und Wissgerdis nur Feuerwehrmann. »Eine technische Angelegenheit«, sagte er. »Nichts Wichtiges.« Aber, so überlegte er, wenn solche Experimente abliefen, waren sie die ganze Nacht beschäftigt. So etwas war immer ärgerlich. Normalerweise zog Kalytschenko es vor, nachts zu arbeiten. Schließlich funktionierte das Kernkraftwerk Tschernobyl von ganz allein. Alle Techniker der Mitternachtsschicht schliefen gelegentlich; doch natürlich achteten sie darauf, daß immer jemand die Instrumente im Auge behielt und auf das Telefon achtete, für den Fall, daß die Elektrizitätsbehörde aus Kiew anrufen sollte. Viel zu tun gab es nachts jedenfalls nicht, schon gar nicht, wenn keiner von den Chefs anwesend war.

Aber heute nacht wird es anders sein, dachte er verdrießlich. Widerwillig verließ er die gemütlichen kleinen Räumlichkeiten der Feuerschutzabteilung und bedankte sich kurz bei Wissgerdis, der schon wieder am Spieltisch saß. Im Kraftwerk war es nicht sehr ruhig – das war es nie, denn ständig hatte man das Kreischen der Turbinen im Ohr, ganz gleich, wo man sich im Gebäude aufhielt. Aber das Werk lag fast verlassen da. Um diese Zeit befanden sich allenfalls hundert Leute auf dem riesigen Gelände. Die Bauarbeiten wurden an den Wochenenden eingestellt, und die dreitausend Arbeiter, die bei Tage das Gelände bevölkerten, waren alle zu Hause.

Der Kontrollraum für die Reaktorblöcke III und IV, den Kalytschenko bald darauf betrat, war jedoch alles andere als verlassen. Er war beinahe überfüllt. Die Männer der Spätschicht waren immer noch da, und ein paar Leute, die um Mitternacht ablösen sollten, waren auch schon gekommen, obwohl es erst elf Uhr dreißig war. Auch Chrenow war anwesend, er sah noch nachdenklicher aus als gewöhnlich. Erstaunlicherweise befand sich auch Witaly Warazin im Kontrollraum.

Der Sicherheitschef sah Kalytschenko scharf an. »Sind Sie gerade aufgestanden, Kalytschenko?« fragte er – das war seine Art, gute Laune zu demonstrieren, aber weswegen sollte er gute Laune haben? »Ist es Ihnen diesmal wenigstens gelungen, ein wenig zu schlafen?«

Bei einem anderen, etwa bei Smin, hätte Kalytschenko wahrscheinlich geantwortet, daß es allein seine Sache sei, wann und mit wem er schlafe. Nicht so bei Chrenow. »Danke, ja«, sagte er höflich, aber dabei beließ er es. Er löste den anderen Techniker ab und nahm dessen Platz vor der riesigen Instrumentenwand ein. Er runzelte die Stirn, als er sah, daß die Haupt-Kühlmittelpumpen noch immer ausgeschaltet waren. »Sollten wir sie nicht wieder anschalten?« fragte er den Schichtingenieur.

Der Chefingenieur antwortete an dessen Stelle. »Nein, Kalytschenko«, sagte er. »Wir sollten den Block IV vom Netz nehmen und können jetzt das geplante Experiment durchführen.«

Und Chrenow, der hinter Kalytschenko stand, sagte freundlich: »Gefällt Ihnen das etwa nicht?«

Kalytschenko antwortete nicht. Er brauchte auch nicht mehr zu antworten, denn zwei Männer betraten den Kontrollraum. Für Kalytschenko waren sie Fremde, aber für Chrenow offenbar nicht, denn er ging ihnen sofort entgegen, um sie zu begrüßen.

Mit finsterem Gesicht betrachtete Kalytschenko die Anzeigen. Das beste an seinem Job war, daß es so wenig zu tun gab; die Arbeit ließ sich bequem erledigen, wenn keine Leute ihm über die Schulter sahen. Aber heute nacht war alles anders. Noch ein Fremder war hereingestürzt, er sah genau so zerknittert und verschlafen aus wie die andern beiden. Der Chefingenieur flüsterte Kalytschenko zu, daß die beiden gekommen seien, um das Experiment zu beobachten – sie seien leitende Funktionäre eines Turbinenwerks und anderer Kraftwerke. Wer immer sie sein mochten, sie waren Kalytschenko jedenfalls nicht willkommen, Chrenow ebensowenig, der mit dieser rein technischen Angelegenheit eigentlich überhaupt nichts zu tun hatte. Was den Chefingenieur Warazin betraf, so war es natürlich sein gutes Recht, sich jederzeit überall dort aufzuhalten, wo er sich aufhalten wollte. Kalytschenko hatte ihn allerdings noch nie nach Mitternacht im Kontrollraum gesehen. Bei so vielen Anwesenden gab es für ihn nicht die geringste Chance, für eine halbe Stunde zu verschwinden, um sich von seinen Pflichten auszuruhen.

Chrenow und der Chefingenieur sahen gut rasiert und frisch gewaschen aus; sie entschuldigten sich bei den Gästen in humorvoller Form dafür, daß man sie so spät noch aus den Betten hätte reißen müssen. »Jedenfalls sehen Sie jetzt, wie schwer wir hier in Tschernobyl arbeiten müssen«, sagte Warazin leutselig. »Auf jeden Fall kommen Sie gerade rechtzeitig. Wir haben schon angefangen, bei Block IV die Leistung zu verringern.«

»Ausgezeichnet«, sagte einer der Besucher höflich und schaute sich um. »Und wo sind der Direktor und der stellvertretende Direktor?« fragte er.

»Der Direktor hat die ganze Angelegenheit Warazin, dem Chefingenieur, überlassen«, sagte Chrenow. Er lächelte. »Was Smin betrifft, so habe ich versucht, ihn anzurufen, aber er ist privat unterwegs und nicht zu erreichen. Wenn die beiden am Montag wieder zur Arbeit kommen, werden sie also eine angenehme Überraschung erleben.«

»Genau«, sagte Warazin und rieb sich die Hände. »Als Leiter des Experiments werde ich jetzt die Mitarbeiter über die Einzelheiten informieren.« Er trat auf die Instrumentenwand zu und hob die Stimme. »Ich bitte um Ihre Aufmerksamkeit. Es ist meine Pflicht, Sie über dieses Experiment genauer in Kenntnis zu setzen. Aber fahren Sie fort mit dem, was Sie gerade tun, denn wir wollen nicht die ganze Nacht hier verbringen.«

Kalytschenko hörte nur mit halbem Ohr zu. Seine Hauptaufmerksamkeit galt der heiklen Aufgabe, bei Reaktorblock IV die Temperatur zu verringern, wenn das, was der Chefingenieur sagte, auch recht interessant klang. Kalytschenko vergaß fast seine Müdigkeit, als er hörte, worum es bei diesem Experiment ging.

Der eigentliche Sinn dieses Experiments, so verkündete Warazin, sei es, herauszufinden, ob sich aus der Hitze brauchbare Energie gewinnen ließe, die bei einem Kernreaktor normalerweise verlorengeht, wenn er wegen Wartungsarbeiten auf sechs Prozent seiner Volleistung heruntergefahren werden mußte. Ein Reaktor blieb natürlich immer heiß; er blieb so lange heiß, bis er ganz außer Betrieb genommen wurde, was irgendwann im nächsten Jahrhundert geschehen würde. Aber es war bisher nicht üblich, die Wärme, die während der Wartungsarbeiten am Reaktor entstand, auch zu nutzen. Vielleicht konnte Tschernobyl für eine andere Praxis wegweisend sein.

Während Warazin diese neue Praxis erläuterte, trafen noch

weitere unausgeschlafene Besucher ein. Der Chefingenieur nickte ihnen freundlich zu und sagte: »Und auf folgende Weise werden wir es den Kollegen in der ganzen Sowjetunion vormachen.« Er wirkte plötzlich sehr ernst und fuhr fort: »Die neue Maßnahme könnte sich besonders unter Katastrophenbedingungen sehr positiv auswirken. Sie könnten zum Beispiel eine ununterbrochene Energieversorgung sicherstellen, bis die Notaggregate eingeschaltet werden können. Hat jemand Fragen?«

Der Schichtingenieur hob die Hand. »Ich verstehe nicht ganz, was Sie mit den Katastrophenbedingungen meinen, auf die wir uns vorbereiten müssen, Witali Alexandrowitsch«, rief er.

»Wer kann das schon sagen«, lächelte der Chefingenieur. »Ein Orkan vielleicht? Ein Erdbeben? Oder . . .« er schaute sie bedeutungsvoll an – »vielleicht sogar ein plötzlicher Kernwaffenangriff von seiten unserer Feinde.«

»Aha«, sagte der Schichtingenieur. »Natürlich. Aber ich habe noch eine Frage. Warum schalten wir den Reaktor nicht einfach ab, anstatt zu versuchen, seine Leistung zu verringern?«

»Weil wir«, sagte der Chefingenieur streng, »ganz sicher sein müssen. Wir werden diesen Test einige Male durchführen, und dabei jedesmal genau die Ergebnisse notieren. Es ist letzten Endes eine Frage der Sicherheit des Kernkraftwerks Tschernobyl – und in Fragen der Sicherheit des Kernkraftwerks Tschernobyl können wir gar nicht vorsichtig genug sein.«

Kalytschenko stöhnte innerlich auf. Einige Male durchführen! Mit diesem Experiment würden sie die ganze Nacht zu tun haben, wahrscheinlich sogar bis weit in den Samstagvormittag hinein! Danach sah es jedenfalls aus. Resigniert beugte er sich wieder über sein Schaltpult.

Die normale Nachtschicht im Kontrollraum bestand nur aus einem halben Dutzend Leuten; nur so viele Leute wie unbedingt erforderlich. In den späten Nachtstunden wurde in der Sowjetunion nicht viel Strom gebraucht. Anständige Sowjetbürger gingen abends früh ins Bett, damit sie sich morgens wieder ausgeruht an ihre Arbeit machen konnten.

Heute war alles anders. Neben Kalytschenkos eigener Crew

waren noch vier Männer von der Spätschicht da; sie waren ganz offensichtlich nicht sehr glücklich, Überstunden zu machen, die ihnen wahrscheinlich niemand bezahlen würde. Hinzu kamen die Besucher, der Chefingenieur und Chrenow, der Mann von der Personalabteilung.

Die Leistung eines RBMK herunterzufahren ist etwas anderes, als ein Radiogerät leiser zu stellen. Ihn ganz auszuschalten, ist viel leichter. Man schiebt einfach alle zweihundertzehn Regelstäbe aus Borcarbid von oben in den Graphitblock hinein. Borcarbid ist ein neutronenabsorbierendes Material. Es saugt die herausschießenden Neutronen auf, so daß sie keine anderen Atome mehr spalten können. Die Reaktion kommt zum Stillstand.

Den Reaktor hingegen herunterzufahren, das heißt, die Reaktion zu verlangsamen, ist eine völlig andere Sache. Es gibt dafür drei verschiedene Möglichkeiten. Erstens: Man schiebt nur wenige Regelstäbe in den Reaktorkern. Nicht zu viele; die Reaktion soll in diesem Fall ja nicht zum Stillstand kommen. (Ist der Reaktor einmal abgeschaltet, sammeln sich Abfallprodukte an, von denen das Element Xenon das schlimmste ist, da es jeder Spaltungsreaktion noch stärker entgegenwirkt als Borcarbid. Dann läßt sich der Reaktor erst wieder in Betrieb nehmen, wenn das Xenon verschwunden ist, und das kann Wochen dauern.)

Zweitens: Zur Feinregelung kann man das Gasgemisch in dem versiegelten Raum um den Kern herum in seiner Zusammensetzung verändern. Einige der Gase absorbieren ebenfalls Neutronen, wenn auch nicht in gleichem Maße wie Borcarbid. Um die Reaktion zu verlangsamen, erhöht man einfach den Anteil dieser Gase.

Die dritte Möglichkeit ist der Einsatz von Wasser. Das Wasser, das den Kern durchfließt, um in Dampf umgewandelt zu werden, der dann die Turbinen antreibt, absorbiert ebenfalls Neutronen – solange es Wasser bleibt. Hat sich das Wasser einmal in Dampf verwandelt, absorbiert es wegen seiner geringeren Dichte weniger Neutronen, und die Kernreaktion läuft schneller ab. Den Kühlmittelverlust durch die Umwandlung von Dampf in Wasser nennt man den »positiven Void-

Koeffizienten«. Damit ist gemeint, daß die Leistung der Brennelemente bei Kühlmittelverlust nicht abnimmt, sondern exponentiell zunimmt. Und das kann sehr schnell gehen. Je mehr Dampf sich im Kühlsystem befindet, um so schneller läuft die Reaktion ab, und je schneller die Reaktion, um so mehr Dampf entsteht. Der Reaktor darf weder »sterben« noch »durchgehen«; die Balance zwischen beiden Extremen zu halten, ist eine heikle Aufgabe, gewissermaßen ein ständiger »Tanz« von Regelstäben und Pumpen.

Wenn alles gut ablief, hatte Kalytschenko seine Freude an diesem Tanz. Das meiste dabei geschah ohnehin automatisch. Im Reaktor gab es eine große Anzahl von Wärmesensoren. Die optimale Betriebstemperatur der hundertachtzig Tonnen Uranbrennstoff lag um einige hundert Grad höher als die Temperatur, bei der sich Graphit entzündete. Graphit ist Kohlenstoff, und Kohlenstoff ist brennbar. Aber Graphit kann nur brennen, wenn Sauerstoff hinzutritt. Das Eindringen von Sauerstoff in das Gasgemisch in den Mantel, der den Graphitblock umgab, wurde mit peinlicher Sorgfalt verhindert. Stieg die Temperatur zu sehr an oder fiel sie zu stark ab, meldeten das die teuren, aus dem Westen importierten Meßinstrumente. Dann betätigte der jeweilige Techniker das elektrisch betriebene Gerät, mit dem er die Regelstäbe tiefer in den Kern einführen oder ein wenig höher ziehen konnte. Wenn aber die Temperatur drastisch anstieg, hatte der Techniker überhaupt nichts zu tun, denn alle automatischen Pumpen ließen Fluten von kaltem Wasser durch den Reaktorkern strömen, um ihn zu kühlen.

Das konnte in dieser Nacht allerdings nicht geschehen, weil das automatische System schon seit Stunden abgeschaltet war. Die Techniker bemühten sich ohnehin, keine Situation eintreten zu lassen, in der diese Flutungsautomatik ausgelöst wurde.

Noch etwas anderes fürchteten die Techniker – jedenfalls Kalytschenko: die Temperatur langsam zu senken. Das war eine schweißtreibende Angelegenheit, denn bei geringer Leistung war der RBMK notorisch schwer zu kontrollieren. Das lag zum Teil daran, daß er so groß war. Die Wärmesensoren waren nicht überall angebracht. Ein Teil des Kerns mochte die gewünschte Temperatur aufweisen, während eine Armlänge davon entfernt die Temperatur gefährlich anstieg, ohne daß die Sensoren diese Gefahr anzeigten. Kalytschenko schwitzte also tatsächlich, und er fluchte vor sich hin, wenn die Temperatur in dem verdammten Ding sich veränderte. Mal fiel die Leistung bis auf zehn Prozent ab, mal stieg sie auf dreißig. Wenn er dann ein paar Regelstäbe hineinschob, sank die Leistung wieder ab – manchmal verreckte das Ding fast und geriet in Bereiche, wo sich Xenon bildete, bis er dann alle Stäbe bis auf sechs herauszog und den Reaktor langsam wieder zum Leben erweckte.

Als Kalytschenko endlich Zeit fand, auf die Uhr zu schauen, war es erst ein Uhr morgens! Er war nicht mehr müde. Er war ganz einfach erschöpft. Erst ein Uhr, und er hatte schon mehr gearbeitet als sonst während einer ganzen Schicht. Auch alle anderen waren mit den Nerven am Ende. Selbst den KGB-Mann Chrenow hatte Unruhe ergriffen. Ein paar Meter hinter Kalytschenko stritt er sich leise mit dem Chefingenieur. »Was ist los, Warazin?« herrschte er ihn an. »Können Sie das verfluchte Ding nicht kontrollieren? Muß ich Smin suchen und herbringen lassen?«

Warazin wurde rot im Gesicht, während er zu den Besuchern hinüberschaute. »Ich bin der Chefingenieur, nicht Smin!« flüsterte er wütend.

»Und ich bin für das Personal verantwortlich. Vielleicht habe ich meine Pflichten vernachlässigt. Es könnte sein, daß ich den einen oder anderen Belegschaftsangehörigen nicht sorgfältig genug überprüft habe.«

Warazin zuckte leicht zusammen, aber er ließ sich nicht einschüchtern. »Wenn Sie in dieser Hinsicht Beschwerden haben, Genosse Chrenow, dann wird sich eine Gelegenheit ergeben, darüber zu sprechen. Dies ist nicht der geeignete Zeitpunkt. Darf ich Sie daran erinnern, daß ich dieses Experiment leite?«

Chrenow schaute ihn eine Weile nachdenklich an, dann seufzte er. Mit einem Lächeln im Gesicht wandte er sich den Besuchern zu. »Wie schade«, sagte er, »daß dieses Verfahren so lange Zeit in Anspruch nimmt. Aber da Sie alle mehr an Turbinen und an der Dampferzeugung interessiert sind als an der kerntechnischen Seite dieses Experiments, vielleicht sollten wir uns einige andere Systeme anschauen.«

»Können wir nicht lieber schauen, daß wir etwas zu trinken bekommen?« fragte einer der Besucher grinsend.

»Das läßt sich machen. Warten Sie, es ist jetzt ein Uhr. Wenn wir, sagen wir mal, um zwei zurückkommen, dürfte hier wohl alles in Ordnung sein. Was meinen Sie, Genosse Warazin?«

»Hoffentlich«, sagte Warazin.

Als Chrenow gegangen war, atmeten die meisten auf, aber die Arbeit wurde nicht leichter. Sie wurde unangenehmer. Nur unter großen Schwierigkeiten gelang es, die Leistung des Reaktorblocks IV bei 200 Megawatt Elektrizität zu stabilisieren, einem Fünftel seiner normalen Leistung. Kalytschenko las die Werte laut ab und griff nach dem Hebel, mit dem er den Reaktor bei dieser reduzierten Leistung stabilisieren konnte. »Soll ich die automatischen Systeme zuschalten?« fragte er.

»Auf keinen Fall!« fauchte Warazin. »Die Temperatur ist viel zu hoch. Kühlen Sie den Reaktor ein bißchen.« Der Ingenieur wirkte nervös.

»Sechs Pumpen laufen schon«, meldete der Schichtingenieur.

»Schalten Sie eine siebte dazu!«

Kalytschenko schaute auf die Uhr, als die siebte Pumpe zugeschaltet wurde. Es war jetzt drei Minuten nach eins. In der Tat sank die Temperatur im Kern; das lag nicht so sehr an der kühlenden Wirkung des einströmenden Wassers, sondern daran, daß sich jetzt mehr flüssiges Wasser im System befand und mehr Neutronen absorbiert werden konnten.

Im Kontrollraum herrschte eine Atmosphäre von höchster Anspannung. Die Ingenieure und die Techniker riefen sich die Zahlen zu wie Zuschauer bei einem Fußballspiel. Selbst der alte Warazin trat von einem Fuß auf den anderen, als er zusammen mit seinen Leuten die Werte ablas; Kalytschenko fragte sich, was das alles zu bedeuten hatte. Wenn das Experiment erfolgreich verlief, konnte es jedem anderen Kernkraftwerk in der Sowjetunion als Modell dienen. Es würde Belobigungen geben, vielleicht sogar Belohnungen in Bargeld – sie würden in der *Literaturna Ukraina*, vielleicht sogar in der *Prawda* erwähnt werden. Aber sofort korrigierte er sich; dieses Experiment gehörte nicht zu den Dingen, die in der Presse öffentlich diskutiert wurden. Schließlich mußte der Westen nicht unbedingt erfahren, was in sowjetischen Kraftwerken vor sich ging. Aber es würde in den Akten verzeichnet werden! Selbst Chrenow würde nicht umhinkommen, die Namen der Männer, die einen Anteil an diesem Erfolg hatten, in seinen Unterlagen zu notieren . . .

»Immer noch zu hoch«, sagte Warazin. »Schalten Sie noch eine Pumpe zu!«

Es war jetzt sieben Minuten nach eins. Ganz plötzlich, ohne Übergang, verflog Kalytschenkos Hochstimmung. Er fing an, sich Sorgen zu machen.

Die ersten Anzeichen für Schwierigkeiten gaben die Druckwerte für das abgeschlossene Kühlsystem. »Druckabfall in der Dampftrommel!« rief einer der Ingenieure.

Der Schichtingenieur schaute Warazin an, der nervös wurde. »Ja, natürlich«, sagte Warazin. »Machen Sie weiter.« Da zwei zusätzliche Pumpen Wasser in das System drückten, hatte sich die Dampferzeugung verlangsamt; mehr Wasser floß durch den Kern, als sofort in Dampf verwandelt werden konnte, deshalb sank der Druck in der großen Dampftrommel, in der der Dampf von Wassertropfen befreit wurde, um dann auf die Turbinen geleitet zu werden, während das verbleibende Wasser weiter zirkulierte. Paradoxerweise entstand dort mehr Dampf, da das Wasser unter Druck gestanden hatte und sich jetzt ausdehnen konnte. Kalytschenko lauschte und glaubte, Unregelmäßigkeiten im Geräusch der Pumpen zu erkennen, als sie nicht flüssiges Wasser, sondern Dampf pumpen mußten.

Dann gab der Computer, der den jeweiligen Zustand anzeigte, eine Warnung: *Reaktor sofort abschalten.*

»Chefingenieur Warazin!« rief Kalytschenko. Der alte Mann wirkte zerfahren, aber er sagte:

»Ja, Sie wissen doch, daß wir unter ungewöhnlichen Bedingungen arbeiten. Die sind im Programm nicht vorgesehen.«

»Soll ich denn nicht . . .«

»Auf keinen Fall!« rief Warazin und biß sich auf die Lippen. »Genosse Chrenow und unsere Gäste werden um zwei Uhr zurück sein, und ich will ihnen keinen toten Reaktor vorführen.« Er schaute auf die Uhr. Es war zwanzig Minuten nach eins. »Schließen Sie das Ventil für die Abschaltkontrolle«, befahl er.

Kalytschenko schaute zum Schichtingenieur hinüber, der zustimmend nickte, aber ganz blaß geworden war. Widerwillig schloß Kalytschenko das Ventil; damit war das letzte automatische Sicherheitselement ausgeschaltet . . .

Dann war die Hölle los.

»Die Temperatur steigt!« schrie der Schichtingenieur. Jeder starrte auf die Temperaturanzeigen – von sieben Prozent der Volleistung schon auf fünfzehn . . . zwanzig . . . in zehn Sekunden waren volle fünfzig Prozent der Volleistung erreicht. Kalytschenko registrierte das alles voller Entsetzen, und er sah ein Bild des Reaktorkerns vor sich mit 1661 mit Wasser gefüllten Rohren . . . aber der Druck fiel ab . . . und das Wasser wurde zu schnell in Dampf umgewandelt, und dieser Dampf war nicht dicht genug, um die Neutronen zu absorbieren, die die Reaktion beschleunigten . . .

In der Ferne gab es einen Knall.

»Was war das?« schrie Warazin, und im selben Atemzug: »Regelstäbe einführen! Fünfzig Prozent der Stäbe! Sofort!«

Aber der verantwortliche Techniker meldete, daß die Elektromotoren nicht reagierten; die Regelstäbe drangen nicht in den Kern ein. »Dann Notabschaltung! Sofort!« schrie Warazin und hielt die Atem an.

Aber die Regelstäbe ließen sich nicht einführen. »Sie werden durch irgend etwas blockiert!« schrie der verantwortliche Techniker, und seine Stimme zitterte. Kalytschenko hörte dessen Worte mit ungläubigem Staunen, denn das war unmöglich! Es gab in den Bohrungen nichts, was die Stäbe hätte blockieren können – und das bedeutete, daß sich im Reaktorkern selbst etwas verändert haben mußte. Er hatte sich verzogen, war geschrumpft oder gar gebrochen . . .

Die nächste Explosion war viel lauter. Die Wände zitterten. Staub flog von den Wänden auf und hing wie Eisnebel in der Luft. Die Lichter gingen aus – alle, selbst die der Anzeigen auf der Instrumentenwand.

»O mein Gott«, stöhnte Warazin.

»Notsysteme!« schrie der Schichtingenieur, und der Mann neben Kalytschenko griff fluchend nach dem Schalter. Jetzt leuchteten wenigstens die Lichter der Instrumente wieder auf, aber die Anzeigen wiesen abenteuerliche Werte aus. Die Temperatur lag höher als die Instrumente anzeigen konnten, und die Strahlenwerte waren unglaublich. Der Lärm hörte nach der Explosion nicht auf. Die Männer hörten das donnernde Krachen niederbrechender Wände, das Prasseln von harten Gegenständen, die auf das Dach herabregneten, lautes Knistern, das nur von Feuer herrühren konnte.

»Geht und seht nach, was mit dem Reaktor passiert ist!« befahl Warazin.

Das war wenigstens eine Anweisung, die man befolgen konnte. Die meisten der Männer im Kontrollraum gehorchten. Auch Kalytschenko erhob sich von seinen nutzlos gewordenen Instrumenten, aber als er zur Tür rennen wollte, prallte er mit einem anderen Mann zusammen, der ihn fluchend zur Seite stieß. Kalytschenko stürzte schwer. Als er wieder aufgestanden war, waren die meisten Männer schon hinausgelaufen, um von oben in die Reaktorkammer zu schauen.

Kalytschenko war auf seinen Arm gefallen und hatte heftige Schmerzen. Er blieb stehen und rieb sich den Arm. Dann ging auch er hinaus, aber er ging in die andere Richtung. Das war zweifellos ein Akt der Feigheit. Aber es rettete ihm das Leben.

6

SAMSTAG, 26. APRIL 1986

Zwischen den Kernreaktionen in einem Kernkraftwerk – auch in einer Anlage mit einem »positiven Void-Koeffizienten« – und denen in einer Atombombe besteht ein Unterschied. Der Unterschied liegt hauptsächlich im Brennstoff. Das Uran für Kernkraftwerke ist mit dem reaktionsfreudigen Isotop U-235 schwach, das Uran für eine Bombe dagegen stark angereichert. Der Grad der Anreicherung bestimmt die Geschwindigkeit, der Reaktion, das heißt, die Geschwindigkeit mit der die Neutronen aus dem zerfallenden Urankern herausschießen und ihrerseits in der bekannten »Kettenreaktion« andere Kerne spalten. Diese Kettenreaktion vollzieht sich in beiden Fällen sehr schnell. Bei einer Bombe kann es in einer einzigen Sekunde hundert Millionen dieser aufeinanderfolgenden Spaltungsprozesse geben, in einem Kernreaktor nur etwa zehntausend. Für die Menschen, die den Reaktor bedienen, ist dieser Unterschied ohne Bedeutung. Weder in dem einen noch in dem anderen Fall hätte ein Mensch schnell genug reagieren können, um noch zu intervenieren. Aber innerhalb des Kerns ist der Unterschied zwischen einem nuklearen Unfall und einer Bombenexplosion von entscheidender Bedeutung. Hätte der Kern des Reaktorblocks IV aus dem Material bestanden, das für Atomwaffen verwendet wird, hätte die Kernreaktion viel mehr von dem spaltbaren Material erfaßt, bevor die Wucht der Explosion es weggeschleudert hätte. Da das nicht der Fall war, blies die Explosion sich sozusagen selbst aus. Ihre kinetische Energie verstreute die Brennelemente in der Gegend, und deshalb wurde nur ein Teil eines Gebäudes zerstört und nicht eine ganze Stadt. Die weiteren Konsequenzen waren natürlich eine ganz andere Sache.

In diesem ersten Augenblick hatte der Techniker Bohdan Kalytschenko sein Leben gerettet, indem er von dem Reaktor weglief; an der Peripherie der Anlage rettete der Hydrologie-Ingenieur Leonid Scherantschuk sich, indem er auf ihn zurannte. Als er das schreckliche Inferno des riesigen Feuerwerks über sich sah, blieb er wie erstarrt stehen. Überall regneten brennende Trümmer herab, sie fielen auf den Boden, auf den Mann mit dem Fahrrad, auf den zwanzig Meter entfernten Fußgänger und sogar auf das Dach des Krankenwagens, der langsam wendete, um zum Ort der Explosion zurückzufahren. Ein Trümmerstück von der Größe eines Fußballs schlug in wenigen Metern Entfernung auf. Es brannte mit einer blauen Flamme, und Scherantschuk spürte die Hitze. Graphit? Könnte es Graphit sein? Er wußte es nicht. Wenn das aber der Fall war, dann wollte er es gar nicht wissen.

Scherantschuk selbst wurde von keinem der Trümmerstücke getroffen. Zuerst schützte ihn der Wachraum am Tor. Dann rannte er zum nächstgelegenen Eingang des Gebäudes – nicht, weil er das für das richtige hielt, sondern weil das Kraftwerk in tödlicher Gefahr schwebte und weil er nichts anderes tun konnte. Es war der Eingang zu dem Teil des Gebäudes, in dem vorn der Kontrollraum für Block IV lag, der durch die riesige Turbinenhalle von der Flammenhölle, die einmal ein Reaktor war, getrennt war.

Als er eintrat, hörte er die schrille Alarmglocke, mit der die Evakuierung angeordnet wurde. Aber das war falsch! Scherantschuk wußte sofort, daß das falsch war; man rennt nicht von einem Kernkraftwerk weg, weil es einen Unfall gegeben hat; man mußte tun, was man nur tun konnte, um dafür zu sorgen, daß es nicht noch viel schlimmer wurde.

»Halt!« brüllte er und versuchte, die Tür mit seinem Körper zu sperren, aber irgend jemand stieß ihn grob zur Seite, und ein anderer stolperte an ihm vorbei nach draußen, wo der Himmel vom Feuer schon rot leuchtete. »Halt, warten Sie!« schrie er. »Gehen Sie auf Ihre Stationen zurück. Sie können die Anlage doch nicht unbeaufsichtigt lassen!«

Einer beschimpfte ihn, und andere schienen ihn nicht zu hören. Einige packte er an der Schulter und stieß sie mit Gewalt in das Gebäude zurück. Aber es waren zu viele, um sie alle aufzuhalten: Techniker, Wartungsmonteure, Strahlenkontrolleure und zwei ältere Männer, die wahrscheinlich zu den von anderen Kraftwerken entsandten Beobachtern gehörten; er sah zwei Männer, die sich stritten, während sie durch einen anderen Korridor davonliefen, und diese Männer sahen aus wie Chrenow und Chefingenieur Warazin.

Plötzlich verstummte die Alarmsirene. Fast übertönt von dem entsetzlichen Knistern der Flammen und dem Krachen der einstürzenden Wände des Reaktorgebäudes hörte er die weniger laute Sirene der Werksfeuerwehr, die auf die Unglücksstelle zuraste. »Hören Sie denn nicht?« schrie er. »Die Werksfeuerwehr kommt! Helfen Sie den Leuten und gehen Sie an Ihre Arbeit zurück. Sehen Sie nach, ob mit den anderen Reaktoren alles in Ordnung ist!« Doch dann gab er seine Bemühungen auf. Er schob sich an den Männern vorbei und rannte durch den erstickenden Qualm und durch krachenden und donnernden Lärm zur Treppe. Fast unbewußt lief er nach oben, und als er den Kontrollraum für Block IV erreichte, traute er seinen Augen nicht. Durch das Fenster sah er, daß die gesamte Turbinenhalle in Flammen stand. Das Dach des Reaktorgebäudes war ganz einfach weg. Den brennenden Kern selbst konnte er nicht sehen – das rettete ihm das Augenlicht und das Leben –, aber überall brannte es; ohne Warnung war das Ende der Welt gekommen.

Was an diesem Samstagmorgen um ein Uhr einundzwanzig ablief, geschah in vier Phasen, aber diese folgten so rasch aufeinander, daß der ganze Prozeß nur Sekunden dauerte.

Zuerst gab es eine »lokale Leistungserhöhung« in dem riesigen Graphit-Uran-Kern. Obwohl der Reaktor fast auf Null heruntergefahren war, blieb eine kleine Sektion kritisch; das war die atomare Explosion.

Die zweite Phase war der Dampfaustritt. Die Kernexplosion sprengte die Verschlüsse der 1693 Druckrohre ab, alle gleichzeitig, und das Wasser in den zerborstenen Kühlkanälen traf auf den glühendheißen Brennstoff. Das Wasser hatte in dem geschlossenen System unter einem Druck von 70 bar gestanden, aber jetzt war der Druck weg, und das Wasser wurde auf einen Schlag zu Dampf. Diese Dampfexplosion zerstörte die Hülle des Reaktors. Zu diesem Zeitpunkt war die Katastrophe nicht mehr aufzuhalten.

Die nächste Explosion war chemischer Natur. Die extreme Hitze und der Druck spalteten den Dampf in seine gasförmigen Elemente Wasserstoff und Sauerstoff; das Zirkon, mit dem die Stahlrohre ummantelt waren, diente bei diesem Prozeß als Katalysator. Dadurch entstand eine Wasserstoff/Sauerstoff-Explosion, jene heftige Reaktion, die Raumschiffe in die Umlaufbahn treibt. Die Trümmer des riesigen Containments aus Stahl und Beton wurden in die Luft geschleudert. Die Lademaschine, eine Art Kran, mit dem die Brennelemente gewechselt werden, stürzte auf den Reaktor. Radioaktives Material von höchster Strahlungsintensität wurde in alle Richtungen geschleudert. Alles Brennbare in Reaktornähe wurde in Brand gesetzt. Auch die geteerten Dächer des Gebäudekomplexes fingen Feuer. Das war die dritte Phase.

All dies lief innerhalb von wenigen Sekunden ab, und dann geriet die Katastrophe in ihre vierte Phase.

Der Graphitmoderatorblock war nun der Luft ausgesetzt, denn seine Umhüllung war geborsten. Graphit ist Kohlenstoff. Kohlenstoff brennt (wenn auch nicht leicht) selbst in der Form des Graphits. Hinzu kam, daß der dichte Dampf aus den aufgerissenen Rohren über den Graphit strömte. Dies ist eine klassische chemische Reaktion, die jeden Tag in den Chemiesälen der Oberschulen aller Welt demonstriert wird. Für ihre Schüler schreiben die Lehrer die Gleichung $C + H_2O = CO + H_2$ an die Tafel. Das heißt, daß sich aus Kohlenstoff und Wasser Kohlenmonoxyd bildet, wobei freier Wasserstoff entsteht. Kohlenmonoxyd ist leicht brennbar, Wasserstoff sogar explosiv.

An diesem Punkt war die Katastrophe perfekt. Der Graphitblock hatte angefangen zu brennen. Alle Feuer zusammen ließen einen vertikalen Sturm von heißen Gasen entstehen, der ein Gemisch von Partikeln und sogar Ionen von allem, was sich in der Nähe befand, mit sich trug . . . einschließlich die Radionuklide des Kerns. Lanthan-140, Ruthenium-103, Cäsium-137, Jod-131, Tellur-132, Strontium-89, Yttrium-91 – sie alle mischten sich mit dem Ruß des Rauches und bildeten eine Wolke, die schließlich den halben Kontinent überzog. Die ersten Explosionen zerstörten den Reaktorblock IV des Kernkraftwerks Tschernobyl, aber erst das Feuer breitete das Unheil über Millionen von Quadratkilometern aus.

Im Kontrollraum für den Block IV gab es nichts mehr zu tun. Vom Reaktor war nichts mehr übrig, das noch zu kontrollieren wäre. Die Instrumente zeigten entweder beruhigend konstante oder völlig unmögliche Werte an, aber sie registrierten nicht mehr die Realität. Nur noch der Schichtingenieur hielt sich im Kontrollraum auf. »Hier können wir nichts mehr ausrichten«, sagte er. »Alle anderen sind gegangen, da können auch Sie sich auf den Weg machen.«

»Aber warum sind Sie denn noch hier?« fragte Scherantschuk. Der Mann sah ziemlich mitgenommen aus; er schwitzte und rieb sich immer wieder über den Mund.

»Weil ich noch nicht abgelöst wurde«, sagte er.

Als Scherantschuk schon halb die Treppe hinuntergegangen war, fiel ihm ein, daß er ganz einfach hätte sagen können: *Dann löse ich Sie eben ab.* Das hätte der Mann vielleicht akzeptiert. Aber dann sagte sich Scherantschuk, daß der Mann hier genau so sicher war als sonst irgendwo auf dem Gelände. Er selbst würde jedenfalls nicht wieder zurückgehen.

Unten angekommen, warf er noch einmal einen Blick nach draußen. Jetzt waren sehr viele Feuerwehrleute versammelt, nicht nur die Angehörigen der Werksfeuerwehr, sondern auch Feuerwehrleute aus der Stadt Pripjet. Gelbe Milizfahrzeuge mit blinkendem Grünlicht fuhren heran. Scheinwerfer ließen die Flammen der brennenden Trümmer blasser erscheinen und zeigten die Silhouetten von Feuerwehrleuten auf den Dächern einiger der Gebäude. Hinter den durcheinanderlaufenden Feuerwehrleuten auf dem Gelände erhob sich dunkel der Büroblock des Kernkraftwerks. Er wirkte seltsam verlassen –

erst jetzt erkannte Scherantschuk, daß die Wucht der Explosion alle Fensterscheiben des Gebäudes zertrümmert hatte.

Jemand schrie ihn an – ein Mann von der Miliz mit von Ruß und Schweiß bedecktem Gesicht. »Heh, Sie da. Ist alles in Ordnung? Helfen Sie bei den Leuten mit.«

Scherantschuk überlegte nicht lange, ob das sinnvoll war; er gehorchte einfach. Er war froh über diesen Befehl, denn ein Befehl, den man ausführen konnte, war besser als hilflos herumzustehen und sich selbst entscheiden zu müssen. Er wußte nämlich wirklich nicht, was er tun sollte.

Er half einem Feuerwehrmann, der zu einem wartenden Krankenwagen humpelte. Der Mann hielt sich eine Hand vor das Gesicht. Er war nicht der erste Verunglückte. Der Arzt, der ihn zum Werk gefahren hatte, lud ein Bündel verkohlter Lumpen in seinen Krankenwagen, das Scherantschuk niemals für einen Menschen gehalten hätte, wenn es nicht leise, aber mit hoher Stimme geflucht hätte. Drei andere Feuerwehrleute saßen auf der Straße und husteten; sie warteten darauf, daß jemand ihnen Sauerstoff brachte oder, besser noch, neue Lungen als Ersatz für die mit Rauch gefüllten. (Warum tragen sie keine Atemmasken? fragte sich Scherantschuk. Aber warum trage ich denn selbst keine?) Glazouwa, die energische alte Frau, die nachts im Werk die Kaffeeküche versorgte, hatte sich noch so lange auf den Beinen gehalten, daß sie zwei ihrer Kunden in Sicherheit bringen konnte, aber als Scherantschuk sie sah, war sie unter der Lenin-Gedenktafel am Werkstor zusammengebrochen. Sie schluchzte und war nicht mehr ansprechbar. Ein Milizionär lag leblos am Boden. Sein Haar war versengt, wo ihn ein brennendes Trümmerstück getroffen und ihm wahrscheinlich den Schädel eingeschlagen hatte.

Im Krankenwagen war nur Platz für zwei, aber der Arzt versprach, vom Krankenhaus in Pripjet aus weitere Wagen zu schicken. »Beeilen Sie sich bitte!« rief Scherantschuk, als der Arzt einstieg und davonfuhr.

Der nächste Krankenwagen, der vorfuhr, kam allerdings nicht aus Pripjet, sondern aus dem dreißig Kilometer entfernten Tschernobyl, und mit ihm traf ein halbes Dutzend Feuerwehrfahrzeuge ein. Inzwischen befanden sich schon über hundert Feuerwehrleute am Ort des Geschehens; zu dem Knacken und Knistern der Flammen und den Schreien der Männer erklang nun noch das Dröhnen der Pumpen. Und mitten in diesem Chaos stand gespenstisch der völlig zerstörte Reaktor.

Verbrennungen, Quetschungen, Schnitte, Prellungen, Rauchvergiftung oder ganz einfach nur Erschöpfung – wenn man alles zusammenrechnete, mußten vierzig oder fünfzig Leute mit den Krankenwagen fortgeschafft werden, die zwischen dem Kernkraftwerk Tschernobyl und dem nur ein paar Kilometer entfernten Pripjet pendelten. Scherantschuk wunderte sich darüber, daß die Krankenwagen vom Werk wegfuhren, ohne ihre Sirenen einzuschalten. Außerdem schienen sie um die Stadt herumzufahren, um erst auf Umwegen das Krankenhaus zu erreichen. Konnte es sein, daß sie die Leute in der Stadt nicht wecken wollten? Er stand zwischen den Wasserschläuchen und versuchte, nicht länger über ziemlich unwichtige Fragen zu grübeln.

»He! Sie da! Treten Sie ein Stück zurück, Sie stehen im Weg!« schrie der Einsatzleiter der Feuerwehr, als ein weiteres Feuerwehrfahrzeug aus einem der umliegenden Dörfer anrückte. Scherantschuk schüttelte den Kopf. Wenn er doch nur wieder klar denken könnte. Was hatte da jemand gesagt? Gab es irgendwo in der Anlage noch Vermißte?

Vielleicht konnte er doch noch etwas Sinnvolles tun. Er zog sich langsam zum Werkstor zurück, und, als der Einsatzleiter ihn nicht mehr sehen konnte, rannte er zum nächsten Eingang. Warum er das tat, wußte Scherantschuk selbst nicht. Einerseits wollte er nachsehen, ob jemand Hilfe brauchte, andererseits konnte er ja nicht einfach weglaufen.

Im Gebäude war der Lärm nicht mehr so laut, aber es gab andere besorgniserregende Geräusche. Scherantschuk hörte das Knistern des Feuers in den Trümmern des Reaktors IV und ein unregelmäßiges Klopfen, das ihn beunruhigte. Das Gebäude, in dem er sich jetzt befand, lag neben der Turbinenhalle der Blöcke III und IV; es war ebenfalls stark beschädigt.

Die Wände zeigten Risse, und ganze Teile der Verkleidung waren herabgefallen. Der Boden der Halle war an einigen Stellen aufgeplatzt und hatte sich verformt; überall lagen die Splitter von Neonleuchten herum und Feuerlöscher – Feuerlöscher! – und andere kaum noch erkennbare Gegenstände, die sich durch die Explosion von den Wänden oder von der Decke gelöst hatten. Auch hier waren alle Fenster zertrümmert, und das zerborstene Glas knirschte unter seinen Füßen, als er in der Halle von der einen Tür zur anderen rannte. Ein widerlicher Geruch nach verbrannten Chemikalien hing in der Luft. Er mußte husten, und immer wieder stolperte er, denn nur ein Teil der Notbeleuchtung war noch intakt.

Die meisten Türen waren geschlossen. Er riß eine nach der anderen auf und schrie, aber nirgends wurde geantwortet. Er befand sich jetzt im fünften Stockwerk des Gebäudes, und hatte plötzlich das Gefühl, daß er seine Zeit nicht sonderlich effektiv nutzte.

Er blieb stehen und überlegte. Er kam sich nicht besonders mutig vor, denn das, was er tat, war ziemlich sinnlos.

Immer noch hörte er dieses dumpfe Dröhnen. Er lauschte angestrengt und hielt die Hand gegen die vibrierende beigefarbene Wand. Endlich erkannte er, daß in der Halle, die von den Reaktoren III und IV bedient wurde, die Turbinen noch liefen.

Der Kontrollraum lag zwei Stockwerke höher; er rannte die Treppe hinauf. Völlig außer Atem erreichte er den Kontrollraum. Er fand nur drei Männer vor, den Schichtingenieur und zwei Techniker. Als er hereinstürzte, bedachten sie ihn mit wütenden Blicken. Er schaute sich erstaunt um. Der sonst makellos saubere Raum war völlig *verdreckt*. Als er sich an einer Stuhllehne festhielt, um erst einmal zu sich zu kommen, klebte ihm schwarzer Ruß an den Fingern. »Was ist hier los?« fragte er.

»Das weiß der Teufel«, knurrte der Chefingenieur und zeigte auf die Instrumentenwand. Die Lichter flackerten unruhig, aber Scherantschuk konnte die Werte ablesen.

Er erschrak und stieß einen Fluch aus. »Vorsicht!« schrie er. »Das Ding geht euch auch noch durch!«

»Zur Hölle mit Ihnen!« brüllte der Schichtingenieur. »Was

sollen wir denn tun? Erst geht der Block IV hoch, dann versuchen wir, unseren eigenen Reaktor zu stabilisieren, und dann heißt es plötzlich, daß wir die Anlage sofort evakuieren sollen! Wir fangen also an, das Ding abzuschalten – und dann heißt es plötzlich, daß wir am Netz bleiben sollen, weil der Strom gebraucht wird.«

»Aber Turbine sechs . . .« Scherantschuk zeigte auf das Meßgerät für den hydraulischen Druck.

»Turbine sechs und der Arsch deiner Mutter! Die spielen alle verrückt! Deine Rohre sind undicht, Klempner!«

Instinktiv griff Scherantschuk nach dem Telefon, um den Pumpenkontrollraum anzurufen, aber natürlich war die Leitung tot. Die Kabel waren, wie die meisten anderen im Gebäude, irgendwo durchgebrannt. Scherantschuk wollte sich mit dem Mann nicht streiten. Er rannte die Treppe schneller hinunter, als er heraufgekommen war, und wäre ein paarmal im Halbdunkel fast gestürzt. Als er den Pumpenkontrollraum erreichte, erwartete er, die Station unbesetzt vorzufinden, aber wenigstens einer seiner Leute war da – der Rohrschlosser, den alle »Frühling« nannten, Arkady Ponomorenko. »Sie sind doch gar kein Techniker!« rief Scherantschuk vorwurfsvoll.

»Hier sind keine Techniker», sagte der Fußballspieler leise. Selbst jetzt antwortete er höflich und zurückhaltend. »Man sagte mir, daß die Pumpen beschädigt sind, und da habe ich mir die Sache angeschaut. Der Druck fällt ab, Leonid. Ich habe versucht, eine weitere Pumpe zuzuschalten, aber der Druck fällt immer noch ab.«

»Wir brauchen aber Druck!« schrie Scherantschuk wütend. »Lassen Sie mich mal durch!« Er stieß den Rohrschlosser zur Seite und las den Druck ab. Frühling hatte recht; die Hauptpumpen waren alle eingeschaltet, aber drei von ihnen schienen nicht zu funktionieren; der Druck im gesamten System fiel langsam ab.

Scherantschuk rieb sich die Augen. Draußen hörte er jemanden schreien, aber er kümmerte sich nicht darum. »Das müssen wir prüfen«, sagte er. »Wahrscheinlich ist da unten der Strom ausgefallen; gibt es denn hier kein Licht?«

»Doch«, sagte Frühling eifrig und hielt ihm eine Taschenlampe hin.

»Dann kommen Sie.« Als sie nach draußen gingen, rannte ein Feuerwehrmann auf sie zu.

»Sind Sie die Klempner? Hören Sie zu, wir haben da eine Flamme, die wir nicht löschen können! Jemand sagte, daß das Ihre Sache ist.«

»Eine Flamme?« wiederholte Scherantschuk, und dann begriff er. »Ach, ja, der Wasserstoff. Den braucht man nur abzustellen.«

»Dann kommen Sie mit und tun es!« schrie der Feuerwehrmann.

»Das mache ich schon«, sagte der Rohrschlosser. »Ich brauche ja nur ein Ventil zu drehen. Dann komme ich zurück und helfe Ihnen.«

Er wartete nicht Scherantschuks Erlaubnis ab. Er drückte ihm einfach die Taschenlampe in die Hand und ging mit dem Feuerwehrmann nach draußen. Scherantschuk vergaß die Sache. Ihn interessierte das hydraulische System, aber keine Flamme, die man ausschalten konnte wie seine Frau ihren Herd.

Fünf Minuten später stand er unten im Erdgeschoß an der Treppe und leuchtete mit seiner Taschenlampe in die Dunkelheit. Was er sah, gefiel ihm überhaupt nicht.

Die Erschütterungen der Explosion hatten sich auf das ganze Rückflußsystem ausgewirkt. Alle Rohre hatten sich an den Verbindungsstellen gelöst, und die Flanschen, die die Rohre miteinander verbanden, hatten sich wie Blüten geöffnet. Das Wasser, das durch diese Rohre in die Systeme der Reaktoren III und IV hätte zurückfließen müssen, floß dampfend heraus und bildete auf dem Fußboden der Pumpenhalle einen See, der schon einige Zentimeter tief war.

Scherantschuks erster vernünftiger Gedanke war, daß der Reaktor III abgeschaltet werden mußte. Wenn das Rücklaufsystem leck war, würden die Pumpen bald nur noch Luft durch den Kern von Block III drücken, und dann würde auch dieser

Reaktor hochgehen. Sein zweiter Gedanke war, daß nur Chefingenieur Warazin die Abschaltung veranlassen konnte. Alle diese Überlegungen fielen ihm schwer, sein Kopf schmerzte, und er fühlte sich erschöpft wie nie zuvor. Noch bevor er wußte, daß er unbedingt Warazin finden mußte, war er schon aus dem Gebäude gestürzt und lief zum Reaktor I hinüber.

Der Eingang war über hundert Meter entfernt, aber obwohl er rannte, sah Scherantschuk die Sterne am Himmel und roch Grünes und Blühendes – wie der Flieder? – in der Luft. Auf dieser Seite der Anlage hatte ein starker Wind den Rauch weggeblasen. Nichts konnte ihn daran hindern, ganz einfach abzuhauen. Das wurde Scherantschuk in diesem Augenblick ganz deutlich bewußt. Er hätte nur geradeaus durch das Tor laufen oder über den Zaun klettern müssen.

Aber natürlich lief er nicht weg. Als er die Tür öffnen wollte, stellte er fest, daß sie abgeschlossen war.

Scherantschuk brüllte vor Wut, aber wieder handelte er ganz automatisch und ohne lange nachzudenken. Die Tür am anderen Ende des Gebäudes mußte offen sein, wenn auch bewacht.

Die Tür war tatsächlich nicht verschlossen, kein Wachposten war hingegen zu sehen. Scherantschuk rannte wieder die Treppe hinauf. Im fünften Stock warf er einen Blick in die Turbinenhalle von Block I, auch dort konnte er niemanden entdecken; aber die Turbinen liefen. Dann schaute er von oben in die Ladekammer des Reaktors I. Kein Arbeiter war zu sehen, aber alles sah normal aus. Der große Kran stand wie immer in einer Ecke. Auch im Kontrollraum hielt sich niemand auf, aber dort hatte Scherantschuk Warazin auch nicht vermutet.

Als er durch das ganze Gebäude gelaufen war und den Kontrollraum von Reaktor I erreicht hatte, war er wieder außer Atem.

Auch dort war Warazin nicht. Die sechs Leute, die er dort vorfand, gehörten zur normalen Nachtschicht. Sie wirkten erschöpft und offenbar hatten sie Angst, aber sie taten ihre Arbeit genau nach Plan. »Warazin?« sagte der Schichtingenieur. »Nein. Jemand hat mir gesagt, daß er nach Pripjet gefahren ist, aber selbst habe ich ihn nicht gesehen.«

»Könnte er in Block II sein?« fragte Scherantschuk ärgerlich. »Ich sollte rasch einmal nachschauen . . .«

Der Schichtingenieur sah ihn überrascht an. »Wie Sie wollen, aber könnten Sie nicht einfach telefonieren?«

»Telefonieren?« Der Gedanke erschien Scherantschuk absurd, aber er versuchte es; schon nach dem ersten Klingeln wurde im Kontrollraum von Reaktorblock II der Hörer aufgenommen. Aber auch dort wußte niemand, wo Warazin sich aufhielt. Der Schichtingenieur sagte, Chrenow sei dagewesen und habe sie dringend gebeten, auf ihrem Posten zu bleiben; Chrenow hätte Scherantschuk im Augenblick nicht helfen können. Er rief Block III an, aber die Leitung war tot.

An der Treppe fiel ihm ein, daß er nicht unbedingt sieben Stockwerke nach unten und dann wieder sieben Stockwerke nach oben laufen mußte. Die Alternative war der Weg über das Dach des Gebäudes.

Aber er schaffte es nicht. Als er die Tür zum Dach öffnete, befahl ihm ein Feuerwehrmann, sofort zu verschwinden. Er hatte auch keine Wahl, denn überall auf dem Dach, das sich über beide Reaktorgebäude hinzog, brannten Feuer, einige kleinere und an anderen Stellen größere. Feuerwehrleute humpelten über die aufgeweichte Dachimprägnierung und versuchten, alle Brände gleichzeitig zu bekämpfen, aber sobald sie an einer Stelle gelöscht hatten, flackerte es an einer anderen Stelle wieder auf. Am Eingang der Treppe von Block III entdeckte Scherantschuk ein seltsames Phänomen. Im Licht der Scheinwerfer sah er eine etwa einen halben Meter hohe schwarze Fontäne emporschießen. Schwarze Tropfen wurden hochgeschleudert, und während er noch hinschaute, stieg plötzlich Rauch auf, als weißglühender Graphit, der sich in das Bitumen eingebrannt hatte, das Zeug in Brand setzte.

Er mußte also doch sieben Stockwerke hinunter und sieben Stockwerke wieder hinaufsteigen – weil er bis aufs Dach gestiegen war, waren es jetzt sogar acht.

Stöhnend und hustend erreichte er den Kontrollraum von Reaktor III. Zu den beiden Technikern waren vier andere hinzugekommen, die sich als Ersatz für die Fehlenden freiwillig gemeldet hatten. Aber der Schichtingenieur war ziemlich wortkarg. Nein, er habe den Chefingenieur Warazin seit der Explosion nicht mehr gesehen. Ja, mit den Turbinen und dem Kühlsystem sei etwas nicht in Ordnung, aber er denke nicht daran, den Reaktor abzuschalten.

»Verdammt nochmal, das *müssen* Sie!« keuchte Scherantschuk. »Sind Sie denn verrückt geworden? Wissen Sie, was passiert, wenn kein Wasser zufließt?« Aber der Ingenieur schüttelte nur den Kopf, und sein Gesicht erstarrte zur Maske.

»Wir haben keine Anweisungen«, sagte er.

»Anweisungen! Die kriegen Sie von *mir*!« schrie Scherantschuk.

»Aber bitte schriftlich«, sagte der Mann, und es klang wirklich lächerlich, als er hinzufügte: »Ich kann doch nicht vier Tage vor Monatsende die Verantwortung dafür übernehmen, daß der Plan nicht erfüllt wird.« Geradezu absurd war, daß Scherantschuk jetzt eine Anweisung schrieb, zu der er gar nicht berechtigt war: *Ich veranlasse hiermit die Abschaltung der Einheit III.* Das geschah so schnell, daß der Mann keine Zeit mehr hatte, seinen Technikern andere Anweisungen zu geben. Inzwischen waren nur noch zwei Techniker anwesend; die anderen waren verschwunden. Fluchend machten sich die beiden Männer an die Arbeit. Eine Serie von dumpfen Geräuschen, die vom Knistern der Flammen und von dem Lärm, den die Löscharbeiten verursachten, fast übertönt wurde, zeigte an, daß die Regelstäbe aus Borcarbid im Graphitblock eingerastet waren.

»Was machen Sie da, Scherantschuk?« fragte jemand hinter ihm.

Scherantschuk wußte, ohne sich umzudrehen, daß es Gorodot Chrenow war, der Leiter der Ersten Abteilung. »Ich helfe, den Reaktor abzuschalten«, sagte er.

»Ja, ja«, sagte Chrenow wie abwesend. Seine braunen Augen schienen ins Leere zu blicken, und in seinem Gesicht zeigte sich keine Regung. »Sie scheinen Anweisungen zu geben, zu denen Sie nicht berechtigt sind«, erklärte er und schaute sich im

Kontrollraum um. Die Techniker beobachteten die Auseinandersetzung.

»Er hat uns nur angewiesen, das zu tun, was wir in einem solchen Fall ohnehin tun müssen«, sagte einer der Männer.

Chrenow sah den Mann scharf an. »Wir müssen sofort das Ministerium verständigen«, sagte Scherantschuk rasch, um ihn abzulenken.

Chrenows Augen weiteten sich, aber der Techniker meldete sich wieder zu Wort. »Das ist bereits geschehen«, sagte er. »Ich habe selbst mit Moskau gesprochen.«

»Hmm«, sagte Chrenow und nickte. »Schon wieder jemand, der eigenmächtig Verantwortung übernimmt. Und was haben Sie Moskau erzählt?«

»Daß Reaktorblock IV explodiert ist, natürlich«, sagte der Techniker. »Ich weiß, der Chefingenieur hätte das erledigen müssen, aber wir können ihn nirgends finden.«

»Chefingenieur Warazin mußte sich um die Sicherheit unserer Gäste kümmern«, sagte Chrenow. »Ich glaube, er ist mit ihnen nach Pripjet gefahren. Nun gut, lassen Sie uns versuchen, diesen – Unfall unter Kontrolle zu bekommen. Und denken Sie daran: Wir müssen um jeden Preis vermeiden, daß Panik entsteht.«

Vermeiden, daß Panik entsteht? Ja, natürlich, sagte sich Scherantschuk. Eine Panik mußte unbedingt vermieden werden.

Aber war das überhaupt möglich? Scherantschuk mußte an die Parodie eines Gedichts denken, die er noch aus seiner Schulzeit kannte – war das Gedicht nicht von Kipling? –, es ging so:

> Behältst du einen klaren Kopf,
> Wenn alle ihn verlieren,
> Hast du wahrscheinlich nicht begriffen,
> Was passiert ist.

Scherantschuks Schwierigkeit bestand darin, daß er nur allzu gut wußte, was passiert war. Diese Katastrophe entsetzte ihn auf eine Weise, wie er es noch nie erlebt hatte. Es ging nicht so sehr darum, daß er selbst in höchster Gefahr schwebte, es war das Ende eines Zeitalters. Wieder half er, die Verletzten zu den Krankenwagen zu bringen, die einer nach dem anderen eintrafen; er konnte sich kaum noch an den friedlichen Zustand erinnern, der geherrscht hatte, als er vor kaum sechs Stunden in aller Ruhe seine Wohnung verlassen hatte, um an seinen Arbeitsplatz im Kernkraftwerk Tschernobyl zu gehen.

Jetzt war es mit der Ruhe im Kernkraftwerk Tschernobyl vorbei. Scherantschuk war erstaunt, als er von einigen höheren Feuerwehrbeamten erfuhr, das Feuer sei schon vor einer Stunde als gelöscht gemeldet worden. Hier und da entstanden immer noch kleinere Brände, wo Trümmer aus dem Kern alles in Brand setzten, was sie berührten. Der Kern selbst war ganz bestimmt noch nicht gelöscht, und nach den blauweißen Flammen zu urteilen, die die rauchgeschwärzten Wände um den Kern herum erleuchteten, würde es bis in alle Ewigkeit weiterbrennen. Immer mehr Verletzte und Kranke mußten in Sicherheit gebracht werden. Es gab immer wieder Brandwunden und Prellungen, wenn die Feuerwehrleute auf den klebrigen glatten Dächern ausrutschten, aber immer mehr Männer waren lediglich erschöpft, und viele mußten sich ständig übergeben.

Zu ihnen gehörte auch ein Mann aus seiner eigenen Abteilung, der Rohrschlosser, der Frühling genannt wurde. »Entschuldigen Sie«, sagte er, als Scherantschuk mit ihm sprach. »Ich fühle mich nicht wohl – aber ich habe die Wasserstoffflamme für die Leute ausgeschaltet, Leonid.«

»Ich wußte, daß Sie es schaffen würden«, sagte Scherantschuk und schaute ihm nachdenklich hinterher, als auch er in einen Krankenwagen stieg und weggefahren wurde. Ein großer schlanker Mann stöhnte und griff sich an seine verbrannten Füße. Zuerst dachte Scherantschuk, es sei der Techniker Kalytschenko, aber dann stellte sich heraus, daß es ein Feuerwehrmann namens Wissgerdis war. Als Scherantschuk sich abwandte, packte jemand ihn grob an der Schulter und schüttelte ihn. Er erkannte die Frau nicht gleich. »Du Narr!« schrie sie. »Wo ist dein Schutzanzug? Du willst wohl unbedingt sterben!«

Er hatte gar nicht an die Strahlung gedacht.

Erst als er sich die Kapuze überzog, begriff er, daß es seine eigene Frau gewesen war.

Wirklich, für einen Mann wie Leonid Scherantschuk gab es hier kaum noch etwas zu tun – die Profis hatten alles übernommen –, aber dennoch versuchte er, irgend etwas zu unternehmen. Als genügend medizinisches Personal eingetroffen war, das den Verletzten besser helfen konnte als er, ging er wieder ins Gebäude zurück, um nach möglichen weiteren Verletzten oder auch nur Verirrten Ausschau zu halten, die vielleicht in den Lagerräumen oder in einer der Werkstätten Schutz gesucht hatten. Aber soweit er feststellen konnte, war niemand hier zurückgeblieben. Er war allein. Es war eine heiße und schwere Arbeit und zudem nicht ungefährlich. Er durchsuchte das ganze Gebäude des Reaktors III. Drinnen war es dunkel, und trotz der Taschenlampe, die er immer noch in der Hand hielt, stolperte er immer wieder über Trümmer. Nur eine Wand lag zwischen ihm und der donnernden Ruine von Block IV. Der Reaktor hörte sich an, als würde er jeden Augenblick durch die Wand bersten. Die rissigen Wände strahlten Hitze aus, die von dem brennenden Graphit auf der anderen Seite herrührte, das eine Temperatur von 4000 Grad hatte. Er schaute auf das Dach hinaus, wo keine Feuer mehr zu sehen waren, wohl aber eine ganze Anzahl von Feuerwehrleuten, die bis an die Knöchel in weichem Bitumen standen und immer noch Wasser auf schwelende Stellen spritzten.

Seufzend machte er sich wieder auf den Weg nach unten. Er fragte sich, ob wohl jemand diesen Feuerwehrleuten gesagt hatte, daß sie es nicht nur mit dem Rauch und der Hitze zu tun hatten, sondern auch mit einer tödlichen Strahlung, die zusammen mit dem Rauch zu ihnen aufstieg.

In den vier Monaten, die Scherantschuk schon in Tschernobyl arbeitete, hatte er eifrig jede zugängliche Literatur über

Kernkraftwerke studiert. Er kannte die besonderen Gefahren einer Kernschmelzung und das besondere Risiko eines Graphitbrands bei dem RBMK – schließlich waren damit im Ausland schon Erfahrungen gemacht worden. Die Briten hatten schon vor Jahrzehnten an einem Ort namens Windscale einen Unfall gehabt. Aber nichts in seiner Lektüre oder in seiner Phantasie hatte ihn auf diesen Unfall vorbereitet. Fast wünschte er, Smin hätte ihn nie angerufen, um ihm dieses unerwartete Arbeitsangebot zu machen. Ganz sicher hätte brennender Torf nicht zu diesem Alptraum führen können.

Aber er hatte eigentlich keine Zeit für solche Gedanken. Keiner hatte für irgend etwas Zeit in dieser endlosen Nacht, in der es ständig neues Entsetzen gab und man sich ständig einer neuen Aufgabe gegenübersah. Scherantschuk vergaß keine Sekunde, daß er Simyon Smins Klempner war. Sobald die Rettungsarbeiten ihm dazu Zeit ließen, kümmerte er sich um das ihm anvertraute Gerät. Seine Pumpen, Rohre und Ventile funktionierten noch einigermaßen. Immer noch floß Kühlwasser aus dem Kühlteich in die beiden noch arbeitenden Reaktoren und wurden durch die Kühlsysteme im Kern gepumpt.

Bei der Brandbekämpfung handelt es sich schließlich auch um Klempnerarbeit. Als er sah, wie fluchende Feuerwehrleute die Enden ihrer riesigen Schläuche in das Wasser hielten, fragte er sich, ob sie den Teich vielleicht leerpumpen würden. Aber diese Befürchtung war unbegründet. Die Schleusen zum Fluß hin waren weit geöffnet, und den Pripjet würden sie in tausend Jahren nicht leerpumpen können. Inzwischen waren Feuerwehrleute aus vielen verschiedenen Orten eingetroffen, von denen Kiew nicht einmal der entfernteste war. Einige hundert Milizionäre verstärkten die Sicherheitskräfte des Werks. Ständig kamen weitere Krankenwagen und rasten mit Verletzten wieder davon. Tanklastzüge brachten Treibstoff und tankten die Pumpen der Feuerwehr auf, ohne daß die Arbeit unterbrochen wurde. Der Lärm war unbeschreiblich.

Irgendwann reichte jemand Scherantschuk zwei Blechtassen, die eine enthielt heißen starken Tee, die andere puren Wodka. Scherantschuk ließ sich für eine Weile zu Boden sinken und trank beide Tassen aus. Dann schaute er nach oben. Er hatte sich vorher nicht die Zeit genommen, das Feuer zu betrachten. Was er sah, war schreckenerregend. Rot schimmernder Qualm schoß aus dem brennenden Reaktor senkrecht nach oben und bog sich erst nach Norden und Osten, als er schon so hoch war, daß man ihn kaum noch sehen konnte. Die Sterne waren verschwunden; sie waren durch den Rauch nicht mehr zu sehen.

Aber Scherantschuk konnte dieses schreckliche Schauspiel nicht lange betrachten; jemand schrie seinen Namen und winkte ihn zur Umzäunung, wo die letzte Gruppe verletzter Feuerwehrleute stöhnend am Boden lag. Sie hatten das Feuer vom Dach des Turbinengebäudes aus bekämpft, das neben dem zerstörten Reaktor lag, und hatten sich auf dem schwelenden Teerdach erheblich verletzt. Er half zwei Männer wegtragen, die schwere Verbrennungen an den Füßen hatten, und als er den zweiten Verwundeten vorsichtig zu Boden legte, sprach ihn mit leiser Stimme ein kleiner kräftiger Mann in Schutzkleidung an: »Nun, Genosse Klempner Scherantschuk! Diesmal haben wir aber einen schönen Mist gebaut, was?« Scherantschuk erkannte, daß der Mann Simyon Smin war.

7

SAMSTAG, 26. APRIL 1986

Simyon Smins Frau Selena ist keine schlechte Frau, aber niemand würde abstreiten, daß sie eine Sammlerin ist. Eine einfache sowjetische Frau hätte nie ihre Wohnung verlassen, ohne ihr kleines Einkaufsnetz, die *awoska*, mitzunehmen, nur für den Fall, daß es irgendwo etwas gibt, das sich zu kaufen lohnt. Als Frau des stellvertretenden Direktors des Kernkraftwerks Tschernobyl hat Selena das nicht nötig. Sie bekommt alles, was sie haben will, oder doch fast alles. Sie kauft in Spezialgeschäften ein, wenn sie auch zu den besten dieser Geschäfte nach Moskau fahren muß. Sie hat sogar Anspruch auf »Verteilung«, jene besondere Sozialleistung für die Hochrangigen, und das ermöglicht es ihr, Lebensmittel per Telefon einzukaufen – und nicht nur das, was der örtliche Lebensmittelhändler vorrätig hat, sondern Lebensmittel von hoher Qualität aus besonderen Geschäften, die ihr in die Wohnung oder in die Datscha geliefert werden. Diese Art einzukaufen bereitet Selena großes Vergnügen. Bevor sie Simyon Smin heiratete, war sie eine nicht sonderlich erfolgreiche Tänzerin gewesen. In ihrem früheren Leben hatte sie einen solchen Luxus nicht gekannt. Seit ihrer Heirat genießt sie den Luxus; und wenn sie auch nicht mehr die Figur einer Tänzerin hat, so scheint das Smin nichts auszumachen. Selena hat natürlich auch ihre Arbeit. Sie ist im Kernkraftwerk Tschernobyl für Sport und Kultur zuständig. Und wenn um elf Uhr morgens oder um ein Uhr nachmittags das hübsche junge Paar in Trikots im Fernsehen zur Klavierbegleitung seine Gymnastik absolviert, ruft sie oft die Arbeiter zusammen und macht mit ihnen dieselben Übungen. Technisch gesehen gehört sie zur Ersten Abteilung des Werks unter der Leitung von Gorodot Chrenow, aber Chrenow mischt sich nie in die Angelegenheiten der Frau des stellvertretenden Direktors ein. Er sorgt nur dafür, daß der stellvertretende Direktor das auch weiß.

An diesem Samstagmorgen bekam Selena Smin nicht viel Schlaf. Um sechs Uhr stand sie auf, zog sich langsam an und fragte sich, was diese eilige Rückbeorderung ins Kraftwerk zu bedeuten hatte. Um sieben Uhr, als sie zusammen mit ihrer Schwiegermutter eine Tasse Tee trank, klopfte es wieder an die Tür, und diesmal war es ein Telegramm.

HABE HIER ZU TUN. DU UND WASSILI BITTE ÜBERS WOCHENENDE IN KIEW BLEIBEN. SMIN

»Aber das geht doch nicht«, klagte Selena. »Ich muß einige

Dinge erledigen, und der Junge darf die Schule nicht versäumen.«

»Er hat sie schon versäumt«, sagte die alte Aftasia, die immer praktisch dachte.

Das stimmte allerdings: Wassili lag noch zusammengerollt auf der Couch, das blonde Haar unter den Decken begraben, während die beiden Frauen leise miteinander sprachen. Aber dennoch! Was sollten sie in Kiew anfangen? Ohne Auto und sogar ohne Telefon? »Ich kann ihn nicht einmal anrufen und ihn fragen, was im Werk los ist«, jammerte Selena.

»Mach es doch, wie ich es immer mache«, sagte Aftasia. »Die Ditschuks haben ein Telefon.«

»Die Ditschuks haben eins! Und wir haben keins! Darüber muß ich noch mal mit Simyon sprechen.« Selena dachte einen Augenblick nach. »Wo ist denn ihre Wohnung?« fragte sie.

Die Wohnung lag nur ein Stockwerk tiefer. Zwei Minuten später war Selena die dunkle Treppe hinuntergegangen und klopfte höflich an die Tür des jungen Ehepaares. Die Ditschuks waren zu Hause – alle, denn außer einem Kind schien auch ein Großelternpaar bei den Ditschuks zu wohnen. Sie waren zwar alle schon wach, aber noch nicht ganz angezogen – die Frau trug Lockenwickler, und der Mann hatte sich einen Morgenmantel übergeworfen –, und doch begrüßten sie Selena sehr höflich. Natürlich dürfte sie das Telefon benutzen.

Doch alle Leitungen zum Kraftwerk waren besetzt. Sie blieben besetzt, obwohl sie es fünfmal versuchte. Die Ditschuks verrichteten ihre gewohnten morgendlichen Beschäftigungen und gingen höflich um Selena herum, wenn sie in das kleine Wohnzimmer mit dem winzigen Fernsehgerät, der schäbigen Couch und den dünnen hellen Gardinen an den Fenstern mußten. Auch der alte Vater grüßte Selena höflich, bevor er im Bad verschwand. Die alte Mutter kam aus der Küche und lud sie zum Frühstück ein, was Selena aber dankend ablehnte. Sie nahm nur eine Tasse Tee an, die ihr die zehnjährige Tochter des Lehrerehepaars brachte. Auch das Telefon in ihrer Wohnung in Pripjet wurde nicht abgenommen. Es war zwar nicht besetzt, aber wo Smin auch sein mochte, zu Hause war er jedenfalls nicht. »Wie ärgerlich«, sagte sie und lächelte die junge Frau an.

»Was haben Sie für hübsche Gardinen. Sie haben es wirklich schön hier.«

»Es ist nicht so leicht, weil wir ja beide arbeiten«, sagte die junge Frau bescheiden.

»Bei uns ist es genauso«, sagte Selena und plauderte noch eine Weile mit der jungen Frau und ihrer blonden Schwiegermutter. Dabei überlegte sie schon fieberhaft, was sie mit diesem Tag anfangen sollte. Mit dem Wagen war ein Tag in Kiew immer ganz angenehm. Manchmal war es sogar ein richtiges Erlebnis. Es gab hier viele Sehenswürdigkeiten und schöne Geschäfte, und beim Mittagessen im Klub traf sie fast immer die eine oder die andere Freundin. Aber ohne Wagen . . .

Der Gedanke an den Klub brachte sie auf eine Idee. »Einen Anruf möchte ich noch gerne machen«, bat sie höflich und wählte die Nummer des Hotels, in dem ihre Gäste abgestiegen waren. Aber das Mädchen an der Rezeption konnte keinen Mr. und keine Mrs. Garfield in ihren Unterlagen finden.

»Sie müssen mir die Zimmernummer nennen«, sagte das Mädchen. »Ohne Zimmernummer kann ich Sie nicht durchstellen.«

Selena explodierte. »Was für ein Unfug! Ich bin Selena Smin, und ich rufe für S. M. Smin an, den Direktor des Kernkraftwerks Tschernobyl.«

Das Mädchen ließ sie eine ganze Weile warten, und während sie das Zischen und Flüstern aus dem Apparat hörte, dachte Selena daran, wie schön es gewesen wäre, wenn sie die Amerikaner nicht nur zum Essen in den Klub, sondern auch in ihre Wohnung in Pripjet hätte einladen können. Dann hätten sie gesehen, wie eine anständige sowjetische Familie wohnt, nämlich nicht in einer Chruschtschow-Wohnung. (Aber das war natürlich nur ein frommer Wunsch, denn Ausländer wurden nicht nach Pripjet eingeladen.) Als das Mädchen wieder am Apparat war, sagte sie nicht ohne Schadenfreude: »Die Amerikaner, die Sie meinen, sind nicht mehr im Hotel.«

»Natürlich sind sie im Hotel! Ich habe sie gestern abend noch gesehen!«

»Sie sind abgereist«, sagte das Mädchen triumphierend.

»Wenden Sie sich doch an Intourist, die können Ihnen vielleicht etwas über ihre Reiseroute sagen.«

»Nun ja«, sagte sie seufzend zu den beiden jungen Leuten, die schon verstohlen auf die Uhr schauten, weil sie in die Schule mußten. »Nur noch einen einzigen Anruf. Ich möchte ein Taxi rufen.«

Aber wohin sollte sie mit dem Taxi fahren? In den Klub? Und was wollte sie da, besonders mit Wassili? Der hätte schon lange auf dem Weg zur Schule sein müssen. Als sie aus dem Fenster sah, hörte sie es in der Ferne donnern, und sie sah, daß es angefangen hatte zu regnen.

8

SAMSTAG, 26. APRIL 1986

Ein Samstag in der Sowjetunion verläuft anders als ein Samstag in London oder New York. Die Russen kennen keine Fünf-Tage-Woche; auch die Kinder gehen samstags in die Schule. Die Menschen arbeiten, aber dennoch gehört der Samstag auch in der Sowjetunion schon zum Wochenende, und wer es sich leisten kann wegzufahren, tut es gewöhnlich.

Beim Staatlichen Komitee für Nuklearaufsicht in Moskau ging an diesem Samstag ein Anruf aus Tschernobyl ein. Als sich die Stimme in der Leitung als Witaly Warazin, Chefingenieur im Kernkraftwerk Tschernobyl, vorstellte, explodierte der diensthabende Beamte.

»Endlich! Was war denn los? Wir bekamen einen Anruf und erfuhren, daß ein ernsthafter Unfall passiert ist, und bei Ihnen nimmt niemand Gespräche an!«

»Ja«, sagte Warazin. »Das war sehr ärgerlich. Wegen eines Feuers in einer Stromerzeugungseinheit war die Verbindung unterbrochen. Aber unsere Reparaturtrupps haben sich sofort an die Arbeit gemacht.«

Der Beamte antwortete mit einer obszönen Bemerkung, die jedoch nicht genau zu verstehen war. Er hatte mitten in der Nacht eine häßliche Stunde lang versucht, seinen Vorgesetzten zu erreichen, aber der war am Vorabend zu seiner Datscha in Peredelkino gefahren, und so war der Beamte gezwungen gewesen, in eigener Verantwortung zu handeln. Er stöhnte, als er daran dachte, worin sein Handeln bestanden hatte. »Dann ist die Situation also wieder unter Kontrolle?« fragte er.

»Völlig unter Kontrolle, ja.«

»Dann möchte ich eins wissen«, knurrte der Beamte. »Was machen Sie dann mit den Experten von der Sonderkommission, die jetzt mit dem Flugzeug nach Kiew unterwegs ist?«

Eine Pause entstand. »Eine Sonderkommission?« fragte Warazin langsam.

»Vierundzwanzig Leute«, entgegnete der Beamte grimmig. »Alle wurden gleich nach dem ersten Bericht aus Tschernobyl mitten in der Nacht geweckt. Die Maschine ist heute morgen um sechs Uhr in Moskau gestartet.«

»Ich verstehe«, sagte Warazin leise. Der diensthabende Offizier ließ ihn warten und trommelte mit den Fingern auf die Schreibtischplatte.

»Nun«, sagte Warazin schließlich, »es war ein ziemlich schlimmes Feuer. Wir können die Hilfe des Komitees bestimmt brauchen.«

»Die werden Sie bekommen«, sagte der Beamte kurz, »denn die ersten Leute treffen innerhalb der nächsten Stunde mit einem Hubschrauber in Ihrem Werk ein.«

»Danke«, sagte Warazin fast unhörbar und legte auf.

Seine Stimme hatte für den Beamten verzweifelt geklungen, und er konnte eine gewisse Befriedigung nicht unterdrücken. Er fühlte sich schon viel besser. Seine schlimmsten Befürchtungen waren gewichen, und er war froh, daß er die Verantwortung für die vierundzwanzig Leute von der Kommission losgeworden war. Jetzt nahm er den Telefonhörer wieder zur Hand und ließ die Suche nach seinem Chef abblasen. Er fand, daß man die hohen Herren immer noch aufscheuchen konnte, wenn der fertige Bericht vorlag; mit etwas Glück hatte er dann keinen Dienst mehr.

Im All-Unions-Ministerium für Kraftwerkbau in Nowosibirsk wurde der Anruf ernster genommen – bis sich herausstellte, daß die jemenitischen Besucher schon vor dem Zwischenfall abgereist waren. Wenigstens, so versicherten sie sich gegenseitig, sei nicht die peinliche Situation entstanden, daß die Anlage in Gegenwart von drei potentiellen Kunden hochging.

In Kiew reagierte man wieder anders. Der Mann von der Stromverteilung war schockiert. »Ja, gut, zwei Ihrer Einheiten sind beschädigt. Sie können natürlich keinen Strom erzeugen – aber warum müssen Sie denn die anderen beiden abschalten? Als Vorsichtsmaßnahme? Vorsichtsmaßnahmen sind sehr gut, aber können Sie sich den Ärger vorstellen, den ich dadurch habe?« Als er auflegte, fluchte er. Tschernobyl war das Kraftwerk, auf das er sich immer hatte verlassen können, und wo sollte er an einem Samstagvormittag die drei- oder viertausend Megawatt elektrischer Energie hernehmen, die ihm jetzt fehlten?

Als im Hauptquartier der Internationalen Atomenergiebehörde das Telefon klingelte, hätte eine stärkere Reaktion erfolgen können, aber der Anrufer bot keine Informationen an, sondern bat um welche.

Der diensthabende Ingenieur stellte seine Tasse Tee ab, um den Hörer aufzunehmen. Der Anrufer sprach mit einem ausgeprägten Akzent, der rasch erklärt war, als der Ingenieur erfuhr, daß der Anruf aus der Ukraine in der Sowjetunion kam. »Haben Sie Informationen über die Kontrolle von Graphitbränden in Reaktoren?« fragte der Mann höflich.

Der diensthabende Ingenieur war zufällig Engländer und verstand die Frage sofort. »Meinen Sie etwas Ähnliches wie den Unfall in Windscale? Ja, ich glaube schon. Der Unfall basierte auf einem Wigner-Effekt.« Er wartete ab, ob er den

Wigner-Effekt würde erklären müssen. Der Wigner-Effekt ist eine Veränderung der Molekularstruktur, die in Graphit stattfindet, wenn es ionisierender Strahlung ausgesetzt wird. Die Molekularstruktur nimmt Energie aus der Strahlung auf, und birgt potentielle Gefahren. Deshalb müssen Reaktoren dieses Typs einmal im Jahr »ausgeglüht« werden – das heißt, der Reaktor muß so weit aufgeheizt werden, daß sich die Molekularbindung lockert, wenn er wieder abkühlt. In Windscale in England war dieser Prozeß den Technikern aus der Hand geglitten, so daß der Graphit anfing zu brennen und den Reaktor zerstörte.

»Einen Augenblick, bitte«, sagte der Ukrainer. Der Ingenieur hörte gedämpfte Stimmen, dann kehrte der Mann an den Apparat zurück. »Nein, es geht nicht um den Wigner-Effekt«, sagte er. »Ich rede von Kontrollmöglichkeiten, von Methoden, wie man mit einem solchen Zwischenfall fertig werden kann, falls er sich jemals ereignen sollte.«

»Sie meinen, wie man einen solchen Brand löschen kann?« sagte der Engländer. »Damals haben sie ganz einfach immer wieder Wasser darübergeleitet. Wenn ich mich recht erinnere, haben sie zu diesem Zweck sogar einen Fluß umgeleitet. Warten Sie einen Augenblick, ich glaube, wir haben Unterlagen darüber – soll ich Ihnen Kopien schicken?«

Wieder verschwand die Stimme am anderen Ende der Leitung für einen Moment. Als der Mann wieder am Apparat war, sagte er höflich: »Nein, vielen Dank. Das halten wir nicht für erforderlich.«

Der Engländer legte auf, trank seinen Tee aus und inspizierte die Kanne, um zu sehen, ob noch etwas von dem starken Tee übrig war. Das war ein seltsamer Anruf, dachte er. Dann sah er seine Unterlagen durch, um etwas über graphitmoderierte Reaktoren in der UdSSR zu finden. Es gab dort sehr viele Reaktoren dieses Typs, aber er fand nichts, was den Anruf hätte erklären können.

Dennoch wollte er mit jemandem darüber sprechen, und nach einigem Überlegen rief er einen Kollegen in Großbritannien an. »Was meinst du, hat es mit dieser Sache auf sich?«

Der Kollege gähnte, er hatte an diesem verregneten englischen Wochenende ein wenig länger als sonst geschlafen. »Rußkis«, sagte er in einem Ton, als glaubte er, damit alles zu erklären. »Weißt du, warum sie diese Graphitreaktoren bevorzugen? Die Dinger sind nützlich, wenn man nebenbei ein wenig Plutonium gewinnen will. Nach meiner Meinung sind sie an einer Kontrolle ihrer Reaktoren nicht so sehr interessiert. Sie hoffen immer nur, eine größere Ausbeute zu erzielen.«

»Das dürfte es vermutlich sein«, sagte der Mann in Wien. »Sie haben sehr viele von diesen RBMK-1000 am Netz. Ich habe eine Notiz eines unserer Experten gefunden, in der er warnt, die Dinger seien nicht sicher.«

»Die könnte von Marshall stammen«, entgegnete der Mann in London. Er meinte Lord Walter Marshall, den Chef der britischen Energiebehörde. »Das ist schon lange her, nicht wahr?«

»Glaubst du, ich sollte das irgendwo melden?« fragte der Ingenieur in Wien zweifelnd.

»Wem denn? Und was gibt es da zu melden? Nein«, sagte die Stimme aus England. »An deiner Stelle würde ich die Sache vergessen. Und genau das werde ich jetzt selbst tun.«

9

SAMSTAG, 26. APRIL 1986

Wenn Wassili Smin in Moskau leben würde, könnte er leicht einer der verwestlichten Playboy lesenden Angehörigen der »Goldenen Jugend«, sein, die mit ihren Wrangler-Jeans und Gucci-Schuhen die Disko-Szene im Nachtklub »Blauer Vogel« beherrschte. Wassili geht es nicht schlechter als den verzogenen Moskauer Funktionärskindern. Sein Vater ist ein hohes Parteimitglied und stellvertretender Direktor einer riesigen Industrieanlage. Wassili war Führer in der kommunistischen Jugendorganisation Junge Pioniere gewesen. Seit seinem zehnten Schuljahr ist er bei den Komsomolzen. Er kann genausoviel Geld ausgeben, wie das Mädchen vom Lande verdient, das ihm jeden Morgen das Bett macht und ihm treu und brav die Schuhe putzt. Wassili lebt allerdings nicht in Moskau. Er lebt in einer kleinen Stadt hundertdreißig Kilometer von Kiew entfernt, und in Kiew sind selbst die verzogensten Jugendlichen nicht so verwöhnt wie in der Hauptstadt. Noch etwas unterscheidet ihn von Moskaus Goldener Jugend: Er hat viel von seinem Vater an sich. Natürlich will er erfolgreich sein, aber er weiß, daß er das am besten schaffen kann, wenn er eine erstklassige Universität besucht und so bald wie möglich Parteimitglied wird. Die Parteiversammlungen werden ihn bestimmt langweilen, aber es gibt keinen anderen Weg in eine gehobene Position. Der Einfluß seines Vaters reicht zwar aus, ihn an fast jeder Universität der UdSSR unterzubringen, aber er ist nicht mächtig genug, seinem Sohn eine führende Position auf Lebenszeit zu besorgen.

Wassili weiß, daß seine Zukunft nach dem Studium von seinen Leistungen abhängt.

Es würde ihm auch sehr nützen, wenn seine Führer bei den Komsomolzen ihn günstig beurteilten, aber das war nicht der einzige Grund, warum er an diesem Samstagmorgen die Wohnung seiner Großmutter verließ und einen Bus zum Stadtrand von Kiew nahm. Dann stellte er sich an der Straße nach Pripjet auf und hielt einen Fünf-Rubel-Schein hoch, damit die Fahrer vorbeikommender Fahrzeuge ihn sehen konnten. Er hatte nicht nur keine Lust, die Schule oder die Komsomolzenversammlung am Nachmittag zu versäumen, auf der die letzten Vorbereitungen für die Maifeier getroffen werden sollten; er machte sich auch Sorgen.

Statistisch gesehen würde ihn für fünf Rubel etwa die Hälfte einer beliebigen Auswahl von Fahrzeugen mitnehmen, seien es nun Lastwagen, Ambulanzen oder Privatwagen, aber heute morgen funktionierte es nicht. Es herrschte zwar genug Verkehr, aber die meisten Wagen waren Behördenfahrzeuge, die es offensichtlich alle sehr eilig hatten. Wassili sah ein Dutzend Feuerwehrwagen, Militärfahrzeuge und Wagen mit Milizsoldaten. Endlich hielt der Lastwagen einer Kolchose neben ihm. »Was ist denn los?« fragte der Fahrer und lehnte sich aus dem Fenster, ohne die Tür zu öffnen.

»Ich weiß es nicht«, sagte Wassili und winkte mit dem Geldschein. »Aber ich muß nach Pripjet.«

»Pripjet! Ich fahre nicht nach Pripjet, aber ich kann dich fünfzig Kilometer mitnehmen.«

»Aber für einen Rubel, nicht für fünf«, verlangte Wassili und einigte sich mit dem Fahrer schließlich auf zwei. Während der Fahrt unterhielt er sich eine Weile mit dem Kolchosbauern. Dabei hörte er allerdings nur Klagen über den Geiz der Kunden auf dem freien Markt von Pripjet und wütendes Schimpfen auf andere Fahrer, die mit hundertzwanzig Stundenkilometern an ihm vorbeirasten. Es war nicht der normale Bus- und Lastwagenverkehr, sondern fast alles waren irgendwelche Einsatzfahrzeuge. Wassili begann, sich ernsthaft Sorgen zu machen.

Als der Mann von der Kolchose in eine Seitenstraße einbog, wurde Wassili sofort von einem Soldaten mitgenommen, der ausgerechnet einen Wasserwerfer fuhr. »Was? Gibt es etwa einen Aufstand in Pripjet?« fragte Wassili, den schon der Gedanke entsetzte, aber der Fahrer schüttelte den Kopf. Sein Befehl lautete, zu einem Kontrollpunkt dreißig Kilometer südlich von der Stadt zu fahren. Andere Informationen habe er nicht, er sei nur verärgert über den verlorenen Samstag.

Dann erreichten sie den Kontrollpunkt.

Stirnrunzelnd sprang Wassili aus dem Wagen. Die Straße war durch eine Barrikade gesperrt, und alle Privatwagen wurden zurückgeschickt. Am Rande eines Sonnenblumenfeldes hatten sie beim Wenden schon eine schlammige Spur ausgefahren. Die Sperren waren von Soldaten besetzt, die von einigen Jugendlichen unterstützt wurden. Erschrocken erkannte Wassili, daß es Komsomolzen waren! Angehörige seiner eigenen Gruppe! Einer von ihnen war sein Freund Boris Scherantschuk. Sobald Boris Wassili sah, winkte er ihn zu sich heran. »Hier, wir müssen den Männern von der Miliz helfen. Du hast also auch Dienst.«

»Und worin besteht der Dienst?«

»Wir müssen aufpassen, daß hier niemand durchkommt, was denn sonst? Es hat einen entsetzlichen Unfall im Kraftwerk gegeben.«

»Einen Unfall?« rief Wassili. »Hast du – weißt du, wo mein Vater ist?«

»Ich weiß nicht einmal, wo sich mein eigener Vater aufhält. Es war schlimm. Es hat auch Tote gegeben.«

Den ganzen langen Tag über taten Boris, Wassili und die anderen jungen Kommunisten Dienst an der Sperre. Sie hatten nicht die Aufgabe, die Wagen zurückzuschicken. Dafür waren die Milizsoldaten zuständig. Sie sollten lediglich aufpassen, daß keiner der Wagen beim Wenden steckenblieb und daß der Schaden im Sonnenblumenfeld sich in Grenzen hielt. Und wenn ein Lastwagen mit Getränken und Verpflegung für die Milizsoldaten eintraf, mußten sie beim Abladen helfen. Es war keine besonders angenehme Arbeit; besonders schlimm war, daß niemand genau wußte, was im Kraftwerk Tschernobyl passiert war. Der Verkehr lief hauptsächlich in Richtung Kraftwerk. Die meisten Fahrzeuge, die von dort zurückkamen, waren Krankenwagen, und keiner von ihnen hielt an.

Die einzig sichere Nachricht verkündete der Himmel im Norden, denn dort stieg eine riesige schwarze Rauchsäule am Horizont auf und erzählte ihre eigene Geschichte. Als endlich ein Lastwagen aus der Stadt kam und an der Sperre hielt, lief Wassili als erster zum Wagen. »Brennt die Stadt?« fragte einer der Komsomolzen, aber im Wagen saßen nur Junge Pioniere von zwölf oder dreizehn Jahren, die nur wenig wußten. Nein, Pripjet selbst brannte bestimmt nicht. Was für ein Gedanke! Aber ja, natürlich, das Feuer im Kraftwerk sei sehr schlimm; kein Mensch könne sagen, wann es unter Kontrolle sein werde. Nein, keiner von ihnen habe von Wassili Smins oder von Boris Scherantschuks Vater gehört. Sie seien gekommen, um rund um Tschernobyl Plakate anzubringen, und sie hätten große Angst gehabt. Es waren Plakate mit dem berüchtigten dreieckigen Strahlungssymbol in grellem Rot und der Aufforderung, das Gebiet nicht zu betreten. In Gruppen zu drei und vier trabten die jungen Pioniere davon, um ihre Plakate anzubringen.

Um Tschernobyl herum? In einem Umkreis von dreißig Kilometern? Das begriff Wassili überhaupt nicht.

Die Sonne näherte sich dem Horizont, aber Wassili schwitzte in seinem Schutzanzug. Als es dunkel wurde und ein Lastwagen mit Brot, Tee und Gemüsesuppe eintraf, wartete Wassili, bis die Milizsoldaten versorgt waren. Dann ging er mit seinem Napf abseits und setzte sich unter einen alten Baum; während er aß, mußte er weinen, und immer wieder schaute er zu dem häßlichen roten Schimmer hinüber, der am nördlichen Horizont hing.

Er blieb bis Mitternacht auf seinem Posten; erst dann fuhr ein Lastwagen der Sowjetarmee die erschöpften Komsomolzen nach Pripjet zurück.

Nach Art von Knaben und jungen Hunden hätte Wassili auf der Stelle einschlafen können, aber er war immer noch wach genug, um zu bemerken, wie friedlich es in der Stadt aussah. War es möglich, daß die Leute gar nichts wußten? Gewiß, nach Mitternacht konnte man auf den Straßen von Pripjet kein reges Leben und Treiben erwarten – aber *gar nichts*? Als er aus dem Fahrstuhl stieg und die Wohnung seiner Eltern im sechzehnten Stock betrat, wollte er erst etwas essen, aber dann ließ er es. Auch den Gedanken, ein Bad zu nehmen, gab er auf. Er blieb jedoch eine Weile an dem Fenster stehen, durch das er in der Ferne die Anlage sehen konnte.

Den Rauch sah er in der Dunkelheit nicht, aber das Werk war hell erleuchtet.

Völlig erschüttert warf er sich auf sein Bett. Das Kraftwerk seines Vaters *konnte* nicht explodiert sein! Mit all den Sicherheitsvorrichtungen, die sein Vater ihm stolz gezeigt hatte, als er einmal das Werk besichtigte, war es der jüngste Triumph sowjetischer Technologie. Es war zu gewaltig und zu großartig, um zu explodieren! Und außerdem war es das Kraftwerk seines Vaters.

10

SAMSTAG, 26. APRIL 1986

An diesem Samstagmorgen ist das Kernkraftwerk Tschernobyl kein Bestandteil des ukrainischen Energieversorgungsnetzes mehr. Kein Strom fließt durch seine Hochspannungsleitungen. Die Reaktoren I, II und III sind auf Nulleistung heruntergefahren worden, und die schrecklichen Feuer – wenigstens die Feuer in den Gebäuden – gelten schon lange als gelöscht. Jetzt brennen nur noch die Hunderte von Tonnen Graphit im offenen Kern von Block IV. Sie brennen mit einer blauweißen Glut, die in den Augen schmerzt, als schaute man in die Sonne, und die Feuerwehrleute können nichts dagegen tun. Sie richten ihre Schläuche immer noch auf die Dächer der umliegenden Gebäude, auf die schwelenden Trümmer und auf die Wände um die Ruine des Reaktors IV, und doch ist es ihnen nicht gelungen, den Graphit zu löschen. Er ist ganz einfach zu heiß; das Wasser wird sofort in Dampf umgewandelt. Der Gebrauch der Schläuche hat noch ein anderes Problem zur Folge. Das Wasser, das vom Kern oder von irgendwelchen Brocken radioaktiver Materie herabrieselt, löst auf seinem Weg radioaktives Material auf und führt diese Radioaktivität mit sich, wohin es auch immer fließt.

Am Morgen saß Wassili Smins Vater in einem Milizfahrzeug zehn Meter vom Tor zum Kernkraftwerk Tschernobyl entfernt und machte fieberhaft Notizen. Sie hatten die Fenster ganz hochgedreht, und der Milizoberst am Steuer rauchte eine bulgarische Zigarette von der Sorte, die der Arbeiter für vierzig Kopeken die Packung kaufen kann. Der ganze Wagen war von ihrem schweren Rauch erfüllt. Smin bemerkte es gar nicht. Er hörte es nicht einmal, wenn der Offizier hin und wieder das Mikrophon aufnahm und über Funk Befehle gab, oder wenn irgendwelche Informationen hereinkamen. Smin hatte die Kapuze seines Schutzanzugs zurückgeschoben, weil ihm Gesicht und Hals juckten – er schwitzte, nur das vernarbte Gewebe konnte nicht schwitzen –, und er versuchte, alles aufzuschreiben, solange er es noch frisch im Gedächtnis hatte. Es war eine Aufstellung von Dingen, die wegen mangelhaften Trainings, mangelhaften Geräts und mangelhafter Ausrüstung nicht geklappt hatten. Es wurde eine ziemlich lange Liste:

Ärzte nicht für die Behandlung von Strahlungskrankheiten ausgebildet.

Feuerwehr nicht für die Bekämpfung von Bränden bei gleichzeitiger radioaktiver Strahlung ausgebildet.

Keine Strahlenschutzanzüge für die Krankenstation.

Neue Ausrüstung für Krankenstation und Krankenhäuser nahe gelegener Städte.

Für den Notfall muß häufiger geübt werden.

Smin hielt inne und kratzte sich hinter dem Ohr an der Narbe. Er schaute zu den Einsatzfahrzeugen hinüber, die überall mit laufendem Motor herumstanden, während die wenigen aktiven Feuerwehrleute ihre Schläuche immer noch auf die gefährdeten Wände richteten. Nichts von dem, was er aufgeschrieben hatte, berührte die eigentliche Frage: Was in Gottes Namen war eigentlich passiert? Er fragte sich, ob er das je erfahren würde. Die Geschichten, die er sich zusammengereimt hatte – daß die Techniker ein Sicherheitssystem nach dem anderen ausgeschaltet hatten, während der Reaktor sich in seinem kritischsten Zustand befand –, waren einfach zu phantastisch. Smin weigerte sich zu glauben, daß auch nur einer in Tschernobyl auf so arrogante Weise dumm sein könnte. Da fiel es ihm beinahe leichter, an ein Wort zu denken, das man in der Sowjetunion in den letzten Jahrzehnten selten gehört hatte: *Sabotage*.

Aber auch das war unmöglich! Gewiß, der CIA oder die Chinesen wären sehr wohl imstande, einen Reaktor hochgehen zu lassen, nur um den Sowjets Schwierigkeiten zu bereiten. Aber eine solche Aktion wäre nur möglich gewesen, wenn sämtliches Personal im Hauptkontrollraum mitgemacht hätte – eine solche Annahme war jedoch genauso unsinnig, wie an abgrundtiefe Dummheit zu glauben.

Und die Kosten! Nicht nur die immensen Kosten in Rubel, nicht nur der Schaden, der dem Plan zugefügt wurde; es waren vor allem die Opfer unter den Menschen, die Simyon Smin bedrückten. So viele Verletzte! Hundert der schlimmsten Fälle waren schon unterwegs zum Flugplatz von Tschernobyl, wo eine Sondermaschine darauf wartete, sie zur Behandlung nach Moskau zu fliegen. Zwei Tote hatte es auch schon gegeben! Ein Mann wurde vermißt, aber er mußte tot sein, denn er war Minuten vor der Explosion in der Reaktorhalle gesehen worden. Der andere war noch heute im Krankenhaus von Pripjet gestorben. Er hatte Verbrennungen an über achtzig Prozent seines Körpers und außerdem verheerende Strahlungsschäden . . . und es würde mehr Opfer geben . . .

Er beugte sich über den Notizblock auf seinem Knie und schrieb rasch:

Anti-Blitz-Creme?
Bessere Möglichkeiten zur Behandlung von Brandwunden in den Krankenhäusern?

»Genosse Smin?«

»Ja?« Er schaute zu dem Mann von der Miliz hoch, der gerade sein Mikrophon wieder einhängte.

»Ich sagte, der Hubschrauber aus Kiew landet in fünf Minuten einen Kilometer weiter unten am Fluß. Mit dem Expertenteam vom Komitee für Nuklearaufsicht.«

»Ja, natürlich«, sage Smin und schaute auf die Uhr – neun Uhr! Sie mußten sich sehr beeilt haben. »Würde es Ihnen etwas ausmachen, mich hinzufahren?« Aber als der Milizoffizier gerade sein Einverständnis erklären wollte, sagte Smin scharf: »Nein, warten Sie einen Moment! Können Sie Ihren Außenlautsprecher einschalten?« Finster schaute er zu den Feuerwehrleuten hinüber, die in ihren weißen Kapuzen und Overalls in einer Gruppe zusammenstanden und ihren Kollegen bei der Arbeit zuschauten. »Ihr da!« schrie Smin ins Mikrophon. »Schafft die

Männer hinter irgendeine Schutzwand. Habt ihr denn alles vergessen, was ihr gerade über Strahlung gelernt habt?« Als sie sich umdrehten und zu ihm herüberschauten, knurrte er: »Oder wollt ihr euch die Eier rösten lassen?« Es machte ihm Spaß, sie springen zu sehen, aber wie lange hatten sie dort im Freien gestanden, bevor er sie bemerkt hatte?

Als das Milizfahrzeug vom Werktor wegfuhr, blickte Smin durch die Bäume zur Stadt Pripjet hinüber, deren helle Türme in der Morgensonne glänzten. Er fand, er hätte sich seiner Frau und seinem Sohn gegenüber deutlicher ausdrücken sollen, damit sie auch wirklich wegblieben, bis die Dinge sich hier wieder ein wenig normalisiert hatten.

Wenn sie das jemals tun würden. Aber Smin hatte wenigstens eine einigermaßen klare Vorstellung davon, wie sich die Radionuklide, die aus Block IV entwichen waren, auf die Gebäude, die Straßen und den Boden von Pripjet auswirken würden, wenn der Wind sich erst drehte – wie sie sich bereits jetzt auf die kleinen bjelorussischen Dörfer nördlich der Grenze auswirkten.

Smin kannte den kleinen Park am Fluß. Dort badeten die Leute im Sommer, und auf dem Rasen trainierte die Fußballmannschaft des Werks. Jetzt waren die Tore entfernt worden, und die Leute dort spielten nicht Fußball. Einige lagen auf Bahren und warteten darauf, daß man sie nach Tschernobyl flog, um sie dort in einem größeren Hospital zu behandeln.

Smin war überrascht, als Chefingenieur Warazin auf ihn zukam. Der Mann war gut angezogen und sogar frisch rasiert, aber die tiefen Furchen in seinem Gesicht ließen vermuten, daß er nicht geschlafen hatte. »Hallo, Simyon«, sagte er finster. »Was für eine Nacht! Und das in dem Moment, wo der Direktor die Stadt verläßt!« Dann hellte sich seine Miene etwas auf. »Sie werden sich freuen, wenn Sie erfahren, daß ich alle unsere Gäste in Sicherheit gebracht habe; ich habe auch schon für die neuen Besucher vom Komitee Vorkehrungen getroffen.«

»Nun, das ist ja sehr schön«, erwiderte Smin erstaunt.

»Genau! Wir lassen die Vergangenheit hinter uns und

wenden uns der Arbeit der Zukunft zu, habe ich recht, Simyon? Aber ich sollte lieber gleich damit anfangen, statt nur darüber zu reden.« Warazin trottete davon und schaute dabei zum Himmel hinauf.

Smin schüttelte den Kopf. Glaubte der Mann tatsächlich, das Elend, das noch vor ihm lag, würde schon dadurch gemildert, daß er die Gäste nach Pripjet gebracht hatte? Nun, ja, das Elend für uns beide, dachte Smin resigniert; aber er hatte keine Zeit, sich darüber jetzt Sorgen zu machen. Auch er schaute zum Himmel auf. Von Südosten her hörte er den Hubschrauber kommen, aber er flog nicht gleich zum vorgesehenen Landeplatz, sondern drehte ab und umkreiste langsam das Kernkraftwerk Tschernobyl. Vernünftig von ihnen, sich die Ruine genau anzusehen, dachte Smin und wünschte, er hätte selbst die Gelegenheit dazu.

»Stellvertretender Direktor Smin?« Es war einer der Brüder Ponomorenko, der Fußballspieler, den sie Herbst nannten.

Smin versuchte, sich an seinen richtigen Namen zu erinnern, und dann wußte er ihn. »Hallo, Wladimir. Nun gibt es heute doch kein Spiel.«

»Nein. Können Sie mir bitte sagen, ob Sie irgend etwas über meinen Vetter Wjatscheslaw wissen? Er soll vermißt sein.«

»Hatte er denn überhaupt Dienst?« Smin dachte einen Augenblick nach. »Ja, natürlich hatte er Dienst. In der Nachtschicht. Nein, ich habe ihn leider nicht gesehen. Wahrscheinlich war er so vernünftig, nach Hause zu gehen, als die Anlage evakuiert wurde.«

»Er ist nicht zu Hause, stellvertretender Direktor Smin. Danke, ich werde weitersuchen.« Ponomorenko zögerte. »Mein Bruder liegt drüben im Hospital«, sagte er und zeigte in Richtung Pripjet. »Er hat irgendwas Radioaktives.«

»Er bekommt dort die beste Behandlung«, versprach Smin und legte mehr Zuversicht in seine Stimme, als er wirklich empfand. »Schließlich können wir auf die Vier Jahreszeiten gar nicht verzichten.« Er schaute nach oben. Der Hubschrauber aus Kiew hatte seine Runden um das Werk beendet und näherte sich dem Landeplatz. »Da kommen die Experten vom staatlichen Komitee für Nuklearaufsicht, die werden die Sache rasch wieder ausbügeln.«

Es war ein Versuch, den Fußballer zu beruhigen, aber es war keine realistische Aussage, wie Smin sich eingestehen mußte. Auch die Experten vom Komitee hatten keine Erfahrung mit einer solchen Katastrophe, da so etwas noch nie passiert war. Nicht einmal in Amerika. Smin erinnerte sich beschämt daran, daß er gestern abend den Amerikanern gegenüber mit der Sicherheit der sowjetischen Kernkraftwerke geprahlt hatte. Dies war absolutes Neuland auf dem Gebiet der nukelaren Technologie, und wieder einmal ging die Sowjetunion allen anderen voran.

Mit dem Hubschrauber waren vier Experten vom Komitee für Nuklearaufsicht gekommen; Chefingenieur Warazin stand schon geduckt unter den Rotorblättern, als sie sich noch drehten, um die vier Männer zu begrüßen. Smin erkannte einen oder zwei der Männer, aber Warazin stellte sie alle dennoch vor. »Die Genossen Istwili, Rasputin, Lestiljan«, sagte er und wartete darauf, daß sie auch mit dem vierten bekanntgemacht würden, aber das geschah nicht. Rasputin, der Mann, den Smin kannte, schüttelte dem stellvertretenden Direktor kräftig die Hand.

»Nein, ich bin nicht der verrückte Mönch«, sagte er lächelnd. »Ich bin nur von der Sektion für die biologische Wirkung von Strahlung. Ich bin auch mit dem Schriftsteller nicht verwandt.«

»Schade«, sagte Warazin aufgeräumt. »Meine Frau ist eine eifrige Leserin seiner Romane.« Er zögerte. »Ich hatte gedacht, daß vielleicht Direktor Zaglodin mit Ihnen zurückkommen würde.«

Istwili schüttelte den Kopf. Er war ein großer schwerer Mann mit dem dunklen, fast mediterranen Teint eines Georgiers. »Das hatten wir auch gehofft, aber wir hatten ihn noch nicht gefunden, als unsere Sondermaschine heute morgen um sechs in Moskau startete. Es war ein langer Flug.«

»Da haben Sie recht«, sagte Warazin mitfühlend. »Ich habe Ihnen fünf Kilometer von hier entfernt eine Art Kommandozentrale eingerichtet, die Ihnen sofort zur Verfügung steht. Ich hoffe, sie entspricht Ihren Zwecken. Aber zuerst wollen Sie wahrscheinlich die Krankenstation inspizieren . . .«

Smin hörte sich erstaunt Warazins Geplauder an; Warazin redete mit diesen Männern, als seien sie jemenitische Besucher und für einen beschäftigten Mann allenfalls eine geringfügige Belästigung. »Kann ich mir Ihren Hubschrauber ausleihen?« fragte Smin.

Istwili begriff sofort. »Natürlich. Es lohnt sich, das Ding mal von oben zu sehen. Dann . . .« er schaute auf die Uhr ». . . es ist jetzt achtzehn Minuten nach neun. Können wir uns um zehn Uhr in dieser Kommandozentrale zu einer ersten Besprechung treffen? Gut. Gehen wir also.«

Smin hatte bisher nur selten in einem Hubschrauber gesessen, aber diesmal interessierten ihn die schnellen routinierten Bewegungen des Piloten nicht. Er hatte nur Augen für die Anlage. »Bleiben Sie von der Rauchsäule weg«, befahl er dem Piloten. »Nicht zu niedrig – nicht unter zweihundert Meter. Aber gehen Sie so nahe heran wie möglich.«

»Geht in Ordnung«, sagte der Pilot, ohne sich überhaupt umzudrehen – zweifellos hatte er von seinen letzten Passagieren ähnliche Anweisungen erhalten. Smin rückte auf die andere Seite, als der Hubschrauber wendete, und behielt ständig die Anlage im Auge. Als sie sich über den Kühlteich hinweg von der unbeschädigten Seite näherten, sah die Anlage fast normal aus – jedenfalls, wenn man sich die Rauchsäule wegdachte, die aus den immer noch schwelenden Trümmern langsam nach Norden abtrieb. Er sah Feuerwehrleute, die ihre Saugschläuche aus dem Teich nahmen. Das Dach war noch nicht in Sicht.

Dann sah Smin das Dach und stöhnte auf. Auf dem Dach befanden sich immer noch Feuerwehrleute, die ihre Schläuche auf noch rauchende Stellen richteten. Diese Idioten! Wußten sie denn nicht, daß die Trümmer auf dem Dach radioaktiv waren – und zum Teil aus dem Reaktorkern selbst stammten? Dann schoß der Hubschrauber nach oben, und die Ruine von

Reaktorblock IV kam in Sicht. Smin dachte nicht mehr an die Feuerwehrleute.

Vom Boden aus hatte er das ganze Ausmaß der Zerstörung nicht erkannt. Vom Reaktorgebäude war praktisch nichts mehr übrig. Auch die Ladehalle war verschwunden und natürlich das Dach. Er sah verbogenes Metall, das zur Lademaschine gehört haben mochte. Und er sah den Kern selbst. Rasch riß er die Hände vors Gesicht und schielte durch seine Finger hindurch. Ihm fiel plötzlich ein, daß auch zweihundert Meter keine Entfernung sind, wenn man es mit einem offenliegenden radioaktiven Kern zu tun hat. Ein greller blauweißer Lichtbogen markierten den brennenden Graphit, und Smin sah, daß höchstens zehn Prozent der Oberfläche brannte.

Der Hubschrauber drehte ab. »Soll ich landen?« fragte der Pilot, »oder noch eine Runde drehen?«

»Ich habe genug gesehen«, sagte Smin und ließ sich in seinen Sitz zurücksinken.

Warazins »Kommandozentrale« bestand aus Warazins eigener gemütlicher Datscha, die hundert Meter von der Straße entfernt im Wald stand. Der große Hauptraum war doppelt so groß wie irgendein Raum in Smins Wohnung, aber als die Besprechung anfing, war er gedrängt voll: Smin, Warazin, die vier Männer vom Komitee, der ranghöchste Mann der an den Löscharbeiten beteiligten Feuerwehren, der Chefarzt des Hospitals in Pripjet, Chrenow (der erschöpft, aber zuversichtlich wirkte), zwei Angehörige des Ministerrats der ukrainischen Republik, ein halbes Dutzend Männer vom Parteikomitee in Pripjet und ein Armeegeneral. Smin gefiel es gar nicht, daß so viele Leute gekommen waren. Hier handelte es sich um eine Krisenbesprechung und nicht um eine Parteiversammlung. Er war fest überzeugt, daß die Effektivität jeder Konferenz sich umgekehrt proportional zur Anzahl der Teilnehmer verhielt, und wenn es mehr als fünf waren, konnte man ebensogut gleich einschlafen.

Aber Istwili, der Georgier vom Komitee für Nuklearaufsicht, hatte alles von Anfang an fest in der Hand. Für einen Mann, der um vier Uhr morgens geweckt worden und seitdem unterwegs war, wirkte er bemerkenswert frisch und konzentriert. »Wir werden nicht auf die Leute warten, die mit dem Wagen aus Kiew kommen«, verkündete er. »Unser erster Tagesordnungspunkt ist ein Situationsbericht. Ich habe doch richtig verstanden, daß die Anlage Tschernobyl ganz vom Netz genommen wurde?«

»Ich habe selbst eine entsprechende Anweisung für die Reaktorblöcke I und II gegeben«, sagte Warazin und nickte. »Vorsichtshalber. Natürlich habe ich vorher mit der Elektrizitätsbehörde in Kiew gesprochen.«

»Dann hat sich die Situation also stabilisiert«, sagte Istwili. »Jetzt geht es um die Schadensbegrenzung.«

»Das Feuer war heute morgen um acht Minuten nach drei gelöscht«, erklärte der Feuerwehrchef.

Smin mischte sich ein: »Ja, aber entschuldigen Sie bitte, Ihre Leute sind immer noch auf dem Dach mit Löscharbeiten beschäftigt.«

Der Mann sah ihn von oben herab an. »Sie kühlen das Gebäude ab und löschen kleinere Schwelbrände.«

»Ich habe mich wohl nicht deutlich genug ausgedrückt«, sagte Smin. »Das Wasser aus den Schläuchen ist radioaktiv kontaminiert. Es muß irgend wohin, aber wohin es auch fließt, es ist gefährlich.«

»Radioaktivität«, sagte der Mann von der Feuerwehr nachdenklich. »Das geht uns nichts an. Unsere Aufgabe ist es, den Brand zu bekämpfen, und wir haben dieses Feuer in anderthalb Stunden gelöscht. Die Strahlung ist Ihre Sache.«

»Sie ist auch Sache Ihrer Männer! Ohne Schutzausrüstung sind sie dort draußen in höchster Gefahr!«

Istwili hob die Hand. »Bitte! Wir haben jetzt zwei Probleme angeschnitten, die Verseuchung des Wassers und eine vernünftige Ausrüstung für die Männer, die den Schaden zu begrenzen versuchen. Wenn wir damit fertig sind – Was ist denn, Warazin?«

Der Chefingenieur wollte nur etwas ankündigen. »Meine Frau bringt gerade Tee und Mineralwasser.«

Seine Frau und ein junges Mädchen standen mit Tabletts in den Händen in der Tür. »Danke, Genosse Warazin«, sagte

Istwili trocken. »Ich wollte gerade sagen, wenn wir mit dieser vorläufigen Besprechung fertig sind, werden wir Arbeitsgruppen bilden, um mit beiden Problemen fertig zu werden. Zuerst müssen wir die unmittelbaren Probleme angehen. Der Graphitkern brennt noch.«

Alle drehten sich um und schauten den Feuerwehrchef an. Er schien verärgert zu sein. »Das hat doch mit dem Feuer in der ganzen Konstruktion nichts zu tun«, erklärte er. »Wir bekämpfen es weiterhin mit Wasser. Wir haben weitere Pumpen und sogar Wasserwerfer angefordert; die dürften die Flammen ersticken. Das ist den Briten in Windscale ja auch gelungen.«

»Nein, nein!« rief Smin, aber Lestiljan, der andere Mann vom Komitee, kam ihm zuvor.

»Das kann ich nicht akzeptieren«, sagte er, »und zwar aus den Gründen, die Smin schon genannt hat. Außerdem wird das den Graphit aufreißen und nur noch mehr brennbares Material dem Luftsauerstoff aussetzen. Wir müssen den Kern schließen.«

»Womit?« wollte der Feuerwehrchef wissen. »Schaum kommt nicht in Frage.«

»Wir brauchen etwas von viel größerer Dichte. Sand, Lehm, sogar Blei. Vielleicht auch Borcarbid, denn das ist ein neutronenabsorbierendes Material.«

»Und wie bringen wir das auf den Kern?« fragte der Feuerwehrchef sarkastisch. »Sollen meine Leute es etwa in Tragmulden hinaufschaffen wie die Maurer?«

»Natürlich werden wir dafür schwere Baumaschinen benötigen«, sagte Lestiljan scharf. »Auch dafür sollten Sie eine Arbeitsgruppe zusammenstellen.«

»Genau«, sagte Istwili sofort. »In fünfzehn Minuten werde ich diese Konferenz vertagen, und wir werden die Arbeitsgruppen zusammenstellen. Genosse Rasputin? Wollen Sie sich noch zu den Verletzten und zu den Risiken äußern?«

»Die Evakuierung der Verletzten dauert an. Im Hospital in Pripjet können nicht alle behandelt werden. Deshalb werden die meisten zu anderen Hospitälern gefahren . . .«

Der Chefarzt des Hospitals von Pripjet hob die Hand. »Das

Hospital müßte selbst evakuiert werden, wahrscheinlich sogar die ganze Stadt.«

»Selbstverständlich«, sagte Smin. »Und das so schnell wie möglich.«

Einer der Männer vom Ministerrat in Kiew mischte sich ein. »Wieso ist das selbstverständlich? Der Wind bläst den Rauch doch in die andere Richtung.«

»Aber er kann jeden Augenblick drehen.«

»Das stimmt«, sagte Rasputin. »Regen brächte ein zusätzliches und sehr ernstes Problem; er bringt den Fallout nach unten. In Kiew hat es heute morgen geregnet.«

»Aber hier regnet es nicht, und die Evakuierung hätte eine Massenpanik zur Folge«, entgegnete der Mann aus Kiew.

»Dann sollten die Leute wenigstens informiert werden«, sagte Smin hartnäckig. Der Mann runzelte die Stirn.

»Eine solche Entscheidung haben nicht wir zu treffen, Genosse Smin.«

»Aber bis wir Moskaus Genehmigung haben, kann es Stunden dauern!« antwortete Smin. »Wir sollten wenigstens eine Durchsage über Radio Pripjet veranlassen.«

Jetzt übernahm Istwili wieder die Gesprächsleitung. »Wir haben einfach noch nicht genug Informationen für eine Mitteilung an die Öffentlichkeit. Wenn uns alle Fakten bekannt sind, dann ja. Dann wird eine solche Durchsage sofort genehmigt. Die Diskussion darüber ist jetzt beendet. Wenden wir uns nun den Unfallursachen zu.«

Eines muß man den hohen Funktionären des Komitees für Nuklearaufsicht lassen, dachte Smin, sie bringen wenigstens etwas in Bewegung. Die drei Sektionschefs sprachen schnell, aber nicht überhastet; nach Smins Uhr hatte die Besprechung noch keine sieben Minuten gedauert. Ganz gegen seinen Willen fing Smin an, die Männer zu respektieren, ja, zu schätzen; er konnte sich kaum noch vorstellen, daß »sie« es waren, die ihn jede Woche mit strengen Anweisungen bombardierten, die ihn ständig ermahnten, effizienter zu arbeiten, den Anteil an Arbeitszeit zu erhöhen und den Plan zu erfüllen. Jetzt machte sich auch der vierte Mann an die Arbeit – derjenige, den die anderen nicht vorgestellt hatten. Von Anfang an hatte er ruhig auf seinem Stuhl gesessen, eine Zigarette geraucht, seinen Tee geschlürft und den Ausführungen der anderen höflich, aber distanziert zugehört. Doch jetzt, als sie auf die Unglücksursachen zu sprechen kamen, nahm er einen Stift aus der Tasche und fing an, sich Notizen zu machen.

»Es sieht so aus«, sagte Istwili, »als hätte sich der Unfall im Verlauf eines ungewöhnlichen Experiments ereignet, bei dem alle Sicherheitssysteme des Reaktorblocks IV ausgeschaltet wurden. Ist das korrekt?«

Chefingenieur Warazin setzte seine Tasse so hart ab, daß er ein wenig von seinem Tee verschüttete. »Es war kein ›ungewöhnliches‹ Experiment. Es war in allen Einzelheiten vom Komitee im voraus genehmigt worden!«

»Wohl doch nicht ganz in allen Einzelheiten«, sagte Istwili. »Gewiß war nicht vorgesehen, daß es um ein Uhr morgens stattfinden sollte. Schon gar nicht ohne die Anwesenheit eines Sicherheitsinspektors.«

»Es gab keine Anweisungen hinsichtlich der Zeit«, erwiderte Warazin eigensinnig. »Und auch von Sicherheitsinspektoren wurde nichts gesagt.«

»Es gab auch keine Anweisung, in der die Ausschaltung aller automatischen Systeme genehmigt wurde«, sagte Istwili. Smin zog hörbar die Luft ein.

»Dann stimmt es also«, stöhnte er. »Nicht wahr? Die Idioten haben alles abgeschaltet? Mein Gott, Warazin! Wie konnten Sie das nur zulassen?«

Warazin hatte noch nie zu seinen engeren Freunden gehört, aber in diesem Augenblick erkannte Smin, daß er in ihm jetzt einen unversöhnlichen Feind hatte. Der Ingenieur behielt ein unbewegtes Gesicht, aber die Muskeln darin zuckten, als er hervorstieß: »Aber ich war wenigstens da! Und wenn *Sie* so schlau sind, stellvertretender Direktor Smin, warum waren Sie denn nicht selbst anwesend?«

Alle warteten geduldig auf Smins Antwort. Warum war er nicht dabeigewesen? Weil der Chefingenieur die Verantwortung hatte übernehmen sollen? Weil das Experiment in letzter Minute auf unbestimmte Zeit aufgeschoben worden war? Weil er sich keine Sekunde lang eine solche Dummheit hatte vorstellen können?

Smin schüttelte den Kopf, aber dieses Kopfschütteln galt nicht den Männern von der Kommission. »Ich hätte anwesend sein müssen, das gebe ich zu«, sagte er laut und deutlich; schweigend beobachtete er, wie der Mann aus Moskau seine Worte sorgfältig notierte.

11

SAMSTAG, 26. APRIL 1986

Dean Garfield ist vierunddreißig Jahre alt und in Amerika bereits ein sehr erfolgreicher Fernsehproduzent. Der Grund dafür liegt vielleicht auch darin, daß er in den frühen siebziger Jahren gerade zur rechten Zeit studierte und die University of South Carolina nach vier Jahren mit einem Magistergrad verließ. Gerade zu der Zeit bereiteten sich viele junge und gescheite Universitätsabsolventen darauf vor, die Film- und TV-Genies der späten Siebziger zu werden, und wenn sie groß herausgekommen waren, erinnerten sie sich an ihre Schulfreunde. Das galt auch für Dean Garfield und seine Frau. Candace Garfield – ihr Künstlername war Candace Merlyn – war der Star in Garfields erster Fernsehserie gewesen. Unglücklicherweise wurde sie schon nach acht Wochen abgesetzt, und seitdem suchte Candace ständig nach einer neuen Serie. Sie ist sehr glücklich über Garfields gegenwärtigen Erfolg mit einer Serie, in der es nur um Schwarze geht und die jetzt schon im dritten Jahr läuft. Diese Serie bietet allerdings keine Hauptrolle für eine große blonde Frau. Sie ist aber davon überzeugt, daß sie in einer neuen Serie eine sowjetische

Kerningenieurin spielen könnte – oder sonst etwas Sowjetisches –, und über diese Idee hat sie sich schon seit dem Frühstück mit Garfield unterhalten.

Eigentlich war es ursprünglich Garfields eigene Idee. Sie kam ihm, als er ein wenig verkatert aus dem Fenster schaute und nicht schlafen konnte, während an diesem nebligen ukrainischen Morgen über Kiew die Sonne aufging. Als er sah, daß seine Frau die Augen aufgeschlagen hatte und ihn vom Bett her beobachtete, grinste er. »Ich fühle mich wirklich gut«, sagte er. »Wie viele Amerikaner bekommen schon ein richtiges russisches Heim zu sehen – nun, wenigstens ein ukrainisches«, korrigierte er sich. »Weißt du was? In dem Ganzen müßte doch eine Story stecken. Das Lokalkolorit allein! Komm, schauen wir uns ein wenig die Stadt an.«

»Die Stadt haben wir schon gesehen«, gähnte Candace. »Ich habe nicht die Kraft für weitere Museen mit winzigen, auf Menschenhaar gemalten Bildern.«

»Ich meine nicht das Zeug für Touristen! Ich meine, wie die Leute *leben*. Einmal mit der U-Bahn fahren. In einem Wohnbezirk herumlaufen. Ich möchte auch gern wissen, was in diesen Läden gegessen wird, die so ähnlich aussehen wie McDonald's.«

»Diese Führerin von Intourist würde sich darüber nicht gerade freuen«, sagte seine Frau nachdenklich, denn das Wort *Story* fing an, sie in diesem Zusammenhang zu interessieren.

»Zur Hölle mit der Führerin von Intourist«, sagte Garfield fröhlich. »Wir sagen der Dame unten einfach nix sprechen russisch, und dann verschwinden wir. Was wollen sie dann schon machen?«

Seine Frau sah ihn zweifelnd an, aber sie schien bereit zu sein, sich überreden zu lassen.

»Ich weiß noch nicht genau, wovon ich rede«, sagte Garfield. »Noch nicht. Aber es kann doch nicht schaden, wenn wir uns ein wenig umschauen.« Diese Absicht setzten sie dann auch in die Tat um, obwohl die Dame unten im Foyer mit dem Kopf geschüttelt hatte und obwohl es angefangen hatte zu regnen.

Während des Vormittags hatten sie ein Lebensmittelgeschäft,

eine Milchhandlung und sogar ein Kaufhaus aufgesucht. Candace Garfield war entsetzt, als sie sah, daß die Russen dreimal Schlange stehen mußten; einmal um zu prüfen, was es überhaupt zu kaufen gab; noch einmal, um die Ware zu bezahlen; und dann ein drittes Mal, um sich die erstandene Ware aushändigen zu lassen.

Sie fanden nichts, was so ähnlich ausgesehen hätte wie McDonald's, aber sie leisteten sich die beste Mahlzeit, die sie in Kiew auftreiben konnten. Gegen Mittag war Dean Garfield nicht nur davon überzeugt, daß dieses Milieu Stoff für eine Serie hergab, sondern auch, daß seine Frau darin sehr wohl die Hauptrolle übernehmen könnte. »Vielleicht solltest du keine Ingenieurin sein«, sagte er nachdenklich, als sie im Restaurant Dynamo auf einen Tisch warteten. »Du könntest auch eine Reiseführerin von Intourist sein. Du erlebst dann mit den Touristen alle möglichen komischen Situationen. Jede Woche gibt es hier neue Touristen – Amerikaner, Japaner, alles mögliche –, und dann können wir für die verschiedenen Episoden immer einen anderen Gast-Star einsetzen . . .«

»Wie in *Love Boat*?« Sie runzelte die Stirn, als der Ober sie die Treppe hoch zu einem Tisch auf dem Balkon führte, aber nur, weil sie sich konzentrierte, nicht etwa, weil sie verärgert war. Garfield kannte den Unterschied sehr gut. Mit einem Seufzer der Erleichterung setzte er sich an den Tisch.

»Endlich einmal wieder sitzen«, sagte er und schaute sich um. Sie waren vier Stunden lang durch Kiew gelaufen, und Candace hatte die ganze Zeit geredet. Er hatte keinen Kater mehr, war jetzt wirklich hungrig. Als die Kellnerin mit der Speisekarte erschien, schaute er sie sich nicht einmal an. Während seines zehntägigen Aufenthalts in der Sowjetunion hatte er gelernt, daß von den hundert ausgedruckten Gerichten allenfalls ein Dutzend zur Verfügung stand. »Sprechen Sie Englisch?« fragte er. Da sie den Kopf schüttelte, stand er auf und schaute sich an anderen Tischen um. Als er etwas sah, das ihm eßbar vorkam, zeigte er darauf und hielt zwei Finger hoch.

»Hoffentlich kein Steak«, sagte Candace zerstreut; sie hatte sich die Brille aufgesetzt und trug etwas in ihr Notizbuch ein.

»Ich glaube, es ist eine Art Kalbsragout«, sagte Garfield. »Auf jeden Fall roch es gut. Außerdem habe ich eine Flasche von dem Weißwein da drüben bestellt.«

Er zündete sich eine Zigarette an und schaute über die Brüstung nach unten. Dort schienen mindestens zwei Hochzeitsfeiern stattzufinden, die eine Braut im traditionellen Weiß, wenn auch ohne Schleppe und Schleier, die anderen in einem blaßgrünen Kostüm. Eine Kapelle spielte etwas, das Garfield als »Raindrops Keep Falling On My Head« erkannte, und auf der winzigen Tanzfläche bewegten sich zwei Paare. »Selbst wenn es nicht für eine Serie langt«, sagte Garfield zu seiner Frau, »ich bin doch froh, daß wir uns entschlossen haben zu bleiben.«

Candace schaute von ihren Notizen auf. »Du hast manchmal tatsächlich gute Ideen«, sagte sie anerkennend. »Weißt du, ich hatte ein wenig Angst, daß uns irgendein Kerl vom KGB verhaften würde, weil wir einfach ohne Begleitung weggelaufen sind.«

Garfield registrierte das Kompliment mit einem bescheidenen Achselzucken. »Ich war ziemlich sicher, daß man uns nicht behelligen würde«, sagte er, aber in Wirklichkeit hatte er während der ersten ein oder zwei Stunden immer ein unangenehmes Gefühl gehabt, wenn irgendein Russe ihn scharf ansah. »Weißt du, was ich gern tun möchte? Ich würde gern noch einmal meine Verwandten besuchen, aber wie können wir uns mit ihnen in Verbindung setzen?«

Candace beschäftigte sich wieder mit ihren Notizen. »Ruf sie doch einfach an«, sagte sie.

»Wo soll ich sie denn anrufen? Simyon wohnt nicht in Kiew, und ich kenne Aftasias Adresse nicht.« Die alte Dame hatte sie am Vortag im Hotel angerufen und ihnen einen Wagen geschickt, und Garfield hatte vergessen, sie um ihre Adresse oder Telefonnummer zu bitten.

»Es muß doch ein Telefonbuch geben«, sagte Candace.

»In Russisch? Außerdem hat die alte Dame gar kein Telefon.«

»Dann warten wir bis Montag und rufen dann das Kraftwerk an. Hör zu, ich bin eine Reiseführerin von Intourist. Vielleicht kann ich manchmal auch Stewardeß bei der Aeroflot sein. Jede Woche haben wir eine andere Gruppe Touristen, und wir drehen an verschiedenen Schauplätzen. Moskau, Leningrad, Kiew, was weiß ich, vielleicht auch Taschkent oder Jalta – es gibt Millionen Orte in Rußland. Wie in *Love Boat*, wenn du dich erinnerst. Wir brauchen viele Landschaftsaufnahmen.«

»Wie sollen wir denn an so vielen Schauplätzen drehen?«

Sie legte den Kugelschreiber auf den Tisch und sah ihn über den Rand ihrer Brille an. »Glaubst du, die Russen spielen nicht mit?«

»Ich denke an die Produktionskosten«, sagte er, »und ich weiß nicht, ob wir mit den russischen Studios und den Filmtechnikern klarkommen.«

»Und ich denke an eine Titelrolle für mich«, sagte Candace entschlossen. »Wie wär's, wenn wir das Ganze *Genossin Tanja* nennen? Wegen der verschiedenen Drehorte kannst du dich ja erkundigen. Du schickst eine Crew her wegen der Hintergrundaufnahmen – verdammt, Dean, Hintergrund gibt es hier doch reichlich. Kathedralen, Flüsse, Flughäfen. Was brauchst du denn schon? Einen Bus, ein Hotel-Foyer und ein paar Zimmer. Einen Strand – ganz gleich welchen, und viele Leute in russischen Badeanzügen.«

»Denkbar wäre das alles«, räumte Garfield ein, und dann sah er wieder diese andere Art von Stirnrunzeln und sagte rasch: »Wir werden es auf jeden Fall versuchen. Sobald wir wieder zurück sind, suche ich einen Drehbuchautor. Und da kommt unser Wein!«

Das Ragout war nicht vom Kalb, sondern vom Schwein, und der Weißwein war warm, aber dennoch war es ein gutes Essen. Besonders angenehm verlief die Mahlzeit, weil Candace von ihrer Idee so begeistert war. Wenn sich auch nichts von alledem verwirklichen ließ, so führte diese Entwicklung doch dazu, daß er ihre Reise nach Sowjetrußland von der Steuer würde absetzen können. Davon war Dean Garfield überzeugt.

Mit seinem letzten Film fotografierte er die Brautpaare, die Hochzeitsgäste, die komische Kapelle, in dem drei Frauen mitspielten, die Kellner in ihren Smokings und die Decke mit ihren dicken Tragebalken. Selbst der übermäßig starke und entsetzlich süße Kaffee konnte ihm die Laune nicht verderben. Er lehnte sich zurück, zündete sich eine Zigarette an und betrachtete seine hübsche junge Frau. Fast allen Gästen war diese große schlanke Amerikanerin in ihrem blaßblauen Kostüm aufgefallen. Garfield hatte das Gefühl, daß die Frauen ihre Kleidung begutachteten, während die Männer überlegten, wie es wohl darunter aussah. Aber das war ihm nicht neu, das Gefühl hatte er immer, wenn sie zusammen ausgingen. Er selbst hatte ja ähnliche Gedanken; er betrachtete seine Frau in diesem Augenblick genauso, nur, daß er keine Überlegungen anstellte, sondern sich erinnerte. Obwohl es leider schon relativ alte Erinnerungen waren, denn es passierte nicht nur auf dem *Love Boat*, daß Leute auf Reisen gingen, um ihre Ehe zu retten.

Entschlossen drückte er seine Zigarette aus. Da Candace den Aschenbecher mit dem von ihrem Schweineragout abgetrennten Fett gefüllt hatte, mußte er eine Untertasse benutzen. »Ich finde, wir könnten jetzt ein wenig Schlaf gebrauchen«, sagte er. »Meinst du nicht auch? Laß uns ins Hotel zurückgehen.«

Seine Frau schaute ihn gutgelaunt an. »Solange wir noch hier sind, laß uns wenigstens den Wein austrinken. Dann zeige ich dir vielleicht meine Narbe. Wie die alte Dame.«

»Ja, erzähl mal. Hat sie dir nicht eine Schußverletzung gezeigt? Die möchte ich auch mal sehen.«

Candace lachte. »Keine Chance. Die hat sie ganz in der Nähe einer intimen Stelle. Sie mußte ihre Unterwäsche ausziehen, um sie mir zu zeigen – und ehrlich, Honey, du würdest nicht glauben, was die Frau für Unterwäsche trägt.«

»Stammt diese Verletzung nicht aus der Revolution?«

»Die Lehrerin sagt, sie stammt aus dem Bürgerkrieg. Ist das dasselbe? Die alte Dame sagte alles Mögliche, aber die Lehrerin hat höchstens ein Viertel davon übersetzt. Das ist ja das Schlimme. Selbst wenn wir sie wiedersehen sollten, wie willst du dich mit ihr unterhalten?«

»Das werden wir am Montag sehen«, sagte Garfield. »Und nun trink deinen Wein aus. Ich möchte mich wirklich ein wenig hinlegen.«

Sie hatten eigentlich einen recht angenehmen Tag verbracht, dachte er. Vor dem Restaurant erwischten sie sogar ein Taxi, aus dem gerade ein paar Leute ausstiegen, und der Fahrer war sogar bereit, sie zu ihrem Hotel zu fahren. Doch als sie aus dem Fahrstuhl stiegen und der Aufseherin oder Beschließerin oder wie immer man die alte Frau nannte, die hier die Aufsicht hatte, ihre Hotelkarte präsentierten, begann es unangenehm zu werden. Zuerst stieß Candace einen leisen Schrei aus, als sie hinter der Frau ihr ganzes Gepäck stehen sah. Sie hätten doch heute morgen zusammen mit der Intourist-Reisegruppe nach Tiflis fliegen wollen, meinte dann die Alte in einem stark russisch gefärbten Englisch; ihr Zimmer werde nun für andere Gäste benötigt, die es sogar schon bezogen hätten. Sie möchten doch bitte ihr Gepäck entfernen. »Aber ich hatte doch eine Notiz hinterlassen!« rief Garfield. »Und darin hatte ich Ihnen mitgeteilt, daß wir unsere Pläne geändert haben.«

Die Frau sah ihn entsetzt an. »Nein, das ist unmöglich. Ihre Gruppe ist schon abgereist. Sie müssen sofort zum Empfang gehen und Ihre Rechnung bezahlen; dann wird der Portier Ihr Gepäck hinaustragen.«

Die Frau am Empfang war auch nicht freundlicher. Nein, ein anderes Zimmer habe das Hotel nicht anzubieten. Auch die anderen Hotels in Kiew hätten keine freien Zimmer mehr; schließlich stünde die große Maiparade bevor, und da seien die Hotels alle ausgebucht.

Garfield drehte seiner Frau den Rücken zu, weil er in diesem Augenblick ihr Gesicht nicht sehen mochte. »Nun«, sagte er, und in seiner Stimme lag seine selbstsichere Gelassenheit, mit der er in vielen Konferenzen schon so manchen Fernsehboß geblufft hatte, »ich bin sicher, daß wir irgendwo unterkommen werden. Es muß ja nicht unbedingt ein Hotel sein. Vielleicht ein Privatquartier? So etwas wie Bett und Frühstück?«

»Ausländer dürfen nicht bei Sowjetbürgern wohnen«, sagte sie steif. »Das ist gesetzlich verboten.«

»Aber was sollen wir denn nun machen?« rief er; die Frau am Empfang war jedoch nur zu einem kleinen Zugeständnis bereit:

»Wir werden Ihr Gepäck aufbewahren, bis Sie es abholen.« Sie nickte gnädig, wandte sich ab und verschwand in einem Nebenraum.

Garfield öffnete schon den Mund, um sie zurückzurufen,

aber seine Frau zupfte ihn ungeduldig am Ärmel. »Laß uns nach draußen gehen«, sagte sie in einem Tonfall, der keinen Widerspruch duldete.

»Aber wir können doch nicht auf der Straße schlafen«, jammerte er, als sie sich draußen vor dem Hotel befanden.

»Direkt hinter uns stand ein Mann«, sagte sie nervös, »und er hat jedes Wort gehört.«

»Was redest du da? Du denkst wahrscheinlich an jemanden von der Geheimpolizei. Aber wir haben doch nichts getan.«

»*Komm* jetzt endlich!« sagte sie und zog ihn weiter. Passanten warfen ihnen neugierige Blicke zu. Candace sagte nichts, bevor sie um eine Ecke herumgegangen waren. Dann drehte sie sich zu ihrem Mann um. »Du hättest dich wegen des Zimmes vergewissern sollen, bevor wir weggingen«, sagte sie vorwurfsvoll. »Was sollen wir jetzt tun?«

»Mach dir nur keine Sorgen, Honey«, sagte er, und wieder sprach er in diesem in Fernsehkonferenzen erprobten zuversichtlichem Tonfall. »Wir haben jede Menge Reiseschecks. Dies ist eine große Stadt, wir werden mit Sicherheit etwas finden.«

»Warum setzen wir uns denn nicht mit Intourist in Verbindung?«

Er überlegte einen Augenblick. »Nein«, sagte er dann. »Dies könnte ein richtiges Abenteuer werden. Und ich denke, manches davon können wir bestimmt für *Genossin Tanja* verwenden.« Er sah, daß sie in ihren Zweifeln wankend wurde. »Wir werden schon irgendein Zimmer finden – es wird natürlich nicht das Beverly Wilshire sein, aber wir werden es schon ein paar Tage aushalten. Wenn es zum Schlimmsten kommt, bleibt immer noch Tante Aftasias Wohnung. Sie hat ein Extrazimmer, da haben die Smins in der letzten Nacht geschlafen.«

»Aber wie willst du sie finden?« fragte sie skeptisch. »Und außerdem, ein Abenteuer ist eine Sache, gegen irgendwelche russischen Gesetze zu verstoßen, eine andere. Kein Ausländer darf bei Russen wohnen. Du hast doch gehört, was die Frau gesagt hat.«

Wieder überlegte Garfield einen Augenblick. »Tante Aftasia wäre ja auch nur die letzte Möglichkeit«, gab er zu. »Aber was ist mit Simyon? Er ist ein hohes Tier. Er wird bestimmt etwas für uns tun können.«

»Dean«, sagte sie geduldig, »er wohnt nicht in Kiew. Weißt du überhaupt, in welcher Stadt er wohnt? Und – o Gott! Da kommt dieser Mann schon wieder!«

Garfield fuhr herum. Es stimmte. Der Mann, der auf sie zukam, war derselbe, den er schon im Hotel gesehen hatte. Er sah nicht so aus, wie Dean Garfield sich einen KGB-Mann vorgestellt hätte. Außerdem war er nicht viel älter als zwanzig. Er schaute sich rasch nach allen Seiten um und sagte dann mit einschmeichelnder Stimme: »Entschuldigen Sie bitte. Sie wollen ein Zimmer, in dem Sie schlafen können? Ich kenne ein schönes Zimmer ganz in der Nähe einer Bushaltestelle. Können Sie in amerikanischen Dollar bezahlen?«

12

SONNTAG, 27. APRIL 1986

Das Heim Simyon Smins und seiner Familie ist keine normale Wohnung. Es ist hübsches Apartment im sechzehnten Stock eines der besten Gebäude der Stadt Pripjet und hat fünf Zimmer. Fünf! Es entspricht natürlich Smins exponierter Stellung; außerdem können sie auch für ihren ältesten Sohn Wohnraum beanspruchen. Nikolai Smin dient zur Zeit bei der sowjetischen Luftwaffe, aber wo er seinen Dienst ableistet, daran mag Selena Smin gar nicht denken. Die Wohnung ist großzügig eingerichtet. In der Küche steht nicht nur ein Kühlschrank, sie ist außerdem mit einer Tiefkühltruhe ausgestattet. Das Bad hat zusätzlich zur Badewanne eine Duschkabine und ein Bidet, und Selena Smin hat schon einen Ingenieur engagiert, der feststellen soll, ob der Boden einen weiteren Einrichtungsgegenstand zu tragen vermag. Es ist ihr schon fast gelungen, den Import eines Jacuzzi zu arrangieren, der die Badewanne ersetzen soll. Das Bett, das sie mit Smin teilt, hat Übergröße. Die Bettwäsche stammt aus England, und eine weiße, mit Spitzen besetzte Steppdecke ist irischer Herkunft. Ein solches Bett gibt es vielleicht in der ganzen Ukraine kein zweites Mal.

Im Wohnzimmer stehen Bücher in russischer, französischer und deutscher Sprache. Das schönste Buch ist ein hervorragend illustrierter Band über die Kunstschätze der Leningrader Eremitage, das ursprünglich nur für den Export gedruckt wurde und deshalb als Rarität gilt. Außerdem besitzen die Smins einige schöne Bände mit Reisebildern aus aller Welt. Im Wohnzimmer steht ein teurer Glastisch aus Ostdeutschland. Natürlich gibt es ein Fernsehgerät mit Videorecorder. Die Smins besitzen eine Videothek von fast zwanzig Kassetten, zumeist Opernaufführungen für die Eltern, aber auch vier oder fünf amerikanische Filme, die Wassili gehörten. Seine Lieblingskassette ist *Jesus Christ Superstar*. (In Wassilis Zimmer steht ein zweites, etwas kleineres Fernsehgerät; an den Wänden hängen Poster von sowjetischen Raumschiffen und Kosmonauten und ein signiertes Foto des amerikanischen Astronauten Edgar Mitchell.)

Selena würde jederzeit leugnen, daß sie im Breschnew-Stil leben, aber, so pflegte sie zu bemerken, da ihr Mann seine jetzige Position schon in der Breschnew-Ära innegehabt habe, sei es ihr gutes Recht, ein wenig mehr Luxus zur Schau zu stellen, als allgemein üblich sei. Bei ihren vielen Aktivitäten kann Selena eine so große Wohnung natürlich nicht selbst in Ordnung halten, aber ein siebzehnjähriges Mädchen aus einer nahegelegenen Kolchose kommt jeden Morgen um sieben, und wenn Gäste da sind, bleibt sie manchmal auch fast bis Mitternacht.

Als Selena an diesem Samstagmorgen in ihre Wohnung zurückkehrte, war das Mädchen nicht da. Auch ihr Mann war nirgends zu finden, nur Wassili, ihr jüngerer Sohn, lag angezogen auf seinem Bett. Seine Kleidung war beschmutzt und voll Schlamm, und er schnarchte leise.

Selena ließ ihn schlafen. Sie hatte ihm im Augenblick nichts Besonderes zu sagen – jetzt, da sie wußte, daß er lebte! Sie wollte nicht einmal etwas von ihm hören, denn Selena hatte in den letzten vierundzwanzig Stunden schon zuviel gehört und gesehen, sie wollte nur, daß alles bald ein Ende hatte, damit sie eine Maifeier für ein paar ausgewählte Freunde organisieren und sich um die Anschaffung des Jacuzzi kümmern konnte.

Aus praktischen Gründen war es das Wichtigste, erst einmal wieder sauber zu werden. Selena hatte schon seit zwei Tagen dieselben Sachen an. Sie setzte den Teekessel auf, fuhr mit den Fingern den Rand des Gasherds entlang und beschloß, mit dem Mädchen ein ernstes Wort zu reden, wenn sie wieder auftauchte. Dann ging sie unter die Dusche.

Aber nur ein dünner Strahl lauwarmes Wasser floß heraus.

Selena seufzte. Sie ging so sparsam mit dem Wasser um, wie sie nur konnte, und seifte sich gründlich ein. Wehmütig dachte sie an den Jacuzzi und mit gemischten Gefühlen an die zwei Tage in Kiew. Die amerikanischen Vettern kennenzulernen, war aufregend und angenehm gewesen, aber jetzt kam ihr diese Begegnung vor wie etwas, das sie vor vielen Jahren erlebt hatte, als sie noch ein junges Mädchen war. Sie schien so weit zurückzuliegen wie eine Produktion des Balletts *Schwanensee* damals an der Universität, in dem sie ihren ersten Solo-Part getanzt hatte, oder wie der Tag, an dem Simyon Smin sie in den Garten unter die Kirschbäume führte und ihr eröffnete, daß er sie zu seiner Frau machen wolle. Während sie über diese Dinge nachdachte, nahm sie sich gleichzeitig vor, noch einmal mit Smin über die im Namen seiner Mutter gemietete Wohnung zu sprechen. Lohnte es sich wirklich, ein Absteigequartier in der Stadt zu haben, wenn es in einem Chruschtschow-Slum lag?

Eigentlich mochte Selena Smin ihre Schwiegermutter, sie verstand sich mit ihr sogar recht gut – aber dennoch, ihre Schwiegermutter war schon ein seltsamer Vogel. Was nützte einem eine Schwiegermutter, die zwar in den höchsten Führungskreisen jeden kannte – zumindest die Väter oder gar Großväter seiner Leute –, wenn sie so lebte wie ein pensionierter Kolchosbauer? Gut, Aftasia Smin lebte gern ruhig und unauffällig. Nun, daran würde niemand sie hindern. Aber konnte ihr Sohn ihr nicht eine schönere Wohnung besorgen? Damit sie Platz hatten, Kleidung und andere Sachen unterzubringen, die sie vielleicht benötigten? Und, um des Himmels willen, wenigstens ein *Telefon*? Am besten eins, das Großmutter nicht selbst benutzte? Und da sie schon eimal dabei war, sie brauchte einen eigenen kleinen Wagen, und sei es nur ein Moskwitsch, damit sie nie wieder mit dem *Bus* von Kiew nach Pripjet würde fahren müssen – um dann am Kontrollpunkt ganz unzeremoniell abgesetzt zu werden, wie es ihr heute geschehen war, und zwar zusammen mit fünfzehn Mitreisenden, die alle im Umkreis des Kernkraftwerks wohnten. Sie hatten sich so gut wie möglich nach Hause durchschlagen müssen, dabei war sie nicht die einzige Prominentenfrau gewesen. Auch Ywanna Chrenowa, die Frau des für Personal und Sicherheit Verantwortlichen, hatte am Kontrollpunkt aussteigen müssen. Sie hatte Verwandte in Smolensk besucht; als sie wieder in Kiew ankam, hatte auf dem Flughafen kein Wagen auf sie gewartet, und sie hatte ein Taxi nehmen müssen. Am Kontrollpunkt wurde das Taxi nicht durchgelassen; es hatte die Soldaten einen Teufel interessiert, wessen Frau sie war. Oder, was das betrifft, wer Selena selbst war. Selbst Ywanna hatte schreien müssen, damit ein Krankenwagen anhielt und sie die zwei Kilometer zu ihrer Wohnung fuhr. Aber wenigstens hatte sie Selena mitgenommen.

Trotz der geringen Wasserzufuhr fühlte sich Selena nach dem Duschen erfrischt. Sie überlegte, was jetzt zu tun war. Der Kühlschrank war gut gefüllt, denn die Lieferung aus den staatlichen Läden war eingetroffen. Wegen irgendwelcher Einkäufe brauchte sie sich also keine Gedanken zu machen. Sie durfte Wassili nicht den ganzen Tag schlafen lassen, denn sonst würde er in der Nacht keine Ruhe finden. Ihr Mann würde wahrscheinlich bald nach Hause kommen oder wenigstens anrufen. Er würde ihr sagen müssen, ob dieser Unfall im Kernkraftwerk ihre Pläne für die Maifeier beeinträchtigen würde, bei der ein Feuerwerk abgebrannt werden sollte.

Alle diese Dinge gingen Selena durch den Kopf, aber

während sie sich abtrocknete, schaute sie aus dem Fenster und sah wieder die riesige Rauchsäule, die schon aus vielen Kilometern Entfernung zu sehen gewesen war. Ein häßlicher Zweifel begann an ihr zu nagen, und dieser Zweifel erschütterte das Gefühl der Sicherheit, das sie vorher gehabt hatte.

Ohne große Zuversicht versuchte sie noch einmal, im Werk anzurufen, als sie den Fahrstuhl kommen hörte. Seine Tür öffnete sich rasselnd und schlug wieder zu; sie hörte, daß sich ein Schlüssel im Türschloß drehte, und dann betrat ihr Mann die Wohnung. »Gut, daß du schon hier bist«, sagte er. »Kann ich irgend etwas essen?«

So, wie er jetzt aussah, hatte Selena Smin ihren Mann noch nie gesehen. Sein maßgeschneiderter Anzug war verdreckt, die Aufschläge seiner Hose waren voll Schlamm, und seine Schuhe waren völlig ruiniert. Sein volles Gesicht schien schmaler geworden zu sein. Er hatte aschgraue Ringe unter den Augen, und das glatte Gewebe seiner schrecklichen Narbe schien zu glitzern. »Oh, mein Lieber«, sagte sie und half ihm aus dem Mantel. »Setz dich. Warte, ich mache dir etwas. Du siehst ja entsetzlich aus. Was ist denn nur passiert?«

Als Simyon Smin seine Frau anschaute, sah sie, daß seine Augen rot waren von geplatzten Äderchen. Er zeigte zum Fenster, durch das die Rauchsäule zu sehen war, die langsam nach Norden abtrieb. »*Das* ist passiert«, sagte er.

Die Suppe war schon über zwei Tage alt, aber nach einer Riechprobe stellte Selena sie auf den Herd und ließ sie vorsichtshalber eine Minute länger kochen. Das Brot aber war ganz frisch. Als Smin in seinem gesteppten Morgenmantel aus dem Bad kam, stand das Essen schon auf dem Tisch.

»Kam genug Wasser aus der Dusche?«

»Es hat gerade gereicht. Wir haben einen vorübergehenden Leistungsabfall. Wahrscheinlich wurden die Pumpen für unsere Gebäude beeinträchtigt.«

Selena schenkte Tee ein. »Du solltest dich ausruhen«, schalt sie.

»Wenn ich gegessen habe«, sagte er. »Ich werde eine Stunde schlafen. Keine Minute länger. Du mußt mich unbedingt wecken.«

»Mußt du wirklich ins Werk zurück?«

»Wer denn sonst«, sagte Smin, den Mund noch voll Brot. »Der Direktor ist noch in Moskau. Der Chefingenieur ist gestern abend völlig auseinandergefallen. Jetzt versucht er, die Dinge aus einer Entfernung von sechs Kilometern im Griff zu behalten.«

Selena tauchte den Löffel in ihre eigene Suppe, aber sie rührte nur darin herum. »Ist es wirklich so schlimm?« fragte sie, aber das war nicht als Frage gedacht.

»Von den dreihundert Mann des technischen Personals sind vierzig im Krankenhaus, und hundertdrei haben sich zum Dienst zurückgemeldet. Die anderen sind einfach weggelaufen und nicht wieder zurückgekommen.«

»Ich kann ihnen durchaus keinen Vorwurf machen!« rief Selena zu ihrer eigenen Überraschung. »Ich wünschte . . .«

»Du wünschtest«, ergänzte Smin für sie den Satz, »du wärest selbst auch nicht zurückgekommen. Das wäre mir auch lieber gewesen. Du bist hier nicht sicher, Selena.«

»Weil der Reaktor explodieren kann.«

»Er ist schon explodiert«, korrigierte er sie. »Du brauchst dir wegen irgendwelcher Explosionen keine Sorgen zu machen. Aber dieser Rauch steckt voll Gift. Jeder Hauch davon ist Gift – mein Gott! Einen Augenblick!« Er stand vom Tisch auf und schloß die Fenster. »Du darfst kein Fenster öffnen, bis ich es dir wieder erlaube!« befahl er. »Während ich schlafe, mußt du die Fensterbänke abwischen. Wisch alles ab, worauf du Staub siehst, Staub jeder Art. Benutze Zeitungen und wirf sie dann weg. Anschließend wäschst du dir gründlich die Hände!«

»Aber das Mädchen . . .«

»Wir werden das Mädchen wiedersehen«, sagte Smin finster, »wenn die Schweine fliegen gelernt haben. Oder wenn wir die Lage unter Kontrolle haben, was immer zuerst geschieht. Die Kleider, die ich eben ausgezogen habe, sind in einem

Papiersack. Öffne den Sack nicht, sondern wirf ihn einfach weg.«

»Deinen guten Anzug?«

Smin seufzte, aber er antwortete nicht. Dann löffelte er den Rest seiner Suppe aus. »Wenn Waja aufgewacht ist, darfst du ihn nicht nach draußen lassen. Wenn irgend jemand ihn abholen will, sagst du einfach, daß er sich dauernd erbrechen muß; sie werden denken, es ist die Strahlenkrankheit und ihn in Ruhe lassen.«

»Strahlenkrankheit?«

»Kannst du denn immer nur wiederholen, was ich sage?« fragte Smin fast scherzhaft. »Bitte, tu ganz einfach, was ich dir auftrage. Und geh auch selbst nicht nach draußen. Sobald ich die Gelegenheit dazu bekomme, werde ich euch beide evakuieren lassen. Vielleicht schicke ich euch zu Babuschka nach Kiew. Packt alles Nötige ein, aber nicht mehr als zwei Koffer.«

»Für wie lange wird das sein?« fragte Selena. Sie war nicht überrascht, als ihr Mann nicht antwortete. Er stand vom Tisch auf und ging langsam ins Schlafzimmer; dabei bewegte er sich so, als hätte er Rückenschmerzen, was bei ihm nicht selten war.

Sie räumte den Tisch ab, suchte ein paar alte Zeitungen und tat, was ihr Mann ihr befohlen hatte. Sie wischte Staub. Als sie die zusammengeknüllten Zeitungen anfeuchten wollte, floß noch weniger Wasser aus dem Hahn als vorher. Sie hatte das Gefühl, daß sie gleich weinen würde, aber sie warf nur die Zeitungen auf den Boden und ging ins Schlafzimmer.

Smin lag nicht im Bett. Er stand am Fenster und schaute zu der Rauchsäule hinüber. »Selena«, sagte er, ohne sie anzusehen, »es ist wirklich sehr schlimm. Der Reaktor ist explodiert. Wir hatten keine Chance, etwas zu unternehmen. Wenn wir ihn nicht löschen, wird es von der Strahlung in diesem Rauch in der ganzen Sowjetunion Tote geben. Aber wie wir ihn löschen sollen, weiß Gott allein. Nichts funktioniert.«

»Du wirst doch eine Möglichkeit finden, Simya«, sagte sie verzweifelt.

»Hoffentlich. Aber ich teile nicht deine Zuversicht.«

»Es gelingt dir bestimmt! Ich bin ganz sicher! Und wenn die

Untersuchung abgeschlossen ist, wird der Direktor gehen müssen, und dann wirst du . . .«

Sie schwieg, denn ihr Mann blickte sie finster an. »Meine liebe Selena«, sagte er, »du glaubst doch nicht im Ernst, daß ich bereit bin, aus dieser Katastrophe irgendeinen Nutzen zu ziehen?«

»Jeder weiß doch, daß du die ganze Arbeit tust! Dir steht eine Beförderung ganz einfach zu.«

»Beförderung!«

»Das stimmt«, beharrte sie. »Der Direktor – er war nicht einmal hier – Und schließlich leitet er das Werk. Jeder weiß, daß du immer seine Fehler ausbügelst und ihn deckst, wenn er wieder mal versagt hat. Natürlich ist er der Schuldige!«

Smin sah seine Frau eine Weile prüfend an. »Kannst du dir wirklich nicht vorstellen«, fragte er sanft, »daß jeder seine Schuld daran trägt?«

13

SONNTAG, 27. APRIL 1986

Die Stadt Pripjet mit ihren Läden und Kinos, ihrer Leihbibliothek, ihren fünf Schulen, ihren Wohnheimen und Apartments für fast fünfzigtausend Leute ist nur wegen des Kernkraftwerks Tschernobyl gebaut worden. Pripjet ist eine neue Stadt. Sie ist von ausgedehnten Wäldern umgeben. Wenige der Häuser sind älter als zehn Jahre. Während des Großen Vaterländischen Krieges war der Boden, auf dem die Stadt jetzt steht, ein Schlachtfeld, wo Deutsche und Russen sich gegenseitig zu Tausenden abschlachteten. Beim Ausheben der Fundamente für die hübschen sechzehnstöckigen Apartmenttürme kamen viele Skelette von Menschen ans Tageslicht.

Die Leute von Pripjet halten sich für glücklich. Sie haben keine Geldsorgen, denn die Arbeit im Kernkraftwerk wird gut bezahlt, und auch die Radiofabrik und das Baugewerbe, die beiden anderen großen Arbeitgeber des Ortes, zahlen gute Löhne. Die Leute sind jung – selbst wenn man die vielen Kinder nicht mitzählt, liegt das Durchschnittsalter bei dreißig Jahren. Pripjet ist von »fortschrittlichen« Architekten erbaut worden. Aus der ganzen Sowjetunion kommen Städteplaner hierher, um die Stadt zu studieren. Sie wurde errichtet, um einem Zweck zu dienen, und diesen Zweck erfüllt sie nicht nur zufriedenstellend, sondern sogar mit Grazie. Es gibt auch eine nostalgische Komponente: Die Bewohner von Pripjet sind stolz darauf, daß ihre Hauptstraße so gelegt wurde, daß drei schöne alte Apfelbäume, die irgendwie den Krieg überstanden hatten, nicht gefällt werden mußten. Die Fassaden der Apartmenthäuser sind weiß, rosa und blau gekachelt, so daß sie in der Sonne glänzen. Die Straßen sind breit. Warum auch nicht? Der Boden war billig, denn er besteht aus nicht viel mehr als Sand. Überall in der Stadt sind Grünanlagen. Kein Pripjeter wäre je auf die Idee gekommen, etwa wegen einer anderen Arbeit die Stadt zu verlassen – bis jetzt jedenfalls.

Bohdan Kalytschenko erwachte von einem donnernden Klopfen an seiner Wohnungstür. Er bekreuzigte sich, als er zur Tür rannte, aber als er sie öffnete, stand da nicht jemand von der Ersten Abteilung des Kraftwerks, um ihn zu fragen, warum er seinen Posten verlassen hatte. Es war nur Zacharin, der Mann vom Milchladen um die Ecke. Ohne seine weiße Jacke und die kleine weiße Kappe sah er ganz anders aus als sonst. Jetzt wußte er nicht, was er sagen sollte, obwohl er vorher soviel Lärm gemacht hatte. »Habe ich Sie geweckt, Genosse Kalytschenko?« fragte er schließlich. »Ich war nicht sicher, ob Sie hier sind. Ich dachte, Sie wären vielleicht im Werk.«

»Ich habe heute meinen freien Tag«, sagte Kalytschenko und rieb seinen rechten Arm, der in einer Schlinge aus einem großen roten Taschentuch hing.

»Oh? Halten Sie sich sogar heute an die Routine? Ich

dachte . . .« Zacharins Blick fiel auf Kalytschenkos Arm. »Oh, Sie sind ja verletzt.«

Kalytschenko hielt sich den verletzten Arm. »Was wollen Sie?« fragte er.

Der Mann räusperte sich. Er war viel kleiner als Kalytschenko. Zu ihm aufblickend begann er zaghaft: »Sie verstehen diese Dinge, Kalytschenko. Ich nicht. Ich bin nur ein Kaufmann. Sie haben diese Dinge studiert. Wir haben Angst. Diese Explosion – dieser Qualm – einige von uns glauben, daß es gefährlich ist, in Pripjet zu bleiben. Ist es so ernst? Was sagen Sie?«

»Das werden die Behörden entscheiden«, antwortete Kalytschenko schroff.

Zacharin ließ sich nicht abwimmeln. »Die Behörden sind vollkommen überlastet, Kalytschenko. Man sieht kaum Leute von der Miliz auf der Straße. Es gibt keinen einzigen Feuerwehrmann mehr in Pripjet, und keinen Schlauch und keine Spritze. Heiße Kohlen sind in die Wälder gefallen! Der Mann meiner Schwester hat es gesehen. Was ist, wenn es hier plötzlich anfängt zu brennen? Was sollen wir dann tun?«

»Das geht mich doch alles nichts an«, sagte Kalytschenko ärgerlich. Feindselig sah er den Mann aus dem Milchladen an, der so komisch aussah in seinem Sonntagsanzug mit der Krawatte. Er wirkte zugleich älter und weniger selbstbewußt als in seinem Laden, wenn er Eier für einen Kunden abzählte oder die Plastikbeutel mit Milch im Kühlschrank verstaute. Man sah, daß er Angst hatte, obwohl er versuchte, es zu verbergen. Seine Unsicherheit rührte Kalytschenko ein wenig. »Ich weiß nicht, was Sie von mir wollen«, sagte er unwillig.

»Aufklärung vor allem! Sie sind ein studierter Mann. Mein Sohn ist vierzehn. Er sagt, daß der Rauch aus dem Kraftwerk Atome von Radium und andere Stoffe enthält, die bewirken können, daß unsere Haare ausfallen und unser Blut vertrocknet und daß man daran sterben kann. Ist das wahr?«

»Nein, nein, so stimmt das nicht«, sagte Kalytschenko. Er zögerte. Dann fügte er hinzu: »Aber es ist schon richtig, daß von dem Fallout eine gewisse Gefahr ausgeht.«

»Fallout! Wie von den amerikanischen Atombombentests!

Sollten wir dann nicht irgendwo anders hingebracht werden, bis die Gefahr vorüber ist? Bitte, Genosse. Ich habe drei Kinder. Wir haben viel über diese Sache geredet – ich habe diese Nacht kaum geschlafen –, wir sind zu dem Schluß gekommen, daß wir zum Parteibüro gehen sollten und verlangen, daß wenigstens die Kinder in Sicherheit gebracht werden. Aber wir wissen nicht, wie wir das erklären sollen. Keiner von uns versteht etwas davon. Bitte, gehen Sie mit ins Parteibüro –«

»Nein! Das ist vollkommen unmöglich!«

Kalytschenko hatte den Satz so heftig ausgesprochen, daß Zacharin einen Schritt zurückwich. Der Mann war fast kahlköpfig, wie Kalytschenko jetzt feststellte, wo er ihn zum ersten Mal ohne Kappe sah. »Ich muß jetzt im Kraftwerk anrufen«, sagte Kalytschenko in sehr bestimmtem Ton. »Dies ist schließlich ein Notfall. Es tut mir leid, daß ich Ihnen nicht helfen kann.«

»Ich werde das mit den anderen noch einmal besprechen«, sagte der Mann eigensinnig, als Kalytschenko die Tür schloß.

Kalytschenko rief nicht im Kraftwerk an, obwohl er die feste Absicht hatte, es zu tun. Er hatte schon die Hand am Telefon, nicht einmal, sondern viermal, und jedesmal gab es irgendeine verdammte Unterbrechung, die ihn daran hinderte, seinen Vorsatz in die Tat umzusetzen.

Zuerst mußte er zur Toilette. Dann hörte er plötzlich Lärm, und er mußte zum Fenster gehen, um zu sehen, was los war. Mindestens dreißig Leute standen im Hof und diskutierten. Hin und wieder zeigten sie in Richtung auf das Kraftwerk. Kalytschenko konnte es vom Fenster nicht sehen, aber er wußte, daß sie auf die Rauchfahne hinwiesen.

Als er dann wieder die Hand am Telefon hatte, sagte er sich: »Aber sie haben diese Telefonnummer. Sie brauchen sich nur die Mühe zu machen, sie herauszusuchen. Wenn sie mich brauchen, werden sie schon anrufen. Auf alle Fälle sollte ich mich erst mal rasieren.« Er rasierte sich zweimal mit äußerster Sorgfalt und benutzte dabei die Rasiercreme, die seine Verlobte ihm vor ein paar Tagen zum Geburtstag geschenkt hatte.

Kalytschenko war ein großer, blasser Mann; sein Bart war so blond, daß es nichts als Angabe war, wenn er ihn öfter als zweimal die Woche rasierte. Aber er sagte sich, daß er vielleicht nicht so bald wieder eine Gelegenheit haben würde, sich zu rasieren, wenn die Situation im Kraftwerk tatsächlich so schlimm war, wie es am Tag zuvor ausgesehen hatte. Dann legte er seinen rechten Arm (den er beim Rasieren großzügig gebraucht hatte) wieder in die Schlinge und ging festen Schrittes zum Telefon. Es war das vierte Mal. Doch plötzlich klingelte es wieder an der Tür.

Diesmal war es Raia, seine Verlobte. Sie drängte sich hastig ins Zimmer und schloß die Tür hinter sich. »Der Mann aus dem Milchladen«, fing sie an, und Kalytschenko stöhnte.

»Hat er dich auch schon belästigt?«

»Aber Bohdan. Hat er nicht recht? Bitte! Wie oft hast du mir erzählt, wie gefährlich diese radioaktiven Stoffe sein können. Ich habe keine Angst um den Mann vom Milchladen oder um dich und mich. Aber hast du vergessen, daß ich schwanger bin?« Sie spreizte die Finger einer Hand über ihren noch ganz flachen Bauch.

»Das habe ich keine Sekunde lang vergessen, Raia«, sagte er säuerlich.

»Dann denk darüber nach, was Zacharin sagt! Ich finde wirklich, du solltest ihm helfen. Mach den Behörden begreiflich, was getan werden muß!«

»Raia«, sagte er geduldig, »es ist nicht unsere Sache, solche Entscheidungen zu treffen. Möchtest du denn wirklich, daß Pripjet evakuiert wird? Einige tausend Menschen müßten dann aus der Stadt gebracht werden. Das gäbe ein fürchterliches Durcheinander. Stell dir vor, sie würden dich nach Kiew schicken und mich nach Kursk oder sonstwohin.«

»Vielleicht finden wir eine Möglichkeit, zusammenzubleiben.«

»Ja, vielleicht. Früher oder später«, entgegnete er ernst. »Aber was ist mit unserer Hochzeit? Sollen wir unsere Gäste im Wartesaal eines Bahnhofs empfangen? Wo werden unsere Freunde sein?«

»Man kann überall heiraten, Bohdan! Wenn wir keinen

Empfang im Roten Saal des Kraftwerks geben können, dann heiraten wir eben erst mal provisorisch und feiern unsere Party später, wenn wir alle wieder in Pripjet sind . . .«

»Zurück nach Pripjet? Nachdem all dieses Gift auf die Stadt gefallen ist? Und wann würde das sein?« Er wollte noch mehr sagen, aber als er Raias entsetzten Gesichtsausdruck sah, hielt er inne. »Nun gut«, versuchte er zu beschwichtigen. »Laß uns alles Punkt für Punkt besprechen. Wahrscheinlich hast du recht, und es ist besser, wenn du Pripjet verläßt. Wegen des Babys. Die nächste Frage ist: Kann auch ich Pripjet verlassen? Ich weiß es nicht. Vielleicht brauchen sie im Werk jeden Mann. Aber nehmen wir an, ich könnte auch gehen. Gut. Du verläßt die Stadt jetzt, ich folge, wenn ich kann. Deine Eltern in Donezk werden uns aufnehmen, wenn wir dort heiraten. Du nimmst also einen Bus . . .«

»Einen Bus! Es fahren keine Busse, Bohdan. Auf den Straßen liegt weißer Schaum!«

»Weißer Schaum?« Das gefiel Kalytschenko überhaupt nicht. Schaum auf den Straßen bedeutete, daß man den Fallout als gefährlich erkannt hatte.

»Ja, Schaum. Und keine Busse. Bist du denn überhaupt noch nicht draußen gewesen? Ich bin zur Hauptstraße gegangen, um zu sehen, was los ist. Überall standen Busse – mit Milizionären, Soldaten und Feuerwehrleuten. Die Straße war völlig verstopft. Nein. Entweder müssen sie die ganze Stadt evakuieren, oder wir müssen alle hierbleiben.«

»Ich halte das für keine gute Idee«, stöhnte Kalytschenko. Raia seufzte und streckte ihre Hand aus.

»Laß mich deinen Arm ansehen«, befahl sie. Sein Gesicht nahm einen stoischen Ausdruck an, als er den Arm aus der Schlinge zog und den Ärmel hochkrempelte. »Tut das weh?« fragte sie, als sie begann, den Arm abzutasten.

»Nein. Ja – es schmerzt etwas.«

Sie tastete sorgfältig den ganzen Arm ab, dann seufzte sie. »Weißt du was?« sagte sie schließlich. »Ich habe seit heute morgen so ein unangenehmes Gefühl im Hals.«

»Du rauchst zuviel.«

»Nein. Ich glaube nicht, daß es vom Rauchen kommt. Auch

mein Gesicht – ich kann das nicht richtig beschreiben –, es prickelt ein bißchen. Wie von Stecknadelspitzen. Es schmerzt nicht direkt. Ich finde es nur ungewöhnlich.«

»Vielleicht behindert das viele Nikotin deine Blutzirkulation.«

»Ausgerechnet im Gesicht? Gut – wenn du meinst, daß es nichts Ernstes ist . . .« Sie ließ seine Arm sinken. »Ich kann keine Prellung feststellen«, sagte sie unsicher. »Vielleicht solltest du zum Arzt gehen.«

»Die Wartezimmer sind wahrscheinlich voll von Leuten, die viel schlimmer dran sind als ich.« Er stand plötzlich auf. »Entschuldige«, sagte er schnell und ging ins Badezimmer. Als er allein war, fühlte er sich besser. Raia bildete sich diese albernen Symptome sicher nur ein. Er hatte nie etwas von unangenehmen Gefühlen im Hals oder Stecknadelstichen im Gesicht als Folge radioaktiver Strahlung gelesen. Allerdings mußte er sich eingestehen, daß er es nie geschafft hatte, all das Informationsmaterial sorgfältig durchzulesen, mit dem man als Mitarbeiter eines Kernkraftwerks überschüttet wurde.

Als Kalytschenko das Zimmer verlassen hatte, zündete Raia sich eine Zigarette an und inhalierte den Rauch. Sofort fing sie an, sich Sorgen zu machen. Durfte sie überhaupt rauchen? Schadete Rauchen dem Baby? Ihr zukünftiger Ehemann hatte ihr gesagt, daß es unbedingt schädlich sei, aber in der Klinik hatten sie nur die Achseln gezuckt und von Mäßigung gesprochen.

Leider hatte sie in der Klinik nicht gefragt, wie radioaktive Strahlung sich auswirkt. Aber wie hätte sie auch darauf kommen sollen? Hoffnungsvoll strich sie über ihren Bauch – und machte sich Sorgen. Bis jetzt war die einzig wichtige Frage für sie gewesen, ob ihr Verlobter sie auch wirklich heiraten würde und ob das Kind mit *seinen* blauen Augen zur Welt käme.

Jetzt war die Frage – würde es überhaupt Augen haben?

Als Kalytschenko aus dem Badezimmer zurückkam, hatte

Raia sich so in ihre Angst hineingesteigert, daß sie im Befehlston sagte: »Du mußt ins Parteibüro gehen.«

»Dann bin ich telefonisch nicht mehr erreichbar. Was ist, wenn sie mich im Werk brauchen?«

»Wieso sollten sie dich hier suchen? Die Leute im Werk müssen doch annehmen, daß du noch im Wohnheim für alleinstehende Männer bist, oder nicht?«

»Ich glaube, ich habe dort Bescheid gegeben, daß ich zur Zeit hier zu erreichen bin«, sagte er. Aber das war eine Lüge. Denn er war der Meinung gewesen, es ginge niemand etwas an, wenn er vorübergehend im Apartment eines Freundes wohnte, der seiner Frau nach Odessa gefolgt war. Nach einigen Äußerungen Chrenows war es allerdings wahrscheinlich, daß auch diese Telefonnummer in den Personal- und Sicherheitsakten zu finden war.

»In diesem Chaos wird sich niemand mehr daran erinnern. Nein, Bohdan, wenn du glaubst, daß sie dich im Werk brauchen, dann ruf sie an. Zuerst aber müssen wir ins Parteibüro. Was sollen wir sonst tun?«

Vielleicht hatte sie recht. Kalytschenko sah keinen Ausweg. Er konnte sich nicht weiter im Apartment seines Freundes verstecken, wie er es den ganzen gestrigen Tag getan hatte. Er seufzte und verließ widerwillig die Wohnung, um dem Mann vom Milchladen zu sagen, daß er sich nach sorgfältiger Überlegung entschlossen habe, mit ihnen zum Parteibüro zu gehen und dort mit den Leuten zu reden. Nicht, daß er das für eine gute Idee hielt. Er hatte nur keine bessere.

Es waren ungefähr hundert Leute, die mit finsteren Gesichtern zum Parteibüro marschierten. Der weiße Schaum war schon nicht mehr weiß. Er war zusammengefallen und fest geworden. Die Luft roch unangenehm nach Rauch und Chemikalien, fast wie Salmiak. Es waren tatsächlich keine Busse auf den Straßen. Es gab überhaupt wenig Verkehr. Man sah keine Fahrzeuge, die von außerhalb in die Stadt kamen. Sie marschierten mitten auf der Straße. Doch kein Milizionär tauchte auf, um sie wegen verkehrswidrigen Verhaltens zu bestrafen. Zacharin marschierte an der Spitze, Kalytschenko mit ernstem, entschlossenem Gesicht direkt hinter ihm.

Es war immer noch früher Morgen. Noch nicht ganz zehn Uhr. Aber es war ein trüber, fast kupferfarbener Tag. Nur wenige Wolken bedeckten den Himmel. Die Sonne schien, es war sogar ziemlich heiß, über der ganzen Stadt jedoch hing ein dünner Schleier aus dem Tschernobyl-Rauch. Bürger, die normalerweise an einem Sonntag wie diesem Badekleidung anzogen und ihren Tee draußen tranken, schauten nur mißtrauisch aus den Fenstern oder standen auf den Fußwegen herum. Einige riefen den auf der Straße vorbeimarschierenden Männern etwas zu. Manche schlossen sich an. Die meisten hingegen sahen ihnen nur mit sorgenvollen Gesichtern nach.

Die Fahne vor dem Parteibüro bewegte sich lustlos in der schwachen Brise. Ein paar ältere Milizionäre standen vor der Tür. Sie sahen erschöpft aus. »Was soll denn dieser Aufmarsch, Leute?« fragte einer von ihnen. »Wollt ihr ausgerechnet an einem Tag wie heute auch noch Unruhe stiften?«

»Wir wollen den Parteisekretär sprechen«, sagte Zacharin entschlossen.

»An einem Sonntagmorgen? Bist du verrückt geworden?«

»Es ist ein Notfall«, beharrte Zacharin.

»Natürlich ist es ein Notfall«, erwiderte der andere Milizionär, »und der Parteisekretär ist auf seinem Posten. Geht sofort zurück in eure Wohnungen.«

»Nein«, sagte Zacharin. »Wir verlangen, daß etwas getan wird. Die Stadt muß evakuiert werden. Wir sind alle in großer Gefahr! Genosse Kalytschenko hier ist der Experte auf diesem Gebiet. Er wird euch das erklären.«

Das tat Genosse Kalytschenko jedoch nicht, denn als Zacharin sich hilfesuchend nach seinem Experten umsah, war der nirgends zu sehen.

14

SONNTAG, 27. APRIL 1986

Es gibt keine »Kernschmelze« im Kraftwerk Tschernobyl*. Eine solche Katastrophe konnte nicht eintreten, denn Urandioxyd schmilzt erst bei einer Temperatur von über 3800 Grad Celsius. Diese Temperatur wird aber von brennendem Graphit gerade halb erreicht. Wenn Graphit brennt, handelt es sich um eine einfache chemische Reaktion: Kohlenstoff verbrennt bei Zufuhr von Luftsauerstoff, und das ist im Grunde nichts anderes, als verbrenne man Holzscheite im Kamin eines Hauses. Obwohl tatsächlich eine Kernexplosion die Katastrophe auslöste, blies sich die Kernreaktion Sekundenbruchteile nach ihrem Entstehen selbst aus. Es besteht also nicht die Gefahr dieses Alptraums einer Kernschmelze, aber eine andere Gefahr ist gegeben, und sie läßt weit größeres Unheil befürchten.

Wenn bei diesem Feuer der Kohlenstoff, aus dem Graphit ja besteht, mit dem Luftsauerstoff reagiert, steigt Rauch auf. Es gibt keinen Schornstein wie bei einem Kaminfeuer; bei so hohen Temperaturen jedoch schafft sich das Feuer gewissermaßen seinen eigenen Schornstein. Eine heiße Rauchsäule steigt in die Atmosphäre auf, die nicht nur giftige Gase enthält, sondern auch feste Substanzen mit sich führt. Und hier liegt die eigentliche Gefahr. Alle diese Substanzen sind tödlich. Denn nicht nur das Uran aus dem Kern ist radioaktiv. Der Reaktor hat neue Gifte entstehen lassen, die viel gefährlicher sind als Uran. Selbst wenn der Kernreaktor ursprünglich reine und fast harmlose Materie enthielte, wäre diese Reinheit wegen der eigenen Strahlung nicht von Dauer. Einige Atome werden gespalten, und jedes dieser Spaltungsprodukte bildet ein

* Diese Aussage Pohls wird allerdings von den meisten Wissenschaftlern, die sich mit der Katastrophe von Tschernobyl befaßt haben, stark bezweifelt.

neues chemisches Element. Kerne nehmen Partikel auf oder verlieren Partikel. So entstehen Elemente, die in der Natur nicht vorkommen, die »transuranischen« Elemente. Viele von diesen Elementen sind hochradioaktiv. Hierin liegt die außerordentlich große Gefahr bei Unfällen in Kernkraftwerken.

Ohne Ausnahme sind sämtliche radioaktiven Elemente für alle Lebewesen schädlich – von Pilzen bis zu Menschen. Eine hohe Strahlendosis tötet schnell. Bei einer geringeren Dosis dauert es länger. Bei der niedrigst möglichen Konzentration – wenn ein einzelnes Partikel auf eine Zelle trifft – gibt es vielleicht gar keinen erkennbaren Schaden, weil der Körper die Zelle reparieren oder ersetzen kann. Kann er das nicht, dann zeigt sich der Schaden vielleicht erst Jahrzehnte später, etwa in Gestalt von Krebs in höherem Lebensalter.

Man kann von den Männern vom Staatlichen Komitee für Nuklearaufsicht sagen, was man will, dachte Smin müde, aber man muß zugeben, daß sie wenigstens etwas unternehmen. Er zählte die Experten schon gar nicht mehr, die in den letzten zwölf Stunden in Tschernobyl eingetroffen waren – Ärzte, Ingenieure, Baufachleute. Natürlich war Chefingenieur Warazins Datscha für die vielen Leute zu klein, die zusammengekommen waren, um zu diskutieren, wie sich der Schaden am Reaktorblock IV begrenzen ließe. Außerdem lag die Datscha dem offenen Kern des Reaktors zu nahe, als daß sich die Experten hätten wohl fühlen können. Also wurde dreißig Kilometer weiter im Parteibüro einer Kolchose eine neue Kommandozentrale eingerichtet.

Das Komitee hatte nicht nur Experten zusammengerufen, sondern auch Material angefordert. Während der ganzen Nacht trafen schwere Baumaschinen am Kontrollpunkt ein und fuhren dann zum Kernkraftwerk. Lastwagen brachten Material, das es vorher im Kernkraftwerk Tschernobyl noch nie gegeben hatte. Die Männer hatten Strahlenmeßgeräte, die aussahen wie Kugelschreiber, und alle wurden mit Schutzkleidung ausgerüstet, auch die Leute am Kontrollpunkt. Sie trugen Kapuzen und Gesichtsmasken in Weiß oder Grün und waren von Kopf bis Fuß vermummt. Man konnte einen General nicht von einem Arbeiter unterscheiden; die Leute sahen beinahe aus wie Roboter.

Aber wenn sie Roboter gewesen wären, hätte es nicht die vielen Verletzten gegeben, die immer noch abtransportiert wurden.

Fast alle Verletzten waren Feuerwehrleute. Viele hatten schwere Verbrennungen erlitten, doch die meisten noch weit Schlimmeres. Bei einigen der Opfer zeigten sich schon eiternde Flechten an Gesicht und Mund, ein erstes Anzeichen für die Strahlenkrankheit. Die Tatsache, daß diese Herpes-Blasen so schnell entstanden waren, konnten als sicheres Zeichen dafür gelten, daß die Männer einer erheblichen Strahlendosis ausgesetzt gewesen waren.

Rasputin, der Experte für die biologische Wirkung von Strahlung, hatte genaue Anweisung für die Behandlung dieser Kranken gegeben. Weißgekleidete Männer mit weißen Handschuhen und weißen Kapuzen entkleideten die Opfer, die im Freien auf Bahren lagen. Ihre Kleidung wurde in Körbe gelegt und auf dem Gelände vergraben, wo eine Reihe von Bulldozern schon Gräben ausschachtete. Dann übernahmen die Ärzte die Behandlung. Sie wuschen die Haut der Opfer, maßen die Strahlungsdosis, kleideten die Männer für das Krankenhaus ein und versorgten die Wunden. Am Kontrollpunkt warteten schon die Krankenwagen. Die Männer mit den schwersten Strahlungsschäden wurden zum Flughafen von Tschernobyl gefahren und von dort zu einem Spezialkrankenhaus in Moskau geflogen. Die anderen fuhren vom Kontrollpunkt aus zum Hospital Nr. 18 nach Kiew.

Die Straße führte in der Nähe einer Kolchose über einen kleinen Fluß – und das war der Grund, warum an dieser Stelle der Kontrollpunkt eingerichtet worden war. Dort war ein Feuerwehrfahrzeug stationiert, das ständig Wasser aus dem Fluß pumpte, womit die Krankenwagen abgespült wurden, bevor sie wieder zum Werk fuhren, um weitere Verletzte abzuholen. Die Krankenwagen, die zwischen dem Kernkraftwerk Tschernobyl und dem Kontrollpunkt pendelten, fuhren nicht über den Kontrollpunkt hinaus. Die Verletzten wurden dort umgeladen.

Als Simyon Smin sich wieder zu einer Besprechung in der Kommandozentrale auf den Weg machte, sah er, daß neben der Straße ein kleiner Hubschrauber gelandet war. Sein Rotor drehte sich langsam, und der Pilot hatte sich in seinem Sitz zurückgelehnt und starrte auf die Rauchsäule, die in der Ferne aus dem Kernkraftwerk aufstieg. Geduckt lief Smin auf die Maschine zu und klopfte an die Kabine. »Pilot! Wer sind Sie?«

Der Pilot hob den Kopf. »Milizleutnant Kutsenko!« rief er. »Zu Diensten. Pilot von Generalmajor Waransky.«

»Natürlich«, schrie Smin, als hätte er Generalmajor Waransky schon immer gekannt. »Ich habe Befehle vom General. Lassen Sie mich einsteigen. Ich will den Unfallort besichtigen.« Leutnant Kutsenko wollte etwas entgegnen, aber Smin schnitt ihm das Wort ab. »Begreifen Sie denn nicht, daß dieser Unfall das ganze Land in Gefahr bringt?«

In einem so kleinen Hubschrauber hatte Smin noch nie gesessen. Die Maschine rüttelte und taumelte viel schlimmer als die größere, die er sich am Vortag ausgeliehen hatte, aber es kümmerte ihn nicht weiter. Er dachte nicht an seine Erschöpfung oder daran, daß seine Narbe juckte und seine Mundwinkel schmerzten. Er dachte nur an das, was er jetzt sehen wollte.

Als sie sich der Anlage bis auf fünf oder sechs Kilometer näherten, schien die Rauchsäule dicker zu sein als am Vortag, obwohl die kleineren Brände schon alle gelöscht waren. Smin wußte, daß die Rauchwolke von dem schwelenden Graphit stammte. Als sie Pripjet überflogen, sah Smin, daß die Straßen voller Menschen waren. Deutlich sah Smin ihre weißen Gesichter. »Narren«, murmelte er.

Der Pilot beugte sich zu ihm herüber. »Was?« schrie er. »Haben Sie etwas gesagt?«

Smin schüttelte den Kopf. Die Einwohner von Pripjet mußten evakuiert werden, aber damit hatte der Pilot natürlich nichts zu tun. »Steigen Sie etwas höher«, bat Smin. »Aber fliegen Sie nicht durch den Rauch.«

Der Pilot nickte und zog die Maschine hoch. Zuerst drehte er ab, dann näherte er sich dem Reaktor gegen den Wind. Sie waren jetzt höchstens dreihundert Meter über dem Inferno. Smin konnte direkt hineinschauen. Er öffnete die Luke und beugte sich hinaus. Dort unten lag das Ende so vieler Hoffnungen; dort unten war das Todesurteil über so manchen guten Freund gefällt worden.

Selbst in dieser Höhe schlug ihm die Hitze ins Gesicht. Die kleineren Brände waren zwar alle erfolgreich bekämpft worden, aber Smin sah, daß es den Feuerwehrleuten nicht gelungen war, den brennenden Graphit des Reaktorkerns zu löschen; sie hatten das Feuer nicht einmal eindämmen können. Hatten am Vortag etwa zehn Prozent des Graphits gebrannt, so brannte heute schon fast ein Drittel. Die noch nicht entzündete Oberfläche des Graphits hatte sich verformt, und der brennende Anteil war so hell und so heiß wie die Sonne. Das Wasser, das immer noch auf den glühenden Kern geleitet wurde, schimmerte in allen Farben des Regenbogens, vermochte aber nichts auszurichten. Wo das Wasser auf das Feuer traf, stiegen Dampfwolken auf, und wenn der Dampf sich verzogen hatte, brannte der Graphit nur um so heftiger.

Auf dem Boden sah Smin die Bulldozer Erde zu Böschungen aufschütten. Neben den Baumaschinen lenkten die Wasserwerfer ihren Strahl auf den unteren Teil der Reaktorhülle; Smin konnte nicht erkennen, ob das überhaupt von Nutzen war.

Der Rauch wehte plötzlich auf sie zu. »Weg von dem Rauch!« schrie Smin und schlug die Luke zu. Der Pilot drehte ab, aber der Windstoß erreichte sie trotzdem; für einen Moment saßen sie mitten im Qualm, und der widerliche Gestank brennender Chemikalien stieg Smin in die Nase. Dann waren sie der Rauchwolke entkommen. Die beiden Männer husteten, und der Hubschrauber torkelte, als der Pilot ihn herumriß. »Wir sollten lieber landen«, keuchte Smin, und der Pilot nickte nicht einmal. Er landete in der Nähe der Kommandozentrale. Als sie wieder auf dem Boden waren, hatten die Hustenanfälle aufgehört. Smin stieg aus. »Danke«, sagte er zu dem Mann in grüner Schutzkleidung, der sie am Eingang erwartete. Auch ohne Rangabzeichen zu erkennen, wußte Smin, wen er vor sich hatte. »Danke, General Waransky, daß ich Ihre Maschine benutzen durfte.«

Der General lächelte nicht einmal. »Warum sollte ich Ihnen meinen Hubschrauber verweigern?« sagte er. »Wo Sie doch schon sämtliches bewegliche Gerät in der ganzen Ukraine für sich in Beschlag genommen haben. Aber lassen Sie uns hineingehen; es findet gerade wieder eine Besprechung statt.«

Der General hatte nicht einmal übertrieben. Smin hatte schon Hunderte von Lastwagen, Bulldozern, Krankenwagen und Feuerwehrfahrzeugen gesehen. Alles, was Räder hatte, schien sich auf den Straßen um das Werk herum zu bewegen.

Smin folgte General Waransky in den Konferenzraum. Im Augenblick besprachen sich hier die Spezialisten unter den Medizinern. Wenigstens diese Spezialisten wußten, was zu tun war. Ihr Hauptquartier, das Hospital Nr. 6, war eigens für Strahlenkranke eingerichtet worden. Das Team, das in der Nacht zuvor eingeflogen worden war, hatte die Aufgabe, jedes Opfer auf Strahlungsschäden zu untersuchen – bisher ungefähr tausend, von denen fast zweihundert schon auf dem Weg nach Moskau waren, um dort so gut es ging behandelt zu werden. Die Ärzte erklärten die Situation den örtlichen Parteifunktionären, die betreten zuhörten.

Smin blieb einen Augenblick an der Tür stehen, wo in einem Regal die Strahlenmeßgeräte lagen. Er ließ den General vorausgehen und schaute sich kurz um. Dann warf er sein Strahlenmeßgerät in den Papierkorb, heftete sich ein neues an die Jacke, und ging hinein.

»Hoffentlich wollen sie nicht jeden Einwohner von Pripjet untersuchen«, sagte der örtliche Parteisekretär mißmutig.

»Natürlich werden sie jeden Einwohner von Pripjet untersuchen«, fauchte Smin und wußte sofort, daß sein Tonfall den Mann kränken mußte. Er wußte auch, daß der Mann einen Bericht würde schreiben müssen, aber das alles war im Augenblick völlig unwichtig. Smin rümpfte die Nase, denn im

Konferenzraum stank es nach Kuhmist; die Kuhställe lagen nur ein paar Meter weiter. »Und dabei darf es nicht sein Bewenden haben«, fuhr Smin fort. »Das Leben der Einwohner von Pripjet ist in Gefahr. Die Leute müssen evakuiert werden.«

Zwei der Ärzte aus Moskau nickten, die örtlichen Parteifunktionäre hingegen waren entsetzt. »Was reden Sie da?« rief der Parteisekretär. »Wir wollen doch keine Panik auslösen!«

»Es ist besser, die Leute haben Angst, als daß sie verrecken«, sagte Smin trocken.

»Das lehne ich ab«, sagte der Parteisekretär. »Heute morgen waren schon ein paar Panikmacher im Parteibüro und wollten uns ein Ultimatum stellen. Es war fast schon eine Demonstration. Aber ich kann Ihnen versichern, daß wir den Rädelsführern eine Lektion erteilt haben.«

»Wenn Sie die Leute in Pripjet ins Gefängnis stecken, wird das für sie die letzte Lektion sein, denn dort werden sie sterben. Alle Einwohner der Stadt werden sterben, wenn sie lange genug hierbleiben. Sie müssen alle sofort von hier verschwinden.«

»Wohin?«

»Notfalls müssen sie irgendwo im Freien schlafen«, rief Smin. »Das wäre allemal besser, als wenn sie in ihren Wohnungen bleiben und sterben. Wenn Sie es nicht auf Ihre eigene Kappe nehmen wollen, dann setzen Sie sich mit Moskau in Verbindung. Ich werde selbst mit den Leuten reden. Ich bestehe darauf, daß – was ist denn jetzt?«

Rasputin, der Experte für die biologische Wirkung der Strahlung, stand neben einer Ärztin in der Tür, die ein Reagenzglas voll Wasser hochhielt. Neben ihr stand der Hydrologie-Ingenieur Scherantschuk, der genauso erschöpft wirkte wie Smin. »Der Fluß«, sagte er. »Mit dem Wasser haben sie die Verletzten gewaschen und die Fahrzeuge abgespritzt. Das Wasser ist jetzt radioaktiv.«

Leonid Scherantschuk sah nicht nur erschöpft aus, er *war* es auch. Er hatte nicht geschlafen – wie lange nicht? Er wußte es nicht mehr. Mindestens achtundvierzig Stunden.

Er hätte nach Hause gehen können, als die Miliz und die

Feuerwehr und die vielen Helfer anrückten und als seine Hilfe nicht mehr benötigt wurde. Aber immerhin war er hochqualifizierter Experte auf dem Gebiet der Hydrologie, und nur durch ständige Wasserzufuhr konnte verhindert werden, daß das Feuer möglicherweise auf die anderen Reaktoren des Kernkraftwerks Tschernobyl übergriff. Scherantschuk war es zu verdanken, daß die Pumpen des Primärkreislaufs wieder einwandfrei funktionierten und zusätzlichen Druck für die Schläuche der Feuerwehr abgaben. Scherantschuk ließ das Wasser im Kühlteich dort abpumpen, wo er am tiefsten war und wo es die wenigsten Ablagerungen gab . . .

Aber als er das Löschwasser am Gebäude herabfließen und sich auf dem Boden ausbreiten sah, machte er sich Gedanken, wohin es sickern mochte.

Seine Befürchtungen teilte er Rasputin mit, der sofort reagierte und sich mit einer Ärztin an die Arbeit machte. Die Strahlenmeßgeräte gaben die Antwort. Das klare Wasser in dem schmalen Fluß in der Nähe der Kommandostelle war radioaktiv verseucht.

Das war kein unmittelbares Problem. Das Wasser war noch nicht so hoch belastet, als daß man nicht die Fahrzeuge damit hätte abspritzen können. Es gab ja auch noch die Brunnen der Kolchose, die die Trinkwasserversorgung sicherstellten und mit deren Wasser die Verletzten gewaschen wurden.

Das Problem war, daß der Fluß an der Straße nicht aufhörte zu fließen. Der Fluß kam aus der Nähe des Kraftwerks Tschernobyl; er nahm nicht nur die radioaktiven Rußpartikel und andere Partikel aus dem Feuer auf, sondern bildete auch den Abfluß – einen der Abflüsse – für das gesamte bei den Löscharbeiten verwendete Wasser. Viele Millionen Liter Wasser wurden aus dem Pripjet und aus dem Kühlteich der Anlage in das Feuer gepumpt. Alles Wasser, das nicht sofort in Dampf umgewandelt wurde, versickerte im Boden oder floß in die nahe gelegenen Wasserläufe und über sie in den Pripjet.

»Und«, erklärte Scherantschuk grimmig, »der Pripjet dient als Trinkwasserreservoir für Kiew.«

Dabei sah er den Parteisekretär an, der die Stirn runzelte. »Na und?« sagte der Funktionär nach einer Weile. Er hob die Hand, um Scherantschuk das Wort abzuschneiden. »Ich verstehe schon, was Sie meinen, aber das bißchen Löschwasser gegen einen ganzen Fluß?«

»Das Löschwasser«, sagte Smin müde, »ist voll von radioaktiver Materie. Was können wir tun, Genosse Klempner?«

»Wir müssen den Wasserzufluß stoppen«, sagte Scherantschuk sofort. »Wir müssen in der Nähe von Tschernobyl jeden Wasserlauf, jeden Bach eindeichen. Auch der Kühlteich muß durch einen Deich vom Pripjet abgetrennt werden. Außerdem müssen wir die gesamte Kanalisation entweder umleiten oder verstopfen.«

»Die Kanalisation verstopfen?« Der Parteisekretär starrte Scherantschuk ungläubig an.

»Genau«, sagte Rasputin. »Scherantschuk hat recht. Wir haben keine Wahl.«

»Sonst vergiften wir die Einwohner von Kiew«, sagte Scherantschuk.

Smin seufzte und stand auf. »Gehen wir, Genosse Klempner«, sagte er. »Zeigen Sie mir, wo Sie die Dämme bauen wollen.«

Aber natürlich bestimmten weder Scherantschuk noch Smin, wo die Dämme gebaut werden sollten, sondern allein die Leute aus Moskau. Als Smin und Scherantschuk zur Kommandozentrale zurückkamen, hatte jemand eine Karte zur Hand, auf der alle Gewässer der Gegend um Tschernobyl eingezeichnet waren. Scherantschuk machte Stielaugen; er hatte nicht gewußt, daß es so etwas überhaupt gab. Die Dämme und Gräben sowie die Umleitungen waren bereits eingezeichnet.

Smin wußte, daß ihm die Sache damit aus der Hand genommen war. Die Experten aus Moskau hatten alles übernommen. Sie hörten zu, sprachen, schauten auf die Karte, nahmen dann den Telefonhörer und gaben ihre Anweisungen. Diese Fachleute brauchten nicht zu bitten oder zu bestechen, um alles zu bekommen, was sie brauchten. Sie gaben einfach Anweisungen, und irgendwo in der Ukraine oder in Bjelorußland wurde ein Lastwagen mit dem Nötigen beladen und nach Tschernobyl geschickt.

Sie schickten Smin allerdings nicht weg, obwohl er sich vor Erschöpfung kaum noch auf den Beinen halten konnte. Sie hatten nichts dagegen, daß er an den endlosen Besprechungen teilnahm, in denen die Männer sich mit einer gnadenlosen Zukunft und gleichzeitig mit einer katastrophalen Gegenwart auseinandersetzten. Sie hörten sogar höflich zu, wenn er einmal das Wort ergriff. Aber das geschah nicht oft, denn die hohen Funktionäre aus Moskau kannten ihre Möglichkeiten besser als er. Deshalb hörte er meistens zu, und dabei konnte er nur immer wieder staunen.

Er war zugegen, als Rasputin mit dem Chefarzt des Hospitals von Pripjet sprach und ihm erklärte, die Klinik habe evakuiert werden müssen, um die Patienten möglichst weit vom Ort der Katastrophe fortzuschaffen, die Ärzte aber seien den Problemen nicht gewachsen. »Ihr Ärzte diagnostiziert immer nur Verbrennungen, Schock, Hitzeschock und sogar Herzanfälle – aber wo habt ihr auch nur ein einziges Mal Strahlenkrankheit diagnostiziert?«

Lestiljan dagegen setzte sich geduldig mit dem Einsatzleiter der Feuerwehr auseinander. »Wir müssen andere Methoden anwenden.« Das Feuer im Kern war noch nicht eingedämmt, geschweige denn gelöscht worden; der Vorrat an brennbarem Graphit war unerschöpflich, und jedes seiner Atome konnte mit dem Luftsauerstoff reagieren. Außerdem strahlte der Graphit eine enorme Hitze aus. Selbst wenn die Oberfläche ein wenig gekühlt wurde, heizte der Kern sie sofort wieder auf und hielt eine Temperatur, die weit über der Entzündungstemperatur lag.«

»Genau«, sagte der Feuerwehrchef. »Mit Wasser hat es keinen Zweck. Es kocht sofort weg.«

»Natürlich. Wir müssen das Feuer also ersticken. Vielleicht mit Sand. Wir brauchen etwas, das die Luftzufuhr verhindert.«

»Sand durch Schläuche?« fragte der Mann von der Feuerwehr. Was für ein Unfug! »So etwas habe ich noch nie gehört.«

»Nicht durch Schläuche«, sagte Lestiljan geduldig, »sondern auf eine andere, möglichst effektive Weise. Wie hoch sind jetzt die Werte in Pripjet? Sechshundert Mikroröntgen pro Stunde? Und es werden immer mehr.«

»Mikro oder was Sie sagen, davon verstehe ich nichts«, entgegnete der Feuerwehrchef stur. »Ich weiß nur, wie man ein Feuer löscht.« Er überlegte einen Augenblick. »Nun, gut«, sagte er dann. »Können wir Hubschrauber bekommen, die den Sand abwerfen? Oder sollen meine Männer ihn mit ihren Helmen schleppen?«

»Natürlich fordern wir Hubschrauber an«, erwiderte Lestiljan und nickte. Er nahm den Hörer auf und setzte sich mit der Luftwaffe in Verbindung.

Smin hörte fast nur zu und sagte selbst wenig. Kaum bot sich einem Problem eine Lösung an, als auch schon das nächste auftauchte. Aber jedenfalls versprach die Luftwaffe, daß noch vor Einbruch der Dunkelheit Hubschrauber eintreffen würden. Inzwischen wurde von Pripjet ein Kran zum brennenden Reaktor gebracht, und ein mutiger Mann meldete sich freiwillig zur Bedienung des Geräts. Er sollte einstweilen Erde und Fels- und Betonbrocken auf den glühenden Reaktor kippen, noch bevor die schweren Hubschrauber eintrafen. Auch um die medizinischen Probleme kümmerten sich endlich Experten. Endlich . . .

Wenigstens sind meine Frau und mein jüngster Sohn in Sicherheit, dachte Smin. Er hatte selbst dafür gesorgt, daß sie mit einem der letzten Fahrzeuge den Kontrollpunkt passieren konnten, bevor dieser gesperrt wurde.

Aber in Pripjet hielten sich noch immer fast fünfzigtausend Menschen auf.

Als jemand ihm einen Teller mit Brot und Suppe hinschob, fiel Smin plötzlich ein, daß es schon Nachmittag war und er lange vor Tagesanbruch zum letzten Mal etwas gegessen hatte. Am liebsten hätte er den Kopf auf den Tisch gelegt und wäre eingeschlafen, wenn auch nur für Minuten . . .

Aber ein paar Augenblicke Schlaf würden nicht reichen. Er war so erschöpft, daß ihm jeder Knochen weh tat, und in seinen Schläfen klopfte es – dagegen würden auch zehn Minuten Schlaf nichts ausrichten. Smin legte also nicht den Kopf auf den Tisch, sondern schob das Essen weg, in dem er nur gestochert hatte, stand auf und ging zur Tür, denn er hatte Hubschrauber gehört.

Konnte es sein, daß die Maschinen der Luftwaffe jetzt schon eintrafen?

Das war nicht der Fall. Eine kleine Maschine vom selben Typ wie der Hubschrauber des Generals war gelandet, und T. M. Zaglodin, der Direktor des Kernkraftwerks Tschernobyl, stieg aus. Er begrüßte Istwili, den Mann vom Komitee, mit größter Ehrerbietung, bevor er sich Smin zuwandte. »Nun, Simyon Michailowitsch«, sagte er wütend. »Kaum bin ich für ein paar Tage auf Dienstreise, als hier auch schon der größte Mist passiert!«

Was der Direktor sagte, war für Smin völlig ohne Bedeutung. Was echte Entscheidungen betraf, war der Direktor jetzt ohnehin abgemeldet. Die wurden von den Männern aus Moskau getroffen. Smin ignorierte deshalb den Direktor.

»Genosse Istwili«, sagte er, »die Frage der Evakuierung allen Personals, das in Pripjet nicht unbedingt benötigt wird, muß jetzt entschieden werden.«

Istwili hob die Hand. »Die Busse sind schon unterwegs«, sagte er, aber er schien an dem Thema nicht weiter interessiert zu sein. Er schaute Smin aufmerksam an und sagte nüchtern: »Genosse stellvertretender Direktor, ich denke, Sie werden alles Übrige jetzt uns überlassen müssen.«

Smin schaute unwillig auf, aber der plötzlich scharfe Schmerz an seinem Mundwinkel sagte ihm deutlicher als alle Worte, was Istwili meinte. Smin legte einen Finger auf die Stelle und war nicht überrascht, die wäßrige Flüssigkeit eines geplatzten Bläschens an seiner Fingerspitze zu spüren.

Istwili hatte sich schon abgewandt, um zu veranlassen, daß für den stellvertretenden Direktor Smin ein Krankenwagen bestellt wurde. »Ein Krankenwagen?« protestierte Smin. »Ich brauche doch wegen einer lächerlichen Blase keinen Krankenwagen!«

»Nicht wegen der Blase«, sagte Istwili freundlich, »sondern wegen ihrer Entstehungsursache. Sie werden ab sofort tun, was die Ärzte Ihnen sagen. Sie werden jetzt ins Hospital Nr. 6 gefahren und sind ab sofort von Ihren Dienstpflichten entbunden, stellvertretender Direktor Smin.«

Als er Zaglodin anschaute, verhärteten sich seine Züge. Dann drehte er sich noch einmal zu Smin um. »Viel Glück«, sagte er leise.

15

SONNTAG, 27. APRIL 1986

Obwohl der Sowjetsoldat Sergej Konow in Taschkent geboren wurde, ist er nach Abstammung und Erziehung Russe und Moskauer. An Taschkent kann er sich nicht mehr erinnern und auch nicht an den Tag, an dem er im Alter von zwei Jahren mit seinen Eltern nach Moskau zurückkehrte. Sehr gut jedoch erinnert er sich an den Juni 1984, als er mit zwanzig Jahren zum Militärdienst eingezogen wurde, denn Konow ging nur sehr ungern fort. Er ist kein guter Soldat gewesen. Er wollte überhaupt nicht Soldat werden; er verabscheute alles, was damit zusammenhing. Man konnte nach Afghanistan geschickt werden, um dort zu sterben, oder nach Polen, wo einem die Mädchen der Solidarność nicht beachteten. Im günstigsten Falle war man gezwungen, zwei Jahre langweilige und anstrengende Dinge zu tun, ohne je die Gelegenheit zu haben, die schönen Wrangler-Jeans anzuziehen oder sich mit Freunden im Nachtklub Blauer Vogel in der Nähe der Puschkinstraße zu treffen oder in irgendeiner Privatwohnung Bänder der Beatles oder von Abba zu hören.

Aber was Konow wollte, hatte keine Rolle gespielt. Es gab keine Möglichkeit, dem Militärdienst zu entgehen, obwohl er es versucht hatte. Vor der medizinischen Untersuchung bei der Musterung hatte er eine ganze Kanne amerikanischen Pulverkaffee getrunken und anschließend zwar Herzklopfen gehabt, aber der Militärarzt hatte völlig unbeeindruckt erklärt: »Weniger Kaffee, bitte, Konow; Sie werden Ihrem Land besser dienen können, wenn Sie nachts gut schlafen.«

Konow hat seinen Ruf, ein schlechter Soldat zu sein, durchaus verdient. Mit den meisten seiner Kameraden versteht er sich nicht besonders gut; wenige von ihnen sind Slawen wie er, und natürlich ist keiner Bjelorusse, denn in der Bjelorussischen Republik ist die 461. Gardeschützendivision stationiert. Er versucht so gut wie möglich, sich aus allen Schwierigkeiten herauszuhalten, was ihm auch einigermaßen gelungen ist; er ist jetzt Soldat vierter Klasse, seine Entlassung steht kurz bevor, und er kann die jüngeren Rekruten für sich arbeiten lassen.

Ein Ziel jedoch hat er: Er möchte es unbedingt vermeiden, vor Ablauf seiner Dienstzeit in ein Strafbataillon gesteckt zu werden. Da Konow im Sommer 1984 einberufen wurde, wird seine Dienstzeit genau am 12. Juni 1986 auslaufen. Er hat sich das Datum genau gemerkt, und sich genau 684 Tage lang auf seine Entlassung gefreut. Während er und seine Kameraden auf einem Armeelastwagen ihrer neuen Aufgabe entgegenfahren, hat er sich ausgerechnet, daß bis zum Stichtag noch 66 240 Minuten vergehen.

Konow wußte nicht, daß der Ort, zu dem sie an diesem Sonntagnachmittag im April fuhren, Tschernobyl hieß. Eigentlich hätten sie an diesem Tag dienstfrei gehabt. Konow wußte auch nicht, wohin sie fuhren und welche Aufgabe auf sie wartete. Zusammen mit etwa zwanzig ebenfalls ahnungslosen Kameraden wurde er bei 130 Stundenkilometern auf der Ladefläche des Armeelasters durchgeschüttelt, bis der Wagen an einer Kreuzung hielt und sie absteigen mußten.

Die meisten stellten sich an den Rand eines Feldes mit Winterweizen und urinierten, während sie mit den Soldaten aus den anderen Wagen Vermutungen über den Zweck dieser Fahrt austauschten. Niemand wußte Genaues, und die verschiedenen Einheiten waren nicht einmal komplett. Die 461. Gardeschützendivision war um zwei Uhr nachmittags alarmiert worden; die Mannschaften, die in der Kaserne waren, bekamen den Befehl, in einer Viertelstunde in voller Ausrüstung die

Wagen zu besteigen. »Ein Angriff der Amerikaner kann es nicht sein«, sagte einer der Männer, »denn dann würden wir nach Osten fahren und nicht nach Süden.«

»Was redest du von Amerikanern, du Arschloch«, sagte ein anderer. »Es sind die verdammten Ukrainer. Sie haben wieder einen Kosakenbanditen gefunden, der sie anführt, und nun machen sie eine Revolte.« Ein anderer wiederum war überzeugt, daß sich Chinesen über die Grenze geschlichen hatten – oder die Afghanen, die es leid waren, die Sowjetrussen im eigenen Land zu bekämpfen und die jetzt zum Angriff übergingen – oder die Marsmenschen; erst als ihr Feldwebel sie anschrie, erhielten sie die erste Information, die ihnen allerdings kaum weiterhalf.

»Ihr Arschlöcher!« schrie er. »Ihr hättet alle nach Osten pissen sollen – auf der Westseite der Straße werdet ihr heute nacht nämlich schlafen!«

»Hier schlafen?« fragte einer. »Heißt das, daß wir hier bleiben? Was sollen wir denn hier?«

Der Feldwebel zeigte auf die ferne Rauchsäule am Horizont. »Seht ihr das? Deshalb seid ihr hier, und ihr müßt schon verdammtes Glück haben, wenn ihr jemals noch etwas anderes zu sehen bekommt.«

Er redet nur komisches Zeug, versicherten sich Konows Kameraden gegenseitig.

Aber eine Stunde später, als sie die Stadt Pripjet erreicht hatten, war Konow sich nicht mehr so sicher. Was einige der Milizsoldaten, die die Zufahrtstraßen bewachten, ihnen zuriefen, klang beängstigend. *Atomare Explosion. Außer Kontrolle geraten.* Und schlimmer noch: *Hier sterben Menschen.* Niemand schien das für eine Übertreibung zu halten. Dann wurden sie mit kleinen Aluminiumgeräten ausgerüstet, die wie Kugelschreiber aussahen. Neugierig drehten die Männer diese Geräte in den Händen; als sie erfuhren, daß es sich um Strahlenmeßgeräte handelte, an denen sie ablesen konnten, wieviel gefährliche Strahlung auf sie einwirkte, wurden die Soldaten sehr nachdenklich.

Wenig später stellte sich heraus, daß sie die Aufgabe hatten, die Leute aus der Stadt Pripjet zu evakuieren. Eine endlose Schlange von Bussen kroch auf die Stadt zu – Stadtbusse, Überlandbusse, Militärbusse, so viele wie Konow noch nie an einer Stelle gesehen hatte. Jemand sprach von elfhundert Bussen! Die Soldaten sollten die Menschen aus ihren Häusern holen und in die Busse verfrachten. Das mußte *sofort* geschehen. Paarweise wurden sie auf verschiedene Gebäude verteilt. Konow rannte treppauf treppab und schrie den Leuten in ihren Wohnungen zu, daß Pripjet evakuiert werden müsse – nur für eine gewisse Zeit und nur als Vorsichtsmaßnahme – alle müßten sich in spätestens einer halben Stunde zum Abtransport bereithalten. Sie fragten nach Kranken, schwangeren Frauen und älteren Menschen, die vielleicht besondere Hilfe benötigten.

Konow war überrascht, daß die Einwohner von Pripjet ihre Befehle so leichtnahmen. Natürlich waren die Leute schon darüber informiert worden, daß ein Unglück geschehen war. Wenn sie die gefährliche Rauchsäule nicht gesehen hatten, wurden sie von den Milizionären informiert, die mit Lautsprecherwagen von Block zu Block fuhren. Und doch gab es Leute, die um keinen Preis die Stadt verlassen wollten oder die sich nicht entschließen konnten. Die meisten wollten zwar so schnell wie möglich aus der bedrohten Stadt evakuiert werden, aber sie brauchten Zeit, Lebensmittel und Kleidung einzupakken und ihre Haustiere und Kinder zusammenzuholen.

Es blieb jedoch keine Zeit. »In dreißig Minuten haben Sie dieses Haus verlassen«, schrie Konow, »oder wir ziehen Sie heraus! Nehmen Sie Lebensmittel und alles Notwendige für drei Tage mit, haben Sie verstanden? In dreißig Minuten steht ein Bus vor der Tür, um Sie abzuholen!«

Als er Pripjet zum ersten Mal sah, wurde Konow fast neidisch. Die achtstöckigen Betongebäude in den Randbezirken der Stadt unterschieden sich nicht sehr von den Wohnblocks, mit denen die grünen Wiesen um Moskau herum zugebaut waren – ja, sie ähnelten dem Gebäude am Leningradskaja Prospekt, in dem Konows Eltern immer noch wohnten. Die Häuser in der Stadt hingegen sahen anders aus; sie waren ganz einfach schön, dabei sehr gut erhalten und von Bäumen und Parks umgeben. Die Grünanlagen sahen nicht so aus, als habe jemand mit einer Planierraupe einfach ein Rasenstück oder ein rundes Blumenbeet in die Landschaft gesetzt; die Bäume in Pripjet waren ursprünglich dort gewachsene Tannen, Kastanien und Obstbäume, und einige der Bäume blühten schon. Es mußte schön sein, in einer solchen Stadt zu leben, dachte Konow. Das einzige, was ihn an zu Hause erinnerte, waren die auf dem Fußweg aneinandergereihten Autos, von denen einige aufgebockt und viele noch mit den Planen abgedeckt waren, die die Fahrzeuge gegen den ukrainischen Winter geschützt hatten. In den Gebäuden fühlte er sich noch mehr wie zu Hause, denn wenn sie auch neu waren, roch er doch in den Treppenhäusern das in Rußland allgegenwärtige Aroma von altem Kohl.

Zum ersten Mal während seiner Zeit bei der Armee hatte Konow das Gefühl, etwas Sinnvolles zu tun.

Zuerst war es ein beängstigender Gedanke – ein nuklearer Unfall! Aber es war ganz eindeutig wichtig, all diese Leute in Sicherheit zu bringen, Konow bewegte sich schneller, als er es während der letzten zweiundzwanzigeinhalb Monate je getan hatte, und doch fand er, daß alles immer noch viel zu langsam ging. Als sie durch die ersten beiden ihnen zugewiesenen Gebäude gegangen waren, brannte Konow darauf, mit der Arbeit weiterzumachen. In Pripjet schienen lauter gesunde junge Leute zu leben, und kaum jemand benötigte wegen seines hohen Alters oder weil er krank war besondere Hilfe. Die Männer aus Konows Gruppe hockten sich hin, rauchten und warteten auf weitere Befehle.

»Miklas«, sagte Konow zu seinem Partner, einem dunkelhäutigen Armenier, »wir könnten schneller arbeiten, wenn wir einzeln in die Gebäude gingen.«

»Warum sollten wir denn schneller arbeiten?«

Konow zögerte. »Um diesen Leuten zu helfen?« entgegnete er, und während er noch sprach, verwandelten sich seine Worte in eine Frage.

Miklas sah ihn erstaunt an. »Serjoscha«, sagte er. »Wenn wir schnell fertig sind, geben sie uns was anderes zu tun.«

»Trotzdem.«

Miklas schüttelte den Kopf. »Nun, warum eigentlich nicht? Gut. Du nimmst das große Gebäude, und ich nehme das andere.«

Das geschieht ihm recht, dachte Konow, als er das zweite Gebäude des Blocks betrat. Ihm war inzwischen eingefallen, wie er die Situation besser in den Griff bekommen konnte. Es wäre besser, unten anzufangen und sich dann nach oben vorzuarbeiten. Auf diese Weise konnte er auf dem Rückweg jede Wohnung ein zweites Mal überprüfen. Außerdem waren die Mieter unten im Haus schon informiert, wenn die Leute von weiter oben ihre Wohnungen verließen, und wußten, was sie zu tun hatten. Wenn er Glück hatte, waren viele der Bewohner schon auf der Straße und auf dem Weg zu den Bussen, ihre Habseligkeiten unter dem Arm und vielleicht ein Kind auf dem Rücken. In einer der Wohnungen im Erdgeschoß mußte er energisch werden, aber im ersten Stock bekam er unerwartete Hilfe.

Ein großer blasser Mann mit einem Arm in der Schlinge stand auf der Treppe und wartete auf ihn.

Trotz des warmen Wetters trug der Mann einen Pullover und eine Wollmütze. »Lassen Sie mich Ihnen helfen«, sagte er in einem seltsamen, fast flehenden Tonfall. »Mein Name ist Kalytschenko. Ich bin Ingenieur und habe in Tschernobyl gearbeitet.«

Konow sah ihn stirnrunzelnd an. »Und wie können Sie mir jetzt helfen?« wollte er wissen.

»Ich kann den Leuten wenigstens erklären, was sie erwartet«, sagte der Mann. »Viele von ihnen kennen die Gefahr gar nicht, die von der Strahlung ausgeht.«

»Aber Sie sind verletzt«, sagte Konow und betrachtete den Arm des Mannes. Es war keine richtige Schlinge, sondern ein Frauenschal. »Wenn Sie nach unten gehen, finden Sie bestimmt noch irgendeinen Krankenwagen, der Sie mitnimmt.«

»Ich brauche keinen Krankenwagen; den Arm lasse ich später untersuchen.«

»Dann kommen Sie«, sagte Konow und wandte sich ab. Er

blieb stehen, als der Mann seinen Koffer in seine Wohnung stellte, die Tür aber offen ließ. »Haben Sie keine Angst, daß er gestohlen wird?« fragte Konow.

Der Mann lachte. »Das ist völlig unmöglich«, sagte er. »Kein Mensch, der Pripjet verläßt, kann mehr tragen, als er ohnehin schon mitgenommen hat. Kommen Sie! Je schneller wir die Leute hier rauskriegen, um so schneller sind sie alle verschwunden!«

Konow hätte es nicht für möglich gehalten, aber seit ihrer Ankunft in Pripjet waren noch keine neunzig Minuten vergangen, als ein Ort von fast fünfzigtausend Einwohnern zur Geisterstadt geworden war.

Die Straße, in der man Konow und seine Kameraden eingesetzt hatte, war fast die letzte, die evakuiert wurde. Er patrouillierte mit Miklas auf dem Bürgersteig, um darauf zu achten, daß keiner der Bürger wieder in seine Wohnung zurückkehrte, um noch irgend etwas herauszuholen. »Es wäre besser gewesen«, sagte Miklas kritisch, »wenn man die Leute auf den größeren Plätzen versammelt und sie dort in die Busse hätte steigen lassen.«

»Unsinn«, sagte Konow genauso kritisch. »Sie lassen die Leute vor ihren Häusern, weil sie vermeiden wollen, daß Panik ausbricht. Aber sie hätten jeden Bus sofort zu einer bestimmten Adresse schicken sollen; dann wäre die lange Warterei vermieden worden.«

»Du redest selbst Unsinn«, erklärte Miklas scheinbar liebenswürdig, »und den kannst du dir in den Arsch stecken. Was wäre die Sowjetunion ohne lange Wartezeiten? Deshalb bist du auch kein Offizier geworden, Sergej. Du verstehst das Leben in der Sowjetunion einfach nicht.«

»Ich werde es perfekt verstehen, wenn ich wieder daran teilnehme«, entgegnete Konow, und dann schrie er: »Sie da! Bleiben Sie am Bordstein stehen! Der Bus wird sofort hier sein.«

Doch damit irrte Konow sich. Er hörte zwar in der Ferne die Motoren der Busse aufheulen, wenn die Gänge eingelegt wurden, aber ihren Block hatte noch kein Fahrzeug erreicht.

Nur Soldaten gingen zu Fuß die Straße entlang, und hin und wieder fuhr ein Milizfahrzeug vorbei, Konow behielt die Leute vor dem Gebäude genau im Auge, für den Fall, daß jemand auf den Gedanken kam, in seine Wohnung zurückzugehen.

Wenig später sahen sie, wie einen Block weiter die letzten Leute die Busse bestiegen, die dann langsam durch die fast menschenleeren Straßen rollten. War es der hundertste oder war es vielleicht sogar schon der tausendste Bus, der gerade anfuhr? Konow sah die verschiedenen Busse. Einige gehörten den Pripjeter Verkehrsbetrieben, aber die meisten schienen aus dem fernen Kiew gekommen zu sein. Andere mochten auch aus den umliegenden Gemeinden stammen. Auch einige Lastwagen mit Armeekennzeichen waren zu sehen; vielleicht waren es die Fahrzeuge, die Konow und seine Kameraden vor zwei Stunden hergebracht hatten. »Wir werden also zur Kaserne zurückmarschieren müssen«, murrte Miklas; Konow klopfte ihm aufmunternd auf die Schulter.

»Vielleicht hast du mehr Glück«, sagte er. »In jedem Bus fährt ein Soldat mit. Vielleicht verbringst du die Nacht am Schwarzen Meer!«

Wenn die Busse wirklich dorthin fuhren, hatten einige der Leute, die darauf warteten, evakuiert zu werden, falsch geraten. Viele trugen Mäntel aus Schafsfell und sogar Pelzstiefel; ein Mann hatte sogar ein Paar Ski mitgenommen. Ein anderer hatte einen Tennisschläger bei sich. Da man den Leuten gesagt hatte, sie würden nur für drei Tage evakuiert, hatten sich einige wohl auf eine Art Kurzurlaub eingerichtet, der sie für die Strapazen entschädigen sollte. (Aber der Mann mit dem Paar Ski mußte seltsame Vorstellungen über das Reiseziel haben.) Und was die Leute alles mitgenommen hatten. Mit eigenen Augen sah Konow eine lebende Henne, die eine alte Frau unter dem Arm trug. Vogelkäfige und zusammengerollte Wolldecken wurden herangeschleppt, Koffer und Leinentaschen, Pappkartons, Tischlampen mit rosa Schirmen, Fernsehgeräte und eine oder zwei Stereoanlagen – es gab keinen tragbaren Gegenstand in einer sowjetischen Wohnung, den Konow nicht bei irgendeinem der vielen Menschen gesehen hätte. Was konnte dann noch in den Wohnungen zurückgeblieben sein? Vermutlich das meiste, dachte Konow. Selbst die Ärmsten besaßen viel mehr, als sie allein hätten mit sich tragen können. Und die Offiziere blieben hart: was eine Person nicht auf einmal in den Bus heben konnte, blieb auf der Straße stehen, wenn der Bus davonrollte. Vorn im Gebäude lag schon ein ganzer Haufen zurückgelassener und vielbeweinter Gegenstände – ganz abgesehen von den Dingen, die in den Wohnungen oder an den Arbeitsplätzen zurückgeblieben waren.

So muß es auch vor fast einem halben Jahrhundert gewesen sein, dachte Konow, als die Deutschen die Pripjetsümpfe umgangen hatten und das ganze Land überrannten. Aber diesmal sind es nicht die Deutschen; dies ist nicht das Werk eines äußeren Feindes, dachte Konow mit unguten Gefühlen, sondern dies haben wir uns selbst zugefügt.

Dieser Gedanke gefiel ihm überhaupt nicht.

Konow nahm das ihm immer noch nicht vertraute Strahlenmeßgerät ab und hielt es ans Licht. Schwarz auf weißem Hintergrund sah er geheimnisvolle Zahlen und Symbole, aber was diese Symbole bedeuteten, hatte Konow niemand gesagt.

Am Ende des Blocks hatte ihr Feldwebel eine Auseinandersetzung mit einem Mann, der auf ihn einschrie und auf ein Auto zeigte, während der Feldwebel uninteressiert den Kopf schüttelte. »Sieh dir das an«, sagte Miklas, »der arme Kerl will sich in seinem Schiguli nur selbst evakuieren. Warum läßt der Feldwebel das nicht zu?«

»Weil sie Verkehrsstaus vermeiden wollen, natürlich«, sagte Konow, aber auch er hätte den Feldwebel gern etwas gefragt. Er bekam nämlich langsam Hunger. Er stand auf und ging zu dem Feldwebel hinüber, wobei er fast den blassen Mann mit dem Arm in der Schlinge angerempelt hätte, der ihm bei der Evakuierung des einen Gebäudes geholfen hatte – den mit dem ukrainischen Namen Kaly-so-und-so –, aber Konow dachte an wichtigere Dinge. Er erwiderte den Gruß des Mannes nur flüchtig, ihm entging jedoch nicht, daß die junge Frau, die neben ihm in der Schlange stand, recht gut aussah. Der Feldwebel stand in einiger Entfernung von den anderen und trank etwas aus einer Fanta-Flasche, das wie Bier aussah und roch. »Herr Feldwebel«, sagte Konow höflich, »ich glaube, es wird höchste Zeit, daß wir etwas essen.«

»Sie werden essen, wenn Sie dazu aufgefordert werden. Auf dem Biwakgelände wird wahrscheinlich Verpflegung zur Verfügung stehen.«

»Ja, Herr Feldwebel«, entgegnete Konow, »aber ich habe noch eine Frage: Wenn unsere Lastwagen dazu benutzt werden, die Leute aus der Gefahrenzone zu schaffen, wie sollen wir dann das Biwakgelände überhaupt erreichen? Es liegt mindestens zehn Kilometer von hier entfernt.«

Der Feldwebel dachte eine Weile nach. »Es sind eher zwanzig«, sagte er. Er schaute Konow an und fügte weiter hinzu: »Aber Sie werden nicht zu Fuß gehen müssen. Ich wollte gerade einen Mann aussuchen, der mit diesem Bus mitfährt, um unter den Evakuierten Ordnung zu halten. Das können Sie erledigen. Steigen Sie ein.«

»Wohin fährt der Bus denn?« fragte Konow erschrocken und trat einen Schritt zurück.

»Wo immer er hinfährt, Sie fahren mit«, sagte der Feldwebel barsch und zog Konow das Strahlenmeßgerät aus der Tasche seiner Uniformjacke. »Geben Sie das Ding her; wir brauchen es für die Leute, die hier weiter Dienst tun.«

»Aber Herr Feldwebel!« gaunerte Konow. »Ich weiß nicht einmal, was das Ding anzeigt! Vielleicht war ich schon einer viel zu hohen Strahlendosis ausgesetzt. Wie sollen wir das jemals erfahren?«

»Natürlich werden wir das erfahren«, sagte der Feldwebel und deutete mit dem Daumen zum Bus hinüber. »Ganz gleich, wohin Sie fahren, wenn Sie gestorben sind, wird uns das mitgeteilt.«

Die Stimmung im Bus war anfangs gut; jemand hatte ein Akkordeon, und vorn sangen ein paar Leute, als seien sie Teenager auf der Fahrt in ein Sommerlager der Komsomolzen. Der Bus rollte auf die Landstraße hinaus. Bald kam ihnen eine lange Schlange von Armeelastwagen, Krankenwagen und schweren Räumfahrzeugen entgegen, die alle auf dem Weg zum Kraftwerk waren.

Die Leute im Bus verrenkten sich die Hälse, um den Konvoi zu sehen, und die Ferienstimmung verflog sofort.

Der Bus war völlig überfüllt. Für Konow gab es keinen Sitzplatz, er konnte sich nur auf die Stufen an der Bustür setzen. Aber wenigstens saß er in einer Art Überlandbus und nicht in einem der städtischen Fahrzeuge, in denen auch diese Stufen immer besetzt waren. Es gelang Konow sogar, auf den Stufen einzuschlafen, wobei er mit dem Kopf fast unter den Fahrersitz rutschte.

Bald schliefen fast alle im Bus, auch Kalytschenko. Er und seine Verlobte hatten ebenfalls Glück gehabt. Sie hatten nebeneinanderliegende Sitze erwischt und saßen ganz hinten im Bus, wo auf dem Fußboden ein wenig mehr Platz war, so daß Raia ihren Strohkoffer abstellen konnte, ihre Kochtöpfe, ihren Sack Mehl und das halbe Kilo Schmalz, das schon anfing zu schmelzen. Während der ersten fünfzig Kilometer fuhr sie alle zehn Minuten vom Sitz hoch und erinnerte sich an irgend etwas, das sie vergessen hatte. »Der Wein, Bohdan! Der Sekt für unsere Hochzeit; er steht noch im Kühlschrank. Aber sie ließen mir ja keine Zeit zum Nachdenken.«

Kalytschenko beruhigte sie, während sein Arm einschlief, gegen den sie sich mit der Schulter lehnte. »Laß doch, Raia, es ist ja schon gut. Wir gehen doch nicht für immer fort.«

Aber stimmte das auch? Kalytschenko wußte sehr gut, daß »drei Tage« auch für immer bedeuten konnten. Die Tatsache, daß die Stadt vollständig, dazu noch übereilt, evakuiert worden war, ließ darauf schließen, daß die Strahlenwerte nicht nur die zulässige Dosis überschritten hatten, sondern in der Tat gefährlich hoch waren. (Und einer wie hohen Strahlendosis waren sie alle schon ausgesetzt gewesen? Sicherlich keiner so hohen wie es bei ihm selbst der Fall gewesen wäre, hätte er nicht seinen Posten verlassen. Dieser Gedanke jedoch ließ schlimmere Befürchtungen entstehen als bloße Angst vor einer späteren Erkrankung an Leukämie.)

Er rechnete in Gedanken und versuchte, sich an die

Halbwertzeiten all der tödlichen Radionuklide zu erinnern, die wahrscheinlich im Rauch der Explosion und des Feuers enthalten waren. Angenommen, dachte er, es gelingt den Brandbekämpfern und den Ingenieuren, das Feuer irgendwie zu ersticken und die Spaltungsreaktion unter Kontrolle zu bringen; angenommen, es gelingt ihnen, den zerstörten Reaktor zu versiegeln, dann blieben immer noch die winzigen radioaktiven Partikel, die schon vom Himmel gefallen waren. Der Ruß aus dem Feuer, der Frühtau und die Luft selbst hatten schon eine unsichtbare Schicht von radioaktivem Strontium, Cäsium, Jod und einem Dutzend anderer Stoffe hinterlassen. Alle diese Stoffe befanden sich auch in Pripjet und gaben Strahlung ab. Er erinnerte sich, daß einige von ihnen kurze Halbwertzeiten hatten. In nur ein paar Tagen würde sich die Hälfte des Jods durch seine Strahlung in ein anderes, harmloses Element verwandelt haben; in ein paar Monaten galt dasselbe auch für das Cäsium und das Strontium. In nur einem Jahr würde die Strahlung nur einen Bruchteil der heutigen Werte aufweisen . . .

In einem Jahr oder schon früher! An die langlebigen Transurane wie das Plutonium mit einer Halbwert von 25 000 Jahren mochte er gar nicht erst denken. Ein Jahr war schon eine Ewigkeit.

Außerdem kam es darauf an, wieviel von dem Zeug von Anfang an vorhanden war. Ein Viertel von Wenig mochte vielleicht nur der natürlichen Strahlung entsprechen, während ein Viertel von Viel immer noch ausreichte, Menschen zu töten. Und, schlimmer noch, wann würden sie die Uhr einschalten können, die ihnen sagen würde, wann sie zurückkehren konnten? Denn als der Bus die Stadtgrenze von Pripjet erreichte, hatte Kalytschenko sich noch einmal umgeschaut, und im letzten Licht dieses Apriltages hatte er immer noch in der Ferne die gewaltige Rauchsäule gesehen. Hubschrauber schienen sie zu umkreisen – vielleicht Leute, die den Ort der Katastrophe besichtigen wollten? Wenn das stimmte, waren es Narren, denn sobald sie durch den Rauch flogen, würden sie lernen, vorsichtig zu sein, nur würde diese Lehre ihnen nichts mehr nützen.

Die Rauchsäule war noch genauso groß und genauso furchterregend wie am Tag zuvor.

Es kann also sehr wohl ein Jahr dauern, bis wir Pripjet wiedersehen, sagte sich Kalytschenko. Möglicherweise aber würden sie niemals zurückkehren können. Was geschah aber dann mit seiner wertvollen Stereoanlage aus der DDR und mit seinen *Magnetizdat*-Bändern von Okudjawa und den Beatles? Was wurde aus seiner Hoffnung auf ein Auto, und was wurde aus seiner Karriere? Was wurde aus Raias tausend vergessenen Schätzen und aus ihrer Ehe? Als sie wieder anfing – »Mein Regenmantel aus der ČSSR! Wenn es nun dort, wo wir hinfahren, regnet?« –, streichelte er sie nur stumm. Es würde regnen. Es würde noch viele, viele Male regnen, bevor sie den eleganten schwarzen Trenchcoat wiedersah.

Eine Stunde später erwachte er aus unruhigem Schlaf, weil Raia sich über ihn beugte.

Sie versuchte, der Frau auf dem Sitz vor ihnen zu helfen, deren Kind laut schrie. Das Kind hatte sich die Windeln beschmutzt, und die Mutter versuchte, auf den im Gang abgestellten Dingen einen Platz zu finden, wo sie es hinlegen konnte, um die Windeln zu wechseln. In dieser Enge war das ein schwieriges Unternehmen. Die Mutter hatte nicht vergessen, alles Nötige mitzunehmen, darunter auch Verbandstreifen aus Gaze, die als Windeln benutzt wurden. Unglücklicherweise hatte sie das Kind auf dem Schoß, während die Windeln irgendwo unter den anderen Sachen begraben waren.

Kalytschenko ließ seine Verlobte über sich hinwegsteigen, damit sie der Frau besser helfen konnte. Raia hielt das Baby an den Schultern fest, während die Mutter es säuberte und dann mit einem Kopftuch wickelte.

Kalytschenko wandte den Blick ab, der Gestank aber war nicht zu ignorieren. Als die Frau die beschmutzte Windel zusammenrollte und zu ihren Füßen ablegte, beklagte sich Kalytschenko bei seiner Verlobten: »Sie sollte sie aus dem Fenster werfen! Es ist nicht in Ordnung, daß wir den ganzen Gestank ertragen müssen!«

Raia versuchte, ihren Verlobten zu beruhigen. »Mit was soll sie das Kind wickeln, wenn wir unser Ziel erreicht haben? Es ist schon richtig so, Bohdan. Hier, gleich riecht es besser . . .« Sie zog ein Fläschchen Eau de Cologne aus ihrer Handtasche und gab ihm ein paar Tropfen auf die Wange. »Es macht dir doch nichts aus, daß ich ihr mein Kopftuch gegeben habe?« fragte sie ängstlich.

»Das Kopftuch? Willst du damit sagen, daß du der Frau meine Schlinge gegeben hast?« Kalytschenko war plötzlich wütend.

»Aber Bohdan, Liebling! Du brauchst sie doch gar nicht mehr. Du hast doch schon das Gepäck mit beiden Händen getragen. Und vergiß nicht, in ein paar Monaten haben wir selbst ein Baby . . .

»Es ist ja schon gut«, sagte er mürrisch. »Laß uns noch ein wenig schlafen.« Gehorsam legte Raia ihren Kopf wieder an seine Schulter und schloß die Augen.

Aber Kalytschenko konnte nicht einschlafen. Raias letzte Bemerkung hatte ihn an ein weiteres mit der Strahlung zusammenhängendes Problem erinnert. Was war mit dem Kind, das sie jetzt austrug? Welche Strahlendosis hatte Raia aufgenommen? Er wußte es zwar nicht genau, aber er vermutete, daß schwangere Frauen oder ihre ungeborenen Babys durch die Strahlung größeren Schaden erlitten. Im Augenblick jedoch gab es nichts, was er tun konnte. Er blieb hellwach, aber er versuchte, nicht mehr daran zu denken.

Er bewegte sich vorsichtig auf seinem Sitz, um Raia nicht zu stören. Die Frau vor ihm hatte das Fenster einen Spalt geöffnet, damit sich der Gestank um sie herum ein wenig verflüchtigte, aber dadurch fuhr Kalytschenko die kalte Nachtluft ins Gesicht. Seine Blase war voll. Seine Zukunft war unsicher. Seine Stimmung war auf einem Tiefpunkt angelangt.

Kalytschenko zweifelte nicht daran – nun, nicht *ernsthaft* –, daß er Raia auch wirklich heiraten würde, und zweifellos wünschte er sich auch das Kind, mit dem sie schwanger ging. Natürlich müßte es ein Sohn werden. Aber er hatte ein unangenehmes Gefühl im Magen; er hatte ganz einfach Angst. Vielleicht gab es eine Möglichkeit, Raia auf Strahlenschäden untersuchen zu lassen. Die kleinen Prellungen am Ellenbogen, die er sich geholt hatte, als er von dem explodierenden Reaktor wegrannte und dabei stürzte, kamen ihm jetzt völlig belanglos vor. Erst recht, seit Raia seine Schlinge weggegeben hatte! Die Schlinge hatte natürlich nur der Tarnung gedient. Sie sollte als Beweisstück die Glaubwürdigkeit der Geschichte erhöhen, die er erzählen wollte. Kalytschenko wußte genau, daß er alle erdenkliche Hilfe brauchen würde, wenn ihm peinliche Fragen gestellt wurden.

Früher oder später würde man ihm mit Sicherheit Fragen stellen.

Kalytschenko stöhnte und versuchte, dieses Stöhnen zu unterdrücken, damit Raia es nicht hörte. Wieder versuchte er einzuschlafen. Plötzlich jedoch verlangsamte der Bus seine Geschwindigkeit und blieb stehen, aber dann fuhr er ruckartig wieder an.

Kalytschenko erhob sich ein wenig, um etwas sehen zu können. Auf der Straße entdeckte er Lichter. Jemand brüllte Befehle; der Bus kroch weiter, fuhr auf einen Platz neben der Straße und kam endgültig zum Stehen. Die Passagiere wurden unruhig.

Im Bus ging das Licht an, und die Tür wurde geöffnet. Vorn fand eine halblaute Unterhaltung zwischen dem Fahrer, dem Soldaten, der mit ihnen gefahren war, und einem anderen Mann statt. Dann stand der Soldat auf und rief: »Alle müssen hier aussteigen!« Seine Stimme klang heiser vor Übermüdung und Erschöpfung. »Lassen Sie Ihre Sachen im Bus. Und jetzt beeilen Sie sich bitte!«

Es war doch keine so gute Idee gewesen, im Bus hinten zu sitzen, denn es dauerte eine Ewigkeit, bis alle ausgestiegen waren.

Den Bus zu räumen war ein kompliziertes logistisches Problem. Zuerst mußten die Leute auf den vorderen Sitzen aufstehen und ihr Gepäck auf die Sitze stellen, bevor die Leute in der nächsten Reihe aufstehen und durch den Mittelgang gehen konnten. Diese Prozedur mußte für jede Sitzreihe wiederholt werden, und erst, als der ganze Bus sich schon fast geleert hatte, konnten Kalytschenko und Raisa ihre Sitze verlassen. Es gab keine Möglichkeit, dieses Verfahren zu beschleunigen. Sie konnten nur durch das Fenster nach draußen schauen. Sie schienen sich auf den Hof einer großen landwirtschaftlichen Genossenschaft zu befinden. Hier standen schon andere Busse, vielleicht ein Dutzend oder mehr. Bei heller Beleuchtung bewegten sich Leute auf dem Gelände. Als sie nach vorn gingen und mit steifen Gliedern ausstiegen, rief der Soldat: »Alle mal herhören! Merken Sie sich die Nummer Ihres Busses; der Bus hat die Nummer acht-zwei-acht, vergessen Sie das bitte nicht. Wenn die Busnummer aufgerufen wird, folgen Sie den Anweisungen – besonders wenn wir weiterfahren. Achten Sie darauf, daß Sie später in den richtigen Bus einsteigen. Nummer acht-zwei-acht. Sonst tritt man mir gewaltig in den Arsch!«

»Redet so ein sowjetischer Soldat?« schalt ihn eine alte Frau. »Würde Ihre Mutter Sie gern so sprechen hören?«

»Entschuldigen Sie«, sagte Konow ein wenig verlegen. »Aber. Bitte – Nummer acht-zwei-acht, nicht vergessen!«

Die Männer gingen nach rechts die Straße zurück, auf der sie gekommen waren, während die Frauen nach links gingen. Kalytschenko lief weit genug, um nicht in die Pfützen der anderen zu treten, und erleichterte sich. Dabei zitterte er in der kalten Nachtluft. Einer nach dem anderen fuhren die Busse zu einem Tankwagen, um aufzutanken, und kehrten dann an die Stelle zurück, wo sie vorher geparkt hatten. Inzwischen verrichteten auch die Fahrer ihre Notdurft. Andere Soldaten – Soldaten mit den grünen Streifen des Geheimdienstes – hielten alle außer den Fahrern von den Fahrzeugen fern. Wieder andere Soldaten standen an Tischen, vor denen die Leute Schlange standen, während einige müde und verdreckte Komsomolzen von der Ladefläche eines Lastwagens aus irgendeine Art von Essen verabreichten.

Nun, das war wenigstens etwas. Kalytschenko schaute sich nach Raia um; als er sie entdeckt hatte, stellten sie sich ebenfalls an, um die angebotene Verpflegung in Empfang zu nehmen.

Die Komsomolzen wirkten müde und nervös, während sie Brot und Wurst und starken Tee an die Leute ausgaben.

»Ich möchte gern wissen, wo wir sind«, sagte Kalytschenko, als sie sich auf eine niedrige Mauer setzten, um ihre Ration zu essen.

»Eine Frau sagte, dieser Ort heißt Sodolets«, erwiderte Raia und hob die Stimme, damit er sie auch verstehen konnte. Es war sehr laut, da ständig neue Busse eintrafen und andere wieder abfuhren. »Das liegt südlich von Kiew, wir haben also schon eine ziemlich weite Strecke zurückgelegt.« Sie schaute zu der Mutter aus dem Bus hinüber, die ihnen rücksichtsvoll den Rücken zugekehrt hatte, weil sie ihr Kind stillte. »Hoffentlich sind wir bald da«, jammerte Raia. »Es ist nicht gut, wenn das Baby in der Nachtluft so lange aufbleibt.«

»Das ist auch für mich nicht gut«, brummte Kalytschenko leise; wenig später wurde die Nummer ihres Busses aufgerufen, und sie bildeten im Licht der Scheinwerfer noch einmal eine Schlange vor den Tischen, wo mit finsterem Gesicht ein Oberst der Armee stand und eine Zigarette rauchte, während zwei Leutnants – Wunder über Wunder! – Geld verteilten! Als Kalytschenko an der Spitze der Schlange angekommen war, zeigte er seinen Paß vor. Der eine Leutnant trug seinen Namen sorgfältig in eine lange Liste ein und zählte ihm zwanzig neue Rubelscheine in die Hand. »Wofür?« fragte Kalytschenko erstaunt.

»Für Sie«, sagte der Leutnant. »Damit Sie an Ihrem neuen Wohnort gleich ein wenig Bargeld zur Verfügung haben. Ein Geschenk des sowjetischen Volkes. Und nun bewegen Sie sich, die anderen warten!«

Stirnrunzelnd zählte Kalytschenko das Geld nach. Er folgte Raia zu der Stelle, wo sich die Passagiere von Bus Nummer 828 zum Wiedereinstieg versammeln mußten. Der Soldat aus Pribjet stand mit einem Becher Tee vor der geschlossenen Tür. Er wirkte zufriedener als vorher und nickte Kalytschenko zu. »Bitte alle mal herhören!« befahl er. »Seien Sie beim Einsteigen vernünftig. Die hinten gesessen haben, steigen zuerst ein. Nehmen Sie bitte dieselben Sitze wie vorhin ein. Sonst gibt es ein fürchterliches Durcheinander, und . . .«

Er verstummte, als ein Armeehauptmann mit einem Notizblock auftauchte. »Steigen Sie jetzt bitte ein«, sagte der Hauptmann und drückte auf einen Knopf an der Tür. »Nur noch ein paar Stunden, Genossen, dann werden Sie Ihren neuen Wohnort erreicht haben. Wo?« Er schaute auf seinen Notizblock. »Dies ist Bus Nummer acht-zwei-acht? Na, da haben Sie noch eine ziemliche Strecke vor sich. Der Ort heißt Juschewin.«

16

SONNTAG, 27. APRIL 1986

Radioaktive Strahlung tötet die Zellen lebender Wesen, indem sie das Zellwachstum beeinträchtigt. Die Teile des menschlichen Körpers mit dem schnellsten Zellwachstum werden daher am meisten in Mitleidenschaft gezogen. Die Mundschleimhaut und der Verdauungstrakt werden zuerst geschädigt, aber am stärksten gefährdet ist das Knochenmark. Im Knochenmark werden die Blutzellen gebildet, und zwar in ungeheuren Mengen, weil der Körper laufend verbrauchte Blutzellen ersetzen muß. Wenn das Knochenmark durch Strahlung geschädigt ist, sinkt die Anzahl der Blutzellen. Das Blut verliert seine Fähigkeit, Infektionen abzuwehren, Sauerstoff zu transportieren und zu gerinnen. Es spielt keine große Rolle, ob die Strahlung durch Atomwaffen, durch natürliche Quellen oder durch ein Unglück in einem Kernkraftwerk ausgelöst wird. Wichtig ist allein die Menge.

Es gibt verschiedene Methoden, den durch Strahlung verursachten Schaden zu messen. Die gebräuchlichste Einheit dafür ist »rad« (radiation absorbed dose = absorbierte Strahlendosis). Für die Wirkung einer ionisierenden Strahlung auf biologisches Gewebe ist die Energiemenge wichtig. Das ist von der Strahlung abgegebene Energie pro

Substanzmenge, die in erg gemessen wird (1 rad = 100 erg pro Gramm). Die rad-Werte sind also entscheidend. Wenn ein Mensch nicht mehr als 150 rad absorbiert hat, ist es wahrscheinlich, daß die Abwehrkräfte seines Körpers allein damit fertig werden. Bei 300 rad wird es kritisch, aber Bluttransfusionen, Antibiotika und sachgemäße Pflege können ihn retten.

500 rad und mehr bedeuten, daß das Knochenmark zerstört ist. Und ohne Knochenmark kann der Mensch nicht leben.

Statt so viele Hemden für meinen Mann zu bügeln, hätte ich mir lieber mehr Zeit nehmen sollen, in seinen Büchern zu lesen, dachte Tamara Scherantschuk, als sie im Krankenwagen auf dem Weg zum Hospital Nr. 18 in Kiew durchgerüttelt wurde. Vielleicht hätte sie da etwas über diese »rads« und »Röntgens« lernen können. Diese Meßdaten waren überaus wichtig. Aber alles, was sie darüber wußte, hatte sie aus einem 20-Minuten-Vortrag erfahren, den Experten aus dem Moskauer Hospital Nr. 6 vor Ärzten aus Pripjet und Tschernobyl am Wochenende gehalten hatten. Für mehr war keine Zeit gewesen. Leider hatte sie nicht richtig verstanden, was die Daten bedeuteten.

Bevor die Patienten zu den medizinischen Stationen kamen, wurden sie auf radioaktive Strahlung untersucht. Etwa bei jedem zweiten schlugen die Meßgeräte Alarm. Dann wurde dem Betreffenden seine Oberbekleidung abgenommen und zu den anderen verseuchten Sachen geworfen. Der Patient hatte Glück, wenn er aus den dahinschwindenden Vorräten einen Kittel oder Morgenrock bekam, um seine Unterwäsche zu bedecken. Noch glücklicher war er dran, wenn es nur seine Kleidung gewesen war, die den Alarm ausgelöst hatte.

Am schwersten zu diagnostizieren waren die Fälle, wo der Patient intensiver Strahlung ausgesetzt gewesen war oder radioaktives Material eingeatmet oder geschluckt hatte. Die Leute hatten keine sichtbare Wunde, sie litten an Brechreiz und mußten sich plötzlich übergeben. Das genau waren zwar die ersten Symptome der Strahlenkrankheit, aber sie traten auch bei Schock, Überanstrengung und selbst bei einfacher Übermüdung auf. Und welcher Mensch, der mitgeholfen hatte, die Katastrophe einzudämmen, hätte nicht das Recht gehabt, müde zu sein – einschließlich Tamara Scherantschuk?

Bevor Tamara befohlen worden war, die vier Schwerverletzten zum Hospital Nr. 18 in Kiew zu begleiten, hatte sie getan, was sie bei Verletzungen immer getan hatte: reinigen, nähen, verbinden. Das war jedoch beileibe nicht genug gewesen.

Der Krankenwagen war viel zu klein für vier Patienten und die Ständer mit Plasma und Antibiotika, an die zwei der Verletzten angeschlossen waren. Für die Ständer gab es nicht genügend Halterungen, daher mußte Tamara, wenn der Wagen ins Schaukeln geriet, mit einer Hand den Glukosetropf und mit der anderen den Ständer mit der Salzlösung am Umfallen hindern. Leider hatte sie dann keine Hand mehr frei, mit der sie sich selbst hätte festhalten können.

Diese vier Patienten hatten – so glaubte man jedenfalls – nur geringe Strahlenmengen absorbiert, wenn überhaupt. Drei von ihnen hatten schwere Brandwunden. Leider war nur einer von den dreien ohne Besinnung. Die anderen beiden stöhnten jedesmal, wenn der Wagen über eine Unebenheit rumpelte. Es roch unangenehm nach Erbrochenem, nach Qualm und verbranntem Fleisch.

Der vierte Patient war eine Frau mit Schmerzen in der Brust. Man befürchtete bei ihr einen Herzanfall. Sie war schon älter und bei Besinnung. Schweigend sah sie zu, wie Tamara sich abmühte. Als sie sich für einen Moment zurücklehnte, ihr Haar aus der Stirn strich und wünschte, sie könnte für kurze Zeit die Augen schließen, sprach die Frau sie an: »Ich glaube, ich habe Sie schon mal gesehen«, sagte sie und nickte, als Tamara sich vorstellte. »Ja, sicher. Erkennen Sie mich denn nicht? Ich bin Paraska Kandyba. Die Sekretärin des stellvertretenden Direktors Smin.«

»Natürlich«, erwiderte Tamara und griff nach Frau Kandybas Karteikarte, nachdem sie den Ständer, der die Salzlösung hielt, losgelassen hatte. »Ja. Sie haben Heparin und Nitroglyzerin bekommen. Wie fühlen Sie sich?«

»Ich habe Kopfschmerzen. Sonst keine Beschwerden mehr.«

»Ja, das kommt von dem Nitroglyzerin. Das ist unangenehm, aber ich glaube, ich sollte Ihnen lieber nichts dagegen geben, bevor wir im Krankenhaus ankommen.«

»Ich will auch nichts.« Entschuldigend fügte die Frau hinzu: »Ich weiß, es war sehr dumm von mir, helfen zu wollen. In meinem Alter. Aber bei dieser furchtbaren Sache . . .«

Tamara sah, daß die Frau weinte. Es war wirklich sehr dumm gewesen. Sie hatte sich den ganzen Tag in der Nähe des Kraftwerks aufgehalten und immer wieder versucht, in den Verwaltungsblock eingelassen zu werden, um die Akten ihres Chefs zu retten, was im Grunde völlig nutzlos gewesen wäre. Aber Tamara sagte nur: »Es war sehr mutig von Ihnen.«

Paraska hob den Kopf, um die Ärztin anzusehen. »Mutig? Aber nicht vernünftig. Und der stellvertretende Direktor Smin ist auch nicht vernünftig! Er ist kein junger Mann mehr. Trotzdem ist er immer wieder ins Reaktorgebäude gelaufen, genau wie die Feuerwehrleute – bis sie ihn wegbrachten. Ins Krankenhaus nach Moskau. Aber er wollte nicht. Das können Sie mir glauben!«

»Natürlich nicht«, sagte Tamara beruhigend. Dann fragte sie: »Sagen Sie mir, Paraska, haben Sie heute zufällig meinen Mann gesehen?«

Paraska Kandyba schüttelte jedoch nur den Kopf und weinte weiter. Ihre Tränen und ihre Sorge galten offensichtlich nur dem stellvertretenden Direktor Simyon Smin.

Als der Krankenwagen vor dem Hospital Nr. 18 in Kiew hielt, stieg Tamara Scherantschuk aus. Für den Transfer der Patienten wurde sie nicht gebraucht. Sie stand abseits, während das Krankenhauspersonal die Verletzten aus dem Wagen in den Aufnahmeraum brachte. Sie freute sich auf die Rückfahrt. Fast zwei Stunden! Zwei Stunden, in denen sie sich hinlegen und schlafen konnte. Sie lehnte an der Tür des Krankenwagens und träumte von diesen wunderbaren zwei Stunden. Daß der Fahrer neben ihr stand und mit ihr sprach, bemerkte sie zuerst gar nicht. Er sagte: »Sehen Sie sich das an.«

»Was denn?« fragte sie.

»Die Leute hier! Die benehmen sich, als wäre nichts passiert!«

Er hatte recht. Kiew sah aus wie an einem richtig schönen, friedlichen Sonntagnachmittag! Spaziergänger bevölkerten die breiten Straßen, Kinder lachten und tobten herum, an den Kastanienbäumen wagten sich schon die ersten Blüten hervor, und überall leuchteten die bunten Plakate für die Feier des Ersten Mai. Unglaublich, dachte Tamara, daß alle diese Menschen hier leben, als sei nichts geschehen, ohne zu wissen, daß weniger als hundertfünfzig Kilometer von hier die Hölle los ist.

»Die können froh sein«, brummte der Fahrer, aber Tamara schüttelte den Kopf.

»Nein«, sagte sie. »Heute kann keiner richtig froh sein. Sie wissen es nur noch nicht. Wenn wir hier fertig sind, lassen Sie uns nach Tschernobyl zurückfahren.«

Als der Fahrer, der genausowenig Schlaf gehabt hatte wie Tamara, sich hinter sein Lenkrad schob, kam ein Mann aus dem Krankenhaus gelaufen und bat darum, mitgenommen zu werden. Er erklärte, er sei Arzt und Spezialist für Strahlenkrankheit, und man habe ihn wegen des Notfalls aus dem Wochenende gerufen. Tamara wurde wieder munter. Endlich hatte sie die Gelegenheit, etwas zu lernen! Sie fragte ihn nach den Strahlenmeßdaten. »Ja, genau«, sagte er, »wenn jemand mehr als 500 rad abbekommen hat, ist die einzige Hilfe lebendiges Knochenmark.«

»Und wie wird das gemacht?«

»Leber von Embryos«, erklärte er. »In manchen Ländern – besonders in Amerika – wird tatsächlich Knochenmark transplantiert. Aber das ist sehr problematisch. Erstens muß das eigene Knochenmark des Patienten zerstört werden, sonst wird das Transplantat abgestoßen. Dann muß das Knochenmark genau klassifiziert werden, und das ist fast zu schwierig, wie das passende Transplantat auch zu finden. Wenn es das falsche ist, wird es abgestoßen. Das ist für den Patienten lebensgefährlich. Allein die Abwehrreaktion des Körpers kann für den Kranken tödlich sein.«

»Und was macht man mit der Embryo-Leber?«

»Das Blut des Embryos wird noch nicht vom Knochenmark, sondern von den Leberzellen produziert. Deshalb nimmt man die Leber von nicht lebensfähigen Frühgeburten und injiziert die gereinigten Leberzellen dem Patienten.« Er zögerte. »Auch dabei ist die Erfolgsquote ziemlich klein!« gab er zu, »aber bei Patienten mit mehr als 500 rad ist es die einzige Chance.«

»Aha«, sagte Tamara, »aber woher wissen Sie denn, wie hoch die absorbierte Strahlungsmenge ist, da doch nicht jeder mit einem Meßgerät herumgelaufen ist?«

»Das ist allerdings die Schlüsselfrage«, erwiderte der junge Spezialist eifrig. »Mein Chefarzt im Hospital Nr. 6 in Moskau hat eine Methode entwickelt. Wir machen alle zwei Stunden ein Blutbild und vergleichen es mit gesundem Blut. Dann können wir sehen, ob und wie schnell die Zahl der Zellen abnimmt, und daraus schließen wir auf die absorbierte Strahlenmenge . . .«

Doch Tamara hörte nicht mehr zu, sie war neben ihm eingeschlafen.

Im stillen hatte Tamara gehofft, das Feuer würde unter Kontrolle und die Gefahr vorüber sein, wenn sie zurückkämen. Aber die Katastrophe nahm anscheinend immer größere Ausmaße an. Pripjet war evakuiert worden. (Wo war ihr Sohn geblieben?) Der Krankenwagen wurde umgeleitet nach Tschernobyl-Stadt, dreißig Kilometer vom Reaktor entfernt. Dort schien man noch sicher zu sein. Es ging das Gerücht, daß das ganze Gebiet im Umkreis von dreißig Kilometern um den Reaktor geräumt werden sollte. Doch wo sollten alle die Menschen hin? Fast dreißig Kolchosen und ein Dutzend Dörfer lagen in diesem Gebiet.

Es ging auch nicht nur um die Menschen. Die meisten Kolchosen hier betrieben Viehzucht, Rinder hauptsächlich, aber es gab auch viele Schafe, Schweine und Ziegen. Sogar ein paar Pferde. Viele der Tiere waren im Privatbesitz, so daß die Bauern sie nur äußerst widerwillig zurückließen.

Der Krankenwagen fuhr einen Bogen um die Stadt Pripjet

und das Kraftwerk. Dort war ihr Mann und verrichtete sicherlich eine heldenhafte und extrem gefährliche Arbeit. Ach, könnte sie doch nur ihn und Boris mitnehmen und davonlaufen!

Sie dachte gar nicht daran, daß dies die erste Trennung von ihrem Mann war, bei der sie nicht fürchten mußte, er könne sie mit einer anderen Frau betrügen.

Als sie die Stadt Tschernobyl erreichten, wurden sie zum Busbahnhof dirigiert.

Dort wollte Tamara Scherantschuk wieder an die Arbeit gehen. Aber sie hatte kaum den Raum betreten, in dem die Ärzte untergebracht waren, als ihre Chefin aus der Pripjet-Klinik die Nase rümpfte und sie finster ansah. »Wann haben Sie zuletzt die Kleidung gewechselt?« schimpfte sie. »Gehen Sie sofort duschen. Und essen sie etwas. Frühestens in einer Stunde will ich Sie hier wieder sehen.«

»Aber wir haben so viele Patienten . . .«

»Es sind jetzt genügend Ärzte da«, sagte die ältere Frau. »Gehen Sie.«

In der Tat, als Tamara in einem sauberen weißen Kittel zurückkam, ihr Haar noch feucht, aber ordentlich zurückgekämmt, sah sie vier neue Ärzte bei der Arbeit. Zwei waren aus Kursk, einer aus Kiew. Eine kleine, dunkle, orientalisch aussehende Frau kam aus Wolgograd.

»Jetzt müssen ja alle Krankenhäuser in der Sowjetunion leergefegt sein«, bemerkte Tamara.

»Nein«, antwortete die Frau aus Wolgograd, »sie sind alle voll besetzt. Wir sind nur die Leute, die gerade keinen Dienst hatten. Wir haben unseren Sonntag geopfert und sind hier, um zu helfen.«

»Sind die Leute in Wolgograd denn so besorgt über eine Explosion in der Ukraine?«

»Die Leute in Wolgograd wissen nichts über eine Explosion in der Ukraine. Ich wußte auch nichts davon. Ich bin nur aufgefordert worden, heute morgen um neun Uhr am Flugplatz zu sein.« Sie schaute Tamara offen ins Gesicht. »Was ist denn los? Warum schicken Sie nicht den nächsten Patienten herein?«

Plötzlich ging alles viel einfacher. Eine Voruntersuchung der Patienten war schon von anderen Ärzten durchgeführt worden, die von überall hergekommen waren und die sich im Schichtdienst in der Sanitätsstation des Busbahnhofs in Tschernobyl ablösten. Die Schwerverletzten waren schon auf dem Weg in andere Krankenhäuser. Die Leute, die hier behandelt wurden, waren leicht oder gar nicht verletzt. Bei den meisten brauchte Tamara nur eine kurze Routineuntersuchung vorzunehmen. Augen, Puls, Blutdruck, Mundschleimhaut; eine kurze Befragung nach Symptomen und eine kleine Blutentnahme für ein Blutbild. Danach brachte man die meisten Erkrankten direkt zu Bussen oder zur Eisenbahn, denn diejenigen, die reisefähig waren, wurden sofort evakuiert.

»Mutter«, rief jemand in der nächsten Warteschlange; als Tamara von ihrem Patienten aufschaute, sah sie, daß ein Junge sie angesprochen hatte. Sein Gesicht war schmutzig, und er trug ein viel zu großes Armeehemd – sicher nicht sein eigenes. Es dauerte einen Moment, bis sie ihren Sohn erkannte.

»Boris! Bist du verletzt?«

»Nein, aber alle Komsomolzen werden jetzt weggeschickt.«

»Das wird auch Zeit. Doch wohin?« wollte sie wissen.

»Oh, in ein Sommerlager, Mutter! Vielleicht Artek, unten am Schwarzen Meer – und, o Mutter«, rief er begeistert, »es wird uns nicht eine Kopeke kosten!«

17

SONNTAG, 27. APRIL 1986

Rauch hält sich nicht sehr lange in der Luft. Was eine Rauchfahne sichtbar macht, sind die winzigen Teilchen aus Ruß und ein paar anderen Stoffen, aber die verflüchtigen sich relativ rasch. Die größeren Teilchen fallen ziemlich schnell zu Boden, die anderen langsamer, oder sie werden mit dem Regen aus der Luft ausgewaschen. In jedem Fall sind sie bald nicht mehr zu sehen, weil sie schnell auseinandertreiben.

Die Gase aber bleiben in der Luft. Bei einem Unfall in einem Kernkraftwerk entstehen einige Gase, die zwar unsichtbar sind, die man aber trotzdem durch chemische Analysen nachweisen kann. Doch wenn man ein Laboratorium brauchte, um sie zu entdecken, würden sie nicht viel Besorgnis erregen. Leider machen sie sich auf ganz andere und viel gefährlichere Weise bemerkbar, nämlich durch die Strahlung, die sie abgeben.

Der erste, der bemerkte, daß irgend etwas mit der Luft um ihn herum nicht stimmte, war ein finnischer Soldat. Als die Tschernobyl-Wolke die finnische Grenze erreichte, war der ganze Rauch bereits verflogen. Der Soldat sah also nichts, aber seine Instrumente wiesen ihn auf Merkwürdigkeiten hin. Er arbeitete in einer Meßstation für radioaktive Strahlung an der Grenze zwischen Finnland und der UdSSR. Was seine Instrumente ihm anzeigten, war eine geringe, aber unerklärliche Erhöhung der normalen kosmischen Strahlung. Natürlich gab er diese Daten sofort an seine Vorgesetzten weiter.

Die zuständigen Experten fanden diese Information rätselhaft und besorgniserregend, aber sie beschlossen, die Sache zunächst einmal für sich zu behalten. Sie mußten ihre politische Situation berücksichtigen. Finnland gehört zwar nicht dem Warschauer Pakt an, aber seine Politiker haben gelernt, vorsichtig zu sein. Sie hielten es für möglich, daß die erhöhte radioaktive Strahlung von einem geheimgehaltenen sowjetischen Atombombentest herrührte. Berichte über solche Ereignisse werden in Finnland nicht unbedingt veröffentlicht.

Finnland war zwar das erste, aber nicht das einzige Land, in dem an diesem sonst so friedlichen Aprilsonntag festgestellt wurde, daß mit der Luft etwas nicht in Ordnung war. Im schwedischen Kernkraftwerk bei Forsmark schlugen die Meßinstrumente aus, als ein Arbeiter seine Schicht beendete. Die Untersuchung war reine Routine, das Ergebnis nicht.

Die Schuhe des Mannes waren radioaktiv.

Wenn in Schweden unerklärliche Radioaktivität festgestellt wird, kann das nicht geheimgehalten werden. Es gibt dort eine mächtige Anti-Atomkraft-Bewegung. Alles, was in schwedischen Atomkraftwerken passiert, wird genau verfolgt. Also wurde diese Nachricht sofort landesweit verbreitet und erzeugte große Besorgnis, die sich noch verstärkte, als andere Meßstationen Strahlenwerte feststellten, die auf einen in der Nähe erfolgten Atombombentest oder gar eine echte Atombombenexplosion hindeuteten.

Nachdem man herausgefunden hatte, daß die schwedischen Kernkraftwerke für diese Strahlenwerte nicht verantwortlich waren, hegte man eine andere ernste Befürchtung. Die Luftmassen über Skandinavien kommen zum größten Teil aus dem Westen und Süden. (Deshalb hat ja auch der Qualm aus Englands Fabriken die schwedischen Seen getötet. Die Engländer haben sich ihres Erbsensuppennebels entledigt, indem sie riesige Schornsteine bauten, die den Dreck nach Skandinavien exportieren.) Daher schlossen die Schweden, daß die Quelle der erhöhten Radioaktivität in England liegen müsse. War es möglich, daß dort eine Atombombe gefallen war? Aber die englischen Radiostationen sendeten eine völlig normales Programm. War es möglich, daß die Engländer, die Deutschen oder die Holländer – völlig unerwartet – einen Atombombentest durchführten? Wenig später meldeten sich die Meteorologen, um auf die ungewöhnliche Wetterlage hinzuweisen. Die radioaktive Wolke war nicht vom Westen gekommen, denn die in den letzten Tagen nach Skandinavien eingeflossenen Luftmassen kamen nicht – wie üblich – aus südwestlicher, sondern aus südöstlicher Richtung.

Der Ursprung der Strahlung mußte also in der Sowjetunion liegen.

Die Schweden sind sich der Bedeutung ihres sowjetischen Nachbarn genauso bewußt wie die Finnen, aber sie nehmen weniger Rücksicht auf russische Empfindsamkeiten. Sie sahen keinen Grund, die Sache geheimzuhalten. Die Presse wurde informiert. Der Bericht machte sofort Schlagzeilen. Innerhalb einer Stunde wußte fast die ganze Welt, daß in der UdSSR eine atomare Katastrophe stattgefunden hatte . . . Die Menschen in der Sowjetunion erfuhren selbstverständlich nichts davon.

18

MONTAG, 28. APRIL 1986

Die Botschaft der Vereinigten Staaten von Amerika in Moskau liegt am Ringboulevard in dem Abschnitt, der nach dem Komponisten Tschaikowsky benannt ist. Sie ist nicht in einem einzigen Haus untergebracht, sondern in einer Ansammlung von Gebäuden aus rotem Backstein. An jedem der Eingänge zu dieser Gebäudegruppe lungern ein paar uniformierte KGB-Beamte herum. Sie rauchen und unterhalten sich miteinander, bis sich jemand nähert. Dann nehmen sie Haltung an und stellen sich vor der Tür auf. Sie verlangen einen amerikanischen Paß oder eine Hotelkarte. Wenn sie finden, daß die Dokumente in Ordnung sind, treten sie zur Seite und lassen den Besucher eintreten. Die höflicheren unter ihnen sagen »puschalsta«, das bedeutet »bitte«, und einige tippen sogar grüßend an den Schirm ihrer Mütze. (Es hat Zeiten gegeben, da waren sie sehr viel weniger höflich und viel energischer, besonders wenn, wie es hin und wieder passiert ist, ein verzweifelter Sowjetbürger versuchte, an ihnen vorbei in der Botschaft Asyl zu finden.)

Eigentlich hätte die amerikanische Botschaft in Moskau schon vor mindestens einem Dutzend Jahren abgerissen werden müssen, aber wegen der frostigen Beziehungen zwischen den USA und der Sowjetunion kam es zu endlosen Streitereien über Kleinigkeiten, so daß die Pläne für ein prächtiges, modernes Botschaftsgebäude immer noch unvollständig sind. Das Beste an der Botschaft ist ihre

Cafeteria. Dort kann das amerikanische Personal die einzig echten Hamburger, Pommes frites und Milchmixgetränke kaufen, die es in ganz Moskau gibt. Das Schlimmste an ihr sind wahrscheinlich die Scharen von Fahrern, Telefonistinnen, Übersetzern und Übersetzerinnen, Küchen- und Reinigungspersonal, die fast alle sowjetische Staatsbürger sind; und fast von jedem weiß man, daß er eine zweite Karriere hat – oder, vielleicht eher, eine erste –, nämlich als KGB-Funktionär.

Warner Borden, der zweite Wissenschaftsattaché der Botschaft, stritt mit Emmaline Bramford, der Presse- und Kulturreferentin, als die erstaunliche Nachricht über den nicht geheimen Fernschreiber hereinkam. »Schick die Russen raus«, sagte er wütend. Er meinte die Übersetzerin und den Mann vom Reinigungsdienst.

Emmaline Branford sah ihn erstaunt an. »Aber das sind doch alles nur Berichte von den regulären Nachrichtendiensten. Daran ist doch nichts vertraulich.«

Er senkte die Stimme und zischte: »Manchmal *unterhalten* wir uns hier, ist es nicht so? Passen Sie auf, daß niemand reinkommt, bis ich zurück bin!«

»Wollen Sie in den Coderaum?« fragte Emmaline. Er sah sie mit gespielter Verzweiflung an.

»Verstehen Sie, was ich meine?« fragte er und fügte entschlossen hinzu: »Ich gehe!« Emmaline seufzte, als sie ihn verschwinden sah. Er wollte zu dem gesicherten Fernschreiberraum in einem anderen Teil der Botschaft, vor dessen Tür immer einer ihrer *Marines* Wache stand. Immerhin hat er mir diesmal nicht den Hintern getätschelt, dachte sie.

Ein Stück entfernt von ihr saß ihre Übersetzerin Rima über die Morgenausgabe der Prawda gebeugt. Sie war damit beschäftigt, einen Artikel über die Ziele des Fischfangs und der Fischwirtschaft an der Ostsee in ihr sorgfältiges Englisch zu übertragen. Rima hieß mit Nachnamen Solowjowa, aber für die meisten Amerikaner der Botschaft hatten die Russen gewöhnlich nur einen Namen. Emmaline störte das ein wenig. Sie war eine Schwarze, und einige ihrer Vorfahren waren vielleicht »Nigger« oder »Napoleon« oder »Jezebel« gerufen worden. Den Russen jedoch schien es zu gefallen, vielleicht, weil sie es weniger schätzten, wenn Amerikaner versuchten, Namen wie »Solowjowa« auszusprechen. Emmaline ging zu ihr hinüber und sagte: »Vielleicht sollten wir lieber tun, was er sagt, Rima.«

»Das ist kein Problem, Emmaline«, sagte Rima, ohne aufzublicken.

Falls die Russin sich für diese Nachricht über nukleare Strahlung interessierte, dann wußte sie es gut zu verbergen. Emmaline zögerte einen Augenblick. Gern hätte sie Rima Solowjowa gefragt, ob in der Prawda irgend etwas über unerklärliche radioaktive Emissionen stand. Im Grunde wußte sie allerdings, daß das nicht der Fall war. Sie hatte die Zeitung schon selbst danach abgesucht. Obwohl sie noch immer ziemliche Schwierigkeiten mit der russischen Sprache hatte, hätte sie einen solchen Bericht nicht übersehen, auch nicht – oder ganz besonders nicht in den Kurznotizen auf den hinteren Seiten, wo gewöhnlich die für das Land weniger positiven Nachrichten zu finden waren.

Natürlich mußte Rima etwas mitbekommen haben. Es war im Fernschreiberraum viel geredet worden, genau wie Borden gesagt hatte. Am einfachsten wäre gewesen, sie zu fragen, was sie gehört hatte und was sie darüber dachte. Aber der Umgang mit Sowjetmenschen verlangte Fingerspitzengefühl. Emmaline und ihre Übersetzerin kamen eigentlich sehr gut miteinander aus. Sie machte Rima gelegentlich kleine Geschenke, einen Beutel Wattebäuschchen zum Beispiel oder eine Einkaufstasche von Macy's oder Marshall Field's. Rima dagegen war ihr behilflich, wenn es um Maler, Klempner oder andere Handwerker ging. Sie wußte auch, wie man Dinge, die selbst für harte Währung in den entsprechenden Läden nicht zu bekommen waren, zu Hause selbst nachmachen konnte, und gab ihr die Anleitungen dafür. Zum Beispiel für Insektenpulver. Emmaline war jedoch noch nicht lange genug in Moskau. Sie war noch nicht so vertraut mit Rima, als daß sie es wagen konnte, unerfreuliche politische Themen mit ihr zu diskutieren. Während sie noch überlegte, ob sie es trotzdem versuchen sollte, schaute die Übersetzerin von ihrem Schreibtisch auf.

»Könnten Sie mich wohl für eine Stunde entschuldigen?« fragte sie. »Ich fühle mich nicht besonders wohl.«

»Oh? Kann ich irgendwas für tun?«

»Ich möchte mich nur ein bißchen hinlegen«, sagte die Übersetzerin. »Höchstens eine Stunde. Dann geht es mir sicher besser.«

»Selbstverständlich«, entgegnete Emmaline. Rima legte einen Papierbeschwerer auf ihre Übersetzung, nahm ihre Handtasche aus imitiertem Leder und ging, ohne sich umzuschauen. Emmaline hörte ihre modischen Absätze die Treppe hinunterklappern und dann das Zuschlagen der Haustür. Rima war also nicht in den kleinen Ruheraum für das weibliche Personal gegangen, sondern hatte das Haus verlassen.

Emmaline hatte angenommen, daß die Russin unter Menstruationsbeschwerden litt. Jetzt revidierte sie ihre Meinung. Wahrscheinlicher war es, daß sie außerhalb des Hauses telefonieren wollte, um zu erfahren, wie sie sich angesichts der unerwarteten Situation verhalten sollte. Emmaline seufzte und erinnerte sich an den Mann vom Reinigungsdienst. Auf russisch sagte sie: »Andrej, würden Sie hier bitte später weitermachen? Vielleicht nach dem Essen?« Dann ging sie zum Fernschreiber zurück, um zu sehen, was es Neues gab.

Über den Fernschreiber tickerten jedoch nur die Ergebnisse der gestrigen Baseballspiele der Nationalliga. Emmaline wartete eine Weile, um zu sehen, wie die Atlanta Braves abgeschnitten hatten, aber anscheinend war ihr Spiel wegen Regens ausgefallen.

Sie ging an ihren Schreibtisch zurück und blätterte in den Unterlagen für die Tournee eines amerikanischen Jazzpianisten, der die Städte Moskau, Leningrad und Wolgograd bereisen sollte. Daneben mußte sie sich noch die Einladung vom Sowjetischen Autoren-Verband an einen amerikanischen Schriftsteller kümmern. Doch ihr fiel es schwer, sich zu konzentrieren. Radioaktive Wolken, die von der UdSSR ausgingen, waren heute das aktuelle Thema.

Auch Emmaline hatte zuerst vermutet, die Russen hätten, entgegen ihrem selbstauferlegten Moratorium, einen heimlichen Atombombenversuch unternommen. Doch diese Heimlichtuerei hätte keinen Sinn ergeben. Die Vereinigten Staaten hatten ihre Tests nie unterbrochen, und nichts hinderte die Sowjets daran, ihre wieder aufzunehmen. Aber wenn sie dumm genug waren, sich in Lügen zu verstricken, würde der Propagandaeffekt, den sie durch das Moratorium erreicht hatten, sich in sein Gegenteil verkehren.

Daneben bestand die Möglichkeit eines Unfalls. Warner Borden hatte ihr alles über den mysteriösen Fall Kyschtym erzählt, der mehr als fünfundzwanzig Jahre zurücklag. Es sah so aus, als hätten die Sowjets damals in Sibirien in der Nähe der Stadt Kyschtym radioaktive Abfälle gelagert, und zwar so unsachgemäß, daß einige Substanzen Gelegenheit hatten, sich zu vereinigen und eine kritische Masse zu bilden.

Emmaline Branford hatte noch nie davon gehört gehabt, daß Abfall sich in eine kleine Atombombe verwandeln konnte, aber Borden hatte ihr versichert, daß dies die beste Erklärung für das war, was Hunderte von Quadratkilometern sibirischer Landschaft mit Seen und Flüssen vergiftet, die Aufgabe von einem Dutzend Dörfern und vieler Kolchosen gefordert und sogar die sowjetische Landkarte verändert hatte.

Natürlich hatte die Regierung bis heute nichts dergleichen zugegeben.

Warner Borden rief sie zu sich an den Fernschreiber und sagte: »Ich habe mit einem Schweden gesprochen. Sie haben die Wolke genau untersucht und festgestellt, daß es sich nicht um einen Atombombentest handeln kann.« Prompt fragte sie: »Ist es wieder so was wie bei Kyschtym?«

»Nein, nein, nichts dergleichen. Auch kein Unfall in einer Atomwaffenfabrik. Ich hatte das kurz in Erwägung gezogen. Aber die Bestandteile der Wolke lassen etwas anderes vermuten. Die Schweden sagen, es muß« – er sah sich um und schloß die Tür – »es muß ein Unfall in einem Atomkraftwerk sein. Womöglich sogar eine Kernschmelze.«

»Mein Gott«, erwiderte Emmaline und dachte an den Film *Das Chinasyndrom.* »Aber wenn es eine solche Explosion gegeben hat . . .«

»Es muß nicht unbedingt eine große Explosion gewesen sein. Die Schweden sagen folgendes: Sie haben die Wolke getestet, und die Proportionen des radioaktiven Materials entsprechen genau dem, was freigesetzt werden würde, wenn ein russischer Reaktor hochgeht.« Er studierte eifrig die eingehenden Fernschreiben, aber alles, was jetzt noch kam, waren Wetterberichte. »Ich habe mir die Landkarte angesehen«, sagte er, »oben an der Ostsee gibt es zwei Atomkraftwerke. Eins davon muß es sein. Vielleicht beide.«

»*Zwei* auf einmal?«

Er grinste sie an. Es schien ihn fast zu freuen. »Was ist los?« fragte er. »Gehören Sie zu diesen verrückten Kernkraftgegnern? Es handelt sich um *russische* Anlagen. Sie müssen damit rechnen, daß hin und wieder ein paar davon in die Luft gehen.«

Er lehnte sich über den Fernschreiber und ließ eine Hand lässig auf ihrer Hüfte ruhen. Emmaline trat ein wenig zur Seite. Sie hatte jetzt keine Lust, Streit mit ihm anzufangen. (Wie kommt es nur, daß weiße Jungs aus Georgia so scharf auf schwarze Haut sind?)

»Ich hab' noch was zu tun«, sagte sie und ging an ihren Schreibtisch zurück. Rima war zurückgekehrt. Sie saß in ihrem eigenen Zimmer über ihre Arbeit gebeugt. Sie blickte nicht auf. Emmaline blieb am Fenster bei ihrem Schreibtisch stehen und schaute hinaus auf den breiten, belebten Tschaikowsky-Boulevard. Wußten diese Leute denn nicht, daß ihre Kraftwerke in die Luft gingen? Müßte man es ihnen nicht sagen? Sie seufzte und setzte sich.

Auf ihrem Schreibtisch lag eine aufgeschlagene Zeitschrift.

Die hatte sie nicht dorthin gelegt. Der Name des Blattes war *Literaturna Ukraina.* Emmalines Russischkenntnisse waren nicht schlecht, nicht schlechter jedenfalls als die von jedem anderen Absolventen eines Intensiv-Kurses für den Auswärtigen Dienst. Dieses Magazin jedoch war nicht in russisch geschrieben, sondern in ukrainisch.

Die meisten Wörter waren sich zwar sehr ähnlich, aber es gab doch gewisse Eigenheiten. Emmaline runzelte die Stirn. Der Artikel schien sich mit Unzulänglichkeiten in einem Kernkraftwerk zu befassen, aber die Anlage, um die es hier ging, stand nicht an der Ostsee. Sie schaute zu Rima Solowjowa hinüber, die Übersetzerin sah jedoch nicht von ihrer Arbeit auf. Emmaline dachte daran, Rima zu fragen, ob sie ihr die Zeitschrift auf den Schreibtisch gelegt habe. Doch wenn Rima ihr etwas hätte sagen wollen, hätte sie es schon längst tun können. Warum auch sollte sie – oder irgend jemand sonst – ihr einen Artikel über einen Ort namens Tschernobyl geben?

19

MONTAG, 28. APRIL 1986

Wremja, die abendliche Neun-Uhr-Nachrichtensendung im sowejetischen Fernsehen, ist eine Art Institution. Millionen Menschen sehen sie sich jeden Abend an, allerdings nicht sehr aufmerksam. In Amerika würde man die Sendung eine »Show der sprechenden Köpfe« nennen. Die eigentlichen Nachrichten werden von einem Sprecher kurz und trocken vorgelesen. Die wenigen Filmclips, die dazu eingeblendet werden, zeigen meistens Kolchosbauern beim Einbringen einer Rekordernte oder den Stapellauf eines neuen Eisbrechers. Die Russen scherzen gerne, man könne immer leicht feststellen, wann die Nachrichten kommen. Nämlich dann, wenn man durch die dünnen Apartmentwände hört, wie die Nachbarn herumlaufen und die Toilettenspülung betätigen, weil der Abendfilm oder die Sportberichte vorüber sind.

Genauso war es, als an diesem Montagabend die Nachrichten kamen. Igor Ditschuk stand auf und ging in die Küche, um sich ein Glas Mineralwasser aus dem Kühlschrank zu holen, und Oksana hätte es sicher gern genauso gemacht, aber sie wollte erst noch die letzte Reihe ihrer Strickarbeit fertigmachen. Das Ballett, das sie an diesem Abend gesehen hatten, war von der Bolschoi-Truppe getanzt worden. Die Aufführung hieß *»Die Straßen von Paris«* – nicht zu vergleichen mit *»La Bohème«* oder *»Gaité Parisienne«*, sondern ein schlichtes, ergreifendes Tanzdrama über die französische Kommune vor zweihundert Jahren. »Haben sie nicht schön getanzt?« fragte Oksana ihren Mann, als er zurückkam.

»Natürlich«, sagte er stolz. Das Bolschoi-Theater war zwar russisch und nicht ukrainisch, aber Ditschuk fühlte sich als echter Sowjetbürger. In seinen Augen war die Bolschoi-Truppe *sowjetisch*. und eines Tages würde vielleicht ihre eigene Tochter die Primaballerina des Jahres 2000 sein. Lia war neun, und in der Tanzakademie, die sie zweimal wöchentlich besuchte, tanzte sie schon Solo-Parts. Jetzt schlief sie schon fest in ihrem »Zimmer«, das eigentlich nur eine Ausbuchtung des Korridors war. Oksanas Eltern rumorten noch im Wohn- und Eßzimmer, das ihnen gleichzeitig als Schlafzimmer diente.

Ditschuk warf noch einen Blick auf die Nachrichtensendung, als seine Frau sagte: »Jora? Habe ich dir schon erzählt, daß der Junge von Bornets heute mit achtunddreißig Grad Fieber in die Schule gekommen ist? Kannst du dir das vorstellen?«

»Nein, das hattest du mir noch nicht erzählt«, erwiderte er.

»Als ich ihn in die Klinik schickte, kam er zurück mit einem Zettel, auf dem stand, daß die Ärztin wegen eines Notfalls wegfahren mußte.«

»Ich nehme an«, bemerkte Ditschuk gutmütig, »daß sie sich auf die Maifeier vorbereitet wie alle anderen Leute auch. Was hast du dann gemacht?«

»Was sollte ich tun? Nach Hause schicken konnte ich ihn nicht. Seine Eltern waren beide zur Arbeit. Also habe ich dafür gesorgt, daß er sich im Lehrerzimmer hinlegen konnte. Stell dir vor, ich schleppte irgendein Virus in unsere Familie ein?«

»Du siehst ziemlich gesund aus«, sagte er. »Laß uns ins Bett gehen.« Er streckte seinen Arm aus, um das Fernsehgerät abzuschalten. Der Nachrichtensprecher legte gerade ein Blatt zur Seite, nahm ein neues auf und las mit unveränderter Stimme: »Im Kraftwerk Tschernobyl in der Ukraine hat sich ein Unfall ereignet. Es hat Verletzte gegeben. Maßnahmen zur Behebung der Schäden sind eingeleitet worden.«

Es gibt ein paar Faustregeln, nach denen die Sowjetbürger schlechte Nachrichten, die ihre Regierung bekanntgibt, beurteilen: Wenn die Nachricht gar nicht veröffentlicht wird, sondern nur als Gerücht herumgeistert, dann ist es schlimm, aber nicht dramatisch. Wenn das Ereignis als »unbedeutend« eingestuft wird, ist es ernst. Wenn aber gar keine Einstufung erfolgt, ist es nötig, die »Stimmen« einzuschalten.

Das einzige Radio, das die Ditschuks besaßen, stand nicht mit dem Fernsehgerät in der Küche, sondern in dem anderen Zimmer, in dem die Eltern gerade ins Bett gehen wollten. Ditschuk klopfte an die Tür und entschuldigte sich. »Das Radio«, sagte er. »Können wir es für einen Augenblick haben?«

»Um diese Zeit?« wunderte sich seine Schwiegermutter. Als er ihr erklärte, worum es ging, entgegnete sie: »Ah, jetzt verstehe ich auch den Anruf von Frau Smin am Sonnabendmorgen. Ich hab' doch gleich gemerkt, daß sie uns etwas verheimlichte. Aber bitte, stell es nicht zu laut ein.«

Ditschuk hätte diesen Hinweis nicht gebraucht. Er schaltete das Radio an und wartete geduldig, bis die Röhren warm wurden. Die Lautstärke stellte er so ein, daß beinahe nur ein Flüstern zu vernehmen war. Es ist nicht ausdrücklich illegal, die Stimme Amerikas oder andere ausländische Sender zu hören, die man in der UdSSR empfangen kann, aber die meisten Bürger hängen es lieber nicht an die große Glocke.

Sie fanden aber keine Nachrichten in russischer Sprache; die meisten ausländischen Sender wurden auch ständig gestört und waren dadurch kaum zu empfangen. Sie konnten lediglich eine französische Rundfunkstation abhören, deren Sendungen aus Gründen, die niemand kannte, fast niemals gestört wurden. Aber die Meldungen wurden in französisch verlesen, und keiner der Ditschuks beherrscht diese Sprache.

Trotzdem gelang es ihnen, ein paar von den viel zu schnell gesprochenen Sätzen aufzuschnappen, unter anderem: *»deux milles de morts«* und *»une catastrophe totale.«*

»Aber das Kraftwerk von Tschernobyl liegt mehr als hundert Kilometer von hier entfernt«, warf Oksana ein. Sie war ganz blaß geworden.

»Du hast recht«, sagte ihr Mann. »Wir können froh sein, daß wir so weit davon weg sind. Es heißt, daß radioaktive Strahlung sehr gefährlich ist. Noch nach Jahren können Krankheiten auftreten. Krebs, Mißbildungen bei Neugeborenen, bei Kindern Leukämie . . .«

Sie sahen sich an und blickten dann in den Korridor, wo Lia friedlich schlief. Sie schien zu träumen und lächelte ein wenig.

20

DIENSTAG, 29. APRIL 1986

Der Kontrollpunkt, von dem aus die Bemühungen organisiert werden, die Folgen der Katastrophe im Kernkraftwerk Tschernobyl möglichst einzudämmen, liegt nicht mehr in der Kolchose in der Nähe der Anlage. Für ein kleines Bauerndorf sind jetzt zu viele Leute versammelt; der Kontrollpunkt ist daher in die dreißig Kilometer entfernte Stadt Tschernobyl verlegt worden. Innerhalb dieses Umkreises von dreißig Kilometern wurden nach Pripjet auch alle anderen Gemeinden evakuiert. Wo zweiundsiebzig Stunden vorher noch hunderttausend Menschen gelebt haben, gibt es jetzt nur noch Feuerwehrleute, Sicherheitsexperten und Ärzte. Zwei Hubschrauberstaffeln der sowjetischen Luftwaffe haben inzwischen die schon im Einsatz stehenden Einheiten verstärkt; Tag und Nacht laden sie Sandsäcke und Netze mit Metallstäben ein, schaffen sie in einem fünfminütigen Flug zum Reaktor, werfen sie dort ab und fliegen zurück, um eine neue Ladung zu holen. Die Kabinen der Hubschrauber sind mit gewalztem Blei ausgekleidet, was die Ladekapazität drastisch einschränkt. Ihre Piloten arbeiten zwölf Stunden am Tag. Die Mannschaften, die sich am Boden mit den Unfallfolgen auseinandersetzen, dürfen innerhalb von vierundzwanzig Stunden nur drei Zwei-Stunden-Schichten absolvieren. Trotzdem wird jedem Mann einmal am Tag eine Blutprobe abgenommen, damit die weißen Blutkörperchen gezählt werden können, und wenn die Werte nicht stimmen, wird er sofort beurlaubt.

Scherantschuk wußte sehr gut, warum jede Schicht nur zwei Stunden dauern durfte, aber niemand hatte ihm gesagt, was er in den dazwischenliegenden sechs Stunden tun sollte, in denen er die Sperrzone nicht betreten durfte. Meistens versuchte er dann, ein wenig zu schlafen. Wenn ihm das nicht gelang, aß er oder rauchte eine Zigarette nach der anderen. Ansonsten fiel er anderen Leuten auf die Nerven.

Daß er anderen mit seinen Fragen lästig fiel, war ihm schon im städtischen Krankenhaus von Tschernobyl gesagt worden, wo er sich nach seiner Frau erkundigen wollte (»Es ist alles in Ordnung, Liebling«, sagte sie, »aber wir haben wirklich viel zu tun.«). Auch aus dem entfernten Moskau hatte er ähnliches gehört, als er Auskunft über den Zustand des stellvertretenden Direktors Smin erbat (»Sein Zustand unterliegt ständiger Kontrolle; er ist bei Bewußtsein; und jetzt blockieren Sie bitte nicht länger die Leitung!«). Er konnte es nicht ändern, aber er vermißte Smin. Die inzwischen aus der ganzen UdSSR eingetroffenen Experten und Freiwilligen wußten sicherlich gut Bescheid, aber brannte der Graphitkern nicht noch immer?

Er ging vor dem Busbahnhof von Tschernobyl auf und ab und betrachtete mißmutig die Rauchsäule am fernen Horizont, als ein gepanzerter Personentransporter vorfuhr. Er sprang hinein, und zusammen mit vierzehn anderen Männern fuhr er zur Anlage, um seine Arbeit wieder aufzunehmen.

Während der Fahrt zum Werk, die eine halbe Stunde dauerte, wurde wenig gesprochen. Unterwegs zogen die Männer ihre Schutzanzüge an, prüften ihre Strahlenmeßgeräte und achteten darauf, daß die Kapuzen gut schlossen. Sobald er aus dem Transporter ausgestiegen war, trabte Scherantschuk zum geschlossenen Wassersystem hinüber, um die Werte für den Druck abzulesen.

Über sich hörte er die Hubschrauber heranfliegen und wieder abdrehen. Einer war direkt über ihm. Er sah aus wie ein fliegender Wal mit einem Rotor auf dem Rücken. Scherantschuk beobachtete, wie jemand einen Sack – wahrscheinlich Sand – aus der Maschine abwarf.

Dann stand er vor den Rohren des Systems und schaute nicht mehr zu den Hubschraubern hinauf, auch dann nicht, als Sand auf seinen Helm herabprasselte, weil einer der Säcke vermutlich gerissen war. Wenn ihn ein voller Sandsack oder ein Sack mit Bleischrot getroffen hätte, wäre er tot gewesen – wie es schon mindestens einem der Feuerwehrleute passiert war, da deren Arbeit sie dazu zwang, sich in größerer Nähe zur Abwurfstelle aufzuhalten.

Scherantschuk hatte die Aufgabe, die großen Ventile im Dampfsystem freizubekommen. Diese Arbeit brachte den Vorteil, daß er sich an einem überdachten Ort aufhielt und ihn das abgeworfene Material nicht direkt treffen konnte. Die Ventile ließen sich allerdings nicht öffnen. Die Elektromotoren, mit denen die schweren Ventile normalerweise betätigt wurden, hatten Kurzschluß; wenn sie eingeschaltet wurden, verschmorten sie, denn irgend etwas in den Ventilen klemmte. Auch mit den außen angebrachten, für den manuellen Betrieb gedachten Rädern ließen sich die Ventile nicht bewegen. Als Scherantschuk seinen Dienst wieder begann, sah er, daß die Crews, die nach ihm gearbeitet hatten, etwas anderes ausprobiert hatten. Sie hatten den Kühlwasserzufluß aus dem Teich abgeschnitten, um die Ventile mit Hilfe von Brechstangen zu lösen, aber auch das hatte nicht funktioniert, denn das System war so heißgelaufen, daß die Rohre kaum noch flüssiges Wasser enthielten; außerdem konnte man es in der Hitze nur kurze Zeit aushalten. Sie hatten daher frisches Kühlwasser einfließen lassen. Als Scherantschuk und seine Leute ihre Arbeit aufnahmen, kümmerten sie sich zuerst um die außen angebrachten Räder. Die Männer der anderen Schicht hatten die Räder mit einem festverschweißten System von Brechstangen versehen, und seine eigenen Leute versuchten, mit der zusätzlichen Hebelkraft die Ventile zu bewegen.

Scherantschuk erkannte, daß ihre Versuche ziemlich riskant waren. Abgesehen davon, daß auch diese Methode wahrscheinlich nicht funktionieren würde, bestand die Gefahr, daß bei Anwendung dieser zusätzlichen Hebelkraft die Schäfte der Ventile brechen würden, wenn sie auch aus Stahl geschmiedet waren. Scherantschuk mahnte seine Leute deshalb zur Vorsicht. »Nicht mit Gewalt! Ganz langsam das ganze Körpergewicht einsetzen – gleichmäßig!« Alle Mühe war jedoch vergebens. Einmal drehte sich ein Rad um einen oder zwei Zentimeter, aber dann ließ es sich doch nicht mehr bewegen, so sehr die Männer sich auch anstrengten. Sie schwitzten in ihren Schutzanzügen, zudem mußten sie den Lärm der Hubschrauber ertragen und die dumpfen Geräusche, die entstanden, wenn wieder Sandsäcke und Bleischrot abgeworfen wurden.

Scherantschuk war erstaunt, als sich ihm eine Hand auf die Schulter legte. Er blinzelte; die Ablösung war gekommen. Waren die zwei Stunden schon vorbei? Und was hatten sie erreicht?

Die Antwort kannte er.

Sie waren jedenfalls nicht mehr allein. Nicht nur die Mannschaft des Kernkraftwerks Tschernobyl bekämpfte das Feuer, auch nicht nur die in der Ukraine rekrutierten Hilfskräfte. Jetzt kam Hilfe aus allen Himmelsrichtungen. Ganze Konvois von Lastwagen donnerten über die Straßen in Richtung Tschernobyl. Transportflugzeuge und Hubschrauber landeten auf dem kleinen Flugplatz außerhalb der Stadt Tschernobyl, und Züge liefen im Bahnhof von Janow ein, deren gesamte Ladung für die Katastrophenhelfer im Kernkraftwerk bestimmt war. Sie wurden am Rande der evakuierten Zone auf flache, offene Güterwagen umgeladen und von Lokomotiven zum Werk gezogen, die selbst die Gefahrenzone nie verließen. Ärzte, Ingenieure, Milizionäre, Armeesoldaten – die halbe Sowjetunion schien dem Kernkraftwerk Tschernobyl in seiner Not helfen zu wollen.

Diese gewaltigen Anstrengungen waren eindrucksvoll. Scherantschuk fragte sich nur, ob sie auch ausreichen würden.

Die Leute wurden strikt angewiesen, nach jeder Schicht unbedingt zu duschen. Sobald Scherantschuk seine Schutzkleidung abgelegt hatte und ihm Blut abgenommen worden war, ging er zu den Duschen und rieb sich dabei den Arm. Für die Ärzte und Ärztinnen wurde es immer schwieriger, bei der Blutentnahme eine Stelle zu finden, die nicht schon schmerzte. Zudem wirkten sie müde. Auch Scherantschuk war erschöpft. Er bahnte sich seinen Weg durch die Menge der anderen müden, nackten Männer und stellte sich unter den kalten Wasserstrahl. Er seifte sich gründlich ab und fragte sich, wie hoch das Wasser selbst schon radioaktiv belastet war. Aber sich darüber Gedanken zu machen war sinnlos. Sie mußten auf jeden Fall duschen. Außerdem hatte er nur unter der Dusche Gelegenheit, sich ein wenig zu entspannen und an seine Frau und an seinen Sohn zu denken. Als er zum letzten Mal von Tamara hörte, hatte sie ihm erzählt, Boris sei zusammen mit zwanzig anderen jungen Leuten aus Pripjet schon auf dem Weg zu einem Lager der Komsomolzen am Schwarzen Meer. Scherantschuk tröstete sich mit dem Gedanken, daß wenigstens seine Familie nicht mehr in Gefahr war . . .

Dann mußte er an die giftige Gaswolke denken, die sich über das Land verteilte, und fragte sich, ob es in Europa, ja, in der ganzen Welt, überhaupt Menschen gab, die nicht in Gefahr waren.

Scherantschuk trat unter der Dusche hervor und trocknete sich mit einem Paar seiner eigenen Unterhosen ab – Handtücher gehörten zu den Annehmlichkeiten, die durch den Kontrollpunkt zu schleusen niemandem eingefallen war. Er zog ein Baumwollhemd, eine Arbeitshose und Filzpantoffeln an. Diese Ausstattung genügte für seine Freischicht. Er ging bis an das hintere Ende des provisorischen Schlafsaals, vorbei an den Pritschen, in denen schnarchende Männer lagen, und an den Tischen, an denen andere Männer sich unterhielten oder Karten spielten. Von dort aus erreichte er den Versammlungssaal, in dem er um sechs Uhr zu einer Besprechung erwartet wurde. Da jetzt über zweitausend Männer und Frauen versuchten, mit der Explosion und ihren Folgen fertig zu werden, mußten die leitenden Leute ständig Konferenzen abhalten, um die Bemühungen zu koordinieren.

Im Besprechungsraum stand ein Tisch, über dem eine nackte Glühbirne hing und an dem ein halbes Dutzend Männer saßen, die schon auf seinen Bericht warteten. Er beeilte sich damit. »Die Ventile lassen sich nicht öffnen. Wir versuchen es jetzt mit Gewalt, aber ich fürchte, sie werden ganz einfach abbrechen.«

Als er sich umsah, stellte Scherantschuk fest, daß er von den Leuten, die aus der Friedenszeit – er korrigierte sich: aus der Zeit vor der Explosion – übriggeblieben waren, der Ranghöchste war. Smin lag in Moskau im Hospital und kämpfte um sein Leben. Nachdem der Direktor wieder zurückgekommen war, hatte er darauf bestanden, die Leitung der Rettungsarbeiten zu übernehmen, aber dazu kam es nicht mehr. Er und Chefingenieur Warazin wurden abgelöst und verhaftet. Andere lagen im Hospital Nr. 18 in Kiew oder sie waren mit ihren Familien evakuiert worden. Andere waren ganz einfach weggelaufen. Keiner der Männer, die jetzt hier am Tisch saßen, stammte aus dieser Gegend. Sie waren aus Moskau oder Kiew gekommen, aus Nowosibirsk und aus Kursk. Die meisten trugen Armeeuniformen unter ihren Schutzanzügen.

Der Mann, der diese Besprechung leitete, war allerdings Zivilist: Istwili vom Staatlichen Komitee für Nuklearaufsicht. Er war nicht mehr so adrett wie bei seiner Ankunft, aber er blieb gelassen, als Scherantschuk ihm diese schlechte Nachricht brachte. Er schien auch nicht überrascht zu sein. »Das Plenum muß geleert werden«, sagte er nur. Das Plenum war das Wasserreservoir unter dem Reaktor selbst. Dieses Reservoir sollte für den Fall, daß auch nur ein einziger Kühlkanal riß, den unter hohem Druck stehenden Dampf auffangen und kondensieren, damit er nicht die Wände des Reaktorblocks sprengen konnte. Gegen das, was im Reaktor tatsächlich passiert war, konnte dieses Wasserreservoir natürlich nichts ausrichten – in diesem Zusammenhang stellte es sogar eine erhebliche Gefahr dar.

Der Einsatzleiter der Feuerwehr wurde unruhig. »Ich sehe nicht ein, warum wir das Plenum nicht einfach in Ruhe lassen«, erklärte er.

»Weil wir da unten kein Wasser haben wollen, Genosse«, sagte Istwili. »Wir brauchen da unten Beton. Wir müssen den ganzen Kern hermetisch gegen die Umwelt versiegeln, oben, unten und an den Seiten.«

»Sie reden von einer Arbeit, die Monate dauern kann!

»Hoffentlich schaffen wir es in Monaten. Wir wissen nicht genau, wie stark das Fundament ist, das den Kern hält. Wenn er in das Plenum fällt, wird die Sache ernst.«

Ernst! Scherantschuk erschien die Sache schon ernst genug. »Wie dem auch sei«, sagte Scherantschuk, »ich glaube nicht mehr, daß sich die Ventile öffnen lassen.«

Istwili nickte. »Was schlagen Sie vor?«

»Wir müssen aus einer anderen Richtung angreifen«, sagte Scherantschuk und warf seine Zigarette weg, um die Hände frei zu haben. »Hier, ich zeige es Ihnen.« Rasch zeichnete er die Umrisse des zerstörten Reaktors und des Wasserreservoirs darunter. »Wenn wir von einer anderen Seite an den Tank herankommen, können wir ihn leerpumpen; und zwar dort, wo er an das Plenum für Block III angrenzt. Das muß leergepumpt werden, dann können die Leute einen Schacht graben.«

Istwili betrachtete die Zeichnung. »Ich bin einverstanden«, sagte er. »Aber ich meine, wir sollten versuchen, einen zweiten Schacht zu graben, und zwar von hier. Der Schacht wird länger sein, aber von der Seite ist es wahrscheinlich leichter.«

»Meine Männer sind doch keine Maulwürfe!« bellte der Feuerwehrgeneral.

»Wir werden Ihre Männer dafür auch nicht brauchen, Genosse General. Ein Team von Bergarbeitern aus dem Kohlenrevier von Donjetsk ist bereits im Anmarsch. Aber wie steht es mit dem brennenden Graphit?«

»Das Material, das die Hubschrauber abwerfen, hilft schon«,

sagte der Feuerwehrgeneral. »Aber wir brauchen mindestens noch weitere fünfzig Tonnen Sand.«

»Genosse Oberst?« sagte Istwili.

»Natürlich!« entgegnete der Luftwaffenoffizier wütend. »Wir haben weitere Maschinen angefordert; sie dürften morgen früh hier eintreffen. Wir werden genau nach Plan weiteres Material abwerfen.«

Istwili schaute den Feuerwehrgeneral an, der jedoch nur die Achseln zuckte. »Wenn das so ist, brauchen wir mehr Freiwillige zum Füllen der Sandsäcke. Außerdem haben meine Leute Schwierigkeiten mit den Trümmern, die um den Reaktor herumliegen.«

»Schieben Sie sie doch einfach weg.«

»Gern, Genosse Istwili«, sagte der Feuerwehrgeneral freundlich, »aber wohin? Einiges davon haben wir schon in den Teich geschoben.«

»Verdammt noch mal!« schrie Scherantschuk. »Doch nicht in den Kühlteich! Wir haben schon genug vergiftetes Wasser.«

»Das weiß ich auch, aber wohin sonst?«

Da sonst niemand sprach, sagte Scherantschuk: »Auf der anderen Seite wurde eine Grube für die Fundamente eines zusätzlichen Reaktors ausgehoben. Ich bezweifle, ob der jemals gebaut werden wird. Da wäre Platz für den Schutt.«

»Einverstanden«, erklärte Istwili und wandte sich wieder an Scherantschuk. »Was kann unser Hydrologie-Ingenieur sonst noch für uns tun?« fragte er.

»Sie können etwas für mich tun«, sagte Scherantschuk schnell.

»Und das wäre?«

»Es ist unmöglich, etwas zu schaffen, wenn man am Tag nur ein paar Zwei-Stunden-Schichten machen kann. Ich bitte um die Genehmigung, länger zu arbeiten.«

»Wie lange?«

»So lange wie nötig. Mindestens vier Stunden zur Zeit.«

Istwili trommelte mit den Fingern auf die Tischplatte und schaute sich um. »Wie steht es mit Ihren weißen Blutkörperchen, Genosse Scherantschuk?«

»Keine Ahnung. Sie nehmen mir Blut ab und schicken es

irgendwo hin. Jedenfalls hat mir noch niemand gesagt, daß ich gefährdet bin.«

Istwili nickte. Dann seufzte er. »Sie haben meine Genehmigung, doch nun müssen wir uns um das Material kümmern . . .«

21

DONNERSTAG, 1. MAI 1986

Abgesehen vom Jahrestag der Oktoberrevolution (der wegen der Kalenderumstellung im November begangen wird) ist der höchste Feiertag in der Sowjetunion der erste Mai. Er wird als Internationaler Tag der Arbeit bezeichnet, aber häufiger noch ganz einfach als Erster Mai. Im kleinsten Dorf der UdSSR wird der Erste Mai gefeiert, und in den größeren Städten wird das Ereignis zu einer aufwendigen Zeremonie.

»Aber wir können es uns nicht im Fernsehen anschauen«, sagte Candace Garfield ganz vernünftig zu ihrem Mann, »denn in dieser reizenden kleinen Toilette, die du für uns gefunden hast, gibt es kein Gerät, und wenn wir das Fernsehen im Wohnzimmer benutzen wollen, würden sie uns das extra berechnen, außerdem ist es nur ein Schwarzweiß-Gerät.«

»Verdammt, Honey«, entgegnete ihr Mann genauso vernünftig – es war erst acht Uhr morgens, und sie waren beide noch vernünftig –, »wer wollte sich das denn im Fernsehen anschauen? Wenn wir nur das wollten, hätten wir gleich in Beverly Hills bleiben können. Wir werden in die Stadt gehen und . . .«

»Und zu Fuß zur U-Bahn gehen, was? Die Busse fahren nämlich nicht.«

»Gestern fuhren sie, Honey. Nur am Sonntag und Montag konnten wir keinen Bus bekommen.«

»Und heute ist doch ein Feiertag, oder? Wahrscheinlich fahren sie heute überhaupt nicht.«

Garfield wollte schon ein bißchen weniger vernünftig antworten, denn die letzten vier Tage in Kiew hatten seine Laune doch stark beeinträchtigt. Plötzlich klopfte es an der Tür. »Scheiße«, sagte Candace. »Das ist Abdul; er will die Miete kassieren. Einen Moment, ich ziehe mir rasch etwas über.«

In der Tat stand Abdul vor der Tür, wenn das auch mit Sicherheit nicht sein richtiger Name war. Er war irgendein Araber auf irgendeinem diplomatischen Posten an irgendeinem arabischen Konsulat; es war ihm vier Tage lang gelungen, sie darüber im unklaren zu lassen, welches Land sein Gehalt bezahlte.

Er war ein ständig lächelnder, schlanker junger Mann von etwa dreißig Jahren. Wie immer begrüßte er sie auch heute mit einem freundlichen »Guten Morgen!« und einer ausgestreckten Hand. Wie immer nahm er auch diesmal Garfields Reisescheck über hundert Dollar und gab ihm das Wechselgeld in Rubeln zurück. Er hat allen Grund zu lächeln, dachte Garfield. Der pro Tag für Bett und Frühstück vereinbarte Preis betrug fünfundsechzig Dollar. Die fünfunddreißig Dollar in Rubeln, die er Garfield zurückgab, waren immer nach dem offiziellen Kurs von über anderthalb Dollar pro Rubel berechnet. Garfield war überzeugt, daß Abdul sich seine Rubel bei den unauffälligen jungen Männern, die immer in der Nähe der Touristenhotels herumlungerten, für höchstens fünfundzwanzig Cents das Stück besorgte.

Aber natürlich hatten sie keine Wahl gehabt. Das Zimmer war eigentlich gar nicht schlecht – nach sowjetischen Maßstäben war es sogar ganz gut –, wenn sie auch über kein eigenes Bad verfügten. Ihre Unterkunft lag in einem neuen, recht ansehnlichen Gebäude. Sie wohnten in einer Art von Diplomaten-Getto; es war nur durch ein Tor zu erreichen, und wenn man mit dem Taxi hineinfuhr, schaute ein mißtrauischer Milizsoldat in den Wagen, um sich zu vergewissern, daß sich auch kein Einheimischer in das für ausländische Einwohner

Kiews reservierte Viertel einschlich. Unglücklicherweise schienen keine Amerikaner oder Engländer, nicht einmal Kanadier hier zu wohnen, und ihr Wirt hatte sie ermahnt (immer noch lächelnd, aber nachdrücklich), Kontakt mit den Nachbarn möglichst zu vermeiden. »Es verstößt zwar nicht direkt gegen sowjetische Gesetze, aber Diskretion muß dennoch bitte gewahrt bleiben.«

An diesem ersten Mai zahlte er Garfield umständlich das Wechselgeld von zwanzig Rubeln und ein paar Kopeken aus. Plötzlich verschwand das vertraute Lächeln aus seinem Gesicht. Er schaute Garfield ernst an und sagte: »Es tut mir sehr leid, daß ich schlechte Nachricht bringe, aber alles muß einmal enden. Morgen ist für Sie beide hier der letzte Tag. Aufgrund veränderter Umstände muß ich Kiew verlassen und diese Wohnung aufgeben.«

»Welche Umstände haben sich geändert?« wollte Garfield wissen. Der Mann zuckte nur die Achseln.

»Kommen Sie schon!« bellte Candace vom Tisch aus. »Wo sollen wir denn hin? Sie müssen uns hier wohnen lassen, wenigstens noch für ein paar Nächte!«

»Aber das ist unmöglich«, erklärte er und grinste wieder. »Wenn Sie wollen, können Sie Ihr Gepäck noch abholen – aber nicht später als morgen abend um sechs Uhr. Doch nun muß ich gehen und mich auf den Empfang zum Ersten Mai vorbereiten. Anschließend müssen wir packen. Meine liebe Frau wird inzwischen das Frühstück bereitet haben. Es war mir ein Vergnügen, Sie kennenzulernen, wirklich. Ach, ja, und wenn Sie Ihr Gepäck hier stehen lassen, bekomme ich noch einmal fünfundzwanzig Dollar.«

Das Frühstück war genauso wie an den anderen drei Tagen. Die schweigsame schwangere Frau brachte wieder weichgekochte Eier, dicke Scheiben Brot und starken Tee. Diesmal jedoch wurde an die Tür geklopft, während sie noch am Tisch saßen, und ein dunkelhäutiger Mann betrat den Raum. Er und die Frau des Diplomaten sprachen leise miteinander – sie sprachen aber kein Arabisch oder Russisch miteinander, wie

Garfield bemerkte. Dann reichte der Mann ihr ein dickes Bündel Banknoten. Die Frau zählte nach, griff in ihre Schürzentasche und gab dem Mann ein paar Autoschlüssel. Minuten später hörte Garfield, wie unten ein Motor angelassen wurde. Er schaute aus dem Fenster und sah, wie der Mann in Abduls knallgelbem Mustang-Kabriolett davonfuhr.

Als sie das Diplomaten-Getto verließen und dem Milizionär am Tor freundlich zunickten, sagte Garfield zu seiner Frau: »Abdul kommt bestimmt nicht mehr wieder. Er hat seinen Wagen verkauft.«

»Na und?« entgegnete Candace und hielt nach einem Bus Ausschau.

»Was soll's«, sagte Garfield heiter und beschloß auf der Stelle, sich über die »veränderten Umstände« keine Gedanken zu machen, die Abdul und seine Frau zu ihrer plötzlichen Flucht veranlaßt hatten. »Es hat keinen Zweck, auf einen Bus zu warten«, sagte Garfield. »Bis zur U-Bahn sind es ohnehin nur zwanzig Minuten.«

»Wenn ich das nächste Mal mit dir irgendwohin gehe«, sagte Candace wütend, »ziehe ich mir Turnschuhe an. Dieses kleine Abenteuer wird allmählich langweilig. Wir sollten nach Hause fliegen.«

»Honey, du weißt doch, was sie über Aeroflot gesagt haben. Bis zum siebten Mai ist alles ausgebucht. Erst danach könnten wir nach Moskau fliegen.«

»Sollen wir denn eine Woche lang auf dem Flughafen schlafen?«

Garfield zuckte zusammen. Aber als sie auf der anderen Seite des Flusses aus der U-Bahn ausstiegen, war Candace schon wieder ganz aufgeregt.

Zum einen war es ein wunderschöner Frühlingstag. Die Stadt war voller Rosen, und die Kastanienbäume blühten. Es herrschte eine freudige Festtagsstimmung. Die Straßen um den Kreschtschatik-Boulevard herum waren voller Menschen, die sich formierten, um an der Tribüne mit den Würdenträgern vorbeizudefilieren. Gewerkschaften, Schulen, Abordnungen der Armee, Regierungsbeamte – alle schienen ihre Vertreter entsandt zu haben, um an dem sechs Stockwerke hohen Lenin-

Plakat vorbeizumarschieren, das Lenin in seiner typischen Pose zeigte: das Kinn vorgereckt und einer Welt von Feinden trotzend.

Zusammen mit den Garfields waren Tausende von Menschen unterwegs – nicht nur die bestellten Marschierer, sondern ganze Familien, die sich dem Zug anschlossen. Die Kinder hielten kleine Fähnchen in den Händen und die Mütter Einkaufsnetze – aber heute nicht, weil sie irgend etwas zu ergattern hofften, sondern weil sie das Mittagsbrot für die Kinder mitgebracht hatten. Die Seitenstraßen in der Nähe der Tribüne waren durch Barrikaden abgesperrt. Die Garfields sahen kaum eine Möglichkeit, auf den Platz selbst vorzudringen. Überall hingen Plakate und Transparente. Lenins Konterfei beherrschte die Szene, aber auch die Porträts von Marx und Engels waren überall zu sehen.

Mit ein wenig Unbehagen sah Candace die vielen Milizionäre, die versuchten, die Massen im Zaum zu halten. »Irgendwann werden sie uns fragen, was wir hier zu suchen haben«, jammerte sie.

Garfield grinste. »Wir tun das, was alle anderen auch tun«, sagte er. »Wir schauen uns die Parade an. Wenn sie uns Schwierigkeiten machen wollten, hätten sie das schon längst getan.«

»Ja, aber ich werde langsam nervös. Was sollen wir denn morgen tun?«

»Nun«, sagte Garfield langsam, »daran habe ich auch schon gedacht. Heute ist doch ein Feiertag. Morgen werden die Leute sehr schnell wieder abreisen, und dann bekommen wir ohne Schwierigkeiten ein Hotelzimmer.«

»Hoffentlich«, gab seine Frau barsch zurück.

»Was willst du denn noch?« fragte er. »Okay, sobald wir die Parade gesehen haben, klappern wir die Hotels ab. Was meinst du?«

Candace seufzte nur. »Ich wünschte, wir könnten uns irgendwo hinsetzen«, sagte sie.

Garfield nahm ihre Hand. »Aber Honey«, sagte er, »wie viele Amerikaner bekommen so etwas schon zu sehen? Überleg doch nur, was wir den Leuten zu Hause alles erzählen können. Und denk an die *Genossin Tanja.* Wenn wir wieder zu Hause sind . . .« Garfield erblickte auf der anderen Seite der Barriere Kinder, die sich um ihre Lehrerin versammelt hatten. Die Mädchen trugen braune Kleider mit weißem Kragen, und die Jungen marineblaue Anzüge und Mützen. Jedes dritte Kind trug eine Fahne und reichte sie an ein anderes weiter, wenn die kleinen Arme müde wurden. »He!« rief Garfield und machte seine Frau auf die Gruppe aufmerksam. »Das ist doch die Lehrerin, die Englisch spricht. Wie heißt sie doch noch? Wir haben sie bei Smin kennengelernt.«

Oksana Ditschuk bemerkte die Amerikaner nicht; sie hörte sie auch nicht rufen, und sie bekam auch nichts von dem kleinen Wortwechsel mit, den die Garfields mit einem Milizionär hatten, als sie versuchten, an der Barrikade vorbeizugehen. Oksana war mit ihren Kindern beschäftigt und übte mit ihnen die Sprüche ein, die sie später vorzutragen hatten. Sie erinnerte die Kleinen daran, daß sie im Gleichschritt marschieren mußten, und sie erzählte ihnen Geschichten, um ihnen die Zeit bis zum Abmarsch zu verkürzen. »Seht nur«, sagte sie und zeigte auf eine Formation hochgewachsener junger Männer in schwarzen, goldbetreßten Uniformen, die gerade vorbeimarschierte. »Das sind Kadetten von der Marineakademie Kiew. Eines Tages gehört der eine oder andere von euch vielleicht auch dazu.«

Aber die Mädchen interessierten sich mehr für die Volkstänzerinnen in ihren farbenprächtigen traditionellen ukrainischen Kostümen, und die meisten Jungen betrachteten mit großen Augen den riesigen T-60-Panzer, der, von Soldaten der Sowjetarmee begleitet, die Avenue entlang auf sie zurollte. Oksana seufzte und hielt nach ihrer eigenen Tochter Ausschau, aber sie konnte sie unter den vielen Schulkindern nicht entdecken. Es waren ganz einfach zu viele Festwagen und Musikkapellen und Militärfahrzeuge und zu viele Menschen.

Oksana Ditschuk fragte sich, ob dieses Unglück im Kernkraftwerk Tschernobyl auch für die Leute hier in Kiew gefährlich werden könnte. Was sollte man noch glauben? Die

»Stimmen« hatten an diesem Morgen schriller als je zuvor geklungen. Die Ditschuks hatten sogar eine Zeitlang Radio Freies Europa hören können, bevor die Störsender sich auf diese Welle einstellten. Doch was sollte man tun? Die Schulleitung hatte ganz lapidar erklärt: »Es gibt keinen Grund zur Panik. Sollten außerordentliche Maßnahmen erforderlich werden, wird man uns unverzüglich benachrichtigen!«

Die wildesten Gerüchte waren im Umlauf – fünfundzwanzigtausend Tote sollten am Pripjet in einem Massengrab beigesetzt worden sein, hatte ein Kollege gemunkelt; doch das konnte nicht stimmen, vor allem, wenn man die Quelle dieses Gerüchts kannte. Was Radio Freies Europa sagte, glaubte ohnehin niemand . . . aber es war schade, daß man nicht die ruhige und zuverlässige Stimme der BBC hören konnte.

Plötzlich kam das Signal zum Abmarsch. Oksana versammelte ihre Gruppe um sich, und sie nahmen ihren Platz in der Parade ein. Wie lieb sie heute alle waren! Jedes einzelne Kind, so klein sie auch waren, so ungebärdig wie sie manchmal sein konnten, marschierte brav in Reih und Glied, und als sie an der Tribüne vorbeimarschierten, rissen sie die Köpfe nach rechts und schrien gemeinsam: »Wir werden das Mutterland des Sozialismus' verteidigen!«

Oksanas Augen waren feucht, als sie an den großen Plakaten von Marx (Die Größe seines Kopfes allein demonstrierte die Kraft seines Geistes) und Lenin (dessen scharfer Blick diejenigen traf, die in den beiden Erzfeinden des Sozialismus ihre Zuflucht suchten: in Gott und im Wodka) vorbeimarschierten. Ziemlich weit hinten am Ende des Platzes hing auch ein winziges Plakat von Chruschtschow. Oksana schaute sich verstohlen um; sie wollte feststellen, ob eines der Kinder dieses neue Gesicht bemerkt hatte, das in diesem Jahr zum ersten Mal wieder zu sehen war. Kein Kind schien es gesehen zu haben. Also würde sie keine unangenehmen Fragen zu beantworten haben. Andererseits, fand Oksana, war es nur recht und billig, daß der Mann gewürdigt wurde, der in jenen schrecklichen Tagen des Jahres 1941 Kiew gehalten hatte, als die Deutschen zu beiden Seiten an der Stadt vorbeistießen.

Man durfte nicht vergessen, daß es Chruschtschow war, der

wegen dieses verzweifelten Widerstandes die Stadt Kiew Jahre später auf die kurze, aber ruhmreiche Liste der »Heldenstädte« der UdSSR hatte setzen lassen . . . obwohl seinerzeit viele Leute in Kiew, die den Worten der Verräter und Saboteure geglaubt hatten, sich nicht halb so fanatisch für die Verteidigung ihrer Stadt eingesetzt hatten wie die Einwohner von Moskau und Stalingrad. Immerhin! Zwar hatte der erbitterte Widerstand Kiews Tausende von Menschenleben gekostet, aber er hatte seinen Sinn gehabt. Er hatte Hitlers Vormarsch auf Moskau so lange verzögert, daß er schließlich zum Scheitern verurteilt war. Und natürlich . . .

Eines der kleinen Mädchen zog Oksana am Ärmel. Sie hatten den Platz schon hinter sich gelassen und warteten auf das Zeichen zum Wegtreten. »Was ist denn, Lidia?« fragte Oksana scharf.

»Die Leute da hinten«, flüsterte das Mädchen. »Sie rufen nach Ihnen.« Als Oksana sich umdrehte, sah sie das amerikanische Ehepaar, flankiert von ein paar finster blickenden Milizsoldaten, an der Barrikade stehen. »Mrs. Ditschuk!« rief die Frau. »Helfen Sie uns, bitte!«

Es war schon fast dunkel, als Oksana ihre Aufgabe erledigt hatte und den beiden Amerikanern den Weg zum Wohnblock zeigen konnte. Sie trafen Frau Smin mit ihrem Sohn und ihrer Schwiegermutter auf dem Dach an, wo sie den Beginn des Feuerwerks erwarteten. »Wir sind so froh, Sie wiederzusehen«, sagte Dean Garfield und lächelte. »Wir wurden aus unserem Hotel hinausgeworfen, und seitdem haben wir bei einem Araber gewohnt, aber auch *da* können wir nicht länger bleiben.« Zu seiner Überraschung schien Selena Smin nicht sonderlich erfreut zu sein, sie wiederzusehen. Als Oksana Ditschuk ihr auf russisch von den Abenteuern der Amerikaner berichtete, war ihr Gesichtsausdruck nicht sehr freundlich, schlimmer noch, sie schien besorgt zu sein. Sie war ganz und gar nicht mehr die liebenswürdige Gastgeberin, die Garfield und seine Frau noch vor wenigen Tagen genötigt hatten, doch etwas mehr zu essen.

Selena Smin dachte eine Weile nach, bevor sie sprach, und während Oksana übersetzte, schaute sie die Garfields ernst an. »Haben Sie denn noch nichts von dem Unfall in Tschernobyl gehört?« Als Garfield den Kopf schüttelte, sprach sie so schnell, daß Oksana kaum noch mitkam. Aber es war nicht nur das; Garfield merkte, daß das, was Selena erzählte, auch für Oksana Ditschuk neu war. Selena Smin erzählte von der Explosion und von den radioaktiven Gasen, über die aus vielen Teilen Europas berichtet wurde; sie erzählte von den Verletzten und Toten und von der Evakuierung der Stadt Pripjet. »Mein Mann liegt jetzt in einem Hospital in Moskau«, sagt sie, »und er ist vielleicht ernstlich krank; man weiß es noch nicht. Unser Sohn soll in ein Sommerlager der Komsomolzen geschickt werden, aber zuerst – zuerst wird er mich begleiten. Ich fliege morgen nach Moskau, um bei meinem Mann zu sein.«

»O mein Gott!« flüsterte Candace und umklammerte den Arm ihres Mannes.

»Ich wette, das hat dieser widerliche Araber gemeint, als er von ›veränderten Umständen‹ sprach«, sagte Garfield. »Aber er wollte uns nichts verraten.«

Candace hörte ihm nicht zu. Sie konzentrierte sich auf ein mit leiser Stimme geführtes Gespräch zwischen Selena und der Dolmetscherin, bei dem Oksana plötzlich ganz blaß wurde. »Was hat sie gerade gesagt?« fragte Candace.

Oksana zögerte. »Ich habe sie nur gefragt, was aus meiner kleinen Tochter werden soll, und sie sagt, daß sie es nicht weiß.« Wieder stieß Selena ein paar schnelle Sätze hervor. »Aber Sie und Ihr Mann«, übersetzte Oksana, »können nur eins tun. Sie müssen sofort nach Hause fliegen. Frau Smin oder ihre Schwiegermutter wird alles arrangieren. Sie werden in ein paar Tagen nach Moskau oder Warschau oder Bukarest fliegen und von dort nach Hause. Viele Ausländer sind schon abgereist.«

Wassili Smin hatte jedes Wort mitgehört, aber jetzt drehte er sich um. »Sehen Sie nur«, sagte er auf englisch, »das – äh, das Feuerwerk hat angefangen.«

Vom Ufer des Dnjepr stiegen rote, goldene und weiße Raketen auf. Unten, zwischen den Gebäuden nicht deutlich zu erkennen, sahen sie einen helleren Schein. »Das ist ein Sojus-Raumfahrzeug als Feuerwerkskörper«, erklärte Wassili. »Wir können es nicht richtig sehen, weil – weil« – er suchte nach Worten und behalf sich dann mit Gesten.

»Weil es in die andere Richtung zeigt, nicht wahr?«

»Ja«, sagte er strahlend. »Es zeigt in die andere Richtung. Ich glaube, es wird sehr schön werden.«

»Und was willst du jetzt tun, Wassili?« fragte Candace leise.

»Morgen fliege ich nach Moskau!« antwortete Wassili stolz. Dann schluckte er und fügte hinzu: »Es ist wegen meines Vaters. Er hat – es ist irgend etwas mit seinem Blut. Und sie glauben, daß sie aus meinen – Knochen – etwas herausnehmen können, was ihm vielleicht hilft.«

»Davon bin ich überzeugt«, sagte Candace und legte so viel Zuversicht in ihre Stimme, wie es nur ging. »Übrigens, Wassili . . .?«

»Ja, Mrs. Garfield?«

»Mein Mann war über diese schlechte Nachricht so erschrokken, daß er es gar nicht erwähnt hat, aber wir wissen nicht, wo wir morgen wohnen sollen. Wenn wir vielleicht . . .«

»Einen Augenblick, bitte.« Der Junge sprach kurz mit seiner Mutter und seiner Großmutter, dann wandte er sich wieder an die Amerikaner. »Natürlich werden Sie ein Hotelzimmer bekommen«, sagte er strahlend.

»Aber es gibt doch kein Hotelzimmer!«

»Was für ein Unsinn!« sagte der Junge. »Glauben Sie mir, wir werden ein Zimmer finden. Schließlich heißt meine Großmutter immer noch Aftasia Smin.«

22

FREITAG, 2. MAI 1986

Welche Auswirkungen es hat, wenn ein Staat so zentralisiert ist, daß jede Kleinigkeit in der Hauptstadt entschieden werden muß, liegt auf der Hand. Es lähmt jede Initiative, es verlangsamt die Entscheidungsprozesse und führt zu Verschwendung, Mißmanagement und Korruption. Aber diese extreme Zentralisierung hat auch ihre Vorteile. Nichts passiert, bevor eine höhere Autorität entscheidet, daß etwas passieren soll; aber dann passiert es mit atemberaubender Geschwindigkeit. Das zeigt sich auch bei der Evakuierung der Bevölkerung um das Kernkraftwerk Tschernobyl. Moskau sagt »Evakuieren!«, und in Hunderten von Städten, Dörfern und Kolchosen außerhalb der Gefahrenzone wird Platz geschaffen für die Bewohner der Städte, Dörfer und Kolchosen innerhalb dieser Zone. Busse rollen an, um die Menschen abzuholen, und Lastwagen kommen, um die Landmaschinen und das Vieh aufzuladen. Natürlich wird alles auf Radioaktivität untersucht, bevor es auch nur um einen Meter bewegt wird, aber wenn irgend etwas den Test nicht besteht, genügt es meistens, wenn es mit dem Schlauch abgespritzt wird. Damit wird es von den radioaktiven Ruß- und anderen Partikeln gereinigt. Wenn die Karawanen ihren Bestimmungsort erreichen, gehen die Bauern auf die Dörfer, die Stadtleute in die Städte und die Kinder in Schulen, die darauf vorbereitet sind, sie aufzunehmen.

Der Ort, an dem Scherantschuk sich wiederfand, war die Kolchose Kopelowo, hundert Kilometer von der evakuierten Zone entfernt, doch ein keineswegs friedlicher Ort. Achtzig aus Pripjet und einigen kleineren Kommunen evakuierte Familien waren hier untergebracht worden. Vierzig andere, wie Scherantschuk und seine Frau, verbrachten hier einen kurzen

Urlaub. Urlaub! Für Scherantschuk war es kein Urlaub, es waren sechsunddreißig Stunden eines erzwungenen Exils. »Ich sollte im Werk sein«, klagte er, kurz nachdem sie angekommen waren.

»Gerade weil du zu lange im Werk warst, bist du jetzt hier«, sagte Tamara. »Sei zufrieden, Leonid. Ruh dich aus. Geh ins Bett. Aber vorher laß mich noch einmal deine Temperatur messen.«

Sie waren am ersten Mai frühmorgens eingetroffen; ihnen war sofort ein weiches Federbett in der Wohnung des Parteisekretärs zugewiesen worden. Trotz aller Schwierigkeiten hatten die Bewohner der Kolchose Kopelowo zur Freude der unerwarteten Gäste und zur Hebung der eigenen Moral die Feier zum Ersten Mai fortgesetzt. Scherantschuk interessierten die Feierlichkeiten nicht. Er schlief den ganzen Tag über einen bleiernen Schlaf; weder die schmetternden Klänge der Kapelle noch die durch Lautsprecher verstärkten Reden drangen in sein Bewußtsein. Als er aufwachte, dämmerte es schon, und er blieb lange genug wach, um ins Bad zu gehen (Wasserklosetts! Einige Kolchosen taten allerhand für ihre Leute!) und mit der Familie des Parteisekretärs zu Abend zu essen. Dann ging er mit Tamara wieder ins Bett.

Inzwischen hatte er sich so gut erholt, daß er diese Gelegenheit wahrnehmen konnte. Sie liebten sich mit der Schnelligkeit und der Routine langer gemeinsamer Erfahrung. Anschließend lagen sie noch stundenlang wach und flüsterten miteinander, bis er endlich einschlief.

Am Morgen nach dem Ersten Mai mußte die Landarbeit getan werden – gesetzlicher Feiertag oder nicht –, und diese Arbeit begann bei Sonnenaufgang. Sobald es hell war, stand Tamara so leise wie möglich auf. Überall im Dorf machten sich die Bauern auf den Weg zu ihren Feldern. Die beiden Söhne des Parteisekretärs, die ihr Zimmer hatten räumen müssen, kamen von den Nachbarn zurück, wo sie geschlafen hatten, um zu Hause zu frühstücken. Tamara setzte sich zu ihnen, und die drei unterhielten sich leise. Nach zwanzig Minuten waren sie mit dem Frühstück fertig, und die Jungen gingen mit ihrem Vater nach draußen. Die Frau des Hauses war froh, als Tamara ihr anbot, die Küche aufzuräumen, denn so konnte sie ihre eigene Arbeit fortsetzen.

Obwohl sie sich in der fremden Küche erst zurechtfinden mußte, brauchte Tamara nicht lange. Anschließend machte sie sich eine Tasse Tee und ging zu ihrem schlafenden Mann.

Scherantschuk lag zusammengerollt auf der Seite und schnarchte leise. Sehr gut, denn Erholung und Schlaf brauchte er jetzt. Sie wünschte, sie hätte vor dem Einschlafen noch einmal seine Temperatur gemessen, aber natürlich hatten sie sich nicht als Ärztin und Patient gefühlt, sondern als Mann und Frau. (Sie hatte keine Sekunde lang daran gedacht, ihre eigene Temperatur zu messen, obwohl sie beide weggeschickt worden waren, und zwar nicht nur, damit sie sich von ihrer Erschöpfung erholten, sondern hauptsächlich, weil sie einer gefährlich hohen Strahlungsdosis ausgesetzt gewesen waren.)

Tamara ließ ihren Mann schlafen und ging unter die Dusche. Ja, es gab heißes Wasser; ja, es gab auch Seife und hübsche Handtücher, die wahrscheinlich aus dem Ausland stammten. Sie duschte und zog sich an und fühlte sich so richtig wohl.

An das Inferno im Kernkraftwerk Tschernobyl dachte sie gar nicht mehr.

Natürlich wußte sie, daß dort etwas Entsetzliches geschehen war, aber sie war der Katastrophe so nahe gewesen, daß sie abgestumpft war; sie mochte während dieser sechsunddreißig Stunden aufgezwungener Muße nicht daran denken. Doch etwas anderes ging ihr durch den Kopf. Im Federbett des Parteisekretärs hatten sie sich ohne Bedenken geliebt; als Ärztin wußte Tamara, daß an diesem Tag die Wahrscheinlichkeit einer Empfängnis sehr groß war.

Was würde Leonid wohl sagen, wenn sie ein Baby bekäme?

Über sich selbst machte Tamara sich keine Gedanken. Sie war schon fast vierzig, aber körperlich in einer hervorragenden Verfassung. Gewiß, bei älteren Müttern konnte eine Schwangerschaft problematischer verlaufen als bei Zwanzigjährigen. Bei älteren Frauen war die Gefahr größer, daß sie ein Kind mit genetischen Schäden zur Welt brachten. Meistens allerdings brachten auch ältere Frauen normale Kinder zur Welt. Aber noch etwas galt es zu bedenken. Die Strahlendosis, der sie ausgesetzt gewesen war, würde ihrer Gesundheit zwar kaum schaden, aber ein Embryo wäre erheblich stärker gefährdet.

Aber was bedeutete das? Durften Frauen keine Kinder mehr bekommen?

Außerdem *verdiente* ihr Mann ein Baby, wenn er auch nicht wußte, wie sehr er es verdiente. Sie stellte die leere Tasse ab und schaute noch einmal nach ihrem schlafenden Mann.

Er schlief allerdings gar nicht mehr. Er öffnete die Augen und sah sie an. »Hast du etwas vom Werk gehört?« fragte er sofort.

»Da gibt es nichts zu hören«, sagte sie. »Solange du hier bist, darfst du überhaupt nicht daran denken.«

Er schnaufte wütend, aber dann lächelte er. »Könnte ich vielleicht ein Frühstück bekommen?« fragte er und schaute auf die Uhr. »Schließlich werden wir um zehn mit dem Bus abgeholt, und jetzt ist es schon fast acht.«

Als der Bus mit einer Ladung neuer »Urlauber« kam, ging Scherantschuk unruhig auf der Dorfstraße hin und her. Sobald sie eingestiegen waren, erkundigte er sich bei dem Fahrer nach dem neuesten Stand der Dinge, aber der Mann konnte nicht viel erzählen. Fakten? Der Fahrer wußte keine. Gerüchte? Ja, die gebe es in Hülle und Fülle. Von den dreihundert Feuerwehrleuten, die als erste am Ort der Katastrophe eintrafen, sollten schon mindestens hundertachtzig tot sein oder im Sterben liegen. Und dreihundert Milizsoldaten, die in Reaktornähe eine Sechs-Stunden-Schicht machen sollten, waren vergessen worden, so daß sie sich zwölf Stunden dort aufhielten – die Hälfte von ihnen sei im Krankenhaus. Außerdem solle die Stadt Tschernobyl evakuiert werden.

»Aber das ist unmöglich««, protestierte Scherantschuk. »Die Stadt liegt dreißig Kilometer vom Werk entfernt, also nicht mehr in der Gefahrenzone!«

Der Fahrer zuckte die Achseln. »Ich erzähle Ihnen nur, was ich gehört habe«, sagte er. »Mehr weiß ich nicht. Vielleicht ist es nur für eine bestimmte Zeit, weil der Wind gedreht hat.«

Scherantschuk ging zu seinem Sitz neben Tamara zurück; sie hielten sich an den Sitzlehnen fest, während der Bus die schmale Straße entlangholperte. Sie fuhren durch Flachs- und Weizenfelder, und neben der Straße sahen sie Obstgärten mit Kirsch- und Apfelbäumen. Er nahm eine Zigarette aus der Tasche.

»Du solltest nicht rauchen«, sagte Tamara automatisch.

Er zuckte die Achseln und zündete die Zigarette an.

»Du handelst unvernünftig«, sagte seine Frau. »Du hast schon viel zuviel Strahlung abbekommen. Willst du an Krebs sterben, bevor du fünfzig bist?«

»Wenn ich an der Strahlung sterbe, werde ich keine Zeit mehr haben, an Lungenkrebs zu sterben, Liebes«, entgegnete er. Er sah sie nachdenklich an und wunderte sich über ihren Tonfall. Nach achtzehn Jahren Ehe kannte er alle Untertöne. Wenn sie ihm riet, das Rauchen aufzugeben, sprach sie mit der Stimme der Ärztin; in alltäglichen Angelegenheiten hatte sie die Stimme eines Kumpels, der sich mit gemeinsamen Problemen beschäftigt. Diesmal klang ihre Stimme jünger, weniger selbstsicher, verletzlicher – nein, das richtige Wort war jenes, das ihm zuerst eingefallen war. Jünger. Sie sprach wie das Mädchen, das er im Wald kennengelernt und geheiratet hatte. »Tamara? Machst du dir Sorgen um mich?«

»Ich möchte dich für die nächsten zwanzig Jahre noch behalten«, sagte sie ganz ernst.

»Nur zwanzig Jahre? Und dann darf ich gern sterben, wenn ich das will?« scherzte er.

Sie ignorierte den Scherz. »Hat es dir in dem Dorf gefallen?« fragte sie.

»Es war eigentlich ganz angenehm«, meinte er. »Das Haus war wirklich gut eingerichtet.«

»Es war so friedlich«, sagte sie, »und die frische Luft tat so gut. Ich glaube, dort könnte man glücklich leben, ohne sich über explodierende Kernreaktoren Sorgen zu machen.« Sie sah ihn direkt an. »Und in deinem Fall«, fügte sie hinzu, »ohne sich Sorgen zu machen, daß zu der Strahlendosis, die du schon abbekommen hast, noch mehr hinzukommt. Es könnte sein,

Leonid, daß du nie wieder in einem Kernkraftwerk arbeiten wirst.«

Der Gedanke gefiel ihm nicht sonderlich. »Und was sollte ich auf einer Kolchose tun?«

»Es wäre doch schön, ganz einfach dort zu leben und in sauberer, nicht verseuchter Luft Kinder großzuziehen.«

»Ich bitte dich, Tamara«, sagte er und war schon wieder erstaunt über ihren Tonfall. »Ich bin qualifizierter Hydrologie-Ingenieur. Glaubst du wirklich, daß sie mich dazu brauchen, um an den Bewässerungsrohren die Ventile aufzudrehen oder die Wasserklosetts zu reparieren, von denen sie so viele haben?« Sie antwortete nicht. »Nein«, sagte er, »wenn ich nicht in Tschernobyl arbeiten kann, werde ich in irgendeinem anderen Kraftwerk arbeiten – es werden große Kohlekraftwerke gebaut und auch gas- oder ölbetriebene. Vielleicht ein Wasserkraftwerk; da wäre wahrscheinlich auch die Luft sauber, wenn dir nur daran gelegen ist, aus der Stadt herauszukommen. Aber . . .«

»Aber du hast Tschernobyl noch nicht aufgegeben«, beendete sie den Satz.

»Das Kernkraftwerk Tschernobyl ist für das Land sehr wertvoll, Tamara«, erwiderte er störrisch. »Man wird es nicht gleich stillegen und abreißen, nur weil ein Reaktor in Brand geraten ist. In einem Jahr ist das Kraftwerk wieder am Netz, da bin ich ganz sicher.«

»Warte«, sagte seine Frau. »Du willst in Tschernobyl bleiben, weil du Smin bewunderst; gut, ich bewundere ihn auch, aber glaubst du wirklich, daß er nach diesem Vorfall auf seinem Posten bleibt?«

»Er ist an dem Unglück nicht schuld.«

»Vielleicht bleibt er nicht einmal am Leben, Leonid. Und was dich betrifft, so stimmen deine weißen Blutkörperchen nicht. Du hast schon mindestens zwanzig rad abbekommen – es könnten auch hundert sein, denn am Anfang hattest du kein Strahlenmeßgerät. Du kannst es dir wirklich nicht erlauben, dich noch länger der Strahlung auszusetzen.«

Er zuckte die Achseln und schaute aus dem Fenster. Sie hatten jetzt die Stadt Tschernobyl erreicht. Er sah keine

Anzeichen für eine bevorstehende Evakuierung. Die Straßen waren belebt, und die Leute gingen ihrer gewohnten Beschäftigung nach. Aber Tausende von Katastrophenhelfern warteten auf ihren Abtransport zum Kernkraftwerk.

»Hörst du überhaupt zu?« fragte seine Frau. »Du hast deinen Beitrag geleistet. Jetzt mußt du die anderen arbeiten lassen.«

»Mir bleibt wohl nichts anderes übrig«, sagte er mürrisch.

Aber hier irrte er, denn als er sich am Kontrollpunkt meldete, gab es schlechte Nachrichten. Die Strahlung war wieder stärker geworden und betrug jetzt fünfundsiebzig Prozent der Werte des ersten Tages. Es war nicht gelungen, das Wasserreservoir vom Plenum des Reaktorblocks III aus zu erreichen; zuviel Stahl und Beton.

Ein vorgeschobener Kontrollpunkt war in einem unterirdischen Bunker eingerichtet worden, der früher als Schlafsaal für die Werksfeuerwehr gedient hatte. Jetzt befand sich hier die Befehlszentrale für die Koordinierung der Rettungsarbeiten. Im Raum hing Zigarettenqualm, denn er war schlecht belüftet, und immer dieselbe Luft wurde umgewälzt. Aber wenn es auch stank, war die Luft hier immer noch besser als draußen.

Scherantschuk war nur achtundvierzig Stunden fort gewesen, und doch hatte sich viel geändert! Die Hubschrauber hatten ihren Auftrag nahezu erfüllt. Fast *fünftausend* Tonnen Bor, Sand, Blei und zerstoßener Marmor waren über dem immer noch brennenden Graphit des Reaktorkerns abgeworfen worden, aber der brennende Graphit war nicht mehr das Hauptproblem.

Schwierigkeiten bereitete vor allem das Wasserreservoir unter dem zerstörten Reaktor, und dafür war Scherantschuk zuständig.

Dieses Reservoir war Teil des Sicherheitssystems; im Falle eines Rohrbruchs sollte sich in ihm der Dampf abkühlen. Jetzt aber bildete es für den Kern von Block IV eine große Gefahr. Über ihm hing nämlich eine Masse von hundertachtzig Tonnen Urandioxid, die Reste von eintausendachthundert Tonnen Graphit, die Teile der zweihundert Tonnen schweren Lade-maschine, die Trümmer der eingestürzten Wände – und die fünftausend Tonnen Material, die auf den Reaktor geworfen worden waren, um die tödliche Strahlung einzudämmen. Das Fundament war für ein solches Gewicht nicht ausgelegt. Schlimmer noch, die ganze Struktur war durch die Wucht der Explosion beschädigt worden. Die ungeheure Last konnte jeden Moment absinken . . . und wenn die zweitausend Tonnen Uran und Graphit in das Reservoir fielen, würde sich das Wasser schlagartig in Dampf verwandeln, und die Explosion, die dann folgte, würde die erste an Wucht noch übertreffen.

Dann begänne alles wieder von vorn – ganz davon zu schweigen, daß viele von den Männern, die wie besessen an der Begrenzung des Schadens arbeiten, getötet werden würden.

Ein General der Pioniere leitete jetzt die Operation; er hatte einen Plan des unterirdischen Reservoirs vor sich ausgebreitet. Auch Scherantschuk beugte sich über den Plan, während der General den Stand der Arbeiten erklärte: »Unsere Bergleute aus Donetsk haben an dieser Stelle einen Tunnel gegraben. Acht Freiwillige – ursprünglich waren es neun, aber einer ist zusammengebrochen – haben anderthalb Tage gearbeitet, um durchzubrechen . . .«

»Sie haben den Durchbruch ins Plenum geschafft?« fragte Scherantschuk. »Wo haben wir dann noch Probleme? Wir lassen einfach das Wasser ablaufen und füllen den Beton ein«

»Das Wasser läuft nicht ab«, entgegnete der General.

»Es läuft nicht ab? Warum nicht? Ach, natürlich.« Scherantschuk zeigte auf den Plan. »Wir müssen zuerst diese Ventile öffnen.«

»Aber diese Ventile«, sagte der General finster, »liegen jetzt unter Wasser. Alle diese Durchgänge sind jetzt voll Wasser. Jemand muß in einem Taucheranzug hinuntergehen und die Ventile öffnen. Wir haben zwei Freiwillige . . . aber keiner von ihnen weiß, wo die Ventile sind.«

»Ich weiß es aber«, rief Scherantschuk.

Der General schaute ihn eine Weile an. »Ja«, sagte er dann, »daran habe ich auch schon gedacht.«

Unter »Tauchanzug« hatte sich Scherantschuk diese unförmigen Dinger vorgestellt, die man in Filmen sieht, mit Helmen wie Mars-Männer und herabhängenden Luftschläuchen. Aber die Freiwilligen bekamen einfache Sporttauchermasken und Lufttanks auf den Rücken. Sie zogen nasse Gummianzüge an, die kalt und steif waren und sich unangenehm anfühlten. Außerdem waren sie entweder zu eng oder zu weit – man hatte keine Zeit gehabt, sich auch noch um die Größen zu kümmern. Sie hatten auch keine tragbaren Unterwasserlampen, sondern eine Lampe an einem langen Kabel – der Elektriker schwor, er habe alles getan, um sie wasserdicht zu machen –, die einer der Freiwilligen tragen mußte. Sie verfügten auch über keinerlei Kommunikationsmittel. Wenn sie erst einmal im Wasser waren, konnten sie mit niemandem sprechen und nichts hören.

Nichts, außer dem gefährlichen Knarren und Stampfen in den sechs- oder siebentausend Tonnen Material, das auf sie herabzufallen drohte.

Diese Geräusche waren nicht zu überhören. Selbst wenn ihre Ohren verstopft gewesen wären, hätten sie sie als Erschütterungen und Schwingungen im Wasser um sich herum wahrgenommen.

Wenigstens war ihnen nicht mehr kalt. Zuerst hielt Scherantschuk die Wärme für einen Segen, denn es war sehr unangenehm gewesen, die nassen Anzüge überzustreifen. Aber das Wasser war deutlich zu warm – wärmer als Körpertemperatur – wegen der wütenden Hitze, die über ihnen im Kern tobte. Scherantschuk schwitzte in seinem Anzug, der den Schweiß nicht ablaufen ließ.

Hinzu kam die Strahlenbelastung. Scherantschuk wurde wütend, als ihm einfiel, daß das Wasser auch auf andere und unangenehmere Weise heiß war, denn das meiste war durch das radioaktive Trümmerlabyrinth über ihnen geflossen, bevor es die Durchgänge erreichte, in denen sie jetzt schwammen. Keiner von ihnen hatte ein Strahlenmeßgerät mitgenommen, das wäre auch völlig sinnlos gewesen. Das Wasser war nur leicht radioaktiv kontaminiert – soweit man es von draußen beurteilen konnte –, und die Arbeit mußte getan werden. Um jeden Preis.

Die Frage war nur, ob sie die Arbeit überhaupt schaffen würden.

Die betonierten Durchgänge, in denen Scherantschuk sonst herumgelaufen war, ohne lange nachzudenken, waren jetzt ein einziger Irrgarten. Im Schein der Lampe sahen sie die Wände, den Boden, die Decke, die nutzlosen Leuchtröhren und die ausgefallenen Instrumente – aber wie anders sah alles unter Wasser aus. Sie brauchten zwanzig Minuten, um die Stelle des Durchgangs zu erreichen, an der die Ventile angebracht waren.

Als Scherantschuk sich überzeugt hatte, daß es die richtige Stelle war, drehte er sich zu seinen Begleitern um und winkte sie zu sich heran.

Ohne Vorwarnung ging in diesem Augenblick das Licht aus.

»Verdammte Scheiße!« schrie Scherantschuk in die Dunkelheit, dabei verschob sich seine Maske, und er schluckte Wasser. Als er sie wieder zurechtgerückt hatte, bekam er einen erstickenden Hustenanfall. Niemand hörte ihn. Und niemand sprach; jedenfalls merkte er nichts.

In der totalen Dunkelheit unter Wasser wußte Scherantschuk nicht mehr, wo oben und unten war. Er wußte nicht mehr, wo die Wände waren, und schon gar nicht, wo seine beiden Begleiter geblieben waren. In Panik schlug er um sich, bis er mit den Knöcheln die Wand traf. Dann tastete er sich an der Wand entlang, bis er ein Geländer fand, an dem er sich vorwärtsziehen konnte. Dann erhielt er einen heftigen Tritt in die Seite. Er streckte die Hand aus und erwischte den Fuß eines seiner Begleiter.

Welcher von ihnen war es? Er hatte keine Ahnung, aber als der andere Mann ihn streifte, fühlte er seine Arme. Der Mann hielt immer noch die nutzlos gewordene Lampe in der Hand.

Scherantschuk dachte einen Augenblick nach. Sie könnten umkehren und eine neue Lampe holen, aber würde die besser funktionieren? Und wie lange konnten sie sich hier noch aufhalten, bevor sie selbst anfingen zu leuchten?

Er schlug dem Mann mit der Lampe zweimal auf die Schulter und bedeutete ihm, wieder zurückzuschwimmen. Der Mann wurde nicht mehr gebraucht. Den anderen Mann zog er zu sich an die Wand und führte seine Hand an das Geländer. Dann arbeiteten sie sich durch den gefluteten Durchgang weiter vor.

Mit einem Dankgebet an den Gott, an den er nie geglaubt hatte, fühlte Scherantschuk am Ende des Durchgangs das Rohr des Plenums unter seinen Füßen.

Von jetzt ab war es ziemlich einfach. Die beiden tasteten sich am Rohr entlang, bis sie das erste Ventil erreichten. Scherantschuk führte die Hand seines Begleiters an das Ventil, und bei absoluter Dunkelheit, das Ächzen des Kerns über sich, begannen sie mit ihrer Arbeit.

Das Ventil ließ sich drehen.

Wenig später fanden sie das zweite Ventil. Auch dieses ließ sich öffnen, und durch das Wasser um sie herum spürten sie das gurgelnde Sauggeräusch, mit dem das Reservoir sich leerte.

Wieder an der Luft, schloß Scherantschuk die Augen gegen das Licht und wehrte die Männer ab, die ihn umarmen wollten, während er den nassen Anzug abstreifte. Er empfand zwar ein Gefühl des Triumphes, aber vor allem spürte er eine bleierne Müdigkeit. Als er auf der Laufplanke durch den Tunnel ging, den die Bergleute gegraben hatten, streckten sich ihm ein Dutzend Hände entgegen.

Endlich im Bunker angekommen, wollte er sich gerade eine Zigarette anstecken, als er eine Ärztin mit einem Notizblock auf sich zuschreiten sah. Er stand auf, um sie zu begrüßen.

Komischerweise sah er, wie sie ihren Mund bewegte, als spräche sie zu ihm, aber er konnte die Worte nicht hören. Plötzlich drehten sich der Raum und das Licht um ihn. Scherantschuk spürte noch, wie er der Ärztin in die Arme sank, aber dann fühlte er überhaupt nichts mehr.

23

SAMSTAG, 3. MAI 1986

Das Komitee für Staatssicherheit wird gewöhnlich nach seinen russischen Anfangsbuchstaben als »KGB« bezeichnet. Seit es einen sowjetischen Staat gibt, ist es für jeden sowjetischen Bürger ständig gegenwärtig. Seine Bezeichnung hat sich von Zeit zu Zeit geändert. Sein Ruf auch – etwas.

Es wird auch heute noch gefürchtet, aber eher als eine versteckte Bedrohung, etwa wie ein starker Raucher Lungenkrebs fürchtet, ohne daran zu denken, sich das Rauchen abzugewöhnen. Man fürchtet es nicht mehr so wie zu Stalins Zeiten – damals hieß es GPU und später NKWD, und die Leute fürchteten es wie in Pestzeiten die Pest, wenn Tod und Verderben brutal und scheinbar wahllos zuschlugen.

Der Gründer der Organisation, die damals noch Tscheka hieß, war Felix Dzershinski, der »göttliche Felix«. (Der große Platz mitten in Moskau, an dem nicht nur das Lubjanka-Gefängnis, sondern auch das beliebteste Spielzeuggeschäft der Stadt liegt, ist nach ihm benannt.) Dieser gefürchtete Dzershinski war zumindest kinderlieb; es gibt eine Geschichte über ihn, die sich die Russen noch immer erzählen. Dzershinski wurde einmal an einem Bahnhof von einem hübschen kleinen Mädchen begrüßt, das auf ihn zulief und ihm einen Blumenstrauß überreichte. Dzershinski zögerte einen entsetzlichen Augenblick lang. Dann lächelte er und strich dem Kind über den Kopf. »Er kann also doch freundlich sein«, flüsterte ein Moskowiter einem anderen zu. »Scheint so«, sagte der andere. »Schließlich hätte er sie ja auch erschießen lassen können.«

Das erste Anzeichen dafür, daß Männer vom KGB ihn besuchen würden, bemerkte Smin, als eine Schwester herbeieilte und um sein Bett einen jener Vorhänge anbrachte, mit dem ein Bett gewöhnlich ausgestattet wird, wenn der Patient im Sterben liegt. »Ich erwarte also Gesellschaft«, sagte Smin und wunderte sich nicht, daß die Schwester nicht antwortete.

Er seufzte und versuchte, sich in seinem Bett so gut es ging aufzurichten. Er war fest überzeugt, daß sie kommen würden. Der Vorhang konnte nicht dazu gedacht sein, ihn gegen die Blicke seines Zimmergenossen abzuschirmen, denn jener war am Abend vorher in den Operationssaal gebracht worden und nicht zurückgekommen. Aber es war lästig, daß die KGB-Leute ausgerechnet heute kamen. Die Ärztin, die ihm vor einer Stunde eine Blutprobe entnommen hatte, hatte ihm berichtet, daß sein Genosse Klempner ins Hospital Nr. 6 aufgenommen worden sei. Smin hatte schon seine Pantoffeln anziehen und zur Oberschwester hinausgehen wollen, um sie zu bitten, Scherantschuk das nun leere Bett zuzuweisen. Smin hätte gern den Genossen Klempner als Bettnachbar gehabt, um sich mit ihm unterhalten zu können, zumal er sich eigentlich etwas besser fühlte. Diese verdammten Blasen waren zwar noch nicht verschwunden, und seine Arme schmerzten von den Einstichen der Nadeln, mit denen man ihm Blut abnahm oder ihm irgend etwas injizierte, aber ansonsten fühlte er sich einigermaßen wohl.

Doch dieses relative Wohlbefinden war nur die Auswirkung der ersten Bluttransfusionen. Die Ärztin hatte ihm gesagt, daß sein Zustand kritisch sei. Solcher Diagnose hätte es eigentlich nicht bedurft. Wenn er sich auch zuerst geweigert hatte, ins Hospital zu gehen, so wußte er doch gut, daß diese Blasen ein deutliches Zeichen waren, daß wirklich etwas mit ihm nicht stimmte. Er wußte, daß sein augenblickliches Wohlbefinden vielleicht das letzte Gefühl dieser Art war, das er erleben würde. Aber er war entschlossen, es zu genießen, solange es anhielt.

Doch ausgerechnet jetzt wollten die Tschekisten kommen, um ihm die Laune zu verderben.

Zwei Männer traten ins Zimmer. Smin sah sofort, daß sie

nicht zu der Variante gehören konnten, der man sofort den Agenten ansah. Sie konnten im Hospital nicht den üblichen Schlapphut tragen und auch keinen Trenchcoat. In der weißen Hospitalkleidung und den weißen Kappen, die alle Besucher tragen mußten, sahen sie viel weniger besorgniserregend aus. »Simyon Michailowitsch«, sagte der jüngere freundlich, »wir haben gehört, daß Sie sich heute viel besser fühlen.«

»Das ist nur vorübergehend«, entgegnete Smin.

»Oh, das will ich nicht hoffen«, sagte der andere und strahlte. »Aber diese Narben rühren doch sicherlich nicht von diesem Unfall her?«

Smins Decke war verrutscht, so daß das volle Ausmaß seiner Kriegsverletzung zu erkennen war. »Ein altes Andenken«, erklärte er.

»Aber dies« – er zeigte auf den kleinen Verband an der Stelle, wo die Ärzte ihm Knochenmark entnommen hatten – »dies ist neu, wenn auch nicht so wichtig. Sie sind doch gewiß nicht gekommen, um sich mit mir über meinen Gesundheitszustand zu unterhalten.«

»Eigentlich nicht«, gab der Jüngere zu. »Aber wir sind natürlich besorgt. Schließlich wollen wir Sie nicht mit Fragen quälen, wenn es Ihnen schlecht geht.«

»Fragen«, wiederholte Smin. »Ich verstehe. Sie können mich fragen, was Sie wollen.«

Und sie stellten ihre Fragen, zuerst höflich, fast nachsichtig, dann allerdings weniger höflich. »Sie sind sich natürlich darüber klar, Simyon Michailowitsch, daß die Beschlüsse des 27. Parteitags vorsehen, daß die in Kernkraftwerken erzeugte Energie bis 1990 um das Doppelte gesteigert werden muß.« (»Natürlich«, sagte Smin.) »Und Ihnen ist ferner bekannt, daß Andronik Petrosants, der Vorsitzende des Staatlichen Komitees für Nuklearaufsicht, dem Zentralkomitee versichert hat, ein Unfall wie der Ihre sei mit einer Wahrscheinlichkeit von einer Million zu eins auszuschließen.«

»Wie der *meine*?« fragte Smin. »Sie nennen es *meinen* Unfall? Wollen Sie damit sagen, ich hätte die Explosion verursacht?«

»Sie waren der ranghöchste Verwaltungsbeamte, Genosse Smin. Der Direktor war nicht anwesend. Das spricht natürlich gegen ihn, und Sie wissen vielleicht, daß er bereits seines Postens enthoben und aus der Partei ausgeschlossen wurde. Aber während seiner Abwesenheit hatten Sie die Leitung des Kraftwerks.«

»Tatsächlich war auch ich nicht anwesend«, erwiderte Smin. »Ich hatte dienstfrei, als die Explosion sich ereignete.«

»Allerdings«, bemerkte der andere streng. »Und wo waren Sie?«

Mit dieser scheinbar harmlosen Frage begann der unangenehmere Teil des Verhörs. Smin habe seinen Posten verlassen, um an einer religiösen Zeremonie teilzunehmen. Ob er denn tatsächlich ein nicht registrierter Religionsanhänger sei? (»Meinetwegen«, protestierte Smin. »Meine Mutter . . .«) Aber sie wollten von seiner Mutter nichts hören. Habe er nicht ein ihm vom Staat zur Verfügung gestelltes Kraftfahrzeug für einen privaten Ausflug genutzt und damit Staatseigentum für private Zwecke mißbraucht? Habe er nicht sogar den Fahrer nach Hause geschickt und sei über hundert Kilometer selbst gefahren? Und zu welchem Zweck? Um zusammen mit Ausländern in der Wohnung in Kiew an einer religiösen Zeremonie teilzunehmen?

Und wie sei er zu der Wohnung gekommen? Sei es nicht so, daß sie zwar offiziell seiner Mutter gehöre, er aber in Wirklichkeit der Eigentümer sei? Habe er nicht bereits eine Wohnung in Pripjet, und wolle er sich nicht außerdem eine Datscha auf dem Lande bauen? »Genosse«, sagte der ältere Mann an den jüngeren gewandt, »was ist das für ein Mann, der in drei Wohnungen zugleich wohnen kann?«

Smin hörte sich aufmerksam die Beschuldigungen an, sagte aber selbst wenig. Einerseits schmerzten die wunden Stellen an den Mundwinkeln, wenn er sprach. Andererseits waren diese Vorwürfe ohne jede Bedeutung. Die Männer vom KGB konstruierten lediglich einen Fall. Smin war innerlich überzeugt, daß man ihm früher oder später den Prozeß machen würde. Erst als die Männer auf Einzelheiten der Konstruktion des Kernkraftwerkes zu sprechen kamen, richtete er sich im

Bett auf. »Nein!« entgegnete er energisch. »Ich bestreite die Behauptung, daß irgendwelche nicht genehmigten Konstruktionsarbeiten vorgenommen wurden. Die Pläne waren vom Staatlichen Komitee für Nuklearaufsicht gebilligt worden. Für die jeweiligen Arbeiten gab der Direktor genaue Anweisungen. In dieser Hinsicht habe ich mich an das Programm gehalten.«

»Ich verstehe«, sagte der ältere Mann und nickte. »In dieser Hinsicht vielleicht. Aber wie ist das in anderen Punkten? Hat der Direktor Sie angewiesen, Material von minderwertiger Qualität zu benutzen?«

Mit einem Griff zog er ein Exemplar der *Literaturna Ukraina* aus der Tasche, und zwar jene Ausgabe mit dem Artikel über die katastrophalen Zustände im Zusammenhang mit dem in Tschernobyl geplanten fünften Reaktor – defektes Material, unzureichende Wartung des Geräts, nachlässiges Management. Es scheine klar zu sein, sagte der Tschekist bekümmert, nicht die Lieferanten hätten Smin mit Zement von minderwertiger Qualität und mit fehlerhaften Rohren betrogen; es sei Smin gewesen, der den Staat habe betrügen wollen, ohne Rücksicht auf Schaden am Eigentum des Volkes.

»Der Artikel bezieht sich auf Reaktor V«, entgegnete Smin wütend. »Der Unfall wurde außerdem nicht durch fehlerhaftes Material verursacht. In keinem Falle wurde das defekte Material für die eigentliche Konstruktion verwendet.« Diese Bemerkung jedoch brachte Smin nur den Vorwurf ein, daß dreitausend Sack teurer Zement (minderwertige Qualität oder nicht) unter seiner Leitung im Freien gelagert hätten, bis der Regen sie in Steinblöcke verwandelt habe. Er brauche gar nicht erst zu versuchen, sich gegen diesen Vorwurf zu verteidigen. Außerdem seien schwer erhältliche und teure Stahlrohre verrostet. Seien diese Rohre etwa auch defekt gewesen, Genosse Smin? Wieviel defektes Material er denn überhaupt akzeptiert habe? Zuletzt kam der Mann auf die Waschanlagen zu sprechen. »Warum denn so luxuriöse Duschanlagen, Genosse Smin? Haben Sie Ihre Arbeiter für alte Römer gehalten?«

»Arbeiter, die mit radioaktivem Material zu tun haben,

müssen duschen können, wenn es erforderlich ist«, sagte Smin.

»Aber so luxuriös?«

»Wir hatten schließlich genügend heißes Wasser«, fauchte Smin.

»Und viele Fliesen von hoher Qualität.«

»Die wurden alle in der Turbinenhalle verbaut«, sagte Smin. »Für die Waschanlagen war der Ausschuß gut genug.«

»Aha«, sagte der Beamte. »Aber warum haben Sie das Werk dadurch gefährdet, daß Sie es noch explosiver machten?«

Smin richtete sich sofort wieder im Bett auf. Er blinzelte. »Was haben Sie da eben gesagt?«

Der Mann vom KGB schaute in seine Notizen. »Sie sollen eine Erhöhung des Anteils an Uran-235 um elf Prozent genehmigt haben. Das wäre von eins komma acht auf zwei Prozent der Gesamt-Uranmenge.«

»*Ich* soll das genehmigt haben?« fragte Smin erstaunt. »Aber das hat der Chefingenieur beschlossen. Ich habe seine Anweisung nur abgezeichnet. Diese Maßnahme hat den Reaktor im übrigen nicht explosiver gemacht. Das Gegenteil war der Fall. Dadurch sollte das Feedback zwischen der Dampferzeugung und der nuklearen Aktivität des Kerns reduziert werden.«

Der KGB-Mann sah ihn ausdruckslos an. »Sie geben also zu, daß Sie diese Veränderung genehmigt haben. Gleichzeitig haben Sie etwas Graphit herausgenommen, stimmt das?«

»Wir haben die Dichte reduziert, wenn Sie das meinen. Aber in diesem Fall hat Direktor Zaglodin die Anweisung abgezeichnet, nicht ich. Außerdem liegt das Ganze über zwei Jahre zurück.«

Der ältere Tschekist seufzte und schaute auf seine flache, offensichtlich ausländische Armbanduhr. »Wir hatten versprochen, nicht länger als zwanzig Minuten zu bleiben«, erinnerte er seinen Kollegen.

»Oh, ich fühle mich durchaus in der Lage, Fragen zu beantworten, Genossen«, sagte Smin. »Natürlich haben Sie zu tun. Haben Sie schon den Genossen Chrenow befragt?«

Die Atmosphäre im Raum veränderte sich plötzlich. »Warum

hätten wir denn Personaldirektor Chrenow befragen sollen?« wollte der jüngere Mann wissen.

»Vielleicht, weil er bei dem Unfall anwesend war und ich nicht?«

Jetzt wurde der Mann vorsichtig. »Wollen Sie damit andeuten, daß Genosse Chrenow etwas mit dem Unfall zu tun hat?« fragte er.

Smin dachte darüber nach. »Nein, das will ich nicht«, erwiderte er dann. »Ich erwähne lediglich, daß er anwesend war, weil er glaubte, das Experiment würde erfolgreich verlaufen, und weil er einen Teil der Anerkennung für sich verbuchen wollte. Aber ich habe keinen Grund anzunehmen, daß er den Reaktor hochgehen ließ; das blieb den beteiligten Technikern selbst überlassen.«

»Wir nehmen zur Kenntnis, daß sie dem Genossen Chrenow keinen Fehler anlasten. Wie hätte er auch einen Fehler machen sollen. Schließlich hatte der Unfall nichts mit irgendwelchen Personalangelegenheiten zu tun.«

»Wirklich nicht? Da bin ich aber anderer Meinung, Genossen. Die Explosion wurde durch die grenzenlose Dummheit der gesamten Kontrollraum-Besatzung verursacht. Die Männer haben ein Sicherheitssystem nach dem anderen ausgeschaltet und sich dann gewundert, daß der Reaktor nicht mehr sicher war.«

»Versuchen Sie, die Schuld an Ihrem eigenen Versagen auf andere abzuwälzen?« fragte der ältere Mann freundlich.

»Keineswegs. Aber was soll ich machen, wenn die Erste Abteilung Leute einstellt, die trinken und, wenn sie Dienst haben, zu Hause bleiben, Leute, die einfach davonlaufen . . .? Immerhin«, fügte er nachdenklich hinzu, »in gewissem Sinne haben Sie vermutlich recht. Der Beschluß des Parteitags, Trunkenheit und Unzuverlässigkeit nicht zu dulden, lag nicht allein in Chrenows Verantwortungsbereich. Ich hätte mich geschickter verhalten sollen. Ich habe zwar minderwertige Ziegel da verbaut, wo sie keinen Schaden anrichten konnten, vielleicht hätte ich aber auch ein paar unfähige Leute auf unwichtige Posten abschieben sollen.«

Die Abgesandten der Staatsorgane schauten einander an und

standen auf. »Nun«, sagte der Ältere, »wir dürfen Sie in Ihrem Zustand nicht allzu sehr strapazieren, Simyon Michailowitsch. Vielleicht kommen Sie uns an einem anderen Tag ein wenig mehr entgegen.«

Smin schloß die Augen und lehnte sich in die Kissen zurück. »Darauf würde ich mich nicht verlassen«, sagte er nur, ohne die beiden anzusehen.

In diesem Augenblick brauchte Smin dringend eine Bettschüssel. Als er sich erleichtert hatte, nahm die Schwester die Vorhänge weg. Smin schaute ihr dabei zu.

»Sie sind doch nicht etwa Trinkerin?« fragte er ernst.

Schwestern sind es gewohnt, von ihren Patienten alles Mögliche zu hören, aber dennoch schaute sie ihn erstaunt an. »Ich eine Trinkerin? Was für ein Gedanke!«

»Aber finden Sie es nicht auch seltsam? Unsere sowjetischen Frauen trinken sehr wenig, während unsere Männer den Alkohol nur so in sich hineinschütten. Was meinen Sie, woran mag das liegen?«

»Trunkenheit ist ein großes gesellschaftliches Übel«, sagte sie streng. »Die Beschlüsse des 27. Parteitags . . .«

»Ja, ja, die Beschlüsse«, unterbrach sie Smin. »Aber warum trinken unsere Männer? Weil sie Arbeit haben, die ihnen nicht gefällt, und weil sie dafür zu wenig Geld bekommen, und weil sie für das Geld nicht das kaufen können, was sie haben wollen. Aber wenn das auf Männer zutrifft, müßte es auf Frauen erst recht zutreffen. Hätten Sie nicht auch gern einen elektrischen Geschirrspüler oder einen Fön für Ihr Haar?«

»Alle diese Dinge werde ich bald haben«, sagte sie brav. »Es werden immer mehr Konsumgüter hergestellt.«

Smin lächelte sie fast zärtlich an. »Sie sind ein gutes Mädchen«, sagte er.

Als sie gegangen war, immer noch mit erstauntem Gesicht, lehnte er sich wieder zurück und schloß die Augen. Das Verhör mit den Leuten vom KGB hatte ihn mehr mitgenommen, als er erwartet hatte. Er sollte wirklich nach draußen gehen und wegen Scherantschuk mit der Oberschwester sprechen. Er war entschlossen, diese Absicht wahrzumachen, und zwar schon bald . . . aber vorläufig blieb er mit geschlossenen Augen liegen.

Als er sie wieder öffnete, beugte sich eine Ärztin über ihn und lächelte. »Wie fühlen Sie sich denn jetzt, stellvertretender Direktor Smin?«

»Ich denke, es wird mir besser gehen, wenn Sie Leonid Scherantschuk das Bett da drüben zuweisen. Ich fühle mich hier ein wenig einsam.«

Die Ärztin nickte nachdenklich. »Ich glaube, der Genosse Scherantschuk hat denselben Wunsch geäußert. Vielleicht läßt sich das arrangieren. Eigentlich brauchen Sie ein eigenes Zimmer.«

»Ich will kein eigenes Zimmer. Ich will Scherantschuk hier haben.«

»Was Sie wollen, Genosse Smin, ist, daß Ihr Zustand sich bessert«, sagte sie, »und das wollen auch wir. Der Direktor des Hospitals muß entscheiden, ob es gut für Sie wäre, ihn als Zimmergenossen zu haben. Aber ich habe Sie eben gefragt, wie Sie sich fühlen.«

»Ich bin es leid, im Hospital zu liegen«, sagte er. »Ansonsten ganz gut.«

»Aber das ist nur eine vorübergehende Besserung«, sagte sie. »Haben Sie etwas mit Ihrem Strahlenmeßgerät angestellt?« fragte sie ihn anklagend.

»Ich? Was hätte ich denn damit anstellen sollen?« fragte Smin und war fest entschlossen, ihr nicht zu sagen, daß er sein ursprüngliches Gerät gegen ein anderes ausgetauscht hatte.

»Vielleicht wollten Sie den Helden spielen? Ich weiß es nicht. Ich weiß nur, daß Ihr körperlicher Zustand der laut Meßgerät tatsächlich empfangenen Dosis nicht entspricht. Nach dem Zustand Ihrer weißen Blutkörperchen zu urteilen, müssen Sie über zweihundert rad abbekommen haben. Vielleicht sogar über fünfhundert.«

»Das hört sich nach sehr viel an«, sagte Smin.

»Wenn Sie unbehandelt blieben, würde diese Dosis ausreichen, Sie etwa dreißig Tage, nachdem Sie der Strahlung ausgesetzt waren, umzubringen.« Sie zählte an den Fingern ab.

»Ohne Behandlung würden Sie wahrscheinlich nicht vor dem 21. Mai sterben. Sie könnten wahrscheinlich sogar bis Anfang Juni überleben, aber nicht länger. Allerdings«, fuhr sie fort und lächelte wieder ihr eisiges Lächeln, »bieten wir in diesem Hospital die beste Behandlung der Strahlenkrankheit an: auch wenn der Patient nicht alles tut, was angeordnet wird. Außerdem haben wir jetzt diesen wunderbaren amerikanischen Arzt hier, der gestern eingetroffen ist, was wir unserem amerikanischen Freund Dr. Armand Hammer zu verdanken haben.«

»Wer ist Dr. Hammer?«

»Er ist einer von den guten Amerikanern, stellvertretender Direktor Smin. Er ist schon seit den Tagen Lenins ein Freund der Sowjetunion, und jetzt hat er uns in dieser unangenehmen Angelegenheit Hilfe gebracht. Dieser Dr. Gale aus Amerika hat spezielle Methoden entwickelt, Leute wie Sie zu behandeln. Wir werden Ihnen das zerstörte Knochenmark ersetzen – sobald wir einen geeigneten Spender gefunden haben.«

»In Ordnung«, sagte Smin, »und nun lassen Sie mich bitte in Ruhe, bis die Operation stattfindet.«

»Ganz so einfach ist es nun wieder nicht«, sagte die Ärztin triumphierend. »Zuerst müssen wir Sie auf die Transplantation vorbereiten, und das ist leider keine erfreuliche Prozedur.«

Als die Ärztin ihm ausführlich dargelegt hatte, wie unerfreulich die Behandlung werden würde, lag Smin wieder mit geschlossenen Augen da und dachte nach. Er hatte keine Schmerzen. Von Zeit zu Zeit war ihm übel oder er litt trotz der leichten Decke an heftigen Schweißausbrüchen. Nichts jedoch bereitete ihm ernste Schmerzen, und auch sein Kopf war klar.

Vielleicht wäre ihm ein bißchen weniger Klarheit lieber gewesen.

Ihm war alles erklärt worden; er mußte schon glauben, daß es in der unmittelbaren Zukunft kaum etwas Erfreuliches für ihn geben würde. Die eigentliche Frage war, wieviel Zeit überhaupt noch vor ihm lag.

Die Ärztin hatte ihm offen gesagt, was er zu erwarten hatte.

Bei der Strahlenkrankheit gab es vier klassische Stadien: zuerst das »prodromale Syndrom« – den Beginn der Krankheit – mit häufigem Erbrechen und Mattigkeit. Das, so hatte die Ärztin erklärt, sei nicht weiter gefährlich; diese Symptome seien wahrscheinlich nur der Einwirkung der Strahlung auf das Nervensystem zuzuschreiben, sie verschwanden nach einiger Zeit.

Im Augenblick befand er sich in der »latenten Periode«. Der Patient fühlte sich in diesem Stadium besser – und das tat Smin auch wirklich, zumindest wenn er nicht an die ihm bevorstehende Behandlung dachte und wenn er davon absah, daß ihm die Haare auszufallen schienen; außerdem mußte er sein Wissen zurückdrängen, daß die latente Periode nur ein paar Wochen dauern würde, um dann von der »febrilen Periode« abgelöst zu werden.

Und in der febrilen Periode würde er wahrscheinlich sterben, denn das darauffolgende Stadium ließ nur zwei Möglichkeiten offen: Entweder würde er sich dann langsam erholen, oder er würde sterben.

Er öffnete die Augen, als er ein Geräusch an der Tür hörte. Sein Sohn Wassili kam herein. In seiner weißen Hospitalkleidung wirkte er ein wenig verängstigt und sehr jung. »Sie haben mir eine Knochenmarkprobe entnommen«, sagte er stolz. »Weißt du, was sie gemacht haben? Sie haben mir eine Art Messer in die Brust gestoßen! Direkt in den Knochen!« Er berührte vorsichtig sein Schlüsselbein, um zu zeigen, wo das Messer eingedrungen war.

»Das muß sehr schmerzhaft gewesen sein«, sagte Smin und wünschte, er könnte den Arm um den Jungen legen – wenn nicht jede Bewegung schmerzte und wenn er nicht gewußt hätte, daß Wassili Angst hatte. Jeder, der das Hospital besuchte, schien Angst zu haben, daß das radioaktive Material auf ihn überspringen würde, sobald er zu nahe herankam.

Wassili biß sich auf die Lippen und versuchte, eine Antwort zu finden, die weder zu angeberisch noch zu sentimental klang. »Das habe ich gern getan«, sagte er unbeholfen und wechselte das Thema. »Was werden wir jetzt tun?«

»Nun«, sagte Smin und versuchte, sich im Bett anders

hinzulegen. »Weißt du, weil ich krank bin, ist es nötig, mich noch viel kranker zu machen. Weil mein Knochenmark geschädigt wurde, müssen sie es ganz zerstören, damit Platz ist für ein neues, gesundes Knochenmark.«

Wassili schluckte und machte große Augen. »Aber das alles hat auch eine gute Seite«, fügte Smin schnell hinzu. »Ich habe schon soviel Strahlung aufgenommen, daß sie mich wenigstens nicht mehr bestrahlen können. Ich bekomme nur Chemikalien. Von all diesen Medikamenten muß ich mich übergeben, aber das tat ich ohnehin schon.«

Der Junge runzelte die Stirn. Offensichtlich hatte man ihm schon gesagt, was seinem Vater bevorstand. »Haben Sie dir auch Knochenmark entnommen?« fragte er.

»Das bißchen, das noch da war«, sagte sein Vater lächelnd und faßte sich an das Brustbein. »Hilf mir doch mal in den Rollstuhl – nein, warte.« Er erinnerte sich daran, daß Besucher die Patienten nicht anfassen durften. »Das kann die Schwester später tun. Ich will meinen Freund, den Hydrologie-Ingenieur Scherantschuk, suchen.«

»Ja«, sagte der Junge zerstreut. »Der Ingenieur ist hier. Er war auch der Strahlung zu lange ausgesetzt.« Dann kam Wassili wieder auf das Thema zu sprechen, das ihn beschäftigte. »Vater? Wenn mein Knochenmark für dich nun nicht geeignet ist, was passiert dann?«

»Dann werden sie einen anderen bitten, mir etwas zu geben«, sagte Smin zuversichtlich. »Es muß nicht unbedingt von einem Verwandten sein, obwohl man unter Verwandten mit größerer Wahrscheinlichkeit das passende Knochenmark findet. Es kann auch von einem völlig Fremden kommen, der zufällig Knochenmark hat, das zu meinem paßt.«

»Und wenn ein solcher Fremder nicht gefunden wird?«

»Dann werden sie Embryo-Leber injizieren. Weißt du, was das ist? Vor der Geburt produzieren Kinder ihre weißen Blutkörperchen in der Leber; wenn eine gewisse Menge Embryo-Leber beschafft werden kann, wird sie Leuten wie mir injiziert. Genau wie sonst das Knochenmark. Drei Leute in diesem Hospital haben schon eine solche Injektion bekommen.« Er erwähnte nicht, daß sie alle drei gestorben waren, sondern wechselte nun seinerseits das Thema. »Haben sie dich schon zur Schule geschickt, seit du in Moskau bist?«

»O ja«, sagte der Junge, und seine Augen glänzten. »Das ist vielleicht eine Schule, Vater! In der Mathematik-Klasse haben wir einen Computer, und meine Englischlehrerin hat in Amerika studiert.« Das erinnerte ihn an etwas anderes: »Hier im Hospital sind amerikanische Ärzte, wußtest du das? Bis jetzt zwei, und es heißt, daß noch mehr kommen sollen – und sie haben alle möglichen Medikamente und Maschinen mitgebracht. Bei ihnen wirst du bestimmt ganz schnell wieder gesund werden!«

»Das werde ich bestimmt.« Die Anstrengung, die es ihn gekostet hatte, seinen Sohn zu beruhigen, war auf Smin nicht ohne Wirkung geblieben. Er merkte, daß er wieder angefangen hatte zu schwitzen, doch ganz offensichtlich hatte der Junge immer noch etwas auf dem Herzen. Smin seufzte und fragte ganz einfach: »Worüber machst du dir denn sonst noch Sorgen, Wassili?«

Der Junge biß sich auf die Lippen. »Was wollten die beiden Männer?« stieß er hervor.

Smin sank in die Kissen zurück. Natürlich, er war den Männern begegnet. »Der Staatssicherheitsdienst. Sie haben einige Fragen gestellt. Natürlich muß eine solche Angelegenheit gründlich untersucht werden.«

Wassili nickte, aber die Antwort schien ihn nicht befriedigt zu haben. »Aber du hast doch nichts Unrechtes getan«, protestierte er, wenn er es auch nicht vermeiden konnte, daß dieser Satz wie eine Frage klang.

Smin lächelte leise. »Der Unfall ist nicht von selbst passiert, Wass. Wenn alles genau geprüft worden ist, werden wir wissen, wer hier Fehler gemacht hat.« Er schlug die Decke zurück und lag jetzt nur in seiner rot und weiß gestreiften Pyjamahose da. Selbst vor seinen Kindern hatte er nie gern die riesige glänzende Narbe an seinem Körper entblößt, aber in diesem Augenblick wünschte er, daß Wassili ihn darüber ausfragte. In dieser Situation täte es dem Jungen sicherlich sehr gut, wenn er etwas über die Heldentaten seines Vaters in der Panzerschlacht vor Kursk erfuhr.

Doch der Junge konnte keine Frage mehr stellen. Smin schaute auf, als die Ärztin hereinkam; ihr Gesicht unter dem weißen Kopftuch wirkte ernst.

»Es tut mir leid«, sagte sie, aber sie schaute nicht Smin, sondern Wassili an, und Smin wußte sofort, wofür sie sich entschuldigte.

»Ach, Wass«, sagte er und lächelte. »Es ist ein Glück für dich, daß du wie deine Mutter bist, wenn es auch in diesem Fall leider kein Glück für mich ist. Die Ärztin will uns nur sagen, daß dein Knochenmark nicht zu meinem paßt.«

24

DIENSTAG, 6. MAI 1986

Das Dorf Juschewin ist von der Regierung als »nicht förderungswürdig« eingestuft worden. Der sicherste Weg, dieses Prädikat angehängt zu bekommen, ist es, wenn die jungen Leute aus dem Dorf abwandern, um in den Städten, den großen Fabriken oder (wie im Falle von Juschewin) in den Bergwerken des Don-Beckens mehr Geld zu verdienen. Für ein nicht förderungswürdiges Dorf gibt es kein Entwicklungskapital. Wenn es weiter mit ihm bergab geht, verliert es wahrscheinlich den Strom- und (wenn es den je gehabt hat) auch seinen Telefonanschluß. Die Leute können von Glück sagen, wenn sie ihren Laden, ihre Krankenstation und ihre Schule behalten. Juschewin hat soviel Glück nicht gehabt. Aber wie viele nicht förderungswürdige Dörfer hat es Überfluß an etwas, das sonst in der UdSSR äußerst rar ist: Es gibt viel ungenutzten Wohnraum in Juschewin. Allerdings ist er in keiner Weise luxuriös. Kaum ein Haus in Juschewin hat mehr als einen Raum. Die Häuser verfügen über keine sanitären Einrichtungen, außerdem hat niemand im Dorf einen Sinn darin gesehen, Reparatuen an den verlassenen Hütten vorzunehmen oder sie sauberzuhalten. Einen nicht zu unterschätzenden Vorzug allerdings hat Juschewin: Es ist nicht radioaktiv verseucht. Zumindest aus diesem Grunde ist es viel besser, in Juschewin zu leben als in Pripjet.

Da Juschewin außerhalb des öffentlichen Verkehrsnetzes liegt, mußte Bohdan Kalytschenko anderthalb Kilometer laufen, um Raia vom Bus abzuholen. Dann mußte er eine Stunde warten, weil der Bus Verspätung hatte, und schließlich befand sich Raia gar nicht in diesem Bus. Als er wieder im Dorf ankam, war er nicht nur verschwitzt und durstig, sondern vor allem hungrig.

Obwohl Kalytschenko Kernkraftwerk-Ingenieur war – nun ja, immerhin Kernkraftwerk-Techniker, was in seinen Augen ziemlich dasselbe war –, scheiterte er an dem Kerosinofen in dieser Hütte, die er mit einem anderen männlichen Evakuierten teilte. Nach einer Reihe von Flüchen gelang es ihm endlich, einen der Brenner zu entflammen. Er machte Tee, schnitt ein paar Scheiben von dem Brot, das der Lastwagen am Tag zuvor gebracht hatte, setzte sich auf die Türschwelle und schaute langsam kauend auf die Dorfstraße. Etwa dreißig Meter entfernt lag der Dorfplatz. Dort saßen einige andere evakuierte Männer an einem Tisch in der Sonne und spielten Karten. Sie winkten ihm einladend zu, aber Kalytschenko war nicht in der Stimmung mitzumachen.

Wenigstens war sein Zimmergenosse, der Briefträger Petja Barisow, heute nicht da, um ihm auf die Nerven zu fallen. Als die Dorfbewohner den Evakuierten Arbeit anboten, hatte Barisow schnell zugegriffen. Es ging ihm nicht so sehr um das Geld, aber er war froh, ein paar Stunden von seiner alten Mutter wegzukommen, die nicht aufhörte, über ihre Schätze zu jammern, die sie in Pripjet zurücklassen mußte. Jetzt befand sich Barisow auf den Rindviehweiden, um Zäune zu flicken, und Kalytschenko hatte die Hütte für sich.

Aber was nützte ihm das, wenn Raia nicht da war? In Juschewin war man ohnehin niemals ganz allein. Die Einheimischen zeigten ein ungeheures Interesse an ihren neuen Nachbarn; hinzu kam, daß die Wände der Hütten nur aus rissigen Brettern gezimmert waren. Er war sicher, daß nachts manchmal Leute an seinem Fenster standen und lauschten. Er hatte ihre Atemzüge gehört. Die Leute von Juschewin verhielten sich den reichen Stadtmenschen gegenüber ansonsten sehr freundlich, nicht nur, weil die Neuankömmlinge viel kultivierter waren als sie selbst. Die Stadtleute waren ein großer Segen für Juschewin, denn ihretwegen kamen jeden zweiten Tag die Lastwagen mit Lebensmitteln. Manchmal brachten sie sogar Dinge wie Toilettenpapier oder Kleidung. In den letzten sechs Jahren, seit ihr einziger kleiner Laden geschlossen hatte, war es ihnen nie so gutgegangen.

Kalytschenko überlegte, was er tun könnte. Zu Hause hätte er keine Schwierigkeiten gehabt, sich zu beschäftigen. Er hätte sein Radio aus der DDR oder seine geliebte Stereoanlage aus der Tschechoslowakei eingeschaltet, aber diese Geräte wie auch all seine anderen Schätze befanden sich noch in Pripjet; sie hätten ihm hier in Juschewin ohnehin nichts genützt, denn ohne Elektrizität funktionierten sie nicht.

Er könnte auch, dachte er, einen Brief an das Werk in Tschernobyl schreiben und den Leuten dort erklären, er könne jetzt wieder arbeiten, denn sein Arm sei wieder in Ordnung. Jetzt, wo das Feuer in Block IV (wie er gehört hatte) gelöscht war, würde man sicher den Betrieb der Reaktoren I und II bald wieder aufnehmen. Dann würde er aber die ziemlich unerklärliche Tatsache erklären müssen, warum er nicht mit den anderen Verletzten evakuiert worden und warum sein kranker Arm nie behandelt worden war.

Nun gut, er konnte sich auch noch anderweitig beschäftigen. Er konnte zum Beispiel einiges von dem erledigen, was er Raia versprochen hatte. Die Hütte ausfegen oder die Fenster putzen, die Raia schon einmal gesäubert hatte, die aber wegen des Kohlenstaubs in der Luft immer so schnell wieder verdreckten. Er hätte auch versuchen können, wie er versprochen hatte, die Tür des kleinen Häuschens hinter der Hütte zu reparieren. Sie hatte sich verzogen und schloß nicht mehr richtig, so daß man als wohlerzogener Mensch die Tür mit einer Hand zuhalten mußte, während man drinnen im Finstern sein Geschäft erledigte.

All diesen kleinen, nützlichen Tätigkeiten hätte sich Kalytschenko widmen können; aber keine von ihnen sagte ihm so richtig zu. Außerdem fiel ihm ein, daß er etwas Interessanteres tun könnte.

Es war ihm gelungen, an diesem Morgen von einem der Einheimischen ein halbes Kilo Himbeeren zu kaufen – zu einem unerhörten Preis. Sie hatten fast halb soviel gekostet, wie er auf einem der privaten Märkte in Pripjet hätte bezahlen müssen. Er nahm die Himbeeren aus dem Schrank, zusammen mit zwei Flaschen Wodka, für die er vier Stunden angestanden hatte. Er stellte die Flaschen auf den Tisch und schraubte die Verschlüsse ab. Geduldig zupfte er die Stiele von den Himbeeren und ließ eine nach der anderen in den Wodka plumpsen. Die Flüssigkeit stieg höher und höher. Aber er wußte sich zu helfen. Er wischte eine Tasse aus und goß soviel Wodka ab, daß er für die restlichen Früchte Platz hatte.

Da es einfach zu verlockend war, Wodka in einer offenen Tasse stehen zu lassen, nippte er daran, während er weiter die Beeren putzte und in die Flaschen füllte. Als er die Flaschen zuschraubte, um sie wegzustellen, war die Tasse leer. Er war daher in angenehmer Stimmung, als einer der Dorfbewohner auf seiner Schwelle erschien. »Sind Sie Kalytschenko?« fragte er.

»Das ist mein Name«, antwortete Kalytschenko diesem Bauernlümmel höflich. »Möchten Sie etwas trinken?«

Der Mann grinste. Er war ein stämmiger alter Kerl, fast kahl, und obwohl er grobe Kleidung und derbe Stiefel trug, glänzte an seinem dicken Handgelenk eine teuer aussehende Uhr. »Zu *gorulka* soll man niemals nein sagen«, sagte er. »Was, es ist kein *gorulka?* Das russische Gesöff? Das ist mir auch egal.«

Sein Name sei Jakowlew, sagte er, als er sich setzte, doch jedermann nenne ihn nur Kolka. Er habe gehört, daß Kalytschenko eine Art Ingenieur sei. Nachdem sie beide ein Glas von dem Wodka, der noch kaum nach Himbeeren schmeckte, getrunken hatten, fragte Jakowlew: »Bedeutet das, daß Sie etwas von Maschinen verstehen?«

»Ich weiß *alles* über Maschinen«, prahlte Kalytschenko.

»Gut, gut, ich wollte Sie nicht beleidigen. Was ich wissen will: Können Sie einen Traktor fahren?«

»Mein lieber Kolka«, sagte Kalytschenko und goß die Gläser wieder voll. »Ich bin nicht in diese Weltstadt Juschewin gekommen, um Ihnen bei der Landwirtschaft zu helfen. Ich sollte eigentlich überhaupt nicht hier sein, verstehen Sie? Unser Bus war der einzige, der in einen Ort wie diesen geschickt wurde.«

»Ich habe Sie nur gefragt, ob Sie einen Traktor fahren können«, beharrte der Mann.

»Einen Traktor? Ich bin Kernkraftwerk-Ingenieur. Verstehen Sie, was das bedeutet? Das bedeutet, daß ich ein Experte bin, der jahrelang mit so hochentwickelten Maschinen umgegangen ist, die Sie sich gar nicht vorstellen können. Ich werde wohl bald wieder zurückbeordert werden, denn es gibt nicht viele von uns in der Sowjetunion, und wir sind nicht nur rar, wir werden auch sehr gut bezahlt.«

»Uh-huh«, machte Jakowlew gemütlich. »Mehr als neunhundert Rubel im Monat, nehme ich an.«

Kalytschenko verschluckte sich fast an seinem Wodka. Die Augen traten ihm hervor, und er wäre fast explodiert. »Wieviel Rubel?« keuchte er.

»Das ist die Summe, die ich meinem Sohn fürs Traktorfahren zahlen würde, aber der Junge hat beschlossen, lieber arm in Odessa als reich in Juschewin zu sein. Würde ein solches Gehalt Sie interessieren? Ja? Dann, lieber Bohdan, denke ich, haben wir genug von dieser Entenpisse getrunken. Kommen Sie mit zu mir, wir werden einen guten französischen Branntwein trinken, während ich herausfinde, ob Sie genug können, um die Arbeit eines Achtzehnjährigen zu übernehmen.«

Als Raia, Kalytschenkos Verlobte, ins Dorf zurückkehrte, ging sie zu seiner Hütte statt zu jener, die ihr zusammen mit zwei anderen unverheirateten Frauen zugewiesen worden war. Sie war nicht erstaunt, ihn nicht vorzufinden. Auch darüber, daß keine Reparaturen erledigt und nichts saubergemacht war, wunderte sie sich nicht. Beim Anblick der leeren Wodkaflaschen zog sie allerdings eine Augenbraue hoch.

Sie fing an aufzuräumen. Ich kann nicht erwarten, sagte sie sich, daß ein Mann wie Bohdan Kalytschenko sich plötzlich in eine Hausfrau verwandelt.

Raia machte sich keine Illusionen über den Mann, den sie heiraten wollte. Sie war nicht wegen seines Charakters mit ihm ins Bett gegangen. Es waren seine helle Haut und seine blauen Augen, die es ihr angetan hatten. Sicher, seine Stellung beim Kernkraftwerk lag weit über ihrem sozialen Status – Raia arbeitete als Busschaffnerin –, aber in Pripjet gab es viele junge Männer, die gut verdienten. Nur – sie sahen nicht so gut aus wie Bohdan Kalytschenko.

Zwar wußte sie, daß er Angst hatte, aber sie sah keinen Grund, es ihm gegenüber zu erwähnen. Sie hätte ihn auch nicht beruhigen können, denn er hatte allen Anlaß, sich zu fürchten. Es würde ganz bestimmt eine ungeheuer gründliche Untersuchung des Desasters von Tschernobyl geben; und ihr Verlobter würde sicherlich als einer der Hauptschuldigen gelten, weil er von seinem Arbeitsplatz weggelaufen war.

Raia entschuldigte das nicht. Sie nahm es ihm aber auch nicht übel. Es mußte einfach grauenhaft gewesen sein, die Explosion des Reaktors so aus nächster Nähe zu erleben. Sie rechnete allerdings ganz realistisch mit der Möglichkeit, daß der Vater ihres Kindes, wenn es erst einmal geboren war, womöglich in fünftausend Kilometern Entfernung Bäume fällte für irgendeine sibirische Eisenbahnlinie. Diese Aussicht hielt sie nicht davon ab, ihn zu heiraten. Im Gegenteil, sie wünschte, die Zeremonie so schnell wie möglich hinter sich zu bringen, für den Fall, daß plötzlich nachts die Sicherheitsorgane auftauchten und ihr Verlobter am nächsten Morgen auf dem Weg zum Lefortowo-Gefängnis war. Was die Möglichkeit betraf, daß ihr Sohn durch die Radioaktivität geschädigt zur Welt kommen könnte, so hatte sie diesen Gedanken – nach der ersten gräßlichen Vision von einem Kind ohne Augen – jetzt völlig abgetan. Sie war schließlich eine gesunde Frau. Ihr konnte so etwas nicht passieren . . .

Raia zündete sich eine Zigarette an und betrachtete den Herd, der seine Schmutzschicht nicht hergeben wollte.

Sie mußte sich überlegen, was sie tun wollte, wenn das Schlimmste tatsächlich passierte.

Raia besaß ein ausgezeichnetes Urteilsvermögen. Sie sah für sich vier Möglichkeiten. Erstens: Kalytschenko heiraten und sein Kind zur Welt bringen. Wenn sich das einrichten ließ, war es die beste Lösung. Zweitens konnte sie das Kind unverheiratet zur Welt bringen, was ihr allerdings ziemlich unerfreuliche Aussichten eröffnete. Als ledige Frau mit Kind hatte sie keine Chance zu heiraten. Dabei war es Raias sehnlichster Wunsch für die Zukunft, ein Heim und einen Ehemann zu haben. Drittens konnte sie eine Abtreibung vornehmen lassen. Aber diese Alternative schied für sie von vornherein aus. Nicht aus logischen Gründen, sondern weil sie so etwas einfach nicht tun könnte.

Und die vierte Möglichkeit?

Da gab es noch Wolja Kokoulin, ihr Arbeitskollege, der schon lange versucht hatte, sie zu einem Ausflug in die Wälder zu überreden, um sie zu verführen.

Falls man Kalytschenko wegschaffen würde, bevor sie heiraten konnten, würde es nicht schwer sein, überlegte Raia, herauszufinden, wohin Kokoulin evakuiert worden war. Sie würde ihn finden, mit ihm schlafen, ihm ein paar Wochen später eröffnen, er habe sie geschwängert, und dann würde sie ihn heiraten. Das Datum der Geburt könnte zwar einige unerfreuliche Fragen aufwerfen, aber was würde das dann noch ausmachen? Wenn Kokoulin so scharf auf sie war, wie es den Anschein hatte, würde es ihr sicher nicht schwerfallen, ihn zu überzeugen, daß Frühgeburten bei ihr in der Familie lagen.

Zufrieden lächelnd hockte sie auf der Tischkante, als Kalytschenko leicht schwankend die Hütte betrat. Sie sprang auf und umarmte ihn. Sie brauchte nicht zu heucheln, er war der Mann, den sie – wenn es sich nur irgendwie machen ließ – heiraten wollte. Wirklich, wenn man es genau betrachtete, konnten alle Tugenden, die Kokoulin besaß, nicht die Tatsache aufwiegen, daß Kalytschenko groß, blauäugig und schön war; Kokoulin hingegen war *häßlich*.

Kalytschenko war so begeistert von der Neuigkeit, die er mitbrachte, daß er es gar nicht erwarten konnte, sie loszuwerden. »Wirklich, mein Schatz«, sagte er zur Begrüßung, »dieses Juschewin ist gar nicht so übel, wie ich zuerst dachte.«

Seine Verlobte hatte zwei volle Tragetaschen mitgebracht, die noch auf dem Tisch standen. Kalytschenko spähte verstohlen hinein, während er Raia einen herzhaften Kuß gab. »Ach, mein armer Liebling«, sagte er zärtlich, »du hast einen langen Weg gehabt. Aber ich habe gute Nachrichten für dich! Ich kann hier als Traktorfahrer arbeiten! Warum siehst du mich so mißbilligend an? Warte, bis du hörst, was hier ein Traktorfahrer verdient! Diesem Kolka Jakowlew, der mich angeheuert hat, gehört das große Haus am Dorfrand mit den vielen Obstbäumen drum herum. Auf dem Hof parkt sein Wolga. Sechzehntausend Rubel hat er für das Auto bezahlt. Jetzt kannst du dir vielleicht vorstellen, wieviel ein Traktorfahrer in Juschewin verdient, weil jeder, der was gelernt hat, von hier weg und in die Stadt geht!«

»Das ist sehr schön«, bemerkte Raia, die sich plötzlich für etwas zu interessieren schien, was auf der Straße vor sich ging.

»Und wenn du heute abend nicht zu müde bist – er hat uns in sein Haus eingeladen. Dort können wir amerikanische Filme sehen! Er hat Videobänder mit allen möglichen Sachen – Kinofilme mit Clark Gable und sogar Mickey Mouse! Oh, ich habe ganz vergessen«, sagte er entschuldigend, »du mußt ja total erschöpft sein von dieser Schlepperei. Es ist meine Schuld. Ich bin zum Bus gegangen, aber . . .««

»Ich bin nicht mit dem Bus gekommen. Ich habe ihn verpaßt. Zwei Männer haben mich im Auto fast bis nach Juschewin mitgenommen.«

»Was für ein Glück«, strahlte er.

»Nein, Bohdan«, seufzte sie. »Ich glaube nicht, daß es ein Glück war. Die Männer sprachen nicht viel, und ich dachte nicht, daß sie hier ins Dorf kommen würden. Aber da drüben auf dem Platz steht ihr Auto. Ich glaube, diese Männer sind hierhergekommen, um Leute wie uns auszufragen. Vermutlich sind sie von den Sicherheitsorganen.«

25

DIENSTAG, 6. MAI 1986

Innerhalb von großen Kontinenten bewegen sich die Luftmassen gewöhnlich von Westen über das Land, wobei eine leichte Abweichung zu den Polen hin auftritt. Deshalb hat das Wetter für Chicago seinen Ursprung irgendwo aus Kalifornien, und Moskau erhält einen großen Teil seines Wetters aus Spanien oder Frankreich. An jedem beliebigen Ort und zu jeder beliebigen Zeit kann der Wind aber auch launisch sein. Wenn die Luftmassen über der Sowjetunion sich im April und im Mai 1986 in die vorherrschende Richtung bewegt hätten, wären die Gaswolken aus der Explosion von Tschernobyl über Sibirien und den Pazifik getragen worden. Das war aber nicht der Fall. Zuerst bewegten sie sich nach Norden, dann nach Osten, dann überallhin.

Die ersten Stationen für dieses wandernde Hexengebräu aus Tschernobyl waren Polen und das östliche Skandinavien. In Polen klangen die Kommentare der offiziellen Presse beruhigend. Die Untergrundpresse, die von den Polen gelesen wird, wenn sie wirklich erfahren wollen, was los ist, berichtete etwas anderes, so daß über Nacht in sämtlichen polnischen Apotheken die Jodtabletten ausverkauft waren. Der furchterregendste Bestandteil der Wolke war nämlich ihr radioaktives Jod-131, denn jeder Mensch besitzt eine Schilddrüse, und jede Schilddrüse hat einen unersättlichen Appetit auf Jod. Wenn es sich bei diesem Jod zufällig um das radioaktive Isotop handelt, verschlingt die Drüse es trotzdem. Dort bleibt das radioaktive Jod und bombardiert sein Opfer ständig mit seiner Strahlung. Schilddrüsenkrebs ist die häufigste Konsequenz, wenn ein Mensch radioaktiver Strahlung ausgesetzt ist.

Wenig später trieb der Wind die Giftwolken aus Tschernobyl auch nach Süden und nach Osten, so daß schließlich fast der gesamte europäische Kontinent überzogen war, aber inzwischen stellte das Jod-131 nicht mehr die größte Gefahr dar. Radioaktive Jod-Isotope haben wenigstens eine gute Eigenschaft. Sie sind kurzlebig. Schon nach acht Tagen zerfallen sie. Viel gefährlicher waren zwei andere Isotope, die Bestandteil der Wolke waren: Xenon-133, ein Gas, und Cäsium-137, normalerweise eine feste Substanz. (Aber, wie das Jod, immerhin noch so flüchtig, daß große Mengen davon mit der Rauchwolke aus Tschernobyl aufstiegen.) Da Xenon ein Gas ist, wird es nicht durch den Regen aus der Luft gewaschen; es bleibt also dort und kann eingeatmet werden, bis es ebenfalls zerfällt. Cäsium ist sogar noch gefährlicher. Es dauert dreißig Jahre, bis es zur Hälfte zerfallen ist. Wenn es schließlich herabgesunken ist, bleibt es noch sehr lange im Wasser und im Boden.

Auch nach dreißig Jahren hat sich das Cäsium noch nicht vollständig zersetzt. Die Hälfte ist noch vorhanden, wie es auch der Begriff »Halbwertzeit« ausdrückt. Wenn man etwa die Geschichte eines Stück Bodens verfolgen würde, auf das eine Million Atome radioaktives Cäsium gefallen sind, dann wären im Jahre 2016 immer noch fünfhunderttausend Atome vorhanden. Selbst Anfang des zweiundzwanzigsten Jahrhunderts wären noch über sechzigtausend Atome von dem Zeug übrig. Früher oder später würde natürlich alles von dem kleinen Stück Boden verschwunden sein, und jedes Atom hätte sich in etwas anderes verwandelt. Das dürfte, von heute ab gerechnet, in etwa sechs Jahrhunderten geschehen sein.

Wenn die winzigen Partikel radioaktives Cäsium auf dem Boden angekommen sind, haften sie an allem, auf das sie gerade treffen. Einige landen auf Salat oder Spinat (der von Menschen gegessen wird), andere auf Rinderweiden (deren Gras von Kühen gegessen und in cäsiumhaltige Milch umgewandelt wird).

Regierungen in ganz Europa haben deshalb dringend geraten, frische Milch und Blattgemüse vom Speiseplan zu streichen, oder die Menschen haben sich von sich aus dazu entschlossen, was vor allem bei Eltern mit kleinen Kindern zu beträchtlichen Unannehmlichkeiten führte. Für die Bauern kam es allerdings noch schlimmer. Exporte landwirtschaftlicher Produkte aus Ländern Osteuropas wurden an den Grenzen zurückgewiesen. Als die Wolke sogar Italien erreichte, verboten die Behörden auch den Verkauf einheimischen Gemüses, und die Bauern mußten mit ansehen, wie ihre Ernten untergepflügt wurden, um im Boden zu verrotten.

26

DIENSTAG, 6. MAI 1986

Moskaus Hospital Nr. 6 nimmt in der City fast einen ganzen Häuserblock ein. Das Hospital ist nicht nur für Patienten bestimmt, die an Strahlenkrankheit leiden, denn dann würde das Hospital fast das ganze Jahr über leerstehen. Unglücke wie jenes von Tschernobyl sind selten. Aber wenn eine solche Katastrophe eintritt, ist man im Hospital Nr. 6 darauf vorbereitet, denn dort hat die UdSSR die besten Spezialisten für diese Krankheit zusammengezogen. Es ist ein sehr gutes Hospital. Der Flügel, der für die Strahlenkranken bestimmt ist, wurde nach einem alten Plan errichtet, mit hohen Decken und großen Räumen, und an diesen warmen Maitagen kann die Sonne durch die großen Fenster hereinscheinen. In diesem Flügel befinden sich insgesamt 299 Patienten, die nach der Explosion in Tschernobyl eingeflogen worden waren. Es sind die schlimmsten Fälle, die Leute, die die höchsten Strahlungsmengen aufgenommen haben. Sie erhalten hier die beste medizinische Versorgung, aber für viele reicht selbst das nicht aus.

Als Leonid Scherantschuk dort ankam, beschwerte er sich allerdings darüber, daß man ihm zuviel Fürsorge angedeihen ließ, viel mehr als er brauche. Die Ärztinnen in der Aufnahme beachteten seine Einwände nicht. Da er einmal da sei, müsse er bleiben, bis er entlassen werde; aber einen Gefallen taten sie ihm doch. Die meisten Patienten waren in Einzelzimmern untergebracht, aber sie erfüllten seine Bitte, ihn in das Zimmer des stellvertretenden Direktors Simyon Smin zu legen, und für diese Freundlichkeit bedankte er sich, indem er aufhörte zu protestieren.

Scherantschuk war sich allerdings durchaus nicht sicher, ob Smin damit gedient war. Zwar hatte sich der stellvertretende Direktor auf Scherantschuks Gesellschaft gefreut, aber seitdem hatte sich sein Zustand rapide verschlechtert. Am ersten Tag war Smin sehr krank, jedoch hellwach gewesen. Er hatte seinen Genossen Klempner herzlich begrüßt und sogar Witze gemacht. Doch jetzt sprach er kaum noch. Nach dem Knochenmark hatten die Strahlen die weichen Gewebe im Mund und in den Eingeweiden angegriffen, und eine der unangenehmsten Wirkungen einer Überdosis war der entsetzliche, stark mit Blut versetzte Durchfall.

Als die Schwester mit der zugedeckten Bettschüssel das Zimmer verließ, tat sie es ziemlich vorsichtig, denn was aus Smins Körper kam, war nicht nur unangenehm, sondern außerdem radioaktiv kontaminiert. »Wie geht es ihm jetzt?« fragte Scherantschuk.

»Ich denke, er wird jetzt eine Weile schlafen«, sagte sie. »Und was ist mit Ihnen? Wie fühlen Sie sich?«

»Ich fühle mich ganz gut«, entgegnete Scherantschuk automatisch.

Das stimmte auch fast, wenn man von den Schmerzen absah, die ihm die vielen Nadelstiche bereiteten. Er hatte sogar schon daran gedacht, aufzustehen und einige andere Patienten zu besuchen, wenngleich er auch immer noch ziemlich erschöpft war.

Sie nickte, obwohl sie gar nicht zugehört hatte – schließlich kannte sie seinen Zustand besser als er selbst. »Brauchen Sie irgend etwas?«

»Ich will nur hier raus.« Er grinste. »Am liebsten lebendig.«

»Ihre Chancen stehen sehr gut«, sagte sie. »Außerdem bekommen Sie eine neue Ärztin. Wenn man die Amerikaner mitzählt, sind sogar vier oder fünf neue Ärzte eingetroffen. Aber diese eine Ärztin werden Sie bestimmt gern sehen.«

»Und wer ist das?« fragte Scherantschuk, aber sie lächelte nur und ging nach draußen.

Scherantschuk nahm eine Illustrierte in die Hand und bewegte sich unruhig in seinem Bett. Eine Stimme hinter dem Vorhang sagte leise: »Sie hat Ihnen nicht die Wahrheit gesagt.«

»Stellvertretender Direktor Smin?« rief Scherantschuk. »Aber ich dachte, Sie schliefen.«

»Das meine ich ja. Die Schwester hat Ihnen gesagt, daß ich schlafe, aber, wie Sie sehen, bin ich wach.«

»Lassen Sie mich den Vorhang zurückziehen«, sagte Scherantschuk eifrig und stellte die Beine auf den Fußboden.

»Bitte, nein! Bemühen Sie sich nicht. Ich sehe im Augenblick nicht so gut aus, wie Sie vielleicht vermuten, und ich möchte mein Elend nicht gern zur Schau stellen. Wir können uns auch so unterhalten.

»Natürlich«, sagte Scherantschuk.

Eine Weile herrschte Stille. Dann sagte Smin mit ernster Stimme: »Sie haben großen Mut bewiesen, Genosse Klempner.«

Scherantschuk errötete. »Sie mußten Beton unter den Reaktor schütten«, sagte er. »Irgendeiner mußte die Ventile öffnen. Ich hoffe nur, es ist ihnen gelungen.«

»Wenigstens hat es gut angefangen«, sagte Smin und mußte husten. »Ich habe gestern abend mit dem Werk telefoniert«, sagte er. »Es läuft gut. Sie wollten einen Tunnel bis unter den Kern treiben, um den Beton einzubringen, aber der Schlamm war zu weich. Da hat ihnen ein Ingenieur von der Leningrader Metro gezeigt, wie das geht. Sie haben flüssigen Stickstoff eingesetzt, damit der Schlamm gefriert, und inzwischen ist der Beton schon an Ort und Stelle.«

»Dann ist es dort jetzt wieder sicher.«

Smin versank in ein längeres Schweigen. »Hoffentlich, Genosse Klempner«, sagte er endlich. »Müßten die Ärztinnen nicht bald zur Morgenvisite kommen? Ich denke, ich werde trotzdem noch ein wenig schlafen.«

Als die Ärztinnen kamen, ließen sie Smins Vorhang geschlossen; Scherantschuk saß auf der Bettkante und trat nervös mit den Fersen gegen die Metallbeine. Er hörte zu, aber es gab nicht viel zu hören. Alle Mittel, die dem Hospital Nr. 6 zur Verfügung standen, konnten Smins Zustand nicht verbessern. Er fühlte sich heute schwächer als an dem Tag, an dem Scherantschuk in sein Zimmer verlegt wurde. Während die Ärztinnen sich umherbewegten und sich der Vorhang dabei ein wenig verschob, erkannte Scherantschuk, wie schlecht es dem alten Mann ging. Seine Haut sah aus wie – wie – wie die eines Leprakranken, fand Scherantschuk, obwohl er noch nie einen Leprakranken gesehen hatte. Sie war fleckig, und unter seinen Verbänden hatte Smin nässende Schwären. Neben seiner riesigen Narbe waren überall auf der Brust kleine rötliche Stellen zu sehen, die von den Ärzten als »Petechien« bezeichnet wurden. An diesen Stellen waren Blutgefäße geplatzt. Scherantschuk untersuchte seine eigene Brust, aber er fand nichts dergleichen.

Ich bin wirklich nicht krank genug, um hier zu sein, dachte er.

Als er an der Reihe war, wirkten die Ärztinnen nicht mehr so nervös. Sie sagten nur: »Machen Sie den Mund auf, bitte!« und »Wenn Sie bitte mal die Pyjamahosen herunterziehen wollen!« – damit sie an seinen Eiern herumfummeln konnten –, und dann schauten sie eine Weile auf sein Krankenblatt.

»Sie sollten mich wieder wegschicken«, sagte er. »Ich nehme anderen den Platz weg, den sie dringend brauchen.«

»Wir haben genug Platz, Leonid«, erwiderte die Chefärztin lächelnd. »Wir haben auch genügend Ärzte – auch aus Amerika kommen noch einige.«

Eigentlich fand Scherantschuk, daß es hier schon zu viele Ärzte gab; besonders überflüssig kam ihm die Strahlungs-Hämatologin Dr. Achmentowa vor. Er mochte die Frau überhaupt nicht und konnte sich nicht so recht freuen, als sie noch blieb, nachdem die anderen Ärztinnen gegangen waren. »Wir brauchen noch ein paar Tropfen von Ihrem Blut, Genosse Scherantschuk«, forderte sie. Sie wartete nicht erst auf

Erlaubnis, sondern drückte ihn unvermittelt auf sein Bett und packte seinen Arm.

»Die Schwestern gehen sehr viel sanfter mit mir um als Sie«, klagte er, als sie mit ihrer Nadel erneut eine wunde Stelle traf.

»Die Schwestern haben auch mehr Zeit als ich. Zappeln Sie nicht so herum.« Er starrte sie wütend an, aber er schwieg. Plötzlich richtete sich ihr Blick auf seine Metallzähne. Sie zog die Nadel heraus und sagte: »Noch eins. Wenn die amerikanischen Ärzte Sie begutachten, versuchen Sie bitte, nicht zu lächeln. Wir wollen doch nicht, daß sie einen schlechten Eindruck von sowjetischer Zahnheilkunde bekommen.«

Als sie gegangen war, sagte Smin hinter seinem Vorhang: »Ich hoffe nur, daß die Amerikaner Dr. Achmentowa nicht zu Gesicht bekommen, denn wir wollen doch nicht, daß sie einen schlechten Eindruck von sowjetischen Hämatologinnen bekommen.«

Seine Worte klangen recht heiter, aber seine Stimme war so schwach, daß Scherantschuk erschrak. »Bitte, Simyon, das Reden strengt Sie an.«

»Ich bin nicht ganz so erschöpft«, protestierte Smin. »Vielleicht ein wenig schwach.« Er bewegte sich unruhig. Durch den ein Stück geöffneten Vorhang sah Scherantschuk, daß er versuchte, sich besser zuzudecken. »Aber Sie haben wahrscheinlich recht. Vielleicht sollte ich mich wirklich ein wenig ausruhen. Man sagte mir, daß ich heute prominenten Besuch bekomme. Dann muß ich ausgeruht und wach sein.«

Wieder das KGB! Konnten sie den armen Mann nicht in Ruhe lassen? »Tun Sie es«, bat Scherantschuk. »Und versuchen Sie, etwas zu essen, wenn die Verpflegung kommt.« Doch als er bemerkte, daß seine Stimme wütend und ungeduldig geklungen hatte, fügte er hinzu: »Ich sollte eigentlich gar nicht hier sein.«

»Leonid«, entgegnete Smin ruhig, »Sie sind hier, weil Sie ein Held sind. Glauben Sie, daß man vergessen hat, was Sie genau unter dem Reaktor getan haben? Sie sind ein äußerst wichtiger Mann, und keiner will, daß Sie sterben, bloß weil Sie eine mutige Tat zuviel vollbracht haben, Narr, der Sie sind. Und nun gehen Sie und essen Sie zu Mittag.«

Um zum Speisesaal für die Patienten zu gelangen, mußte er den halben Korridor hinuntergehen; unterwegs schaute Scherantschuk in jedes Krankenzimmer, an dem er vorbeikam. Der stellvertretende Direktor hatte ihn einen Helden genannt! Dabei war in diesem Hospital jeder ein Held – die Feuerwehrleute, die Techniker, die bis zuletzt auf ihrem Posten geblieben waren, die Ärzte, die immer wieder zurückgekommen waren, um den Opfern zu helfen, und die schließlich selbst Opfer wurden – und nicht der geringste unter den Helden war der stellvertretende Direktor Simyon Smin selbst, wenn man es genau betrachtete! Fast allen ging es viel schlechter als Leonid Scherantschuk, der eigentlich nur aus Erschöpfung zusammengebrochen war.

Das bewies schon der leere Speisesaal. Kaum ein Dutzend Patienten saßen an Tischen, an denen sechsmal soviel Leute Platz gefunden hätten. Nicht, daß es zu wenig Patienten gegeben hätte, um den Saal zu füllen. Die meisten waren ganz einfach zu krank oder zu schwach, oder sie hingen an Pipetten und Kathetern und Tröpfen, durch die alle möglichen Substanzen in sie hineingeträufelt wurden, so daß sie sich kaum bewegen, geschweige denn zum Speisesaal gehen konnten.

Scherantschuk blieb an der Tür stehen und schnupperte. Wenigstens gibt es Fischsuppe, dachte er zufrieden; man konnte sagen was man wollte, aber das Essen war hier besser als in jedem anderen Hospital, von dem er jemals gehört hatte. Er schaute zu einem der Tische am Fenster hinüber und war erstaunt, als sein Name gerufen wurde.

Der Mann, der vom Tisch aufstand, war in seiner weißen Hospitalkleidung zuerst schwer zu erkennen, aber dann sah Scherantschuk, daß es Wladimir Ponomorenko war, eine der Vier Jahreszeiten von der Fußballmannschaft. »Herbst!« rief Scherantschuk entsetzt. »Sie hat es doch nicht auch erwischt?«

»Oh, nein, Genosse Scherantschuk«, erwiderte der Fußballspieler fast entschuldigend. Jetzt erst bemerkte Scherantschuk, daß er nicht die gestreiften Pyjamas der Patienten trug, sondern Besucherkleidung. »Die Schwestern haben mir gesagt, daß ich hier essen darf, aber ich bin nur hier, um meine Vettern zu besuchen. Vielleicht brauchen sie mein Knochenmark.«

»Ihre Vettern? Beide?« fragte Scherantschuk traurig. »Aber Herbst, ich hatte keine Ahnung, daß Frühling und Sommer beide hier im Hospital liegen. Kommen Sie, ich setze mich zu Ihnen, und Sie erzählen mir, was mit Ihnen passiert ist.«

Er erfuhr keine guten Nachrichten. Der Feuerwehrmann Wassili, den sie Frühling, und der Rohrschlosser Arkady, den sie Sommer nannten, waren einer gefährlich hohen Strahlendosis ausgesetzt gewesen. Für keinen der beiden war eine gute Prognose gestellt worden. Der Feuerwehrmann litt nicht nur an der Strahlenkrankheit. Er hatte außerdem noch schwere Verbrennungen erlitten; ein Fuß war so schwer verbrannt, daß er mit großer Wahrscheinlichkeit amputiert werden mußte; zu allem Unglück war er so mit Morphium vollgepumpt worden, daß er Herbst nicht erkannt hatte. Auch der Rohrschlosser Arkady hatte sich schwer verbrannt, als er zurückgegangen war, um die Wasserstoffflamme auszuschalten. »Er ist aus meiner Abteilung!« rief Scherantschuk verzweifelt. »Ich selbst habe es zugelassen! Und ich wußte nicht einmal, daß er hier ist!«

»Er war in einem anderen Stockwerk«, erklärte Herbst. »Sie haben ihn erst gestern hergebracht, als hier ein Zimmer frei wurde.« Scherantschuk zuckte zusammen. Er wußte, auf welche Weise in diesem Flügel des Hospitals Nr. 6 Zimmer frei wurden. Obwohl er sein Essen bis auf den letzten Rest aufaß – die Fischsuppe, das Schaschlik, den Gurkensalat und das dunkle Schwarzbrot –, hatte er den Geschmack der Speisen kaum wahrgenommen. »Wolja«, sagte er, »sind Sie fertig? Dann lassen Sie uns Arkady besuchen. Ich will mich bei ihm dafür entschuldigen, daß ich nicht früher gekommen bin.«

Als sie das Krankenzimmer des Rohrschlossers betraten, wollte Frühling nichts von einer Entschuldigung wissen. »Sie entschuldigen sich dafür, daß Sie mich besuchen? Aber Genosse Scherantschuk, ich wußte doch wenigstens, daß Sie hier sind, und deshalb bin ich schuld; ich hätte zu Ihnen kommen sollen.« Dann grinste er, denn die Plastikflasche, aus der Blut in seine Vene tropfte, war ein überzeugender Beweis dafür, daß er gar nicht in der Lage gewesen wäre, sein Zimmer zu verlassen.

»Wenn Sie sich besser fühlen, besuchen wir uns gegenseitig, wie Großmütter«, versprach Scherantschuk.

Doch er wußte, daß er dieses Versprechen nicht würde halten können. Der Rohrschlosser würde sterben. Die Strahlenkrankheit hatte sein Verdauungssystem ruiniert; sie wirkte auf verschiedene Leute auf verschiedene Weise. Der einst große, kräftige Mann war sehr hager geworden. Er war nicht mehr der Fußballer, der über das Spielfeld sprintete. Er war auch nicht mehr der schüchterne, zögernde, nachdenkliche Rohrschlosser, mit dem Scherantschuk monatelang zusammengearbeitet hatte. In dem Maße, in dem sein Körper geschwächt worden war, hatte er große Lebhaftigkeit entwickelt. Er lachte und scherzte und zwinkerte den Schwestern zu.

»Ihnen gefällt es also hier«, sagte Scherantschuk und kam sich eher wie ein Besucher denn als ein Mitpatient vor.

»Warum nicht? Das Essen ist gut, die Schwestern sind hübsch, und jeden Tag kommen Photographen, die Bilder von mir machen wollten. Nächstens wollen sie auch noch ein Autogramm. Vielleicht bleibe ich ganz in Moskau. Dynamo Moskau kann bestimmt gute Spieler gebrauchen!«

Die Schwester gestattete ihnen nicht, noch länger zu bleiben; als Scherantschuk mit Herbst hinausging, war dieser sehr besorgt, doch nicht etwa um seinen Vetter, sondern um Scherantschuk!

Mit ernster Stimme sagte er: »Sie sollten sich nicht so anstrengen! Ich werde Sie in Ihr Zimmer zurückbringen.«

»Gern würde ich noch Ihren anderen Vetter aufsuchen«, entgegnete Scherantschuk störrisch.

»Aber er liegt im Erdgeschoß. Die Treppen . . .«

»Ich schaffe die Treppe schon«, knurrte Scherantschuk. »Außerdem hat mein Zimmergenosse wichtige Besucher. Es ist besser, wenn ich für eine Weile wegbleibe.«

Herbst zuckte die Achseln. »Stellen Sie sich vor«, sagte Scherantschuk und dachte dabei an die Katastrophe, »Ihre beiden Vettern sind im Hospital. Das ist ja entsetzlich! Aber wenigstens ist Ihr Bruder Wjatscheslaw nicht hier . . .« Er sprach den Satz nicht zu Ende, als er merkte, daß der

Fußballspieler ihn ganz eigenartig ansah. »Was ist denn? Wurde Winter denn auch verletzt?«

»Ich dachte, Sie wüßten es«, sagte Herbst. »Mein Bruder war im Kontrollraum von Block IV, als das Ding explodierte. Sie sagen, er war der erste, der starb, aber sie haben seine Leiche nicht gefunden.«

Smin döste vor sich hin, als er plötzlich merkte, daß er wieder Besuch hatte. »Wir haben Sie hoffentlich nicht geweckt«, sagte der größere der beiden Männer und zog den Vorhang zurück.

»Ich bin schon froh, daß ich überhaupt noch aufwachen kann«, sagte Smin und nickte ihnen zu. »Fedor Wassiliewitsch Mischko, Andrej Pawlowitsch Milaktiew, es ehrt mich, daß zwei Mitglieder des Führungsgremiums mich besuchen.«

»Zwei alte Freunde, Simyon Michailowitsch«, korrigierte ihn Mischko. »Und wenn schon nicht Freunde, dann doch Männer, mit denen Sie in der Vergangenheit gut zusammengearbeitet haben. Fühlen Sie sich einigermaßen wohl?«

»Ich fühle mich sehr schlecht«, erwiderte Smin, und sein Lächeln verzog sich zu einer Grimasse. »Ich würde mich besser fühlen, wenn ich wüßte, ob Sie gekommen sind, um sich nach meinem Zustand zu erkundigen, oder ob Sie mir sagen wollen, daß ich in Ungnade gefallen bin.«

»Unglücklicherweise trifft beides zu«, sagte Milaktiew ernst. Er war ein schlanker alter Mann, allerdings mit einem Spitzbauch, der aber unter seinem gutgeschnittenen, offensichtlich aus dem Westen stammenden Anzug kaum zu sehen war. Seine Haare waren noch dunkel, ebenso sein dichter, struppiger Schnurrbart – ein Schnurrbart wie Stalin ihn hatte, dachte Smin.

»Dennoch«, sagte Mischko, »sind wir auch als Freunde gekommen. Ich hoffe, Sie glauben uns, Simyon Michailowitsch.«

Simyon dachte darüber nach. Die Männer hatten die Vorhänge hinter sich zugezogen, aber sie hatten Stühle mitgebracht. Sie setzten sich und warteten geduldig auf seine

Antwort. »Ich glaube«, sagte Smin schließlich, »meine Mutter hatte großen Respekt vor Ihrem Vater, Fedor Wassiliewitsch.«

Mischko grinste. Er war der größere der beiden und sah adrett aus in seinem hellbraunen Sportjackett und mit seiner Kaschmirkrawatte. »Ja«, sagte er, »wenn mein Vater den Säuberungen der Stalinzeit nicht zum Opfer gefallen wäre, könnten wir heute Stiefbrüder sein.«

»Das hat meine Mutter mir auch gesagt«, meinte Smin. »Sie hat oft von der Stalinzeit gesprochen.«

»Die sie sich ganz bestimmt nicht zurückwünscht.«

Sie hatten sich ohnehin sehr leise unterhalten, aber Mischko sprach jetzt noch leiser und schaute mißtrauisch durch den Spalt im Vorhang. Selbst ein Mitglied des Zentralkomitees vergewisserte sich also manchmal, wer gerade zuhörte! »Ich nehme nicht an«, sagte Smin, »daß Sie gekommen sind, um mit mir über den Personenkult zu diskutieren. Sagen Sie mir doch bitte, was Sie von mir wollen.«

Mischko seufzte. »Es geht um zwei Dinge. Offiziell wollen wir im Zusammenhang mit dem Unfall ein paar Fragen an Sie richten.«

»Das haben die Leute vom KGB schon getan.«

»Und zweifellos haben sie noch weitere Fragen«, sagte Mischko und nickte. »Die Organe arbeiten gründlich wie immer. Aber schließlich handelt es sich ja auch um eine ernste Angelegenheit, Simyon Michailowitsch. Sie wissen vermutlich, daß alle RBMK-Reaktoren in der Sowjetunion ausgeschaltet wurden?«

Smin war entsetzt. »Nein, das wußte ich wirklich nicht.«

»Die ökonomischen Konsequenzen sind höchst bedenklich. Wir können kaum noch Lebensmittel exportieren, denn die Ausländer denken, daß sie im Dunklen leuchten, wenn sie unsere Tomaten gegessen haben. In den Fabriken, die viel elektrische Energie verbrauchen, sinkt die Produktion. Der Tourismus natürlich – es gibt keinen Tourismus mehr. Vom Verlust an Menschenleben rede ich erst gar nicht.«

»Werde ich der Sabotage angeklagt?«

»Simyon«, sagte der andere Mann freundlich, »Sie werden

überhaupt nicht angeklagt. Macht es Ihnen etwas aus, wenn ich rauche?«

Überall im Zimmer hingen Schilder mit der Aufschrift *Ne kurit*, aber Smin zuckte nur die Achseln. »Ich wünschte, ich dürfte auch rauchen.«

Mischko zündete sich eine Zigarette an, bevor er weitersprach. Er schwieg eine Weile. »Als die Partei Ihnen ein sehr hohes Amt anvertraute«, sagte er dann, »erwartete sie, daß Sie dieses Vertrauen rechtfertigen würden. Haben Sie Ihre Leute gut geführt?«

»Ich habe sie gut ernährt, ihnen gute Wohnungen verschafft, sie gut bezahlt und sie anständig behandelt – so gut es ging, denn ich hatte ja immer die Erste Abteilung im Nacken. Ich weiß nicht recht, wie ich in diesem Zusammenhang Menschenführung definieren soll.«

»Man kann sie zum Beispiel daran messen«, sagte Milaktiew, »wie viele leitende Techniker und Ingenieure ihren Posten verlassen haben. Im Kernkraftwerk Tschernobyl waren es hundertachtundfünfzig.«

»Und fast dreitausend andere blieben auf ihrem Posten.«

»Und was ist mit dem defekten Material?«

»Einiges war defekt, ja. Ich habe das in jedem Fall sofort gemeldet, und für wichtige Systeme wurde zu keiner Zeit defektes Material verwendet. Nachdem dieser Artikel in der *Literaturna Ukraina* erschienen war – ich nehme an, daß Sie ihn kennen . . .«

»Oh, ja«, sagte Mischko lächelnd.

». . . habe ich eine gründliche Inspektion aller wichtigen Systeme angeordnet. Wo etwas fehlerhaft war, wurde es ersetzt. Wie dem auch sei, wenn etwas versagt und dadurch die Katastrophe ausgelöst hat, waren es wahrscheinlich die Instrumente.«

»Die Instrumente?«

»Die aus Frankreich und Deutschland eingeführt wurden«, erläuterte Smin. »Sie sollten die Franzosen verklagen.«

»Wir reden hier nicht von Prozessen, Simyon Michailowitsch«, sagte der Mann vom Zentralkomitee. »Wir reden von Fehlern in der Leitung der Anlage. Wenn Sie mir sagen: ›Ich habe alles richtig gemacht‹, dann sage ich Ihnen: ›Aber es ist dennoch passiert‹.«

Smin zuckte die Achseln. »Ich war nur stellvertretender Direktor.«

Mischko seufzte. »Der Direktor wartet auf seinen Prozeß«, sagte er.

»Und ich?«

»Ihnen wird hoffentlich nicht der Prozeß gemacht, Simyon Michailowitsch«, entgegnete Mischko. »Natürlich werden Sie wahrscheinlich Ihres Postens enthoben. Möglicherweise werden Sie außerdem aus der Partei ausgeschlossen.«

»Natürlich«, murmelte Smin verbittert. »Wenn Sie mich jetzt entschuldigen wollen? Ich möchte mich übergeben.«

Die beiden Männer schauten einander an. Dann drückte Milaktiew seine Zigarette aus und sagte noch leiser als vorher: »Wenn Sie sich übergeben müssen, dann tun Sie es ruhig. Aber wir haben jetzt den offiziellen Teil abgehandelt und möchten jetzt eine andere Angelegenheit mit Ihnen besprechen.«

»Und das wäre?« fragte Smin und mußte schon wieder gegen einen Schwächeanfall ankämpfen. Irgend etwas ging hier vor, und er mußte unbedingt wissen was.

»Würden Sie, Simyon Michailowitsch, uns bitte über die Ereignisse in Tschernobyl einen lückenlosen Bericht schreiben? Ich meine nicht den Unfall selbst. Ich meine das, was dem Unfall vorausging. Wir bitten Sie, uns zu erklären, warum es für Sie so schwierig war, das Werk vernünftig zu leiten. Anweisungen, die nicht befolgt werden konnten oder die nur Schaden stifteten. Druck von politischer Seite. Die Bestellung eines unfähigen Direktors. Bestechung. Trunkenheit und Ausfallzeiten des Personals. Ständige Einmischung von seiten der Ersten Abteilung. Alles. Und wenn ich ›alles‹ sage, meine ich *alles*; jede Kleinigkeit kann wichtig sein.«

Smin fühlte sich jetzt wirklich elend. Das alte, blasse Gesicht seines Gegenüber verschwamm ihm vor den Augen. »Ich kann Ihnen nicht recht folgen«, sagte er leise. »Das habe ich den Staatsorganen schon alles mitgeteilt.«

»Die es vielleicht an uns weitergeben. Oder auch nicht. Wir wollen *alles* wissen.«

»Meinen Sie damit, daß ich auch Dinge zu Papier bringen soll, die der Geheimhaltung unterliegen?«

»Genau, das meine ich.«

»Und . . .« Smin leckte sich die wunden Lippen. »Und welchen Gebrauch wollen Sie davon machen?«

Wieder schauten die beiden Männer einander an. »Das kann ich Ihnen nicht sagen«, meinte Milaktiew. »Ich weiß es einfach nicht. Noch nicht.«

Als Scherantschuk endlich in sein Zimmer zurückkam, sah er, daß die Vorhänge um Smins Bett noch immer zugezogen waren. Irgend jemand mußte da sein, denn Scherantschuk hörte leise Stimmen. Als er gegen sein Bett stieß, kam der Kopf eines Mannes hinter dem Vorhang hervor. Der Mann starrte ihn kurz an und zog den Kopf wieder zurück. Dann hörte Scherantschuk eine der Stimmen zu der anderen sagen: »Smin schläft ohnehin schon fast. Wir kommen bei anderer Gelegenheit wieder.« Scherantschuk hatte das Gefühl, daß er das Gesicht, das er eben gesehen hatte, kannte. Als der Mann jetzt zusammen mit einem anderen Mann hinter dem Vorhang hervorkam und als die beiden Männer ihm freundlich zunickten, kam ihm auch das andere Gesicht irgendwie vertraut vor. Nicht als das Gesicht eines Freundes und auch nicht als das eines Mannes, dem er schon irgendwo begegnet war, sondern eher ein Gesicht, das er schon mal in der Zeitung oder im Fernsehen gesehen hatte. Er legte sich auf sein Bett und dachte über diese Frage nach. Dann stand er auf. Er war zwar inzwischen sehr müde, aber er trat trotzdem rasch ans Fenster und schaute auf den Hof hinunter.

Wenige Augenblicke später verließen die beiden Männer das Gebäude, der eine in einem hellbraunen Sportjackett, der andere in konservatives Grau gekleidet. Von der anderen Seite der kleinen Baumgruppe fuhr ein Wagen vor, der dort geparkt hatte, um die beiden einsteigen zu lassen.

Scherantschuk schaute noch eine Weile aus dem Fenster und sah, daß alle anderen Fahrzeuge dem davonfahrenden Wagen Platz machten. Scherantschuk hatte noch nie ein Mitglied des Zentralkomitees aus der Nähe gesehen.

27

MITTWOCH, 7. MAI 1986

Smins Mutter Aftasia Smin ist ungefähr ein Meter fünfzig groß und wiegt kaum neunzig Pfund. Vor Jahren war sie größer, wenn auch nicht sehr viel. Früher Hunger und späte Osteoporose haben ihre Größe um einige Zentimeter verringert.

Sie ist sechsundachtzig Jahre alt – so alt wie das Jahrhundert, wie sie gern betont. Aftasia feiert ihren Geburtstag am ersten Tag des Jahres. Sie hat diesen Termin selbst festgelegt, denn im Schetl war es zu Anfang des Jahrhunderts nicht üblich, sich um eine Eintragung zu kümmern, wenn ein jüdisches Mädchen geboren wurde.

Obwohl sie nie sehr kräftig war, kämpfte sie im Bürgerkrieg von 1918 mit und verließ später ihren Mann, um zu helfen, die letzten weißen Truppen aus der Ukraine zu vertreiben. Damals war sie mit Smin schon im siebten Monat schwanger. Aftasia ging ins Schetl zurück, um ihren Sohn zu gebären. Sie hat immer noch eine häßliche Narbe ziemlich hoch an der Innenseite ihres rechten Oberschenkels, wo die Kugel eines Soldaten der tschechischen Legion sie traf und für zwei kalte, schmerzliche und hungrige Monate außer Gefecht setzte. Der fanatische junge Revolutionär, den zu heiraten sie das Schetl verlassen hatte, wurde von Koltschaks Truppen gefangengenommen. Eine Woche nach Simyons Geburt wurde er nach brutalen Verhören hingerichtet. Simyon war ein Jahr alt, als Aftasia erfuhr, daß ihr Mann tot war. Sie hat nie erfahren, wo seine Leiche begraben wurde.

Die Ditschuks, die ein Stockwerk unter ihr wohnten, konnten sich von Aftasia Smin kein rechtes Bild machen. Für Oksana war die zerbrechliche alte Frau ein Rätsel und ein beunruhigendes dazu. Aftasia Smin war eine gute Nachbarin. Sie war großzügig;

am Neujahrstag hatte sie immer ein Geschenk für die kleine Tochter der Ditschuks, nicht etwa nur einen Schokoladenriegel oder ein Taschentuch, sondern einmal sogar eine hübsche flachshaarige Puppe aus einem Spielzeuggeschäft in Moskau oder gezuckerte Mandeln, die aus Paris gekommen waren. Nicht nur die Tochter profitierte von Aftasias Freigebigkeit. Wenn Oksana beiläufig erwähnte, sie habe in den Geschäften keine Lockenwickler aus Plastik finden können, dann konnte es sein, daß Aftasia ihr am nächsten Tag eine Schachtel davon schenkte und sagte, ihr Sohn habe sie von einer Reise in den Westen mitgebracht, doch was solle sie als alte Frau mit Lockenwicklern anfangen.

Andererseits hatte Aftasia Smin manches an sich, das ihre Nachbarn beunruhigte. Die Ditschuks irritierte die Tatsache, daß Aftasia ihnen in gewisser Weise jüdisch vorkam, obgleich es nichts schadete, wenn jemand jüdisch war, solange er die Religion nicht ausübte. Es gab allerdings keine Anzeichen dafür, daß Aftasia den Sabbat einhielt oder sich in Kiews einzige Synagoge schlich. (Allerdings waren die Ditschuks schockiert gewesen, als sie anläßlich der Einladung zum Essen am 25. April feststellen mußten, daß die Amerikaner dem Mahl eine rituelle Bedeutung im Sinne des jiddischen Glaubens beimaßen.)

Daß Aftasia eine Altbolschewistin war, störte überhaupt nicht; im Gegenteil, eine solche Person zu kennen war eine Ehre. Sie war mit einigen der größten Helden der Revolution befreundet gewesen und kannte anscheinend viele von deren Söhnen und Enkeln. Dennoch fragten sich die Ditschuks oft, wenn Aftasia in solchen Kreisen verkehrt hatte, warum lebte sie dann zurückgezogen in einer kleinen Wohnung in Kiew.

Darauf wußten die Ditschuks keine Antwort. Aber wenn Aftasia sie um irgendeine Gefälligkeit bat, etwa, ob sie das Telefon benutzen dürfte (aber warum hatte die Frau nicht selbst eins?) oder ob sie für diese faszinierenden amerikanischen Verwandten dolmetschen würden, standen die Ditschuks der alten Frau gern zu Diensten. Als Aftasia an diesem schrecklichen Maimorgen, an dem ganz Kiew in Aufruhr war, an ihre Tür klopfte, waren sie ganz niedergeschlagen, weil sie ihr nicht gefällig sein konnten. »Wissen Sie«, sagte Oksana traurig,

»heute werden alle Kinder aus Kiew evakuiert – natürlich nur als Vorsichtsmaßnahme. Wir würden Ihre amerikanischen Verwandten gern zum Flughafen fahren, aber wir müssen unsere Tochter zum Bahnhof bringen. Ich muß auch noch zum Markt, um Lebensmittel zu kaufen, damit sie unterwegs etwas zu essen hat. Und dann sind ihre Papiere für die Reise nicht in Ordnung. Deshalb müssen mein Mann und ich zum Bahnhof fahren, um alles zu klären.«

»Das überlassen Sie bitte mir«, sagte Aftasia. »Meine Verwandten fliegen erst heute nachmittag. Zum Bahnhof zu fahren, haben wir also noch Zeit genug. Zuerst Lebensmittel kaufen? Warum nicht? Wenn ich Ihr Telefon benutzen darf, lasse ich den Wagen etwas früher kommen, und wir fahren gemeinsam zum Markt.«

Wenig später saß Oksana im Fond eines schönen neuen Wolgas, während Aftasia vorn neben dem Fahrer hockte und ihn anwies, sie zum Markt zu fahren und zu warten, bis sie ihre Einkäufe erledigt hatten. Auf diese Art Besorgungen zu machen, war natürlich angenehmer, als an einer Bushaltestelle Schlange zu stehen, besonders an diesem Mittwoch, an dem anscheinend alle Einwohner Kiews auf den Beinen waren. Im Radio und Fernsehen hatte es ganz präzise Erklärungen gegeben. Die Stadt werde *nicht* evakuiert; nur Narren und Gerüchtemacher behaupteten dergleichen. Es sei sehr unwahrscheinlich, daß die Strahlung ansteigen werde, aber es sei doch ratsam, daß kleine Kinder, die durch die Strahlung besonders gefährdet seien, evakuiert würden. Es bestünde kein Grund zur Besorgnis.

Die meisten Leute auf der Straße wirkten dennoch sehr besorgt.

Selbst der Markt sah an diesem Morgen seltsam verändert aus. Normalerweise hatten die Händler ihre Stände nicht nur in der Halle, sondern auch in den anliegenden Straßen, besonders an einem so schönen Frühlingstag, an dem die Bauern aus der Umgebung gewöhnlich in die Stadt strömten, um das auf ihren privaten Feldern angebaute Obst und Gemüse zu verkaufen. Heute aber war es anders.

Als Oksana von der Galerie in die Verkaufshalle hinunterschaute, bemerkte sie Lücken in den Reihen der Verkaufsstände, an denen die Bäuerinnen mit ihren weißen Hauben ihre Ware anpriesen. In den Gängen zwischen den Verkaufsständen bewegten sich zwar viele Menschen, aber sie schienen wenig zu kaufen. Mehr als einmal beobachtete Oksana, wie eine Kundin ein paar Tomaten oder ein Bund Karotten in die Hand nahm, das Gemüse genau betrachtete, sogar daran roch und es dann zögernd wieder hinlegte.

»Nun«, sagte Aftasia. »Was wollen Sie denn kaufen?« Sie hörte höflich zu, während die junge Frau ihre Einkaufswünsche vortrug, und korrigierte sie dann: »Käse, ja, aber es muß alter sein – aus der Milch vor dem Unfall. Und dann natürlich Wurst und Brot. Ich denke, Sie sollten auch einen Hering kaufen, denn das Meer ist ja noch sauber.«

Als Oksana vor den Tiegeln mit schneeweißem Schweineschmalz und den nackt aussehenden abgefellten Kaninchen stehenblieb und überlegte, was sie abends für ihren Mann und für ihre Eltern kochen sollte, legte Aftasia sofort wieder ihr Veto ein. »Nehmen Sie lieber Wurst – und wieder eine alte. Geprüft? Natürlich werden die Lebensmittel geprüft . . .« Eine lange Reihe von Händlern wartete darauf, ihre Erdbeeren und frischen Schinken unter das Strahlenmeßgerät zu legen, um eine Verkaufsgenehmigung zu bekommen. »Aber wenn ich in Kiew bleibe«, sagte Aftasia, »dann würde ich vorläufig kein Frischfleisch kaufen. Ich würde erst einmal abwarten.«

»Wollen Sie Kiew denn verlassen?« fragte Oksana.

Die alte Dame lächelte. »Würden Sie das nicht auch tun? Ich glaube nicht, daß Leute, die Smin heißen, zur Zeit in Kiew sehr populär sind.«

Aber, ob sie nun populär war oder nicht, Aftasia Smin hatte immer noch Freunde. Das sollte auch den Ditschuks zugute kommen. Sie fuhren rechtzeitig zum Bahnhof. Aftasia Smin saß wieder vorn neben dem Fahrer und gab ihm Anweisungen, während die beiden Ditschuks hinten saßen. Zwischen ihnen hockte die kleine Tochter mit ihrer Reisetasche und ihren Schachteln und dem in Papier eingewickelten Reiseproviant.

Die letzten hundert Meter dauerten am längsten, denn die

Miliz hatte den Platz vor dem Bahnhof mit Seilen abgesperrt, und die Zugänge waren verstopft. Oksana schaute auf die Digitaluhr am Bahnhofsgebäude und stieß einen leisen Schrei aus. »Aber der Zug soll in einer Stunde abfahren«, sagte sie.

Aftasia drehte sich zu ihr um. Sie war so klein, daß sie sich hochstützen mußte, um über die Rücklehne sehen zu können. »Der Zug wird nicht in einer Stunde abfahren«, erklärte sie. »Sehen Sie nicht, daß die Züge eben erst einlaufen?« Sie hatte recht; die Ditschuks sahen, wie die langen Züge langsam heranfuhren und an den Bahnsteigen hielten.

Der fahrplanmäßige Nachtzug Kiew–Moskau hatte stromlinienförmige moderne, in der DDR gebaute Wagen, auf denen in stolzen Lettern die Namen der beiden Städte standen, zwischen denen sie verkehrten. Die Sonderzüge hingegen, die gerade einliefen, waren offensichtlich in aller Eile zusammengestellt worden; die Wagen stammten teils aus Reparaturwerkstätten, teils waren sie schon ausgemustert. Einige hatten Polstersitze, andere nur Holzbänke; für jeden Platz in den Zügen gab es außerdem zwei Bewerber, die mitreisen wollten.

Die Sonderzüge sollten Kinder unter zehn Jahren vor der radioaktiven Wolke in Sicherheit bringen, die Kiew bedrohte, aber jedes dieser Kinder hatte Eltern und ältere Geschwister, Onkel und Tanten und Großeltern, sie alle wären gern nach Moskau gefahren, um eine Luft zu atmen, die nicht ihr Leben bedrohte. Einige versuchten es.

Andere Leute versuchten an diesem Mittwoch andere, mitunter sehr seltsame Dinge. Es hieß, daß Jodtabletten die Schilddrüse mit diesem Element saturierten und dadurch das radioaktive Jod daran hindern konnten, in den Körper einzudringen und Schilddrüsenkrebs zu verursachen. Es hieß, Wein aus Georgien mache gegen die Strahlung immun; dasselbe wurde auch dem Wodka nachgesagt. Auch eine Mischung aus Wodka und Terpentin könne nützlich sein. Andere sagten dem Eiweiß oder noch ekelhafteren Substanzen diese Eigenschaft nach. Doch nur das erste dieser Gerüchte entsprach der Wahrheit; bald waren wie in Polen sämtliche Jodtabletten aus den Apotheken verschwunden. Die anderen stimmten nicht, aber das hielt die Leute nicht davon ab, die verschiedenen Methoden auszuprobieren.

Einige von den Leuten im Bahnhofsgebäude waren so betrunken, daß sie torkelten. Ein paar landeten mit den unterschiedlichsten Vergiftungen im Krankenhaus. Jedermann trug eine Kopfbedeckung, und die Kinder hatten an diesem warmen Maimorgen Winterkleidung angezogen, denn den Leuten war geraten worden, sich bedeckt zu halten, wenn sie ins Freie gingen. Einige, die an der Tür des Bahnhofsgebäudes standen, schrien die Leute an, die hereinkamen oder hinausgehen wollten, und versuchten immer wieder, die Tür zu schließen, damit die Außenluft nicht eindringen konnte. Sie hatten solche Angst, von der Außenluft vergiftet zu werden, daß ihnen die stickige übelriechende Luft im Bahnhof lieber war.

Als der Fahrer einen Parkplatz gefunden hatte, befahl Aftasia den Ditschuks: »Warten Sie hier!« Sie blieb fast eine Stunde weg, aber als sie zurückkam, wedelte sie triumphierend mit einer Bordkarte, die das Kind der Ditschuks dazu berechtigte, in einen der neuen und gepolsterten Wagen einzusteigen. Solche Karten bekam nicht jeder, aber es besaß ja auch nicht jeder ein im Jahre 1916 ausgestelltes Parteibuch. Als ihr Kind mit seiner hübschen kleinen Tasche, seinen Schachteln und dem Proviant für die lange Reise sicher im Zug untergebracht war, bedankten sich die Ditschuks bei Aftasia, doch sie wies jeden Dank zurück. »Statt dessen könnten Sie jetzt mir einen Gefallen tun«, sagte sie. »Ich muß meine amerikanischen Verwandten zum Flugplatz bringen. Wenn Sie vielleicht als Dolmetscher mitkommen würden, Ditschuk? Ihre Frau kann doch allein bei dem Kind bleiben, bis der Zug abfährt.«

»Als Dolmetscher?« fragte Ditschuk. »Aber am Flughafen wird es doch Leute geben, die englisch sprechen . . .«

»Ich will meinen Verwandten etwas zeigen«, erwiderte Aftasia ziemlich barsch. »Es wird Ihnen doch nichts ausmachen?«

Höflich erklärte er, daß es ihm nichts ausmache, obwohl das Gegenteil der Fall war. Ditschuk wäre wirklich gern bei seiner Frau auf dem Bahnsteig geblieben und hätte gewinkt und gelächelt und mit seiner Tochter geplaudert, bis der Zug abfuhr.

Doch unmöglich konnte er Aftasia ihren Wunsch abschlagen. Also gingen sie zum Wagen zurück, der mit geschlossenen Fenstern auf sie wartete, damit die Außenluft nicht eindringen konnte. (Die Bevölkerung war aufgerufen worden, alle Fenster geschlossen zu halten.) Der Fahrer ließ den Motor an und fuhr sie durch die belebten Straßen zum Hotel.

Die Garfields warteten im Foyer und bewachten ihre hübschen blauen Koffer, die sie aus Kalifornien mitgebracht hatten. »Einen Augenblick«, sagte Aftasia und stieg aus, um den Portier zu bitten (wenn es ihm nichts ausmache), das Gepäck der Garfields mit dem Intourist-Bus zum Flughafen zu schicken, da im Wagen dafür kein Platz sei. Dann bat sie die Amerikaner höflich, so rasch wie möglich einzusteigen. »Aber können wir nicht wenigstens die Fenster öffnen?« fragte Candace Garfield; als Ditschuk den Satz übersetzte, bekam der Fahrer beinah einen Wutanfall:

»Natürlich nicht! Man hat uns gesagt, wir sollen die Luft möglichst draußen lassen, und wir haben schließlich erst Mai! Es wird sehr angenehm im Wagen sein, wenn nur niemand raucht.« Er schaute Aftasia an. »Wenn es überhaupt nötig ist, diesen Umweg zu machen, anstatt direkt zum Flughafen zu fahren.«

»Es ist nötig«, sagte Aftasia kurz. Als der Fahrer nachgegeben hatte, führte die alte Frau mit ihren amerikanischen Verwandten eine höfliche Unterhaltung, die der Lehrer dolmetschte. Es sei schön, sagte sie, daß man sich kennengelernt habe. Sie hoffe nur, daß sie sich wegen des Unfalls in der Kernkraftanlage ihres Sohnes nicht allzusehr geängstigt hätten. Ihnen sei bestimmt nichts passiert, denn sie seien ja kaum irgendwelcher Strahlung ausgesetzt gewesen, und wenn, dann nur einige Tage lang. Es sei wahrscheinlich gefährlicher für die Leute, die in der Ukraine bleiben müssen – was denn ihr nächstes Reiseziel sei? Paris? Wie wunderbar! Sie haben immer schon geträumt, einmal Paris zu besuchen – und, o ja, ganz besonders auch Kalifornien, das sie immer für eine Mischung aus Jalta, Kiew und dem Himmel gehalten habe.

Da jedes Wort übersetzt werden mußte, nahm die Unterhaltung ziemlich viel Zeit in Anspruch, alle diese Artigkeiten auszutauschen, dauerte eine halbe Stunde, während sie die Dnjepr-Brücke entlangfuhren und sich in den Verkehr einfädelten, um wenig später die Vorstädte zu erreichen.

Aftasia schwieg jetzt und schaute nach draußen, und Ditschuk übernahm die Unterhaltung. »Dieser Teil von Kiew«, sagte er stolz, »war im Krieg noch offenes Land – haben Sie unser Museum des Großen Vaterländischen Krieges gesehen, während Sie in Kiew waren? Dann wissen Sie auch, daß in dieser Gegend sehr viel gekämpft wurde. Wie Sie sehen, stehen hier jetzt überall schöne Häuser. Die Leute, die hier wohnen, fahren mit dem Bus oder mit der Metro, und in zwanzig Minuten haben sie ihre Arbeitsstelle erreicht.« Er schaute nach vorn und runzelte ein wenig die Stirn. »Diese Gegend hier«, sagte er zurückhaltend, »ist auf gewisse Weise berühmt . . . Entschuldigen Sie bitte«, sagte er plötzlich und beugte sich vor, um mit Aftasia zu sprechen.

Candace Garfield schaute sich um. Sie fuhren an einem hohen Fernsehturm vorbei, um den herum neunstöckige Wohnhäuser errichtet worden waren. »Ich sehe nichts, das berühmt aussieht«, sagte sie zu ihrem Mann. »Wenn nicht der kleine Park da drüben gemeint ist.«

Ihr Mann wischte sich den Schweiß von der Stirn. »Was ich am liebsten sehen möchte, ist ein Flugzeug«, sagte er.

»Denke an Paris«, sagte seine Frau aufmunternd. »Frühling in Paris! Die Straßencafés!«

»Die langen romantischen Abende«, sagte Garfield und kam wieder in Stimmung. »Ein Diner in unserem Hotelzimmer. Mit viel Wein . . .«

»Nun übertrieb nicht gleich, Junge«, befahl sie, als Ditschuk sich zurücksinken ließ und sie nervös anlächelte.

»Dies ist der Ort«, sagte er. »Frau Smin sagt, ich soll Sie fragen, ob Sie schon mal etwas von Babi Jar gehört haben.«

»Natürlich haben wir schon von Babi Jar gehört«, sagte Garfield, seine Frau dachte nach und sagte dann: »Hatte dieser Ort nicht etwas mit dem großen Krieg zu tun?«

»Ja, genau. Mit dem Krieg. Jewgeni Jewtuschenko hat darüber ein berühmtes Gedicht geschrieben, außerdem gibt es Bücher darüber und Musik«, bestätigte Ditschuk. Er schien sich nicht recht wohl zu fühlen, aber er zeigte zum Park hinüber. »Sehen Sie das Denkmal dort? Ein schönes Denkmal, finden Sie nicht auch? Viele Leute kommen hierher, um die Toten zu ehren, und einige bringen sogar Blumen mit – aber« fügte er ein wenig traurig hinzu, »Frau Smin will hier nicht anhalten. Sie können es sich ja ansehen, während wir vorbeifahren.«

Die Garfields sahen eine Gruppe von Statuen heroischen Ausmaßes. Von vorn sah das Ganze aus wie eine Gruppe von Steinfiguren, die so eng aneinandergedrängt standen wie die Fahrgäste in der U-Bahn. Eine Mutter hielt verzweifelt ihr Kind hoch. Dann, als der Wagen langsam weiterfuhr, fragte Candace: »Was machen sie da? Es sieht so aus, als ob die hinteren in das Tal hinabstürzen.«

»Das stimmt«, bestätigte Ditschuk. »Sie stürzen in die Schlucht. Ich hoffte, wir könnten es uns genauer ansehen, aber Frau Smin will noch ein Stück weiterfahren – ach ja, wir halten ja schon an. Sie sagt, an dieser Stelle liegt das richtige Babi Jar. Sie sagt, daß das Denkmal sie nicht interessiert.« Er macht ein zerknirschtes Gesicht.

Der Wagen stoppte. Der Lehrer wartete auf Aftasia Smins Anweisungen. Dann zuckte er die Achseln und öffnete die Tür. »Frau Smin möchte aussteigen und sich mit uns hier ein wenig umschauen.«

»Ich dachte, sie hat Angst vor der Strahlung«, sagte Garfield skeptisch.

»*Sie* doch nicht«, sagte der Lehrer und folgte der alten Frau gehorsam einen grasbewachsenen Hang hinauf. Ein wenig verwirrt schlossen sich Candace Garfield und ihr Mann den beiden an. »Ich habe nicht mehr viel Film«, klagte Candace und nahm ihre Kamera von der Schulter.

»Bitte«, sagte Ditschuk verlegen. »Es wäre nicht gut, hier zu fotografieren. Wegen des Fernsehturms. Er dient der Übertragung, und deshalb ist er für den Fall eines Krieges ein militärisches Objekt. Solche Objekte dürfen nicht fotografiert werden.«

»Gut, dann fotografieren wir eben nur die Wohnhäuser.«

»Bitte!« sagte er ganz verzweifelt und schaute zu den Autos hinüber, die auf der Straße vorbeirauschten, als erwartete er,

daß jeden Augenblick ein Trupp Soldaten aus ihnen herausspringen und sie verhaften würde.

Aftasia blieb auf dem Hügel stehen, der sich über dem kleinen Tal erhob. Dann drehte sie sich um und redete rasch auf Ditschuk ein, der ihre Worte übersetzte. »Im September 1941«, sagte er, »beschloß Hitler, die Einnahme Moskaus noch um ein paar Wochen aufzuschieben, während er die Ukraine eroberte. Er befahl seinen Truppen, die Stadt Kiew einzunehmen. Stalin hingegen befahl der Roten Armee, die Stadt zu halten. Hitler siegte. Seine Armeen stießen nördlich und südlich an der Stadt vorbei und vereinigten sich wieder. Vier Sowjetarmeen wurden eingeschlossen, mehr als eine halbe Million Männer. Die meisten wurden getötet oder gefangengenommen, und die Deutschen marschierten in Kiew ein.«

Aftasia ließ geduldig die englische Übersetzung über sich ergehen. Als Ditschuk schwieg und sie fragend ansah, zeigte sie zur Stadt hinüber und sprach ein paar schnelle russische Sätze. Der Lehrer zuckte zusammen und sagte etwas, aber sie schüttelte energisch den Kopf und bedeutete ihm, ihre Worte zu übersetzen.

»Frau Smin sagt, als die Nazis Kiew besetzten, wurden sie von einigen schlecht informierten Ukrainern willkommen geheißen. Sie sagten sogar . . .«, er zögerte und fuhr dann in gequältem Ton fort ». . . sie sagten Dinge wie, verzeihen Sie mir, ›Gott sei Dank, daß wir von den Bolschewisten befreit sind. Nun können wir wieder Gott anbeten!‹ Nun, Frau Smin hat gewiß recht, aber vielleicht waren es nicht so viele Leute wie sie glaubt.« Aftasia redete weiter. Ditschuk nickte und übertrug ihre Worte ins Englische: »Als die deutschen Offiziere kamen, wurden sie von einigen Leuten aus Kiew, darunter hochgestellte Personen und sogar Parteimitglieder, wie es hier Tradition ist, mit Brot und Salz begrüßt, zum Zeichen, daß sie willkommen waren. Die Deutschen lachten nur. Dann machten sie ernst. Sie stahlen alles, Mrs. Garfield, sogar die Töpfe und Pfannen aus den Küchen der Leute.«

Er wartete auf die nächsten Erklärungen Aftasias. »Einige Ukrainer arbeiteten sogar für die Deutschen. Verstehen Sie, nicht etwa nur als Bauern oder ähnliches, sondern als Alliierte gegen die Sowjetunion. Etliche Ukrainer dienten den Deutschen sogar als Polizisten. Einige – unter anderem ein Mann namens Stepan Bandera und ein anderer mit Namen Melnik – führten Guerilla-Banden an, schon bevor die Deutschen Kiew besetzt hatten, und griffen die Rote Armee im Rücken an, während diese gegen die Invasoren kämpfte. Sie wollten sich sogar ganz den Deutschen anschließen und eine Wlassow-Armee bilden . . .«

»Eine was?« fragte Garfield stirnrunzelnd.

Ditschuk antwortete offensichtlich mit größtem Unbehagen. »Nun, es waren nicht nur Ukrainer, die zu Verrätern wurden; es gab einen Russen namens Wlassow, einen berühmten General. Er geriet in Gefangenschaft und stellte aus Sowjetsoldaten eine Armee auf, die tatsächlich auf der Seite der Deutschen kämpfte. Aber Frau Smin sagt, daß ich Ihnen von den Ukrainern erzählen soll. Von *einigen* Ukrainern. Als die Rote Armee Kiew 1944 zurückeroberte, wurden Plakate gefunden – so leid es mir tut, aber es waren ukrainische Plakate – mit Sprüchen wie ›Nieder mit den Bolschewisten‹ und sogar, entschuldigen Sie, ›Niemand hört auf zu kämpfen, solange unsere Ukraine von den Kommunisten versklavt wird‹.« Er schwitzte jetzt. Er warf Aftasia einen flehenden Blick zu, aber sie sprach weiter, und verbissen übersetzte er ihre Worte.

»Die Ukrainer waren natürlich Narren. Die Deutschen ließen sie hungern und versklavten und erschossen sie. Aber einige versuchten immer noch, den Nazis die Stiefel zu lecken. Besonders wenn es um die Juden ging, weil – bitte, ich übersetze nur, was sie sagt, wenn es auch nicht stimmt. Jedenfalls nicht ganz. Die Ukrainer haßten die Juden genauso sehr, wie Hitler es tat. (Aber nur wenige, glauben Sie mir!) Die ukrainischen Nazifreunde halfen den Deutschen in der Ukraine die Juden zusammenzutreiben. Sie beraubten sie und plünderten sie aus und trieben sie in die Todeszüge, die zu den Konzentrationslagern fuhren.

Aber diese Aktionen gingen den Deutschen noch nicht schnell genug. Am 28. September erließen sie deshalb in Kiew den Befehl, daß alle Jidden – entschuldigen Sie, Mr. und Mrs. Garfield, aber das Wort hat laut Frau Smin in dem Befehl gestanden – sich am nächsten Tag mit warmer Kleidung und ihren gesamten Wertsachen zu melden hatten.« Aftasia sagte einen Satz, den Ditschuk sofort übersetzte: »Sie sagt: ›Ich habe mich nicht gemeldet‹.«

»Natürlich hat sie das nicht getan«, warf Garfield ein. »Zu der Zeit wußte doch schon jeder, daß, wenn den Juden befohlen wurde, sich zu melden, sie ins Konzentrationslager abtransportiert wurden.«

Ditschuk übersetzte, aber Aftasia schüttelte heftig den Kopf; ihre nächsten Sätze klangen wütend. »Sie sagt«, erklärte der Lehrer unsicher, »daß die Juden *nicht* wußten, was das bedeutete. Sie sagt« – er schaute sich ängstlich um –, »daß wegen der, äh, der –, wie kann ich es nennen? –, wegen der besonderen Beziehungen, die damals zwischen der Sowjetunion und Deutschland bestanden – das heißt kurz vor dem Überfall auf Rußland . . .«

»Ah«, sagte Garfield. »Sie meinen den Hitler-Stalin-Pakt.«

Ditschuk zuckte zusammen. »Ja, genau«, sagte er leise. »Ich meine den Nichtangriffspakt. Jedenfalls sagte sie, daß aus diesem Grund über den deutschen Antisemitismus in der Sowjetunion nichts bekannt war. Es war darüber einfach nicht berichtet worden.«

»Herrgott noch mal!« rief Garfield. »Sie *müssen* es doch gewußt haben!«

Ditschuk blieb beharrlich. »Ich war damals noch nicht geboren, Mr. Garfield. Aber Frau Smin sagt, daß nicht einmal die Juden es wußten, und ich muß vermuten, daß sie recht hat. Die Juden meldeten sich also, wie ihnen befohlen worden war, und die ukrainische Nazipolizei und die SS-Truppen führten sie an diesen Ort. Babi Jar.«

Garfield schaute sich verwundert um. »Ich habe von Babi Jar gehört«, sagte er. »Wer hat das nicht? Aber ich habe gedacht, es sei ein Tal weit draußen auf dem Lande.«

»Früher war es auch ein Tal, Mr. Garfield. Es wurde aufgefüllt, damit diese Straße hier gebaut werden konnte, und dann wuchs die Stadt bis hier hinaus. Aber dies ist Babi Jar. Sie wurden alle hierhergebracht. Männer und Frauen, Großmütter und kleine Kinder. Sogar Babys, die noch auf dem Arm getragen werden mußten. Sie mußten sich nackt ausziehen, immer ein paar Dutzend zur selben Zeit. Dann haben die Deutschen sie erschossen und hier draußen im Tal verscharrt. Hier liegen hunderttausend tote Juden, sagt Frau Smin.« Er warf Aftasia einen verstohlenen Blick zu und fügte fast flüsternd hinzu: »Ich glaube nicht, daß es ganz so viele waren.«

»Mein Gott!« rief Candace und griff nach dem Arm ihres Mannes. »Das ist unfaßbar!«

»Ja, genau«, entgegnete Ditschuk rasch. »Es können nicht hunderttausend Juden gewesen sein. Jeder weiß, daß es auch Parteimitglieder, Geiseln und Zigeuner gab – oh, die Zigeuner wurden genauso verfolgt wie die Juden, obwohl es von ihnen natürlich nicht so viele gab. Frau Smin bittet mich, Ihnen zu sagen, daß die Juden, die sich nicht meldeten, gejagt wurden. Nicht nur von den Deutschen. Sie wurden auch von Russen und Ukrainern gejagt, denn wenn jemand einen versteckten Juden anzeigte, durfte er sich von dessen Eigentum nehmen, was ihm gefiel.«

Er schaute Aftasia hoffnungsvoll an, als ob er glaubte, daß seine Aufgabe jetzt abgeschlossen sei, und seine Miene verfinsterte sich, als Aftasia weitersprach.

»Nun«, sagte er. »Sie will Ihnen noch mehr erzählen. Später, als die heldenhafte Sowjetarmee ihre Gegenangriffe startete und im Begriff war, die Nazis aus dem Land zu vertreiben, bekamen die Deutschen Angst. Sie wollten nicht, daß die vielen Leichen gefunden wurden. So ließen sie von Gefangenen so viele Leichen wie möglich wieder ausgraben.« Er rümpfte die Nase. »Sie müssen verstehen, daß die Leichen mehrere Jahre dort gelegen hatten. Dann ließen die Deutschen ihre Gefangenen Grabsteine von einem jüdischen Friedhof holen, der hier in der Nähe lag – er befand sich dort, wo heute der Fernsehturm steht, sagt Frau Smin –, und sie mußten die Steine zu großen Öfen zusammenfügen. In diesen Öfen wurden die Leichen verbrannt. Mit Holz, das aus den in der Nähe gelegenen Wäldern geholt wurde. Eine Schicht Holzscheite und eine Schicht Judenleichen.«

Als er schwieg, fügte Aftasia in feierlichem Ton noch ein paar Worte hinzu. »Ja, ja«, sagte Ditschuk ungeduldig. »Sie besteht darauf, Ihnen dies alles zu erzählen, wenn es auch kein angenehmes Thema ist. Ich soll Ihnen sagen, daß die Deutschen nach dem Verbrennen die Knochen zermahlen ließen und sie zusammen mit der Asche auf die umliegenden Felder streuten. Sie sagt, daß danach der Kohl sehr gut wuchs. Sie sagt, daß sie seitdem keinen Kohl mehr ißt.«

Sie schwiegen alle eine ganze Weile, auch Aftasia. Die Garfields schauten über den grünen Park hinweg zum Denkmal hinüber. Die vorbeibrausenden Autos, die hübschen Wohnhäuser, der hohe Fernsehturm am Horizont, das alles paßte nicht zu dem Grauen der Geschichte von Babi Jar.

Endlich brach Candace das Schweigen: »Ich begreife nicht, warum sie nicht vor dem Denkmal anhalten wollte.«

»Einen Augenblick«, erwiderte Ditschuk höflich und wechselte ein paar Worte mit Aftasia. »Sie sagt, das Denkmal sei sicherlich sehr schön, aber es komme ein bißchen zu spät. Es wurde erst vor acht Jahren errichtet, und die Tafel erwähnt nicht einmal die Juden.«

Seine Stimme war schon ganz heiser geworden. »Darf ich Frau Smin sagen, daß Sie alles verstanden haben, was ich Ihnen erzählt habe?«

»Wir haben es verdammt gut verstanden«, antwortete Garfield und schüttelte den Kopf.

Aftasia fügte hastig noch einen Satz hinzu, den Ditschuk sofort übersetzte. »›Auf diese Weise‹, sagt Frau Smin, ›haben wir Sowjetmenschen gelernt, keinem Fremden zu trauen. Wir mußten feststellen, daß die Deutschen nicht daran interessiert waren, uns – sie sagt, uns zu befreien. Sie kamen nicht, um uns Gutes zu tun. Sie waren Diebe, Plünderer, Vergewaltiger, sie waren Mörder.‹«

Aftasia nickte und sprach langsam und betont einen letzten Satz. Ditschuk hielt den Kopf gesenkt, während er übersetzte. »›Und wir Juden‹, sagt sie – ich sage nur, was Frau Smin sagt, denn ich selbst bin kein Jude –, ›wir Juden haben gelernt, nicht einmal unseren Nachbarn zu trauen.‹«

28

DONNERSTAG, 8. MAI 1986

Knochenmark zu spenden ist keine sehr erfreuliche Prozedur. Eine Art Sonde wird in die größeren Knochen des Spenders eingeführt – das Hüftbein ist in der Regel am leichtesten zugänglich. Das Knochenmark, das wie Blut aussieht, wird herausgesaugt, bis etwa ein halber Liter gewonnen ist, was etwa einem Zehntel der Knochenmarksmenge entspricht, die ein Erwachsener besitzt; wenn er einigermaßen gesund ist, wird er es in wenigen Wochen regeneriert haben. Der Vorgang der Extraktion nimmt ungefähr eine halbe Stunde in Anspruch. Dann kommt das extrahierte Knochenmark in eine Zentrifuge – es wird bei hoher Umdrehungszahl geschleudert –, um die leichteren Zellen von den größeren, älteren, nutzlosen zu trennen. Die leichten Zellen werden dem Patienten dann aus einem Beutel, der neben seinem Bett hängt, in die Armvene getropft.

Das Verfahren ist nicht neu. Die ersten Forschungen im Zusammenhang mit der Heilung der Strahlenkrankheit durch Knochenmarkübertragung gab es 1945 in den Vereinigten Staaten, als die Amerikaner Atombomben über Japan abgeworfen hatten und sich fragten, was wohl geschehen würde, wenn ähnliche Bomben Amerika träfen.

Dreizehn Jahre später wurde das Verfahren zum ersten Mal an Menschen ausprobiert; fünf Jugoslawen, die bei einem Unfall radioaktiver Strahlung ausgesetzt gewesen waren, wurde Knochenmark von Verwandten übertragen. Vier von ihnen überlebten, obwohl die Chancen, durch Knochenmark einer nicht passenden Gruppe einen Heilungserfolg zu erzielen, nur bei etwa eins zu zehntausend liegen. Damals konnte man noch keine Klassifizierung der verschiedenen Typen (den sogenannten HLA-Vergleich) vornehmen. Es gibt eigentlich nur zwei Möglichkeiten, sich die Heilung der vier Jugoslawen zu erklären. Entweder waren sie von vornherein nicht so krank, als daß sie nicht ohnehin gesund geworden wären, oder sie hatten ganz einfach ein unglaubliches Glück.

Ob auch Leonid Scherantschuk sein Schicksal herausfordern mußte oder nicht, war eine offene Frage. Seine Blutwerte waren zwar niedrig, aber nicht kritisch. Die Strahlendosis, der er ausgesetzt gewesen war, hielt sich im Rahmen; es war gar nicht sicher, ob er eine Knochenmarksübertragung benötigen würde. Ungewiß war auch, ob sich überhaupt geeignetes Knochenmark finden ließe, falls eine solche Übertragung erforderlich werden sollte. Sein einziger Blutsverwandter war sein Sohn Boris, doch dessen Knochenmark entsprach nicht dem seinen.

Scherantschuk machte sich über sein eigenes Überleben allerdings kaum Gedanken. Wenn er überlebte, hatte er eben Glück gehabt. Es gab andere, die dem Tode viel näher waren als er. Einige waren schon gestorben; zum Beispiel ein weiterer Ponomorenko, der Feuerwehrmann Wassili, den alle als Sommer kannten – man hatte ihm schließlich doch das Bein amputieren müssen, aber er war zu geschwächt gewesen, um die Operation zu überstehen. Der Zustand des dritten von den Vier Jahreszeiten, seines eigenen Rohrschlossers Arkady Ponomorenko, schien sich rapide zu verschlechtern. Die Ärzte hatten kein geeignetes Knochenmark finden können – nicht einmal das seines Vetters kam in Frage –, deshalb hatten sie ihm Embryo-Leber injiziert. Ob diese Maßnahme sein Leben retten würde, war mehr als zweifelhaft. Fest stand, daß die Injektion ihn in eine Art halbwachen Deliriums versetzt hatte, so daß er zehn Minuten lang seinen Vetter Herbst beschimpfte, während Scherantschuk schweigend neben ihm saß. Nachdem der Anfall vorüber war, riß er Witze und schalt Herbst, weil der so deprimiert wirkte.

Am meisten litt Scherantschuk darunter, daß er Arkady Ponomorenko befohlen hatte – oder es doch wenigstens zugelassen hatte –, sich der Strahlendosis auszusetzen, die ihn jetzt tötete. Das konnte Scherantschuk sich nicht verzeihen. Es wäre sinnvoller gewesen, wenn er den Rohrschlosser damals unter den Turbinenraum geschickt hätte, um sich dort um das gerissene Rohr zu kümmern, während er selbst die gefährlichere Arbeit übernommen hätte, die Wasserstoffflamme abzudrehen. Er war älter. Er hatte mehr Erfahrung. Er hätte die Arbeit schneller erledigt, daran zweifelte er keine Sekunde, und er wäre deshalb der Strahlung nicht so lange ausgesetzt gewesen . . .

Vielleicht aber läge er jetzt im Sterben.

Doch fragte sich Scherantschuk, was spielte das für eine Rolle? Wenn man seine Arbeit tat, mußte man eben die Risiken in Kauf nehmen. Wenn das Schicksal gegen einen war, hatte man kein Recht, sich dagegen aufzulehnen oder sich zu beklagen.

Was Scherantschuk jedoch am meisten betrübte, war der Zustand des stellvertretenden Direktors Smin. Er wußte genau, daß Smin sterben mußte.

Für Scherantschuk war das ein akuter und nie nachlassender Schmerz, viel schlimmer als die schmerzenden Nadeleinstiche, die dieses Miststück Achmentowa jeden Tag sechsmal an ihm vornahm. Er wollte nicht, daß der alte Mann starb. Scherantschuk sah in Simyon Smin nicht etwa eine Art Vater – so anmaßend wäre er nie gewesen –, aber keine Sohnesliebe hätte stärker sein können als seine Gefühle Smin gegenüber. Er verdankte Smin die Chance, im Kernkraftwerk Tschernobyl zu arbeiten, und er bewunderte ihn wegen der Souveränität, mit der er seine Arbeit tat, auch wenn ihm noch so viele Hindernisse in den Weg gelegt wurden. Ihm brach es fast das Herz vor Mitleid, wenn er sah, wie tapfer Smin seine Verantwortung auf sich nahm und sein Leiden ertrug. Es kam Scherantschuk nicht in den Sinn, seinen Gefühlen einen Namen zu geben, aber wenn er es getan hätte, wäre er gezwungen gewesen, sie ganz einfach Liebe zu nennen.

Und jeden Tag wurde Smin hinfälliger.

Als Scherantschuk zu Mittag aß – es gab Lammragout –, merkte er gar nicht, wie das Essen schmeckte. Er aß rasch und sprach mit niemandem. Es waren auch nicht viele Leute übriggeblieben, mit denen er sich hätte unterhalten können, denn einige waren entlassen worden, und andere waren inzwischen zu krank, als daß sie noch zum Speisesaal hätten gehen können. Er schob den Obstsalat weg, der als Nachtisch gedacht war, und eilte in das Zimmer zurück, das er mit Smin teilte. Er hoffte, den alten Mann dazu veranlassen zu können, ein paar Bissen zu essen.

Den stellvertretenden Direktor zu bitten, ein wenig zu essen, war der einzige Dienst, den er Smin jetzt noch erweisen konnte. Damit hatte er allerdings selten Erfolg. Der alte Mann würgte nur aus Höflichkeit ein paar Bissen herunter, dann schüttelte er jedesmal den Kopf. »Ich bin doch schon immer zu fett gewesen, Leonid«, sagte er ganz ernsthaft. »Ein paar Kilo zu verlieren ist gar keine schlechte Sache.« Anschließend bat er Scherantschuk gewöhnlich höflich und leise, doch bitte die Vorhänge zuzuziehen.

Smin verbrachte jetzt den größten Teil der Zeit hinter geschlossenen Vorhängen. Manchmal wurde ihm übel, dann kamen ihm die Schwestern zur Hilfe. Gelegentlich schlief er. Scherantschuk war dann immer erleichtert, aber gleichzeitig fürchtete er, Smin könnte aus diesem Schlaf nicht mehr erwachen. Oft sah Scherantschuk durch den Spalt im Vorhang, daß Smin schrieb und schrieb. Er benutzte einen Schreibblock, wie er in Schulen verwendet wird, doch was er schrieb, zeigte er Scherantschuk nie. Wenn jemand kam, schob er den Block unter das Kissen. Seine Memoiren? Ein Geständnis für das KGB? Ein Brief an jemanden? Als Scherantschuk einmal zu fragen wagte, entgegnete Smin lediglich: »Es ist nichts weiter. Nur ein paar Dinge, die ich mir gern notieren will, denn mein Gedächtnis ist vielleicht nicht mehr so gut.«

Doch es war nicht nur sein Gedächtnis, das Smin im Begriff war zu verlieren.

Diesmal hätte Scherantschuk sich beim Mittagessen nicht zu beeilen brauchen, um Smin zu helfen, denn als er die Tür zu ihrem Zimmer erreichte, sah er, daß Smins Frau und sein jüngerer Sohn gekommen waren. Der Junge stand mit einem Teller in der einen Hand und einem Löffel in der anderen neben dem Bett seines Vaters und wußte anscheinend nicht, was er tun sollte. »Es ist schon gut, Wassili«, sagte Selena Smin. »Er hat ziemlich viel gegessen, und jetzt muß er schlafen.« Dann sah sie Scherantschuk an der Tür stehen und lächelte ihm freundlich zu.

Für Leonid Scherantschuk war Smins Frau immer über jede Kritik erhaben gewesen, vor allem deshalb, weil sie Smins Frau war. Sich selbst gegenüber hätte er aber wahrscheinlich zugegeben, daß er sie ziemlich selbstsüchtig fand und wohl auch ein bißchen arrogant. Doch während er in der Tür stand und sie anschaute, hatte er plötzlich einen anderen Eindruck von ihr. Sie war eine ungewöhnlich hübsche Frau – war sie nicht früher Tänzerin gewesen? Außerdem war sie soviel jünger als ihr Mann – aber was er jetzt in ihr sah, war eine Ehefrau und Mutter, deren Liebe zu ihrer Familie ihr deutlich im Gesicht geschrieben stand.

Höflich trat er zur Seite, als sie und ihr Sohn das Krankenzimmer verließen. »Wassili hat ihn dazu gebracht, fast sein ganzes Lammfleisch zu essen.« Sie berichtete von diesem kleinen Erfolg mit Hoffnung in der Stimme, auch wenn in ihrem Blick Verzweiflung lag. »Ich habe es zuerst für ihn kleingeschnitten. Dann habe ich es selbst probiert; es schmeckt wirklich gut.«

»Wir werden hier gut verpflegt«, stimmte Scherantschuk ihr zu. Dann sagte er: »Frau Smin, ich habe mich schon gefragt, ob es nicht ein bißchen zuviel für ihn ist, daß ich mit ihm in einem Zimmer liege.«

»O nein, Leonid. Er ist dankbar für Ihre Gesellschaft. Denken Sie nicht, daß er uns nicht gesagt hat, wie sehr Sie ihm helfen.«

»Ich wünschte, ich könnte mehr tun!«

»Sie tun alles, was überhaupt jemand tun kann«, sagte Selena Smin mit fester Stimme. »Ich denke, er wird jetzt schlafen, und deshalb überlassen wir ihn wieder Ihnen. Wir wissen ihn in guten Händen.«

»Danke«, sagte Scherantschuk und fragte sich, ob er ihr die Hand geben oder es lieber lassen sollte. Aber sie löste die Frage, indem sie sich vorbeugte und ihn auf die Wange küßte. Er schaute ihr bewundernd nach und bemerkte kaum, daß eine Ärztin in Stiefeln und weißer Kleidung und einer Haube auf dem Kopf auf ihn zutrat. Als sie seinen Namen nannte, stellte Scherantschuk erstaunt fest, daß es seine Frau war.

Tamara küßte ihren Mann auf die Wange, allerdings war es nur ein gehauchter Kuß. Eine intensivere Berührung war nicht ratsam, wie Scherantschuk wußte, denn selbst die Salzpartikel in seinem Schweiß konnten radioaktiv sein. »Ist das nicht ein großes Glück?« rief sie erfreut. »Warum ich hergekommen bin? Nun, einmal, weil meine eigenen Werte ein wenig niedrig sind, zum anderen, weil ich lernen soll, wie man Blut testet, um das Ausmaß der Strahleneinwirkung zu bestimmen – leider nur achtundvierzig Stunden lang. In erster Linie aber komme ich, weil du hier bist, mein Schatz, vor allem wegen dir habe ich um die Erlaubnis gebeten.«

Scherantschuk sah sie besorgt an. »Deine Werte sind niedriger?«

»Oh, nur ganz unerheblich«, beruhigte sie ihn. »Nein, mein Lieber, du bist hier der Patient, nicht ich. Ich habe mir zusammen mit den anderen Ärztinnen dein Krankenblatt angesehen. Das ist schon ein wenig rätselhaft.«

»Das haben Sie mir auch schon gesagt. Ich bin nicht so krank, wie ich eigentlich sein müßte.«

»Haben sie dir Dr. Guskowas System erklärt? Da wir nicht wissen, welche Strahlendosis du bekommen hast, hat sie eine Methode entwickelt, nach der man die Dosis aus der Art, wie deine Blutwerte sich verringern, ableiten kann.«

»Über Dr. Guskowas System habe ich alles gehört, was es zu hören gibt. Aber weder sie noch ein anderer hat mir nicht gesagt, was für eine Strahlendosis ich abbekommen habe.«

Tamara zögerte. »Vielleicht hundert rad«, sagte sie widerwillig. »Vielleicht waren es auch mehr.«

»Und was bedeutet das?« fragte er.

»In deinem Fall, mein Schatz«, sagte sie, »ist das schwer zu sagen.«

»Nun, ja«, sagte er und überlegte eine Weile. Dann erinnerte er sich daran, daß sie plötzlich aus dem Nichts aufgetaucht war und ihn dazu veranlaßt hatte, einen Schutzanzug anzuziehen. »Wenn du nicht gekommen wärest, wären es noch mehr gewesen.«

»Ich bin also als Ehefrau doch noch zu etwas zu gebrauchen«, sagte sie scherzhaft, aber er spürte sehr wohl, daß ihr eigentlich nicht nach Scherzen zumute war. Er wollte gerade fragen, ob er sich denn wirklich Sorgen machen müsse, aber sie kam ihm zuvor: »Der stellvertretende Direktor Smin hat möglicherweise keine sehr viel höhere Dosis abbekommen, aber, wie du siehst, ist er sehr krank, und du vielleicht nicht.«

»Ich fühle mich ganz gut«, sagte er, was nicht ganz der Wahrheit entsprach. Tatsächlich war er oft müde, und manchmal glaubte er, Fieber zu haben. Aber natürlich ging es ihm viel besser als Smin.

Seine Frau setzte sich neben ihn auf das Bett. »Die Ätiologie der Strahlenkrankheit«, sagte sie, »ist völlig klar. Simyon Michailowitsch paßt nicht ins Bild. Sein Zustand verschlechtert sich schneller als er sollte. Er . . .«

Sie schwieg erschrocken und schaute ängstlich zu den geschlossenen Vorhängen hinüber. »Er schläft«, beruhigte Scherantschuk sie. »Vor einer Minute habe ich noch sein Schnarchen gehört.«

»Nun«, sagte sie und sprach jetzt viel leiser, »deine Blutwerte sinken nicht so schnell ab wie seine und die vieler anderer.«

»Wieder dieses Medizinergeschwätz«, beschwerte er sich. »Ich will wissen, was das bedeutet.«

»Das bedeutet, daß wir es uns nicht erklären können«, entgegnete sie. »Vielleicht warst du nur äußerer Strahlung ausgesetzt – Rauch und Staub auf deiner Haut, die abgewaschen wurden. Smin hat möglicherweise einiges verschluckt oder eingeatmet. Er hat die radioaktiven Isotope noch im Körper.«

Scherantschuk verstand das nicht. »Aber ich war der Strahlung genauso ausgesetzt wie er! Ich habe mich sogar länger in der Gefahrenzone aufgehalten. Als der Reaktor explodierte, war er gar nicht da. Wir haben dieselbe Luft geatmet und dasselbe gegessen . . .«

»Kleine Unterschiede haben oft große Auswirkungen, Leonid. Du hast dich die meiste Zeit in irgendeinem Gebäude aufgehalten. Er mag öfter draußen gewesen sein. Kleinigkeiten wie ein paar Brotschnitten, die zu lange auf dem Tisch gelegen haben, können eine Rolle gespielt haben. Vielleicht hat er die obere Schnitte genommen und du eine von ganz unten.«

Scherantschuk zwang sich zur Ruhe. »Heißt das denn, daß ich . . .«

Er beendete den Satz nicht. »Es heißt, daß deine Chancen wesentlich besser sind«, sagte sie, und dann fügte sie energisch hinzu: »Leonid! Ich glaube, daß du wieder ganz gesund wirst!«

Scherantschuk drehte sich um, stützte sich auf einen Ellenbogen und sah seine Frau nachdenklich an. Er war noch nie ihr Patient gewesen, von gelegentlichen Kopfschmerzen oder einer Verletzung an der Hand abgesehen. Sprach sie immer so zu den Leuten, die ihr anvertraut waren? Es war ganz und gar nicht mehr der lässige Ton, in dem sie sich zu Hause unterhielten.

»Du redest ja immer noch wie eine Ärztin«, klagte er.

»Aber Leonid, ich bin schließlich auch eine. Außerdem bin ich mir ganz sicher!« fuhr sie fort. »Besonders seit diese amerikanischen Ärzte hier sind! Du kannst dir gar nicht vorstellen, welch hervorragende Arbeit sie leisten. Heute morgen zum Beispiel funktionierte plötzlich unsere Zentrifuge nicht mehr. In ein paar Stunden packten sie alles zusammen und zogen in eine andere Station. Und ihre Geräte! Sie haben eine Maschine, in die man eine Blutprobe eingibt. Dann macht es klick, und man hat den ausgedruckten Befund in der Hand! Mit der genauen Zahl! Wir dagegen müssen jede Blutprobe unter das Mikroskop legen, und jemand muß jede einzelne Zelle zählen – das dauert mindestens eine halbe Stunde, und wenn ein Techniker ein Dutzend Proben gezählt hat, sind seine Augen müde, und seine Aufmerksamkeit läßt nach. Wie leicht schleichen sich da Fehler ein!«

»Das hört sich ja sehr gut an«, sagte Scherantschuk.

Sie spitzte die Lippen, um eine weitere überraschende Neuigkeit loszuwerden. »Und wußtest du, Leonka, daß der eine gar kein Amerikaner ist, sondern aus Israel stammt?«

Diese Tatsache war allerdings bemerkenswert, denn Israel und die UdSSR unterhalten keine diplomatischen Beziehungen. Deshalb konnte ein Israeli auch kein Einreisevisum für die Sowjetunion bekommen – es sei denn, irgendein hochrangiger Funktionär hätte angeordnet, in diesem Fall die Vorschriften nicht zu beachten. »Das ist ja noch erstaunlicher als diese wunderbare Maschine«, sagte Scherantschuk. »Immerhin, wir haben den Israelis so viele Leute geschickt, daß sie uns ruhig mal einen leihen können.«

»Der amerikanische Arzt sagte sogar, daß ein Hospital wie dieses in seinem Land eine Klimaanlage hätte!«

Scherantschuk grinste. »Demnächst werden die Amerikaner auch noch ihre Autos mit Klimaanlagen ausrüsten.« Sein Arm wurde müde, und er ließ sich auf das Bett zurücksinken. Aufmerksam hörte er seiner Frau zu, als sie weitere technologische Wunder beschrieb, die aus Kalifornien eingeflogen worden waren. Er fand, daß sie sich eigenartig verhielt. Zwar unterhielt er sich gerne mit ihr, denn er bekam wenig Besuch, und ein Buch zu lesen ermüdete mit der Zeit, aber hätte eine Frau mit ihrem Mann nicht normalerweise über andere Dinge gesprochen? Verheimlichte sie ihm vielleicht irgend etwas? »Was ist mit Boris?« fragte er plötzlich und unterbrach sie.

»Boris?« wiederholte sie, als wüßte sie im Augenblick gar nicht, von wem er redete. »Ach, ja. Schade, aber seine Zellen passen nicht zu deinen. Aber vielleicht brauchst du ja gar keine Transfusion . . .«

»Das weiß ich selbst«, knurrte er. »Ich will wissen, ob du von ihm gehört hast, seit er fort ist.«

»Natürlich habe ich das«, sagte sie reumütig. »Er wurde in das Lager Artek am Schwarzen Meer evakuiert, das beste Komsomolzen-Lager, das wir haben, und es kostet keine Kopeke.«

»Das hat man mir auch schon gesagt. Ich will wissen, ob du von ihm persönlich gehört hast.«

»Aber gewiß! Oh! Das hätte ich fast vergessen – er hat sogar ein paar Fotos geschickt – hier.« Sie kramte in ihrer Handtasche. »Diese Aufnahmen wurden auf einer Fahrt nach Jalta gemacht.« Während Tamara ihm stolz erzählte, daß Boris sogar reiten lerne, betrachtete Scherantschuk die Farbfotos. Das eine zeigte Boris am Strand, den Arm um die Schulter eines anderen Jungen gelegt, den Scherantschuk noch nie gesehen hatte. Beide hatten Badehosen an und grinsten in die Kamera. Hinter ihnen waren ein paar fette Frauen mittleren Alters in Bikinis zu sehen, die fleißig Ball spielten. Eine von ihnen hatte eine riesige Kaiserschnitt-Narbe am Bauch.

»Kann man ihm trauen, wenn solche Badeschönheiten in der Nähe sind?« fragte Scherantschuk und lächelte.

Sie nahm die Bilder zurück und betrachtete sie noch einmal, bevor sie sie wegsteckte. »In einem Sommerlager ist man natürlich Versuchungen ausgesetzt«, seufzte sie.

Jetzt grinste Scherantschuk. Das war wenigstens wieder die alte Tamara. »In einem Hospital auch«, sagte er. »Du denkst vielleicht, ich treibe es mit Dr. Guskowa? Sie ist ein bißchen zu alt für mich und für meinen Geschmack auch ein wenig zu fett. Aber es gibt hier eine Nachtschwester . . .«

Aber Tamara schmollte, anstatt auf seinen Scherz einzugehen. »Ich habe gesehen, daß Selena Smin hier war«, sagte sie.

»Sie hat längere Zeit bei ihrem Mann gesessen«, sagte Scherantschuk. »Ich bewundere sie.«

»Ja, und ich habe gesehen, daß sie dich auch bewundert«, entgegnete Tamara.

»Oh«, sagte Scherantschuk, der endlich begriffen hatte. Er grinste seine Frau an. »Du hast gesehen, wie sie mich geküßt hat. Ja, natürlich, wir beide haben hier alles mögliche getrieben, während ihr Mann im Nebenbett schlief und ihr Sohn auf dem Korridor Wache stand.«

»Ich mag es nicht, wenn man über diese Dinge Witze macht«, bemerkte Tamara mit ernstem Gesichtsausdruck.

Scherantschuk seufzte leise. War es möglich, daß sie schon wieder ernsthaft eifersüchtig war? Er wollte sie gerade beruhigen, als jemand anklopfte.

Er schaute hinüber. Ein sonnengebräunter junger Mann in Luftwaffenblau stand in der Tür. »Ich bin Leutnant Nikolai Smin«, sagte er. »Ist mein Vater hier?«

»Ja«, sagte Tamara, »aber Sie müssen Hospitalkleidung tragen, wenn sie . . .« Sie wurde von einer Stimme hinter dem Vorhang unterbrochen.

»Ist mein Sohn gekommen? Dann ziehen Sie ihm bitte ein Nachthemd an und lassen ihn hereinkommen!«

Nikolai Smin nahm den Besucherstuhl, der neben Scherantschuks Bett stand, während Scherantschuk und seine Frau nach draußen gingen, um das Wiedersehen zwischen Vater und Sohn nicht zu stören. Nikolai stellte den Stuhl neben das Bett seines Vaters und wollte den Vorhang zurückziehen, aber sein Vater hinderte ihn daran. »Laß den Vorhang zu«, befahl er. »So deutlich brauchst du mich nicht zu sehen.«

Nikolai gehorchte wortlos. Er konnte es jedoch nicht vermeiden, daß ihm sein Entsetzen am Gesicht anzusehen war, als er für einen kurzen Moment seinen Vater sah. Plötzlich war Smin ein alter Mann, den ein grauenhafter Tod erwartete. Was waren das für schreckliche eitergefüllte Blasen in seinem Gesicht? Was bedeuteten diese roten Schwären an Hals und Schultern, aus denen eine farblose Flüssigkeit quoll? Und der unangenehme Geruch?

»Du darfst mich nicht berühren, Kolja«, sagte Smin. »Du mußt die Luft küssen, und ich küsse sie auch.«

Nikolai protestierte schwach. »Ich habe keine Angst, mich bei dir anzustecken.«

»Aber ich habe Angst um dich. Außerdem tut es weh, wenn jemand mich anfaßt.«

»Aber wenigstens bist du, nun . . .« Nikolai suchte nach Worten, um irgend etwas Tröstendes zu sagen.

»Bei Bewußtsein? Bei klarem Verstand? Ja, Kolja, manchmal für eine halbe Stunde, und die wollen wir nicht verschwenden, indem wir uns etwas vorspielen. Ich freue mich so sehr, dich zu sehen, mein Sohn.«

Nikolai zögerte und suchte nach Worten. »Es ist gar nicht so gefährlich, in Afghanistan einen MI-24-Kampfhubschrauber zu fliegen, Vater«, sagte er. »Aber es ist eine dreckige Arbeit und furchtbar langweilig; nur einem Idioten kann es Spaß machen, aus der Luft auf Zivilisten zu schießen. Sicher, ein paar von den Zivilisten schießen zurück, aber mir ist noch keiner nahegekommen.«

»Wirst du nach Afghanistan zurückgehen?«

In Nikolais Gesicht trat ein Ausdruck von Trotz. »Natürlich«, sagte er.

»Mutter sprach davon, daß du dich freiwillig zu den

Hubschraubern melden wolltest, die über dem Reaktor Material abwerfen.«

»Das war nur so ein Gedanke. Sie brauchen keine Piloten mehr, Vater. Sie haben die Abwürfe eingestellt.«

»So?« sagte Smin. »Dann ist der Reaktor jetzt wieder sicher?«

»Ich glaube, daß er wenigstens so sicher ist«, antwortete Nikolai, »daß man das Problem jetzt mit anderen Mitteln angehen kann und daß keine Hubschrauberpiloten mehr versuchen müssen, dem Qualm auszuweichen. Ich habe die Fotos gesehen, Vater; so etwas möchte kein Hubschrauberpilot in der Nähe haben. Jedenfalls haben sie aufgehört, Material abzuwerfen. Ich habe mich erkundigt, ob es in der Gegend für einen Piloten andere Arbeit gibt. Sie sagten nein. Nur ein paar Hubschrauber werfen Jod-Kristalle in den Wolken ab, bevor sie Tschernobyl erreichen, damit es nicht auf das Werk regnen kann. Aber unglücklicherweise brauchen sie mich dafür nicht.«

»Unglücklicherweise«, wiederholte Smin. »Warum unglücklicherweise?«

Nikolai zuckte mürrisch die Acheln. »Nein, wirklich«, sagte sein Vater. »Ich möchte gern wissen, was du empfindest. Bist du entschlossen, die Familienehre wiederherzustellen? Glaubst du, ich sei an dem Unfall schuld gewesen, und du müßtest jetzt etwas besonders Heldenhaftes tun, um es wiedergutzumachen?«

Nikolai dachte eine Weile nach. »Ich weiß nicht, was ich darüber denke«, sagte er endlich. »Ist das denn wichtig? Wenigstens bin ich jetzt hier!«

»Und dafür danke ich dir«, sagte sein Vater, dem es nur lieb war, daß das Thema gewechselt wurde. »Ich weiß es zu würdigen, daß du versuchen willst, mir das Leben zu retten.«

»Wenn ich es kann. Ich soll heute nachmittag untersucht werden.«

Smin bemerkte, wie sein Sohn unwillkürlich schluckte.

»Es ist nicht angenehm, was sie mit dir machen wollen«, sagte er. »Es tut mir leid, daß ich dich darum bitten muß. Und es tut mir noch mehr leid, daß es nötig ist. Kolja? Schämst du dich deines Vaters?«

»Ob ich mich schäme? Aber Vater! Du hast getan, was du konntest.«

»Das habe ich auch immer gedacht«, sagte Smin.

»Nein, wirklich! Mutter und Wassili haben mir alles erzählt. In den letzten drei Jahren hast du dafür gesorgt, daß alles immer besser funktionierte . . .«

»In drei Jahren, ja. In weiteren fünf Jahren wäre meine Aufgabe vielleicht beendet gewesen, und Tschernobyl hätte in jeder Hinsicht der Form entsprochen. Schade, aber ich hatte diese fünf Jahre nicht.«

»Nein«, sagte Nikolai. »Es war also nicht deine Schuld. Aber dennoch . . .«

Smin wartete. »Was denn, Kolja?« fragte er.

»Ich sollte jetzt den Test machen lassen, anstatt dich mit Albernheiten zu belästigen, während du dich nicht wohl fühlst.«

Jetzt lachte Smin. Nicht »wohl fühlst«! Aber er hatte Schmerzen beim Lachen und bemerkte nur geduldig: »Sag mir, was du sagen wolltest, Kolja. Vater und Sohn sollten aufrichtig miteinander reden.«

»Nur, äh, es gibt . . .«, stotterte Nikolai, aber dann sprach er schneller. »Es gibt da diese schrecklichen Gerüchte über Beton, der zerbröckelt, und Wände, die einstürzen!«

»Da sind wahre Geschichten, Kolja. Ich habe viele minderwertige Produkte akzeptiert.«

»Aber *warum*, Vater?«

Smin seufzte. »Erfahrt ihr in der Luftwaffe denn überhaupt nicht, wie es in der Welt zugeht? Nehmen wir einmal an, Kolja, du bist Direktor einer Zementfabrik. Jeden Monat mußt du einen Plan erfüllen. Vielleicht sieht dein Plan vor, daß du zehntausend Tonnen Zement produzierst, und es ist der Fünfundzwanzigste des Monats, und du hast erst viertausend Tonnen. Aber wenn du deinen Plan nicht erfüllst, gibt es keinen Bonus für die Arbeiter und keine Belobigung für dich; du wirst vielleicht sogar streng getadelt. Oder dir passiert etwas noch Schlimmeres. Was machst du also, Kolja? Du machst das, was jeder andere Fabrikdirektor auch macht. Du setzt alle deine Arbeiter auf Überstunden und befiehlst ihnen, in fünf Tagen sechstausend

Tonnen Zement mit Gewalt zu schaffen. Können sie das? Natürlich – irgendwie schaffen sie es; du hast deinen Plan erfüllt . . . Nur die sechs Tonnen Zement sind nicht zu gebrauchen.«

»Aber du mußt diesen Zement nicht nehmen, Vater!«

»Stimmt«, sagte sein Vater. »Man sollte ihn sofort zurückgehen lassen. Aber was dann? Tschernobyl brauchte Zement. Der Zementhersteller mußte nicht nur den Plan erfüllen, er mußte die Produktion auch verkaufen. Er sagte also zu mir: Du brauchst guten Zement, in Ordnung, ich gebe dir soviel du brauchst. Aber dann mußt du auch den Ausschuß nehmen. Ich habe keine Wahl, Kolja. Ich nehme den schlechten, denn wenn ich es nicht tue, tut es ein anderer, und der bekommt dann den guten Zement, den ich verzweifelt brauche. Das gleiche gilt für Stahl: Der Plan für das Stahlwerk erfordert noch, sagen wir mal, weitere zehntausend Tonnen. Die kann man leicht herstellen, wenn es die normale Qualität sein soll. Aber ich brauche eine bessere Qualität. Um den Stahl zu bekommen, den ich für meinen Reaktor brauche, muß ich den Direktor also dazu überreden, ihn herzustellen, und um das zu erreichen, muß ich auch ein paar tausend Tonnen Stahl kaufen, der nicht zu gebrauchen ist. Oder ich muß jemanden mit Geld bestechen oder sogar mit einem Auto. Oder ich muß sogenannte Beschleuniger ausschicken – Beschleuniger! Das sind in Wirklichkeit Ganoven, Schmeichler, Speichellecker, sogar Zuhälter. Ich schicke diese schmierigen Typen aus, damit sie den Lieferanten einladen, mit ihm ausgehen und ihn beschwatzen, und er mir die Sachen schickt, die ich brauche, und nicht den Schrott, den er loswerden will . . . aber trotzdem schicken mir die Lieferanten meistens beides, und bestechen muß ich sie noch zusätzlich.«

»Das ist eine *Schande*« rief sein Sohn entrüstet. Dann fügte er rasch hinzu: »Entschuldigung, ich meine nicht dich. Ich meine . . . –«

»Du darfst mich ruhig meinen, Kolja«, sagte Smin leise. »Ich hätte es trotz allem anders machen können. Allerdings wäre Tschernobyl dann wohl nicht mit viertausend Megawatt Elektrizität ans Netz gegangen.«

Nikolai murmelte etwas vor sich hin. »Was hast du da gesagt?« fragte Smin scharf.

»Nichts, Vater. Ich muß jetzt die Untersuchung vornehmen lassen. Ich komme später wieder.« Diesmal legte er vorsichtig, aber entschlossen seine Hand auf die seines Vaters, bevor er ging; aber Smin reagierte nicht. Er war zu sehr damit beschäftigt, sich zu fragen, ob er Nikolai richtig verstanden hatte.

Für Smin waren es kostbare Momente, wenn er einmal allein und bei Bewußtsein war. Er verlor keine Zeit. Rasch zog er den Block unter dem Kissen hervor, auf dem er den Brief an Mischko und Milaktiew schrieb, aber schon nach ein paar Zeilen erlahmte sein Arm und seine Augen brannten. Außerdem beunruhigte ihn die Frage, wie er den Leuten das Papier zustellen sollte. Würden sie wiederkommen? Wahrscheinlich ja, aber würde er dann noch in der Lage sein, es zu überreichen? Seiner Frau oder seinem jüngeren Sohn konnte er es auf keinen Fall mitgeben. Was würde passieren, wenn sie mit dem Brief erwischt würden?

Vielleicht Kolja? Immerhin war er ein erwachsener Mann; nachdem er elf Monate lang in Afghanistan Jagd auf islamische Stammeskrieger gemacht hatte, konnte er sich bestimmt durchsetzen. Ihm würde schon etwas einfallen. Aber konnte man ihm einen solchen Brief überhaupt anvertrauen? Smin dachte an Koljas Bemerkung, die er kaum verstanden, die ihn aber sehr erschreckt hatte.

Also blieb nur noch Smins Mutter übrig.

Smin lehnte sich zurück und ließ den Block wieder unter das Kissen gleiten. Sie war vermutlich in diesem Augenblick schon irgendwo in diesem Hospital und tat das, was auch Kolja tat: Sie ließ sich mit einem großen scharfen Messer das Brustbein durchbohren, damit ihr eine Knochenmarksprobe entnommen werden konnte. Für ihn. Immer für ihn. Schon als er noch ein kleines Kind war, hatte sich alles immer um ihn gedreht. Er erinnerte sich an die Zeit, als er mit seiner Mutter auf dem Dorf lebte und zur Schule ging. An seine Zeit bei den Jungen Pionieren. An den Tag, als er mit zwanzig Jahren fortging, um seinen Militärdienst abzuleisten. (Schlimmstenfalls ein Ärgernis, denn wer sollte 1940 die Sowjetunion angreifen, wo doch der einzige andere mächtige Staat in Europa mit ihr einen unauflösbaren Nichtangriffspakt geschlossen hatte?) Zu seinem Glück hatte man ihn zu einer Panzerdivision abkommandiert.

Als Adolf Hitler ein Jahr später den unauflösbaren Nichtangriffspakt brach und seine unbesiegbaren Armeen über die Grenze vorstoßen ließ, wurde der junge Leutnant Simyon Smin deshalb nicht wie zwei Millionen andere junge Rekruten als Kanonenfutter an die Front geschickt, denn er studierte viertausend Kilometer weiter fortgeschrittene Panzertaktik.

Schweißgebadet fuhr er hoch, und fast hätte er laut geschrien; er hatte geträumt; Flammen züngelten an ihm hoch; sein T-34 war getroffen worden.

Er atmete tief durch, um sich zu beruhigen. Er würde jetzt vielleicht sterben, aber wenigstens war er damals nicht gestorben. Ihm waren vierzig weitere Jahre Leben geschenkt worden; er hatte bekommen, was ihm zustand.

Er hatte diese Jahre genutzt. Er hatte zwei gute Frauen geheiratet und konnte zwei gute Söhne vorzeigen. Es war schade, daß es so schlecht enden sollte, aber es war dennoch weit mehr, als er hoffen konnte, damals, als er versuchte, sich aus dem brennenden Panzer zu hangeln.

Im Lazarett hatte seine Mutter ihn gefragt, ob es ihm etwas ausmachen würde, wenn sie wieder heiratete.

An eine solche Möglichkeit hatte der junge Simyon Smin nie gedacht. Ihm war damals klar gewesen, daß seine Mutter mit ihren etwas über vierzig Jahren immer noch eine gutaussehende Frau war. Aber *heiraten*? Dazu einen so hohen Parteifunktionär? Denn Wassiliewitsch Mischko war in der Parteiorganisation der Ukraine, die gerade zurückerobert worden war, der zweite Mann hinter Chruschtschow.

Er hatte allerdings sofort zugestimmt. Das Wohl seiner Mutter hatte ihm stets am Herzen gelegen. Er hatte sich sogar darüber gefreut, daß seine Mutter jetzt wieder ihr eigenes Leben führen konnte, ohne den Krieg oder eine Säuberung befürchten zu müssen; sie hätte sicherlich auch geheiratet, wenn F. W. Mischko nicht Stalins Mißfallen erregt hätte und als Goldschürfer nach Sibirien geschickt worden wäre. Es wunderte Smin damals nicht, daß seine Mutter beschloß, den Rest ihres Lebens zurückgezogen zu verbringen. Sie hatte erlebt, was passieren konnte, wenn jemand zu sehr im Blickpunkt der Öffentlichkeit stand.

»Sie sind also wach?« fragte eine leise Stimme auf der anderen Seite des Vorhangs.

Smin schüttelte sich. »Gewiß doch, Genosse Klempner.« sagte er, mit einiger Anstrengung gelang ihm ein Lächeln. »Was gibt's Neues draußen?«

Er freute sich wirklich, Scherantschuk wiederzusehen. Er versuchte, konzentriert zuzuhören, während Scherantschuk erzählte – die gute Nachricht, seine Frau war unerwartet im Hospital aufgetaucht; die schlechte Nachricht, einer der Vier Jahreszeiten lag im Sterben, ein anderer im Delirium. »Ich wundere mich, daß Sie ihn nicht gehört haben«, sagte Scherantschuk. »Er hat vorhin ganz laut geschrien, aber jetzt hat er sich wieder beruhigt.«

»Ja, ja«, sagte Smin zerstreut.

»Und Ihr ältester Sohn hat Sie besucht. Das ist doch auch eine gute Nachricht.«

»Das ist es wohl«, sagte Smin, aber der Ton, in dem er das sagte, ließ Scherantschuk aufhorchen.

»Stimmt etwas nicht?« fragte er besorgt.

»Was sollte denn nicht stimmen? – Nein, Leonid, aber ich mache mir dennoch Sorgen. Wir unterhielten uns über die Schwierigkeiten, die wir im Werk hatten. Ich meine nicht den Unfall, sondern die Schwierigkeiten mit der Materialbeschaffung und mit dem Personal. Dann glaube ich, sagte er leise, mehr zu sich: ›Es wäre besser, wenn Stalin zurückkäme.‹«

»Jetzt verstehe ich«, sagte Scherantschuk.

Smin schaute zu ihm hoch. »Wirklich?«

»Ich glaube es wenigstens«, sagte Scherantschuk unsicher. »Er ist schließlich Soldat. Viele sind der Meinung, daß unsere Führung in Afghanistan zuviel Zeit verschwendet hat.«

»Finden Sie es denn auch?« fragte Smin traurig. »Finden Sie auch, daß Michail Gorbatschow zu liberal ist?«

»Nein, nein! Das meine ich nicht. Was verstehe ich denn schon von diesen Dingen? Ich sage nur, daß ich solche

Bemerkungen schon gehört habe. Es gibt ja auch tatsächlich viel Verschwendung und Korruption.«

»Aber unter Stalin hatten wir dieselben Unzulänglichkeiten, nur daß man es damals ›Sabotage‹ nannte. Außerdem hatten wir die Säuberungen.«

»Ich erinnere mich nicht mehr sehr gut an die Stalinzeit«, sagte Scherantschuk.

»Glücklicherweise hat mein Sohn Kolja die Stalinzeit überhaupt nicht erlebt. Er brauchte nie Angst davor zu haben, daß um zwei Uhr morgens plötzlich jemand an die Tür klopfte. Heute sind die Leute vom KGB rücksichtsvoller. Sie kommen nur während der Dienstzeit. Leonid? Sind Sie auch verhört worden?

»Ja, aber nur kurz. Ich habe ihnen einfach gesagt, daß ich zum Zeitpunkt der Explosion dienstfrei hatte und daß meines Wissens nach Chefingenieur Warazin dafür verantwortlich war, das Experiment unter Ausschaltung der Sicherheitssysteme durchzuführen, außerdem erwähnte ich, daß Gorodot Chrenow ihn dazu ermutigt hat.«

»Leonid! Was haben Sie über Chrenow gesagt?«

»Nur das. Ich habe ganz einfach die Wahrheit gesagt.«

»Sie haben ihnen gesagt, was Sie für die Wahrheit halten«, entgegnete Smin geduldig. »Sie haben Chrenow erwähnt. Chrenow gehört zu den Staatsorganen. Glauben Sie, daß die Organe melden wollen, daß einer ihrer Leute mit der Sache etwas zu tun hat?«

»Ja, darüber schienen sie sich Sorgen zu machen«, gab Scherantschuk zu.

»Leonid, sind Sie wahnsinnig? Haben Sie überhaupt recht? Woher wollen Sie denn überhaupt wissen, was er getan hat?«

»Ich weiß, daß er immer wie ein Schatten um Chefingenieur Warazin herumhängt«, sagte Scherantschuk störrisch.

»Dafür wird er schließlich bezahlt, Leonid. Warum sagen Sie ›ermutigen‹. Waren Sie dabei, als Chrenow Warazin ›ermutigte‹ weiterzumachen?«

»Nein, aber genau das hat er getan!«

»Woher *wissen* Sie das? Sie waren nicht dabei«, sagte Smin. »Glauben Sie mir, die Organe wissen recht gut, was Chrenow getan hat, und Chrenow wird sich dafür verantworten müssen. Aber nicht in der Öffentlichkeit. Wenn es also eine Anhörung gibt, und die wird es geben, und wenn Sie aussagen, und das müssen Sie, dann werden Sie ganz einfach die Wahrheit sagen über das, was Sie gesehen und getan haben. Sie werden nichts vortragen, was Sie nur aus den Berichten anderer erfahren haben.« Er zögerte und sagte dann leise: »All das steht nun in den Akten.«

»Und diese Akten werden für immer beim KGB bleiben«, sagte Scherantschuk bitter. Er hatte plötzlich Angst.

Smin sagte eine Weile nichts. Dann sagte er langsam: »Nicht unbedingt. Denken Sie an Chruschtschows Rede über die Exzesse unter dem Stalin-Regime. Es ist möglich, daß irgendwann alles einmal herauskommt.« Dann schüttelte er den Kopf und grinste, ein makabrer Anblick in diesem zerstörten Gesicht. »Wie dem auch sei – aber was ist das?«

Scherantschuk hatte es auch gehört. »Ich fürchte, Arkady Ponomorenko schreit wieder«, meinte er besorgt. »Aber was wollten Sie noch sagen?«

»Nur, daß wir vielleicht Glück haben und hier im Hospital Nummer sechs sterben. Aber gehen Sie zu Ihrem Freund. Es hört sich so an, als ob er jemanden braucht.«

Vor der Tür zum Zimmer des Rohrschlossers wurde Scherantschuk von einer Schwester zurückgehalten. »Merken Sie denn nicht, daß er nicht in der Verfassung ist, Besuch zu empfangen?«

»Ich bin kein Besuch. Ich bin ebenfalls Patient. Auf jeden Fall braucht er jemanden.«

»Und wie glauben Sie, ihm helfen zu können?« fragte sie traurig. Hinter ihr hatte »Frühling« inzwischen aufgehört zu schreien. »Nun, ja«, sagte die Schwester dann. »Es kann wohl nicht schaden, zumindest nicht bis sein Vetter wiederkommt.«

Doch Wolja Ponomorenko ließ sich Zeit, er kam nicht so bald zurück. Scherantschuk war überzeugt, daß er seinen Vetter nicht mehr lebend antreffen würde. Der Rohrschlosser rang nach Luft, während er mit sich selbst sprach. Immer wieder flüsterte er, daß das Kernkraftwerk Tschernobyl hier gar nicht stehen dürfte. »Es sind die Russen«, murmelte er verträumt und starrte auf die Zimmerdecke. »Sie brauchen das Kraftwerk, nicht wir. Wir haben Bauernland in der Ukraine! Wir bauen Gemüse und Getreide an, das beste der Welt. Wenn wir elektrische Energie brauchen, holen wir sie uns aus dem Dnjepr! Am Dnjepr sind schon zwei große Dämme. Wozu brauchen wir diesen atomaren Unfug?«

»Pssst«, sagte Scherantschuk nervös. »Sie sollten sich ein wenig ausruhen, Arkady.«

Der Rohrschlosser schien ihn nicht gehört zu haben. Ganz vernünftig, als unterhielte er sich wirklich mit jemandem, sprach er weiter: »Warum haben wir also das Kraftwerk? Weil die Russen es haben wollen. Das Ding ist nicht für Ukrainer bestimmt. Die Russen wollen nur in Moskau das Licht anmachen können, und sie wollen den Strom an Polen und Bulgarien verkaufen. Sollen die doch ihre eigene Elektrizität machen!«

»Bitte, ruhen Sie sich doch aus«, bat Scherantschuk und schaute zur Tür. Wo waren die Ärztinnen, wenn man sie brauchte?

»Aber nein!« rief Ponomorenko, der plötzlich wieder laut wurde. »Die Russen bestehen darauf, und was können wir tun? Können wir etwa nein sagen? Können wir ihnen sagen, sie sollen bitte ihren atomaren Dreck woanders bauen? Können wir frei in unserer geliebten Ukraine leben, die Bogdan Chelmnitski von den Polen befreite? Können wir etwa offen reden? Nein, wir können es nicht, und wißt ihr warum? Ich werde euch sagen warum!« schrie er.

»Bitte!« rief Scherantschuk und rannte zur Tür. »Schwester!«

»Darum!« schrie Ponomorenko und stützte sich auf seine Ellenbogen. Weil wir *Gefangene* sind! Die Russen haben uns gefangengenommen, und nun können wir uns nicht mehr befreien. Mein einziger Wunsch . . .«

Er bekam einen Hustenanfall und sank auf das Bett zurück. Doch was sein Wunsch war, würde nie jemand erfahren. Seine leeren Augen starrten an die Decke, sein Unterkiefer hing herab.

Der mutige Rohrschlosser und hervorragende Fußballspieler, der »Frühling« von den Vier Jahreszeiten, Arkady Ponomorenko, war tot.

29

DONNERSTAG, 8. MAI 1986

Emmaline Branford ist auf den Straßen von Moskau eine auffällige Gestalt, nicht nur, weil sie moderne amerikanische Hosen trägt und manchmal ihren Walkman einschaltet, wenn sie dahinschlendert, sondern auch, weil sie schwarz ist. Sie weiß, nur dank ihrer Hautfarbe bekleidet sie diesen recht aussichtsreichen Posten in Moskau, denn wie jeder andere amerikanische Arbeitgeber muß auch das U.S. State Department seinen Ruf aufpolieren und für Chancengleichheit eintreten. Ihr Geschlecht hat ihr ebenfalls geholfen; als Kultur-Attaché hat sie unter den Frauen der Ortschaft das zweitwichtigste Amt inne. Emmaline ist eine hübsche Frau mit einem Magistergrad in Soziologie und einem Examen in slawischen Sprachen. Ihre Mutter sah es nicht gern, daß sie nach Moskau ging. Emmalines Mutter wünscht noch immer, daß sie in Waycross, Georgia, Lehrerin wird, heiratet und ihr ein Enkelkind beschert. Ihr Freund hat ähnliche Wünsche, aber mit siebenundzwanzig Jahren verspürt Emmaline noch keine Lust, seßhaft zu werden.

Wenn Emmaline morgens widerwillig aus ihrem Bett aufstand, ging sie zuerst an die Kaffeemaschine, um sich die obligatorische Tasse heißen, schwarzen und sehr starken Kaffee zu machen. Ihre zweite Aufgabe am Morgen war weit weniger angenehm. Sie mußte den Handfeger und die Kehrschaufel (die in Wirklichkeit aus dem Deckel eines Pappkartons bestand, aber ganz gut funktionierte) benutzen, um die morgendliche

Ansammlung toter Kakerlaken aufzufegen. Diesmal waren es nur etwa ein Dutzend, nicht viele für einen so strahlenden Maimorgen, und daher hatte Emmaline schon geduscht, als der Kaffee fertig war.

Angezogen und bereit zum Weggehen schaute Emmaline aus dem Fenster ihrer Wohnung im Ausländer-Getto und aß dabei ihre Grapefruit – die letzte Grapefruit, die sie essen würde, bevor jemand aus der Botschaft wieder einmal einen Kurierflug nach Helsinki unternahm. Sie wartete darauf, daß Warner Borden, der Wissenschaftliche Attaché der Botschaft, an die Tür klopfte. Sie hatte sich noch nicht entschieden, ob sie sich von ihm in seinem kleinen roten Nissan zur Botschaft mitnehmen lassen oder lieber zu Fuß gehen sollte. (Mit ihren 124 Pfund war Emmaline überzeugt, daß sie im letzten russischen Winter zu fett geworden war.)

Auch was Warner Borden betraf, hatte sie sich noch nicht entschieden. Es war Frühling. Der Winter war lang gewesen, und für Emmaline war es eine einsame Zeit gewesen; seit März war ihr sogar Borden interessant vorgekommen; es gab nur wenige ledige amerikanische Männer in Moskau; und überhaupt keine Schwarzen, wenn man die neunzehnjährigen Marine Guards der Botschaft nicht rechnete. Emmaline war mit dem Jungen in Waycross nicht offiziell verlobt, und sie war so veranlagt, daß sie gern ein wenig herumexperimentierte. Sie hatte nicht einmal gegen Warner Borden etwas einzuwenden. Aber die ganze Hurerei machte keinen rechten Spaß, wenn man wußte, daß die Wanze im Telefon und die Abhörgeräte im Schlafzimmer und im Bad jedes Keuchen, Stöhnen, Grunzen und Babbeln klanggetreu an einen Mann mit Kopfhörern und Tonbandgerät übertrugen, der irgendwo im nächsten Block saß. Und diese ungebetenen Zuhörer mußten nicht unbedingt Russen sein.

Die Entscheidung, um die es ging (und Emmaline war von Natur aus fair), war: Sollte sie Warner ermutigen oder nicht? Sie dachte darüber nach, während sie die Reste ihres Frühstücks wegräumte, wobei sie wegen des Ungeziefers alles gut verschloß. Sie überlegte immer noch, als sie sich im Badezimmerspiegel betrachtete. Beim Zähneputzen, das sie rasch nachholte, fand sie drei weitere Kakerlaken neben der Toilette, die sich nur noch schwach bewegten. Sie wollte den Handfeger holen, doch in diesem Augenblick klopfte Warner an die Tür.

Sie stand in der Tür und begrüßte ihn. »Vielen Dank«, sagte sie, »aber ich denke, ich werde doch lieber zu Fuß gehen.«

Er schien nicht enttäuscht zu sein. »Es ist ja auch ein schöner Tag. Vielleicht kann ich aber trotzdem eine Tasse Kaffee haben?«

Es wäre albern gewesen, wenn ihr die Kakerlaken peinlich gewesen wären; sie waren eine Plage, die alle betraf. »Bedienen Sie sich«, sagte sie und wandte sich ab. Als sie den letzten Kakerlak einfing, der sich hinter der Toilette verstecken wollte, erschien Borden in der Badezimmertür, die Tasse in der Hand, und schaute ihr zu, wie sie die Tierchen wegspülte.

»Sie müssen aufpassen, daß sie mit den Dingern die Toilette nicht verstopfen«, und fragte: »Womit kriegen Sie sie eigentlich tot?«

»Ein Rezept von Rimas Großmutter. Man mischt Borsäure mit kaltem Kartoffelbrei und rollt daraus kleine Kugeln. Rima sagt, das macht sie durstig, hindert sie aber am trinken. Dann sterben sie. Meistens wenigstens. Ich glaube, deshalb liegen sie auch immer in der Nähe des Wasserbeckens.«

»Sie halten sich in der Nähe von etwas auf, das sie nicht kriegen können. Das tu ich auch manchmal.« Er grinste.

Emmaline knallte den Klosettdeckel zu und wechselte das Thema. »Was gibt es Neues aus Tschernobyl?«

»Immer noch nichts«, erwiderte er mürrisch. »Sie haben beim Staatlichen Komitee für Nuklearaufsicht ein paar Pressekonferenzen abgehalten, aber nur für die Ostblockländer und Ted Turner. Soweit zum Thema *glasnost*.« Er schaute auf die Uhr und trank seine Tasse leer. »Ich habe in einer halben Stunde eine Besprechung. Vielleicht erfahre ich da etwas. Die Wolke zieht immer noch nach Osten, also sind wir hier wohl sicher.«

Emmaline versuchte der Sache eine gute Seite abzugewinnen. »Wenn die Wolke nach Moskau käme, brächte sie vielleicht wenigstens diese verdammten Kakerlaken um.«

»Kein Stück, Honey. Den Kakerlaken ist die Strahlung egal. Sie fressen sie. Wenn Sie heute morgen nach Tschernobyl gegangen wären, hätten Sie wahrscheinlich eine Menge Tote vorgefunden und Millionen fröhliche Kakerlaken, die gerade zum Essen Platz nahmen.«

»So viele?« fragte sie ernüchtert.

»Die Millionen Kakerlaken? Ach, Sie meinen die toten Menschen. Wie sollen wir das wissen? Die Russen haben bisher nur zwei Tote zugegeben. In Washington wird behauptet, daß es viel mehr sein müssen, vielleicht Hunderte – in New York gibt es Gerüchte, die besagen, daß es schon fünfzehntausend Tote gegeben hat.«

»Wem glauben Sie denn, Warner?«

»Honey«, seufzte er und wandte sich ab, um rasch seine Tasse auszuspülen. »Wenn man hier so lange gelebt hat wie ich, dann glaubt man *niemandem* mehr.«

Als Emmaline das Ausländer-Getto verließ und an den Sowkino-Filmstudios vorbei zum Kiewer Bahnhof ging, war die Luft an diesem schönen Maimorgen gerade so kühl, daß es noch angenehm war. Die Sonne schien zwar, aber Emmaline war dennoch froh, daß sie einen Pullover angezogen hatte. Reste schmutzigen Schnees lagen noch an den nach Norden gerichteten Wänden, aber die Bäume waren schon grün, und auf den Rasenflächen blühten schon vereinzelt kleine Blumen.

Sie mußte die ganze Zeit an Warner Borden und an Tschernobyl denken. Es war ein wenig ärgerlich, daß er kein bißchen niedergeschlagen war, als sie sich von ihm nicht mitnehmen lassen wollte. Nun, sagte sie sich, der Mann ist eben sehr beschäftigt. Bei seinem ersten Termin an diesem Tage sollte er dem Staatlichen Komitee für Nuklearaufsicht erneut technische Unterstützung von seiten der Amerikaner anbieten, und im Augenblick beschäftigte er sich in Gedanken sicher mehr mit seinem Termin als mit ihr.

Dennoch, er hatte nicht einmal versucht, sie anzufassen. Sie war verstimmt. Es war gewiß ihr gutes Recht, ihn zurückzuweisen, aber sie hatte nicht damit gerechnet, daß er so schnell aufgeben würde.

Aber als sie sich der Metro-Station am Kiewer Bahnhof

näherte, vergaß sie Warner und dachte wieder an das Ereignis, das sich in der Nähe von Kiew abgespielt hatte.

Als sie auf den Terminal zuging, wurde sie von einer Frau angesprochen, die ebenso modisch gekleidet war wie sie. Sie trug eine Kamera um den Hals. »Entschuldigen Sie«, sagte die Frau, »aber Sie sind doch Amerikanerin, nicht wahr? Was ist hier los?«

Emmaline wußte schon, warum die Frau diese Frage stellte. Der Kiewer Bahnhof war lauter und belebter als je zuvor, und die Anzahl der Polizisten, die hier sonst Dienst taten ob uniformiert oder nicht, hatte sich mindestens verzehnfacht. »Sie bringen die Kinder aus Kiew«, sagte sie. »Sie sind evakuiert worden.«

»O Gott«, rief die Frau und trat zur Seite, um eine Gruppe evakuierter Kinder durchzulassen. Sie mochten acht oder zehn Jahre alt sein. Es waren zwanzig oder dreißig, die, von einigen Lehrerinnen begleitet, diszipliniert vorbeimarschierten. Die Kinder waren offensichtlich übermüdet und nicht so sauber, wie sie hätten sein können, aber sie hielten Ordnung und liefen in Zweierreihen auf den Bus zu, der schon auf sie wartete. Jedes der Kinder führte einen Beutel oder eine Tasche mit seinen Habseligkeiten mit sich. »Wir wollten gerade in unser Hotel«, sagte die weiße Amerikanerin abwesend und machte ein ganz besorgtes Gesicht. »Wir wohnen im Hotel Ukraine, wissen Sie. Und wir nahmen die U-Bahn und stiegen hier aus, und – Hören Sie, sind wir hier sicher? Wir hören alle möglichen Gerüchte.«

»Soweit ich weiß«, sagte Emmaline vorsichtig«, »sind Sie hier in Moskau vollkommen sicher. Die Stadt dürfte überhaupt nicht berührt werden. Ihr Hotel liegt dort drüben, auf der anderen Seite des breiten Boulevards, den sie Kutuzowski nennen.«

Sie wies hinüber, entschuldigte sich und wandte sich ab, um selbst zu sehen, was hier vorging. Ein verschwitzt und gehetzt aussehender Journalist von Reuter winkte ihr zu. »Wissen Sie irgend etwas, was ich nicht weiß?« fragte er.

»Ich weiß überhaupt nicht viel. Haben Sie mit den Kindern geredet?«

»Mit ihnen geredet! Ich bin kaum in ihrer *Nähe*, da kommt schon irgendein Idiot vom KGB und erzählt mir, daß ich die Evakuierung behindere. Aber Sie sind Diplomatin, Honey.

Gehen Sie direkt zu den Zügen hinüber und nehmen Sie mich mit. Abgemacht?«

»Keine Chance«, sagte Emmaline energisch. »Erzählen Sie mir trotzdem, was los ist.«

»Ach«, sagte der Mann angewidert. »Sie haben in Kiew alle kleinen Kinder zusammengeholt und nach hier verfrachtet. Sie sollen in Sommerlager der Jungen Pioniere gebracht werden. Die Lager liegen in der Umgebung von Moskau. Aber was ich wirklich wissen will, ist, wie es jetzt in Kiew aussieht, und sie lassen mich nicht mit den Kindern reden. Hören Sie zu, Ihr Russisch ist besser als meins. Sehen Sie die Kinder, die da drüben vor der Toilette warten? Können wir da nicht einfach vorbeigehen und versuchen, mit ihnen ins Gespräch zu kommen?«

Aber Emmaline schüttelte den Kopf. »Ein anderes Mal, okay? Ich muß jetzt zur Arbeit.«

Um elf Uhr hatte Emmaline ihre Arbeit getan, ihre Telegramme abgeschickt, ihr Tagesprogramm bestätigt und für ein Uhr einen Wagen mit Fahrer zum Hotel Rossija bestellt. Warner Borden kam herein. »Ich renne gegen eine Mauer«, berichtete er. »Sie haben uns für unser freundliches Interesse gedankt, aber sie haben unser Hilfsangebot nicht angenommen. Wozu brauchen sie die Botschaft überhaupt noch, wenn sie Armand Hammers Occidental Oil haben?«

»Haben Sie mit den Ärzten gesprochen, die aus Amerika gekommen sind?«

»Niemand hat mit ihnen gesprochen. Sie waren zu beschäftigt – ich würde liebend gern mit einem von ihnen reden, um zu erfahren, wie weit die Russen mit ihrer Strahlenmedizin sind. Aber selbst die Leute vom Büro der Occidental Oil haben die Ärzte noch nicht zu Gesicht bekommen. Alles wird zwischen Armand Hammer und, wie ich vermute, Gorbatschow persönlich geregelt.« Er ließ sich in den Stuhl neben ihrem Schreibtisch fallen. »Haben Sie irgendwelche Informationen über diesen Smin?« fragte er.

»Wer ist denn Smin?«

»Er ist einer der Patienten im Hospital für Strahlenkrankheiten. Er ist in einer schlechten Verfassung; es heißt, er ist einer von den Bossen des Kernkraftwerks Tschernobyl. Nur, ich komme nicht an ihn heran. Sehen Sie sich diese Fotos an.«

Er warf ein paar Fotografien auf Emmalines Schreibtisch. Sie waren aus Zeitungen abfotografiert worden und nicht sehr scharf; das vierte zeigte mehrere Männer, die auf dem Moskauer Flughafen den Mann von der Internationalen Atomenergiekommission in Wien begrüßten. »Wir glauben, daß Smin einer von diesen Männern ist.«

»So? Und warum sollte ich das genauer wissen?«

»Sie haben uns doch auf Tschernobyl hingewiesen«, sagte Borden. »Im Augenblick genießen Sie hier einen gewaltigen Ruf. Sie waren die erste, die erklärte, das Zeug könnte aus einem Kernkraftwerk in der Ukraine kommen, als wir noch alle auf Skandinavien tippten. Wenn Ihre Quellen uns da aushelfen könnten . . .«

»Ich will sehen, was ich für Sie tun kann«, entgegnete Emmaline. In Wirklichkeit wußte sie allerdings gar nicht, was sie tun konnte, noch, ob sie ihre »Quellen« überhaupt bitten wollte, sich weiter zu exponieren. Sie besaß nur eine einzige Informationsquelle, und die saß jetzt an ihrem Schreibtisch und beugte sich konzentriert sich über die letzte Ausgabe der *Trud*. War es für Rima riskant gewesen, ihr diese Ausgabe der *Literaturna Ukraina* zu beschaffen? War es überhaupt Rima gewesen, die ihr die Zeitschrift auf den Schreibtisch gelegt hatte? Die Übersetzerin hatte nie eine Bemerkung darüber fallen lassen. Emmaline hatte sie allerdings auch nie nach der Zeitschrift gefragt.

Emmaline seufzte und bereitete sich auf ihre Verabredung um ein Uhr vor. Bevor sie ging, trat sie an den Schreibtisch der Übersetzerin, aber sie beschloß, sich zurückzuhalten. »Ich bin mit Pembroke Williamson verabredet«, sagte sie. »Übrigens, auf meinem Schreibtisch liegen ein paar Fotos, die Sie vielleicht interessieren.«

Emmaline ging zur Metro-Station hinüber und nahm den Zug nach Marksa, einer der großen Stationen im Herzen Moskaus. Warum hatte Borden sich nach Smin erkundigt? Während der Zugführer die Station ankündigte, überlegte sie, ob man Smin nicht in Ruhe lassen sollte. Diese schreckliche Katastrophe war ausschießlich eine innere Angelegenheit der Sowjetunion. Sollte man nicht auch die Sowjetunion in Ruhe lassen?

In Wahrheit aber war es längst keine innere Angelegenheit mehr. Nicht, seit die radioaktive Wolke über halb Europa gezogen war.

Am schnellsten würde sie das Hotel Rossija, wo sie mit dem Schriftsteller verabredet war, mit dem Bus erreichen, der um den Roten Platz herumfuhr, aber ein Blick auf die Uhr sagte ihr, daß sie zu früh gekommen war. Einem Impuls folgend, ging sie durch das Kaufhaus GUM und von dort auf den Roten Platz hinaus. Ihre Hacken klapperten über das Kopfsteinpflaster, und die sowjetischen Touristen, die vorbeischlenderten, warfen ihr neugierige Blicke zu.

Das Treiben hier war so normal wie an jedem beliebigen Tag im Mai. Falls die Leute sich über Tschernobyl überhaupt Gedanken machten, zeigten sie es nicht. Jedenfalls bemerkte Emmaline nirgends aufgeregte Diskussionen. Ein Mann zwischen zwei jungen Mädchen, die offenbar seine Töchter waren, zeigte auf die Stelle über dem Lenin-Mausoleum, wo noch vor einer Woche die Führungsspitze der Sowjetunion gestanden hatte, um die Maiparade abzunehmen.

Eine Familie aus einer der Volksrepubliken glotzte zum Spasskije-Tor hinüber, wo gerade eine große schwarze Zil-Limousine den Kreml verließ. Die Vorhänge der Limousine waren zugezogen, und keiner konnte wissen, wer in dem Wagen saß. Drei getrennte Schlangen von Schulkindern warteten, bis sie an der Reihe waren, in die St.-Basilius-Kathedrale hineinzugehen, und zwei jungverheiratete Paare ließen sich vor dem Lenin-Mausoleum fotografieren. Unter den teilnahmslosen Blicken der uniformierten KGB-Wache legten die Brautpaare, beide elegant in Weiß und mit Blumen im Haar, ihre in Zellophan verpackten Brautsträuße auf die niedrige Mauer vor dem Grab. Emmaline blieb stehen, um die Paare zu beobachten. Nach ihrer Erfahrung sahen alle Bräute verzückt aus, während die Männer diesen Dry-Martini-Blick erhoffter Glückseligkeit hatten. Diese beiden Paare sahen anders aus. Die beiden Männer wirkten irgendwie lasziv.

Emmaline verstand ihre Gefühle. Auch für die jungen Paare begann jetzt der Frühing. Wann immer sie sich in den letzten sechs Monaten trafen, hatten sie unter erheblichen Einschränkungen leiden müssen: unter Wohnungen, die sie mit anderen teilen mußten, Eltern, die ständig anwesend waren, und am meisten unter dem Schnee. Von Januar bis April gab es keine romantischen Verabredungen in Moskau.

Die aufgestauten Hormone wollten sich Bahn schaffen, und diese beiden Männer dachten nur an die Nacht, die vor ihnen lag. Die Eltern würden bei Verwandten sein oder sogar – was für ein Luxus! – mit dem Roten Pfeil nach Leningrad fahren, wo sie die berühmten Kunstgalerien besuchen konnten, das Antireligionsmuseum in der ehemaligen St.-Isaaks-Kathedrale und den Kreuzer Aurora vor dem Winterpalast, so daß die jungen Paare zwei Nächte allein verbringen konnten, ohne fürchten zu müssen, daß jemand an die Tür klopft.

Emmaline war voller Verständnis. Es war wirklich ein langer Winter gewesen.

Das Hotel Rossija ist das zweitgrößte der Welt (auch das größte liegt in der Sowjetunion), aber Emmaline kannte sich aus. Sie zückte ihre Karte und ging zu den Aufzügen.

Der Schriftsteller hieß Pembroke Williamson. Wider Erwarten war er nicht auf seinem Zimmer. Vom stets wachsamen Portier beraten, ging Emmaline einen langen Korridor entlang und sah ihn von der Treppe aus in der Imbißecke sitzen, wo er in aller Ruhe eine Tasse Tee trank und sein Wechselgeld zählte.

»Sie haben amerikanische Zeitungen«, sagte sie sofort, denn sie hatte sie in seiner Umhängetasche gesehen. »Darf ich?«

Während Pembroke versuchte, die englischen Zehn-Penny-Münzen, die deutschen Markstücke und die schwedischen Kronen, die er für eine amerikanische Fünf-Dollar-Note als Wechselgeld bekommen hatte, zusammenzurechnen, überflog

Emmaline die Schlagzeilen. Was für Schlagzeilen! In der *New York Post* sah sie die verrückteste:

MASSENGRAB
ANGEBLICH 15 000 TOTE
BEGRABEN IN ATOM-MÜLL-DEPONIE

Doch sogar UPI meldet mindestens 2000 Tote. Jede der Zeitungen widersprach den beschwichtigenden sowjetischen Angaben.

»Was stimmt denn nun?« fragte Pembroke. »Wer lügt?«

»Vielleicht lügen sie alle«, erwiderte Emmaline und warf rasch noch einen Blick auf *Doonesbury* und *Andy Capp*. »Die Russen behaupten immer noch, daß es nur zwei Tote gegeben hat; sie wurden bei der Explosion getötet. Natürlich geben sie zu, daß ein paar hundert Leute hier in Moskau im Hospital liegen. Wer weiß, wie viele sich in anderen Krankenhäusern befinden.«

»Glauben Sie diesen Angaben?«

»Ich arbeite für das State Department, und Mr. Shultz wettet zehn Dollar, daß die Sowjets lügen.«

»Wie wäre es mit einem Pfund Sterling und noch ein paar Dollar?« fragte Pembroke und grinste.

»Den Betrag wollte jedenfalls der Außenminister riskieren. Ich selbst wette nicht. Pembroke? Sie kennen doch unsere Situation; wir bekommen kaum Informationen, und die sind auch noch geheim. Ich hatte gehofft, daß Sie mir sagen können, was passiert ist.«

Der Schriftsteller lehnte sich zurück und sah sie ernst an. »Sollten wir uns nicht an meinen Verleger wenden?« fragte er. Sein Buch über Lincoln war gerade in der UdSSR veröffentlicht worden, und der Mir-Verlag schickte sich an, ihm in einer feierlichen Zeremonie einen Honorarscheck in guten amerikanischen Dollars zu überreichen.

»In einer halben Stunde kommt der Wagen. Bis zum Mir-Verlag sind es nur zehn Minuten. Ich denke, wir trinken noch eine Tasse Kaffee.«

Er kam mit zwei Tassen Kaffee zurück, probierte und

schüttelte sich. »Wissen Sie, was am 28. Januar in Florida passiert ist?« fragte er.

»Sie meinen wohl die Raumfähre, die explodiert ist?«

»Richtig. Die Raumfähre *Challenger*. Es scheint ein Defekt in den Ringen gewesen zu sein, die die Feststoffrakete zusammenhielten. Die NASA kannte die Problematik, aber sie unternahm nichts. Deshalb mußten sieben Menschen sterben.«

Sie sah ihn erstaunt an. »Was hat denn das mit Tschernobyl zu tun?«

»Es handelt sich um ein und dasselbe Problem, Emmaline. Auf dem Weg nach hier hatte ich einen kurzen Aufenthalt in London, um einen Engländer namens Graham Leman zu interviewen. Er faßt Unfälle wie Tschernobyl und *Challenger* unter dem Kürzel ›TBP‹ zusammen – das heißt Technisch-Bürokratisch-Politische Entscheidungsfindung. Wissen Sie, Leman meint damit, daß technologische Entscheidungen nicht aufgrund technologischer Erwägungen getroffen werden. Die technischen Experten wollten die *Challenger* an dem Tag nicht starten lassen. Die bürokratischen und politischen Kräfte waren aber stärker. Die Bürokraten sind die Bosse, und deshalb können sie die Techniker überstimmen. Der politische Druck ist etwas anderes. Die NASA wollte ihr Image aufpolieren; sie wollte den Start nicht noch einmal aufschieben.«

»Sie wollen damit doch nicht sagen, daß sie die Fähre starten ließen, obwohl sie wußten, daß es gefährlich war?«

»Nein, Emmaline. Ich sage nur, daß sie nicht *wissen* wollten, daß es gefährlich war. Da geht keine Signalflagge hoch: *Gefahr!* Man schätzt jedes Risiko zu gering ein. Dasselbe ist in England passiert. Mein Gott, ich weiß es nicht so genau, es mag sechzig oder siebzig Jahre her sein, als das R-101-Luftschiff abstürzte. Die Ingenieure wußten, daß R-101 nicht hätte starten dürfen, genauso wie die Ingenieure von Morton Thiokol wußten, daß die *Challenger* nicht hätte starten dürfen – aber sie sind nur ein Teil der drei Kräfte, und sie werden von den Bürokraten und den Politikern überstimmt.« Er schaute auf die Uhr. »Ich möchte gern, daß Sie das richtig verstehen. Ich rede nicht von einzelnen Bürokraten oder einzelnen Politikern. Ich meine den bürokratischen und den politischen *Druck*, und der macht das TBP-

Syndrom so gefährlich. Das schlimmste Eisenbahnunglück, das es in England je gegeben hat, wurde von einem Ingenieur der Great Western Railroad verursacht, der Zeit gutmachen wollte – das ist der bürokratische und politische Aspekt – und deshalb die automatischen Bremssysteme ausschaltete, die ihn gestoppt hätten, wenn er ein rotes Licht durchfuhr. Die Folge war: Er fuhr in einen anderen Zug. Ich glaube, daß es sich in Three Mile Island ähnlich verhielt. Und in Tschernobyl. Die Technologie funktioniert, wissen Sie. Es liegt an den Leuten, die die Entscheidungen treffen . . . Verdammt noch mal.« Er grinste. »Aber ich wollte Ihnen doch etwas anderes erzählen«, sagte er dann, und seine Stimme klang plötzlich freundlicher. »Haben wir noch Zeit, für eine zweite Tasse Kaffee?«

»Wenn wir ihn schnell trinken«, sagte Emmaline.

»Dann zum Teufel mit dem Kaffee. Ich wollte Ihnen sagen, daß Johnny Stark mich angerufen hat.«

Emmaline hätte sich fast an ihrem Kaffee verschluckt. »Johnny *Stark* hat Sie angerufen?« fragte sie.

»Ich sehe schon, daß Sie wissen, wer er ist«, sagte Pembroke und freute sich, daß er sie beeindruckt hatte.

Sie schaute sich rasch um. Am Büfett klapperten die Leute mit ihren Tassen, aber in ihrer Nähe saßen nur drei Geschäftsleute, die sich lautstark auf deutsch unterhielten. »Ein sehr undurchsichtiger Mann«, bemerkte sie.

»Ja, das ist er. Er hat eine amerikanische Frau und fliegt ständig zwischen Paris und New York hin und her. Er ist der einzige in Moskau, der ein Cadillac-Kabriolett fährt. Was wissen Sie über ihn?«

Emmaline dachte einen Augenblick nach. »Sein richtiger Name soll Iwan Soundso sein. Unter dem Pseudonym ›Johnny Stark‹ schreibt er Bücher wie *Die Geschichte des Kremls* und *Moskauführer für Englischsprachige.*«

»Ich kenne die Bücher.«

»Irgendwoher kriegt er eine Menge harter Währung; ich glaube nicht, daß seine Einkünfte allein aus seinen Büchern stammen. Er hat Beziehungen, aber mit Leuten wie ihm habe ich nichts zu schaffen.«

Pembroke schaute sie prüfend an. »Wollen Sie damit sagen, daß ich mich vor ihm hüten soll?«

Emmaline überlegte. »Das nicht direkt«, sagte sie zögernd. »Wenn er will, redet er ganz offen. Merkwürdigerweise ist Stark ziemlich einflußreich, aber niemand kennt seine offizielle Position, wenn er überhaupt eine hat. Deshalb ist jeder ihm gegenüber vorsichtig. Es heißt, er hat *Glasnost* schon vor Gorbatschow erfunden. *Glasnost* nennt man heute die offizielle Politik. Es bedeutet so etwas wie ›Offenheit‹ oder ›Transparenz‹. Das Seltsame ist, sie scheinen sich tatsächlich in letzter Zeit ein wenig mehr zu öffnen – jedenfalls gelegentlich.«

»Auch im Zusammenhang mit Tschernobyl?«

»O nein. So weit geht nicht einmal Johnny Stark.« Sie zögerte. Dann beschloß sie, ihre Neugier zu befriedigen. »Darf ich fragen, worum es bei dem Anruf ging?«

Jetzt zögerte Pembroke. »Nun, das ist ein wenig schwierig, Emmaline. Ich habe ein paar Freunde, die ein Manifest erwähnten, das hier die Runde macht.«

Emmaline runzelte die Stirn. »Was für ein Manifest meinen Sie?«

»Es handelt davon, was die UdSSR tun muß, um bessere Verhältnisse herbeizuführen. Die Wirtschaft in Ordnung bringen. Aus Afghanistan abziehen. Freie Wahlen mit mehr als einem Kandidaten . . .«

»Pembroke!« erwiderte Emmaline erschrocken. »Wenn Sie sich mit Dissidenten einlassen . . .«

»Nein, nein! Es sind keine Dissidenten. Das glaube ich jedenfalls nicht. Vielleicht einige von ihnen, denn der erste, der es mir gegenüber erwähnte, war . . .« Er schwieg, als er Emmalines Gesicht sah.

»Um Gottes willen, nennen Sie keine Namen! Die Leute könnten allen möglichen Ärger bekommen.« Sie sprach sehr leise.

»Natürlich«, sagte Pembroke verlegen. »Tut mir leid. Ich meine – nun, wie dem auch sei, aber das Dokument soll von hochgestellten Leuten verfaßt worden sein. Es ist siebzehn Seiten lang. Viel mehr weiß ich darüber nicht. Haben Sie noch nie von diesem Dokument gehört?«

»Nein, wirklich nicht. Ich bin erstaunt, daß Sie es kennen.« Emmaline dachte eine Weile nach. »Ich könnte jemanden fragen«, sagte sie und dachte dabei an Rima. Doch sofort verwarf sie diesen Gedanken wieder. Es gab Grenzen, die man selbst bei einem freundlich gesonnenen Sowjetmenschen nicht überschreiten durfte. Ich könnte auch den örtlichen CIA-Vertreter fragen, dachte sie, aber diese Idee war noch schlechter und weniger erfolgversprechend. Emmaline mied den CIA-Mann so gut es ging. Außerdem war der Mann mehr daran interessiert, Informationen zu erhalten als anderen welche zu vermitteln. »Andererseits«, sagte sie, »falls ich etwas herausfinden sollte, dürfte ich es Ihnen wahrscheinich gar nicht erzählen. Aber was hat Johnny Stark damit zu tun?«

»Ich habe keine Ahnung. Er rief nur heute morgen an, stellte sich vor und sagte, er habe gehört, ich sei an den zukünftigen Plänen der Regierung interessiert. Ich hatte den Eindruck, er spielte auf das Dokument an.«

»Pembroke«, sagte Emmaline, »Sie stecken voller Überraschungen.«

»Und dann hat er gesagt, er würde in ein paar Tagen noch einmal anrufen. Vielleicht könnten wir zusammen essen gehen.«

»Mein Gott. Wie ein amerikanischer Geschäftsmann. Nun, mein Freund, ich bin weit davon entfernt, Ihnen Vorschriften zu machen, aber an Ihrer Stelle würde ich es wahrscheinlich tun. Ich wäre aber vorsichtig mit meinen Äußerungen.«

»Sie meinen, ich soll keine Namen nennen.« Pembroke grinste. »Glauben Sie, daß er eine bestimmte Absicht verfolgt?«

»Eines weiß ich über Johnny Stark ganz genau«, sagte Emmaline. »Er verfolgt immer zwei Absichten, aber die zweite erfährt man nie.«

Sie flüsterte jetzt. »Er soll für das KGB arbeiten.«

»Dann dürfte das Gespräch interessant werden.«

Sie sah ihn mißtrauisch an. »Lassen Sie es nur nicht zu aufregend werden«, sagte sie. »Immerhin, ich würde viel darum geben, wenn ich das Gespräch belauschen könnte.«

»Soll ich ihn fragen, ob Sie mitkommen dürfen?«

»Nein, danke«, sagte sie und stand auf. »Damit wäre er

sowieso nicht einverstanden. Aber wenn Sie etwas Interessantes erfahren, kommen Sie zur Botschaft, und ich lade Sie zu einem Hamburger mit richtigen Pommes frites ein.«

30

SAMSTAG, 10. MAI 1986

Wie ein Sowjetsoldat aussieht, ist leicht zu erfahren, denn überall in der Sowjetunion hängen Poster, auf denen er abgebildet ist. Er ist blond und jung. Er schaut voller Zuversicht in die Zukunft und reckt das Kinn vor wie Lenin. Sein Barett sitzt genau über dem linken Ohr; sein Waffenrock ist adrett zugeknöpft, und wenn man seine Stiefel auf dem Poster auch nicht sieht, weiß man doch genau, daß sie blankgeputzt sind. Das ist Idealbild eines Soldaten der Sowjetarmee.

Der Soldat Konow entspricht diesem Idealbild allerdings ganz und gar nicht, besonders dann nicht, wenn er gerade einen Graben zugeschaufelt hat oder irgendwo im Schlamm Wache gestanden hat. Doch Konow hat sich innerhalb einer Woche verändert. Er hat seine Kameraden in Erstaunen versetzt. Am meisten hat er seinen Leutnant überrascht, der es nie für möglich gehalten hätte, daß der Soldat Konow sich jemals für irgend etwas freiwillig melden würde.

»Sie wissen wohl«, sagte der Leutnant mißtrauisch, »daß diese Aufgabe nicht ungefährlich ist.«

»Das weiß ich, Leutnant Osipew.«

»Wenn Sie sich allerdings genau an die Anweisungen halten, wird alles gutgehen. Sie müssen nur schnell sein.«

»Das werde ich, Leutnant Osipew.«

»Und dann haben Sie für den Rest des Tages dienstfrei.« Der

Leutnant seufzte. »Sie haben meine Erlaubnis, sich freiwillig zu melden. Dann also los, Konow. Der Mannschaftswagen steht bereit und wird den Reinigungstrupp zum Werk fahren.«

Konow war nicht der einzige Freiwillige. Fünfzig andere standen unruhig im obersten Stockwerk der Anlage direkt unter dem Dach. Fast alle waren zum ersten Mal im Kernkraftwerk Tschernobyl; sie wagten es nicht, irgend etwas anzufassen, und jeder fürchtete insgeheim um sein Leben. Als sie sich alle versammelt hatten, musterte der Feldwebel sie nüchtern. »Wir können nur Leute gebrauchen, die sich bewegen«, sagte er. »Es muß alles sehr schnell gehen. Ihr tut eure Arbeit und springt wieder ins Gebäude zurück, und das wär's auch schon. Sonst seid ihr genauso tot wie der Junge, der da immer noch liegt. Wir haben keine Schutzanzüge für Mißgeburten. Wer mehr als hundert Kilo oder weniger als sechzig wiegt, scheidet sofort aus.«

Sechs oder sieben von den Soldaten schieden aus, die meisten mit mürrischen Gesichtern, obwohl sie trotz ihrer finsteren Miene wohl eher erleichtert als enttäuscht waren, vermutete Konow. Die Aussicht auf einen freien Tag war angenehm, besonders, nachdem sie eine Woche lang Erde weggeschaufelt hatten, aber hier oben schien es wirklich ernst zu werden.

Die Aufgabe war rasch erklärt. Als sie sich alle an der Treppe zum Dach versammelt hatten, sah sich ein Major die Männer an und übergab sie kopfschüttelnd einem zweiten Feldwebel. »Angetreten!« befahl der Feldwebel. »Zu viert abzählen! Jetzt die ersten vier! Sucht euch einen Anzug aus, der paßt, zieht ihn an und achtet darauf, daß er schließt, oder ihr werdet eure Mütter nie wiedersehen.«

Die Anzüge waren unangenehm feucht wie Taucheranzüge aus Gummi und ziemlich schwer, weil sie eine Bleischicht hatten. »Nicht in den Anzug furzen, Jungs. Denkt an den nächsten, der ihn anziehen muß«, sagte der Feldwebel zu den Männern der ersten Gruppe. »Und jetzt die Stiefel – bis oben zuschnüren. Die Helme . . . Die Atemmasken – klar, hundert Soldaten haben schon daran gelutscht. Ihr müßt euch einfach vorstellen, daß ihr eure Freundin küßt!« Bevor er lange nachdenken konnte, war Konow auch schon an der Reihe.

Sie rannten die Treppe zum Dach hinauf – »Los!« schrie der Major – und stürzten durch die Tür. Jeder packte einen Klumpen Graphit so groß wie ein Weiberarsch (und heiß dazu, gut, daß die Handschuhe bleigefüttert waren), und warf ihn vom Dach; dann noch einen und noch einen während der Major die Sekunden zählte: vierzig, fünfzig, sechzig –

Als Konows Vierergruppe wieder im Gebäude war, grinste der Major. »Einundsechzig Sekunden für den letzten Mann. Gut gemacht. Jetzt weg mit euch. Wer Mut hat, kann morgen wiederkommen und es noch einmal tun.«

Konow hatte nichts dagegen. Sein Strahlenmeßgerät sagte ihm, daß er weniger als ein halbes Röntgen abbekommen hatte, und diese Arbeit war auf jeden Fall interessanter, als den Dreck wegzuschaufeln, den die Planierraupen hatten liegen lassen.

Sie war auch nützlicher. Als der Mannschaftswagen sie zu der verlassenen Kolchose zurückgebracht hatte, in der sie ihr Hauptquartier eingerichtet hatten, ergatterte Konow beim Fourier eine Tasse Tee und fragte sich, was er mit dem freien Tag anfangen sollte, den er eigentlich gar nicht brauchte.

Radioaktive Graphitklumpen vom Dach zu werfen, damit die Bulldozer sie abtransportieren konnten – das war nützliche Arbeit; zudem war es auch aufregend, denn diese Klumpen waren Teil des Kerns gewesen, der explodiert war und so die Katastrophe verursacht hatte. Zwar ängstigte sich jeder ein wenig, aber wenn man schnell war und die Anweisungen befolgte, war alles in Ordnung – es sei denn, man stolperte und stürzte oder der Schutzanzug war nicht dicht oder irgend etwas anderes ging schief.

Aber kein Unglück war passiert, und ein ganzer freier Tag lag vor Konow. Er zählte die Tage an den Fingern ab, und ihm fiel ein, daß heute Samstag war. Der Samstag ist für den Sowjetsoldaten ein Tag der Freiheit – wenn es nicht eine überraschende Inspektion gibt oder einen Eilmarsch von zwanzig Kilometern, was ein- oder zweimal im Monat vorkommt. Es ist ein Tag, an dem die Soldaten ausschlafen oder auf dem Exerzierplatz Fußball spielen können. Sie können sogar in die Stadt gehen und sich unter den einheimischen Mädchen umschauen, doch was konnte man hier schon mit seiner Freizeit anfangen. Man konnte ja nicht einmal den alten Kuhstall, in dem sie untergebracht waren, verlassen, ohne einen Schutzanzug anzuziehen, und wer will schon mit einer Atemmaske Fußball spielen?

Konow klopfte beim Leutnant an die Tür. »Soldat Konow meldet sich zum Dienst, Leutnant Osipew«, sagte er und nahm Haltung an.

Der Leutnant war erstaunt. »Haben Sie mich nicht verstanden? Sie haben für den Rest des Tages frei.«

»Zu Befehl, Leutnant Osipew. Ich möchte weiter Dienst machen.«

»Was? Sind Sie plötzlich versessen darauf, Erde zu schaufeln? Die meisten Leute werfen heute Dämme auf.«

»Wie Sie befehlen, Leutnant Osipew«, sagte Konow.

Osipew schaute ihn eine Weile seltsam an. Dann zuckte er die Achseln. »Meinetwegen. Ein Lastwagen mit Öl fährt nach Pripjet. Das Öl soll dort versprüht werden. Sie können mitfahren. Aber beeilen Sie sich. Der Wagen fährt gleich ab.«

»Danke, Leutnant Osipew«, sagte Konow. Als er davonmarschierte, spürte er den erstaunten Blick des Leutnants in seinem Rücken.

Es gefiel Konow, zwischen den Gebäuden der Geisterstadt Pripjet herumzulaufen. Das war eine wichtige und verantwortungsvolle Aufgabe. Die evakuierten Einwohner konnten ihre Habe nicht vor Plünderern oder vor der Strahlung schützen; das gehörte jetzt zu Konows Pflichten, gleichzeitig bereitete es ihm Vergnügen.

Heute jedoch sah die Arbeit der Soldaten ein wenig anders aus. In Pripjet sollte jedes Stück freie Fläche, das die Sprühfahrzeuge ausgelassen hatte, mit Öl besprüht werden. Er ging nicht allein, sondern hatte einen Kameraden bei sich, damit sie aufeinander aufpassen konnten; für einen einzelnen wäre vielleicht die Versuchung zu groß gewesen, sich irgendwelche Wertgegenstände anzueignen.

Sein Partner hieß Miklas, ein kleiner dunkler Mann aus Armenien, der auf die Welt wütend war und ganz besonders auf die Armee, die ihm zwei Jahre seines angenehmen jungen Lebens geraubt hatte – der zweitschlechteste Soldat der Einheit, bis Konow den letzten Platz für ihn geräumt hatte. Sobald sie allein waren, warfen sie eine Drei-Kopeken-Münze, um zu ermitteln, wer das Strahlenmeßgerät tragen sollte; Miklas verlor, und um schneller mit der Arbeit fertig zu werden, gingen sie in verschiedene Richtungen.

Die Arbeit war schwer. Konow schwitzte in einem Schutzanzug, aber er nahm es genau. Er suchte und fand jedes Stück unbehandelten Bodens (tote Wein- und Tomatenranken) und Blumenbeete (verwelkte Stengel mit Knospen, die sich wegen der dicken Ölschicht nie öffnen würden) und sprühte alles ein.

Eigentlich verrichtete Konow lediglich ein Werk der Zerstörung. Wenn er lebendes Grün sah, tötete er es mit seiner Ölspritze ab. Wenn er ein vergessenes Stück schwarze Erde fand, besprühte er es mit dem tödlichen Öl. Doch Konow beurteilte seine Arbeit anders. Er sah sich eher in der Lage eines Chirurgen, der sein Skalpell ansetzt. Er tötete hier, um woanders einen schlimmeren Tod zu verhindern, und so richtete er seine Spritze unter abgestorbene Sträucher, unter Holzstufen und in jede Ecke, die vielleicht übersehen worden war. Er brauchte eine Stunde oder länger, um den Boden um ein einziges Gebäude herum zu behandeln, und in Pripjet gab es etwa fünfzig große Wohnblocks, von den Parks, den Schulhöfen, den Plätzen, den Büros und den Geschäften ganz zu schweigen, Zeit jedoch spielte keine Rolle. Sergej Konow war nicht bereit, auch nur einen Zentimeter auszulassen. Er versäumte auch nicht eine zusätzliche Aufgabe: sich umzuschauen und zu lauschen, um festzustellen, ob sich vielleicht Unbefugte in der Stadt aufhielten.

Einige Leute waren natürlich berechtigt, sich hier aufzuhalten, denn er und sein Partner waren nicht allein. Zwei andere Gruppen sprühten in einem anderen Bezirk, und einige orangerote Tankwagen fuhren hin und her, um die Straßen ein weiteres Mal mit Wasser abzuspritzen. Aber als er um ein Gebäude herumging und einen kleinen Lastwagen mit laufendem Motor und offener Ladeklappe sah, hatte er nur einen Gedanken: *Plünderer*.

Er mußte die Sache untersuchen. Er nahm seinen Kanister von der Schulter und stellte ihn ab. Dann näherte er sich vorsichtig dem Wagen. Er war voll beladen mit Dingen, die aus verlassenen Wohnungen stammten! Vielleicht waren hier tatsächlich Plünderer am Werk, denn Konow entdeckte auch Radios und Tonbandgeräte auf der Ladefläche.

An jedem Gegenstand hing allerdings ein Etikett mit der Nummer der Wohnung, aus der er stammte, und mit so etwas würden sich Plünderer ganz gewiß nicht aufhalten. Außerdem sah Konow Sachen, die ein Plünderer gewiß nicht würde mitgehen lassen: Bücher, Zeitschriften und andere Papiere, alles ebenfalls mit Etiketten versehen: 115 Sieges-Straße, Wohnung 22; 112 Marx-Prospekt, Wohnung 18.

Neugierig untersuchte Konow die Papiere. Einiges von dem Material war in blaue Pappdeckel gebunden, auf die jemand mit Schreibmaschine einen Titel und einen Namen geschrieben hatte. Es waren keine richtigen Bücher mit Illustrationen auf dem Einband und mit gedruckten Seiten, sondern lediglich Vervielfältigungen. Einige waren kaum leserlich, sie waren jedoch sorgfältig mit Baumwollfaden zusammengebunden. Ziemlich viele Titel waren ihm nicht vertraut – Autoren mit Namen wie Wladimir Woinowitsch (wer war Wladimir Woinowitsch? Konow las viel, aber von diesem Mann hatte er noch nie gehört) und Oksana Metschko (Metschko? Ein weiteres Rätsel) und was war das? – oh, Boris Pasternak, Andrej Amalryk – natürlich! All das war Samisdat! Konow hatte schon früher einmal verbotene Literatur in den Händen gehalten, aber noch nie soviel.

Nicht alles, war er fand, war Samisdat. Auch ein Stapel bunter, ausländischer Zeitschriften lag da. Als Konow die Einbände betrachtete, traten ihm die Augen aus dem Kopf . . . und noch mehr, als er darin blätterte und den Inhalt sah – Frauen! Schöne Frauen! *Nackte* Frauen! Sie waren nicht nur nackt, sondern sie stellten auf verführerische Weise ihre intimsten Körperteile zur Schau. Solche Bilder hatte Konow noch nie gesehen. Er hatte keine Ahnung, daß so etwas überhaupt existierte – und hier lagen zwölf oder vierzehn solcher Magazine! Die Texte waren zwar in Englisch und Deutsch und in einer Sprache, die Konow für Italienisch hielt, abgefaßt, aber wer brauchte schon einen Text, um zu wissen, was diese Bilder darstellten?

»Was machen Sie denn da?« knurrte eine wütende Stimme hinter ihm.

Schuldbewußt drehte Konow sich um und sah sich zwei Männern gegenüber, die in ihren behandschuhten Händen weitere Bücher und sonstige Druckerzeugnisse trugen. Sie hatten weiße Overalls an, aber Konow brauchte ihre Uniformen nicht zu sehen, um zu wissen, wen er vor sich hatte. »Ich mache hier Dienst«, sagte er trotzig. »Handelt es sich bei Ihnen auch um dienstliche Angelegenheiten?«

»Bei uns handelt es sich immer um dienstliche Angelegenheiten«, sagte der andere Mann in freundlichem Ton. Die Augen hinter der Gesichtsmaske allerdings blickten kalt. »Wir sammeln Beweise. Wollen Sie eins von diesen schmierigen Magazinen mitnehmen? Warum eigentlich nicht?« Er nahm eine Zeitschrift von dem Stapel, den er im Arm hielt. »Nicht das«, knurrte der andere und zeigte auf ein Magazin mit dem englischen Titel *Hustler*.

»Dann dies. Und dies. Jetzt verschwinden Sie aber schnell, kleiner Soldat. Wir sind sehr beschäftigt.«

Konow gehorchte. Es war immer gut, das zu tun, was die Organe von einem verlangten. Wenig später saß er eine halbe Stunde lang in einem der großen Wohnhäuser gleich hinter der Tür, so daß er auf die Straße hinausschauen konnte, und blätterte die Magazine Seite für Seite durch. Er bekam eine Erektion, als er sich die kleine Blonde anschaute, die ihm das Hinterteil zukehrte und mit dem Daumen gerade ihren Slip abstreifen wollte, während sie den Kopf kokett zurückwarf.

»Was hast du nun schon wieder geklaut?« fragte Miklas, als er zur Tür hereinkam.

Konow fuhr zusammen. Dann reichte er Miklas eines der Magazine und beobachtete das Gesicht des Mannes, als er darin blätterte. »Sind noch mehr davon auf dem Wagen?« fragte Miklas.

»Dutzende. Auch jede Menge Samisdat.«

»Konow«, sagte Miklas bekümmert. »Weißt du, was diese Magazine wert sind? Wir könnten für jedes zehn Rubel bekommen.«

»Wir könnten wegen Plünderei verhaftet werden, du Idiot.«

»Nur wenn wir so dumm sind, uns erwischen zu lassen. Wir sind keine Plünderer. Das haben die Leute vom KGB uns schon abgenommen. Und was wollen sie mit dem Samisdat, außer irgendein armes Schwein unglücklich machen. Es ist unsere Pflicht«, sagte Miklas tugendhaft, »die Interessen der Leute zu vertreten, die ohne Vorwarnung aus ihren Wohnungen geworfen wurden. Wir müssen tun was wir können, um sie vor Schaden zu bewahren.«

Als die Männer vom KGB mit weiteren Büchern in den Armen zurückkamen, sahen sie Konow und Miklas hinten an der Ladefläche stehen und mit dem Strahlenmeßgerät hantieren. »Heh!« schrie einer von ihnen. »Macht sofort, daß ihr wegkommt, ihr Arschlöcher!«

Miklas drehte sich mit einer Geste des Bedauerns zu ihnen um und fuhr mit dem Gerät über den Magazinen hin und her. »Es tut mir sehr leid, meine Herren«, sagte er unterwürfig, »aber hören Sie doch nur.« Der Detektor kreischte.

»Was ist das?« fragte einer der Männer. »Ist das Material kontaminiert?«

»Leider ja«, erklärte Miklas betrübt. »Hat es vielleicht in der Nähe eines offenen Fensters gelegen? Hat es vielleicht Staub abbekommen? Radioaktivität ist ein Teufelszeug, meine Herren. Man weiß nie genau, was sicher und was vielleicht tödlich ist. Aber hören Sie doch! Mehr kann dieses Ding gar nicht messen.«

Fluchend schoben die Männer vom KGB alles Papier mit den Füßen von der Ladefläche und fuhren davon. Sobald sie außer Sicht waren, klopfte Miklas das bißchen radioaktiven Schlamm vom Detektor, und Konow sprühte reichlich Öl auf das Gerät. »Jetzt«, sagte Miklas grinsend, »müssen wir nur noch überlegen, wie wir das Zeug transportieren.«

Sie konnten nicht einfach alles tragen. »Vielleicht eins oder zwei zur gleichen Zeit«, schlug Konow vor. »Wir können die Sachen irgendwo verstecken und schieben uns bei jeder Fahrt ein paar in die Hose.«

Plötzlich jedoch veränderte sich sein Gesichtsausdruck. Er fuhr wieder mit dem Detektor über die Hefte. »Aber nicht direkt neben meine Eier, verdammt noch mal«, stöhnte er, als das Instrument genauso laut wie vorher seine Warnung kreischte.

31

SONNTAG, 11. MAI 1986

Man hat Afghanistan das Vietnam der UdSSR genannt, und das nicht nur, weil der Krieg schon so lange gedauert und so viele junge Menschenleben gefordert hat. Er hat auch in anderer Hinsicht etwas mit den Erfahrungen der Amerikaner in Vietnam gemeinsam. Die sowjetischen Soldaten in Afghanistan sind zum ersten Mal in ihrem Leben in der Lage, sich leicht und billig Drogen zu beschaffen. Drogen hatten in der Sowjetunion vorher kein größeres Problem dargestellt. Die Strafen waren drakonisch und die Überwachung lückenlos. Nie haben sich kleine Schiffe mit Heroin oder Kokain oder Haschisch in sowjetische Häfen geschlichen, und nie sind Kleinflugzeuge mit solcher Fracht irgendwo gelandet. Sie wären versenkt oder abgeschossen worden. Das Lieblingslaster der Sowjetrussen ist wie in der Zarenzeit ohnehin eher der Alkohol als irgendwelche anderen Drogen. Aber durch den Krieg in Afghanistan hat sich das alles geändert.

Kurz bevor Simyon Smin erfuhr, daß sein älterer Sohn wegen Drogenbesitzes verhaftet worden war, erwachte er aus einem unruhigen Traum. In diesem Traum war er von Teufeln gefangengenommen worden – von Nazi-Schergen, KZ-Aufsehern, spanischen Inquisitoren. Er wußte nicht genau, wer es war, aber sie hatten ihm Hunderte von Messerstichen beigebracht und ihn an ein Bett gefesselt, während um ihn herum überall grauenhafte Maschinen klickten und summten.

Wie schade, dachte er, daß der Traum gar kein Traum ist. All diese Dinge stimmten. Allerdings waren die Leute, die ihm das alles zugefügt hatten, keine Feinde; sie versuchten, ihm das Leben zu retten, und nicht, ihn qualvoll zu töten, aber dennoch hatte er überall Nadeln, in den Armen, im Handgelenk und am Schlüsselbein. Seine eine Körperseite war blutunterlaufen, wo er nicht gerade Blasen oder nässende Schwären hatte.

Sein erster wacher Gedanke galt dem Schreibblock unter seinem Kissen, und er vergewisserte sich, ob der Block noch da war. Sein zweiter Gedanke galt seinem Körper. Mit einiger Anstrengung hob er die Decke und schaute an sich herunter. Sein nackter Körper war nicht nur nackt. Er war *kahl*. Die Haarlosigkeit seiner Brust endete nicht am Rand der großen Narbe. Er hatte überhaupt keine Haare mehr am Körper. Auch die Haare auf dem Kopf waren ihm ausgefallen. Selbst sein schlaffer Penis war so kahl wie der eines Sechsjährigen – und, dachte er, auch ungefähr so nützlich.

Man brauchte ihm nicht erst zu sagen, daß die Transplantation des Knochenmarks seines ältesten Sohnes fehlgeschlagen war. Sein Körper verriet ihm das durch Schmerzen und eine fiebrige Hitze. »Genosse Klempner«, rief er schwach. »Können Sie eine Schwester rufen? Ich brauche dringend eine Bettschüssel.«

»Sofort!« rief Scherantschuk vom anderen Bett mit besorgter Stimme. »Aber Ihr Sohn Wassili ist gekommen, um Sie zu besuchen.«

»Dann soll er die Schweser holen; er kann dann später hereinkommen.«

Scherantschuk versuchte, dem Jungen, der vor der Tür stand, beruhigend zuzulächeln. »Du hast deinen Vater gehört«, sagte er und fragte sich, welche neue Sorge der Junge wohl haben mochte, denn er sah aus, als würde er jeden Augenblick anfangen zu weinen. »Die Schwesternstation liegt am Ende des Korridors.«

»Natürlich«, sagte Wassili und warf einen entsetzten Blick auf das Bett seines Vaters. Obwohl die Vorhänge zugezogen waren, verbargen sie nicht alles. Wassili sah die Klammern, die wie häßliche lange Scheren an den Schlauchbefestigungen hingen; er sah die roten und weißen Schläuche, die von Plastikflaschen nach unten führten – schlimmer noch, den blauverkleideten Kasten, der ständig klickte und dabei rote Lampen aufblitzen ließ. Als er eine Schwester gefunden hatte, setzte Wassili sich an Scherantschuks Bett und vermied es, zu seinem Vater hinüberzuschauen. Außerdem versuchte er, diese häßlichen intimen Geräusche zu überhören, die herüberdrangen.

Scherantschuk wollte ihm helfen. »Sieh nur«, sagte er und bemühte sich, die Geräusche zu übertönen, »was die amerikanischen Ärzte uns mitgebracht haben.« Er zeigte ihm ein kleine Taschenlampe, einen Taschenrechner und das Schönste von allem, einen schmalen Kasten, der in eine Handfläche paßte und der ein elektronischer Wecker war. »Dein Vater hat diese Sachen auch bekommen. Vielleicht schenkt er dir den Taschenrechner.«

Wassili ließ sich von seinem Kummer jedoch nicht ablenken. Erschrocken sagte Scherantschuk: »Was ist denn los, Wassili? Hast du wieder eine schlechte Nachricht, die dir Sorgen macht?«

Mit Tränen in den Augen schaute ihn der Junge an. »Ja, ich habe eine schlechte Nachricht, und es fällt mir so schwer, darüber mit meinem Vater zu sprechen.«

Als Smin es ein paar Minuten später erfuhr, richtete er sich im Bett auf, ohne sich um die ganzen Schläuche, Drähte und Katheter zu kümmern. »Nikolai? Verhaftet wegen Drogenbesitzes? Das ist völlig unmöglich!«

»Es stimmt aber, Vater«, schluchzte sein jüngerer Sohn und schaute hilfesuchend zum anderen Bett hinüber, wo Scherantschuk mit finsterer Miene so tat, als lese er in einer Zeitung.

»Es kann nicht stimmen«, flüsterte Smin. Aber als er sich in die Kissen zurücksinken ließ, wußte er, daß es stimmen mußte. Er schloß die Augen und fluchte stumm. Diese schreckliche Schwäche! Sie war schlimmer als die Schmerzen. Ja, um ehrlich zu sein, trotz aller Bemühungen der Ärztinnen waren die Schmerzen fast unerträglich. Sein ganzer Körper war übersät von stinkenden, nässenden Wundstellen. Er konnte kaum schlucken oder pissen; selbst wenn er sich nur leicht bewegte, hatte er höllische Schmerzen. Aber mit den Schmerzen konnte er fertig werden, wenn er nur die Kraft hätte, etwas zu unternehmen, wenigstens aus dem Bett aufzustehen. Um seinen Sohn zu besuchen. Oder mit den Leuten zu sprechen, die ihn verhaftet hatten. Oder mit irgendeinem anderen zu sprechen, irgend etwas zu unternehmen, um diese Angelegenheit zu bereinigen.

Nur gut, daß er wenigstens eine der immer selteneren wachen Perioden hatte, in denen er klar denken konnte. »Sag mir genau, was passiert ist, Wassa«, bat er und hörte traurig zu, während der Junge berichtete, wie die Organe seinen Bruder abgeholt hatten. Ja, natürlich waren es die Organe, denn hier ging es ja auch um Schmuggel, und solch ein Delikt fiel in die Zuständigkeit des KGB. Sie waren ganz einfach gekommen und hatten den Leutnant Nikolai Smin mitgenommen. Warum hatten sie ihn beschuldigt? Weil jemand im Krankenhaus gewisse Tests mit seinem Blut oder seinem Urin oder seinem Knochenmark gemacht hatte; natürlich hatten sie Proben aller seiner Körperflüssigkeiten, um sich zu vergewissern, ob eine Transplantation funktionieren würde. Und dieser Jemand hatte chemische Spuren von Haschisch in den Proben gefunden . . . und hatte es sofort gemeldet. »Du darfst den Ärztinnen keine Vorwürfe machen«, sagte Wassili. Es war ihre Pflicht.«

»Natürlich«, krächzte Smin wütend. »Und wie hat deine Mutter es aufgenommen?«

»Sie ist gleich losgefahren, um zu sehen, was sie für ihn tun kann. Großmutter auch. Sie bestand darauf mitzugehen, wohin weiß ich aber nicht.«

Smin seufzte verzweifelt. Er drehte sich unter Anstrengungen auf die Seite und rief seinen Zimmergenossen. »Genosse Klempner? Ich muß mich dafür entschuldigen, daß Sie mit dieser unangenehmen Familienangelegenheit belästigt werden.«

»Ich bin es, der sich entschuldigen müßte«, sagte Scherantschuk nüchtern. »Sie haben eine private Unterhaltung mit Ihrem Sohn, und ich hätte hinausgehen müssen. Ich werde ein paar Freunde besuchen.«

»Danke«, sagte Smin. Er beobachtete Scherantschuk stumm, als dieser seine rotgestreifte Pyjamajacke anzog und hinauseilte.

»Er hat Glück gehabt«, sagte Smin feierlich zu seinem Sohn. »Ich glaube, er wird bald entlassen, während ich . . .«

»Ja, Vater?«

Smin beendete den Satz nicht. Es war nicht länger wichtig, daß er davon überzeugt war, daß er das Hospital Nr. 6 nicht lebend verlassen würde. »Ach, mein armer Kolja«, flüsterte er traurig. »Wenn er sich mir nur anvertraut hätte!«

Eine Weile schwiegen beide. Dann sagte Wassili: »Und was hättest du dann getan, Vater?«

Smin sah den Jungen an. »Nun, ich hätte natürlich versucht, ihm mit allen Mitteln zu helfen.« Etwas im Ton des Jungen gefiel ihm nicht. »Denkst du, das wäre verkehrt gewesen?« fragte er.

»O nein, Vater«, entgegnete der Junge schnell. »Natürlich nicht. Ein Vater sollte seinem Sohn helfen.«

Smin hörte immer noch diesen falschen Unterton in Wassilis Stimme. Er runzelte die Stirn. Er zwang sich dazu, wach und konzentriert zu bleiben. Er sah deutlich, daß der Junge sich über irgend etwas Sorgen machte. »Was ist denn, Wassili? Habe ich etwas falsch gemacht?«

»Natürlich nicht, Vater!«

Smin hatte plötzlich einen unangenehmen Gedanken. »Gibt es irgend etwas, das du mir sagen solltest?«

»Nein, Vater.«

»Ja, Vater«, beharrte Smin. »Du hast Sorgen, von denen ich nichts weiß.«

»Wirklich nicht«, erwiderte sein Sohn. »Ich gebe dir mein Wort als Komsomolze.«

»Aber was ist es dann? Ich habe keine Geduld für Ratespiele, Sohn. Willst du mich irgend etwas fragen, vielleicht im Zusammenhang mit dem Unfall?«

»Nein.«

»Ja!« schrie Smin. »Ich kenne dich seit sechzehn Jahren. Ich habe dich heranwachsen sehen. Ich weiß genau, daß irgend etwas nicht stimmt. Sag mir, was es ist!«

Wassili öffnete den Mund. Dann schloß er ihn wieder und schüttelte den Kopf. Aber plötzlich brach es aus ihm hervor. »Warum hast du mich beschneiden lassen, Vater?«

Smin sah seinen Sohn erstaunt an, und trotzig fuhr der Junge fort: »Ja, ich weiß, das geschah aus gesundheitlichen Gründen – aber geschah es nicht am achten Tag nach meiner Geburt? Genau nach jüdischem Ritus?«

»Woher weißt du denn, daß es am achten Tag war?« fragte Smin erschrocken.

»Ich wußte es nicht. *Sie* wußten es.«

»Du bist *verhört* worden?« flüsterte Smin schockiert. »Ja, von den Organen, zwei Stunden lang. Aber ich hatte ihnen nichts zu erzählen, nur – da war noch dieses Essen in Großmutters Wohnung; sie sagten, auch das sei nach jüdischem Ritus abgelaufen. Sie nannten es ein ›Seder‹. War das wirklich so? Außerdem haben sie mich wegen einer Zeremonie an meinem dreizehnten Geburtstag befragt.«

Smins Hand zitterte, als er sie hob. »Was haben sie mit dir gemacht?«

Wassili versuchte, ihn zu beruhigen. »Nichts, Vater. Wirklich. Sie haben sich nur nach diesen Dingen erkundigt, und das Schwierige war, daß ich nicht antworten konnte. Aber stimmt es? Gab es an meinem dreizehnten Geburtstag eine besonders jüdische Zeremonie?«

Wieder schloß Smin die Augen. Es war ein Fehler. Er spürte, daß er im Begriff war einzuschlafen, und das konnte er sich jetzt nicht leisten. Er zwang sich dazu, sich wieder aufrecht hinzusetzen und weiter mit seinem Sohn zu sprechen. »An deinem dreizehnten Geburtstag gab es natürlich eine Geburtstagsfeier. Dreizehn ist ein wichtiges Alter, und du hattest die beste Geburtstagsfeier, die deine Mutter und ich ausrichten konnten, aber ganz bestimmt war es kein jüdisches Fest. Das weißt du doch selbst. Oder erinnerst du dich daran, daß irgendeine religiöse Zeremonie damit verbunden war?«

»Nein, Vater, aber . . .«

»Aber du könntest dich an so etwas auch gar nicht erinnern,

denn so etwas gab es bei uns nicht. Nicht einmal im Geheimen. Sag mir, mein Sohn, hast du jemals von uns religiöse Unterweisungen bekommen? Ganz gleich, welcher Art? Von mir oder deiner Mutter oder von sonst jemandem?«

Wassili zögerte. »Großmutter sagt es mir manchmal, wenn Jom Kippur ist.«

»Deine Großmutter«, seufzte Smin, »ißt Schweinefleisch und Krabbenfleisch und andere Dinge, die verboten wären, wenn sie eine gläubige Jüdin wäre. Seit ihrem vierzehnten Lebensjahr ist sie in keiner Synagoge mehr gewesen. Sie hat nur einige altmodische Angewohnheiten, und daraus macht sie kein Geheimnis.« Er dachte einen Augenblick nach. »Gewiß«, fuhr er dann fort, »sie wird als Jüdin betrachtet, weil sie von einer jüdischen Mutter geboren wurde. Wie ich, Wassili. Aber nicht du. Sie hat sich nie als Jüdin gefühlt; damit fing sie erst in ihrem fünfzigsten Lebensjahr an, zu einer Zeit, als das ganz und gar nicht ratsam war.«

»Wieso nicht ratsam?«

»Wieso nicht? Hast du denn noch nie von der Ärzteverschwörung gehört? Nein? Nun, das war für Juden eine schlechte Zeit, denn Stalin vermutete eine jüdische Verschwörung gegen ihn, mit dem Ziel, ihn zu vernichten.«

»Du meinst, daß Großmutter es gar nicht ernst nahm, daß sie Jüdin war?«

»Deine Großmutter nimmt immer alles ernst«, sagte Smin und verspürte plötzlich wieder Schmerzen. »Aber dennoch bist du kein Jude. Schau in deinen Paß. Da steht ›Russe‹.«

Wassili schaute ihn mißmutig an. »Aber als sie mich verhört hatten«, sagte er, »nannten die Leute vom KGB mich ›Jidd‹.«

»Dann mußt du den Mann anzeigen!« rief Smin. »Dazu hatte er kein Recht! Du hast nichts Böses getan. Und du hast auch nichts zu fürchten!«

Wassilis Augen sahen jetzt älter aus als die eines Sechzehnjährigen. »Und hast du etwas zu befürchten, Vater?«

Smin überlegte eine Weile, dann schüttelte er unter Schmerzen den Kopf. Die richtige Antwort wäre »nicht mehr« gewesen, denn alles, was ihm vielleicht bevorgestanden hätte, wurde durch die Tatsache erledigt, daß er nicht mehr zu heilen war. Er würde sterben, und er hatte keine Angst davor. »Fragst du, ob ich ins Gefängnis muß? Nein. Ganz bestimmt nicht.«

Mit undurchdringlicher Miene schwieg der Junge. Smin beobachtete ihn eine Weile. »Wassa«, sagte er dann. »Du hast noch etwas anderes auf dem Herzen. Sag's mir.«

»Was soll ich noch haben?« fragte der Junge höflich.

»Bitte!« bat Smin. »Dich quält doch noch etwas.«

»Vater, du bist sehr müde«, sagte Wassili. »Es ist nicht gut, daß ich dich mit meinen Problemen belaste.« Aber dann schaute er seinem Vater ins Gesicht und zuckte die Achseln. »Bevor Nikolai – verhaftet – wurde, haben wir miteinander gesprochen.«

»Und worüber?«

Plötzlich sprudelte es aus dem Jungen heraus, als stünde er vor einer Versammlung seiner Komsomolzen; die Führungsmängel, die Duldung von Unregelmäßigkeiten, die Notwendigkeit, die Disziplin wieder herzustellen. »Ah«, sagte Smin und nickte. »Ich verstehe. Dein Bruder hat dir gesagt, daß er sich Stalin zurückwünscht. Das meinst du doch, nicht wahr?«

»Aber was er sagte, kam mir ganz vernünftig vor. In Josef Wissaranowitsch hatten wir einen starken Führer! Er hat für Disziplin gesorgt.«

»Er war ein Mörder, Wassili.«

»Vater!«

Sie sahen einander an. Wassili schaute zuerst weg. »Du solltest dich ausruhen«, sagte er. »Ja, ich weiß, Genosse Stalin hat einige Leute erschießen lassen.«

»*Einige* Leute? Wassili, weißt du, wie viele?«

Der Junge zuckte die Achseln. »Vielleicht ein paar hundert.«

»Ein paar hundert? Es waren Millionen, Wassili! Nicht nur Trotzkisten und Saboteure – die halbe Führungsspitze der kommunistischen Partei! Die meisten hohen Offiziere der Armee! Ich rede gar nicht von den Bauern, die bei der Zwangskollektivierung verhungert sind, und von den Millionen, die in die Lager geschickt wurden, um dort zu sterben oder um gebrochen und mit ruinierter Gesundheit zurückzukommen!«

»Aber das ist doch unmöglich!« rief Wassili entsetzt. »Du redest ja, als sei er ein Tyrann gewesen!«

»Es ist die *Wahrheit*. Weißt du denn überhaupt nichts? Hast du noch nie von der Rede gehört, die Chruschtschow 1963 vor dem Parteitag gehalten hat?«

»1963 war ich noch nicht geboren.«

»Du hättest es trotzdem wissen müssen! Du hättest dafür sorgen müssen, daß du diese Dinge weißt!«

»Wie hätte ich das erfahren sollen?« fragte Wassili. »Wenn es die Wahrheit ist, dann hättest *du* es mir sagen sollen!«

Um zehn Uhr kehrte im Hospital Nr. 6 Nachtruhe ein. Die meisten Patienten schliefen schon. Die gewölbten Korridore waren leer. Die Schwestern und die diensthabenden Ärztinnen unterhielten sich nur im Flüsterton, wenn sie ihre Runden machten und hier eine Injektion gaben und dort ein Antibiotikum, hier eine Brandwunde neu verbanden und dort für einen Patienten eine dringend benötigte Bettschüssel holten. Sie wechselten die Plastiksäcke aus, die Plasma oder Blut oder Salz- und Glukoselösungen enthielten. Selbst der Speisesaal, in dem sich die Besucher aufhalten durften, war fast leer, als Wassili sich unter einem Tisch zusammenrollte und einzuschlafen hoffte.

Doch er fand keinen Schlaf. Der Junge machte sich Vorwürfe dafür, daß er mit seinem Vater gestritten hatte, wo doch sein Vater alle seine Kraft brauchte, nur um am Leben zu bleiben.

Außerdem hatte Wassili Hunger. Die Küche war schon längst geschlossen. Die blasse junge Frau mit dem litauischen Namen, die jetzt, in eine Wolldecke gehüllt, auf dem Fußboden schlief, hatte ihm zwei Schnitten Brot und einem halben Apfel aus ihrem eigenen Vorrat abgegeben, aber das war vor Stunden gewesen. Da hatte sie noch nicht gewußt, daß er nur der Sohn eines Patienten und erst sechzehn war. Stolz hatte sie gesagt: »Aber ich bin die Schwester, und da ist es wahrscheinlicher, daß mein Knochenmark geeignet ist.«

Auch Wassili glaubte jetzt, daß sein Vater das Krankenhaus nicht lebend verlassen würde.

Dieser Gedanke machte ihm zu schaffen. Bisher hatte Wassili nie an die Möglichkeit gedacht, daß sein Vater sterben könnte. Es war mit keiner anderen Erfahrung zu vergleichen, die er je gemacht hatte. Solange Wassili lebte, war sein Vater immer da gewesen. Der Junge konnte sich eine Welt nicht vorstellen, in der nicht irgendwo sein Vater lebte. Vor dreizehn Tagen hätte er den Gedanken an den Tod seines Vaters als lächerlich abgetan. Jetzt, wo der Gedanke nicht mehr lächerlich war, versuchte er ihn beiseite zu schieben.

Andererseits war Wassili durchaus nicht dumm. Als die Ärztin ihn im Korridor angehalten hatte, um mit ihm zu sprechen, hatte er genau auf jedes ihrer Worte, auf ihren Tonfall und auf ihr Gesicht geachtet. »Sein Zustand ist sehr ernst«, hatte sie gesagt, »aber wir tun, was wir können.« Zuerst hatte er ihre Worte als Zeichen der Hoffnung gedeutet.

Wenig später hatte er zugehört, als die Ärztin mit dem litauischen Mädchen sprach. Ihr Tonfall und ihr Gesichtsausdruck waren gleich. Sie benutzte sogar dieselben Worte. Aber Wassili erkannte plötzlich, daß sie die junge Frau auf die Tatsache vorbereitete, daß ihr Bruder, der Feuerwehrmann, sterben würde.

Beide Fälle, sowohl die Erkrankung seines Vaters wie die des Feuerwehrmannes, waren ähnlich gelagert, und darum fehlte der Hoffnung, die Wassili aus den Worten der Ärztin geschöpft hatte, jede Grundlage.

Wassili Smin rollte sich unter dem Tisch hervor und stand auf. Auch ein Sechzehnjähriger kann nicht schlafen, wenn sein Bruder im Gefängnis ist und sein Vater ein paar Meter entfernt im Sterben liegt. Er schaute in des Zimmer seines Vaters. Der Ingenieur Scherantschuk schnarchte vor sich hin. Hinter dem Vorhang konnte Wassili seinen Vater erkennen, der ebenfalls schlief. Der Junge wollte schon einen Stuhl an das Bett seines Vaters rücken, aber dann verwarf er den Gedanken wieder – sein Vater könnte davon aufwachen, außerdem wurde die Krankenhausatmosphäre für Wassili allmählich zu bedrückend, nicht nur, weil die Leute krank waren und sein Vater zu den Kranken gehörte. Was er nicht ertragen konnte, war, daß diese Leute so jung sterben mußten – einige von ihnen jünger als sein

Bruder, aber mit kahlen Köpfen und hellen Augen, fast wie Babys. Sie hatten nicht einmal mehr Augenbrauen.

Er schlich die Treppe hinunter, nickte dem schläfrigen Pförtner zu und trat in die milde Frühlingsnacht hinaus. Autos fuhren die Straßen entlang, und an der Ecke standen Leute und versuchten schreiend, ein Taxi anzuhalten. Das Leben nahm seinen normalen Gang. Es war kaum zu glauben, daß ein Gebäude weiter so viele junge Menschen einen grauenhaften Preis für die Katastrophe von Tschernobyl zahlen mußten. Und doch tröstete es ihn ein wenig, unter Menschen zu sein, die mit der Tragödie nichts zu tun hatten. Wassili fühlte sich unter ihnen freier und sicherer. Er ging am Block entlang auf die alte Kirche zu, die mit ihren weißen und goldenen Türmen vor ihm lag, dann bog er nach links ab. Es wurde ein schöner langer Spaziergang. Er hätte dabei eigentlich ermüden müssen, aber erst als er wieder vor dem Eingang zum Hospital stand und von dort die Treppe zum Zimmer seines Vaters hinaufstieg, überkam ihn Müdigkeit.

Als er in das Zimmer seines Vaters schaute, lag Smin mit offenen Augen da. Er hielt einen Finger an die Lippen und winkte Wassili zu sich heran.

Als Aftasia Smin den Speisesaal betrat, wütend und triumphierend zugleich, und dabei den humpelnden und mürrisch wirkenden Leutnant Nikolai Smin vor sich herschob, weckte sie alle Besucher. Wassili rieb sich die Augen und starrte seinen Bruder an, als Aftasia fragte: »Dein Vater, wie geht es ihm? Warum lassen sie uns nicht in sein Zimmer?«

Zwei Ehefrauen von Patienten saßen an einem Tisch und flüsterten miteinander, und die Schwester des Feuerwehrmanns mit dem litauischen Namen schaute interessiert hoch, als sie den Mann in der Luftwaffenuniform sah. »Sie haben mich auch weggeschickt, Großmutter«, sagte Wassili. »Sie sagten, er muß schlafen.«

Aftasia senkte die Stimme. »Dann werden wir hier bleiben, bis er aufwacht, damit er sieht, daß seinem kriminellen Sohn die Strafe für seine Verbrechen erspart bleibt.«

Sie schaute sich im Speisesaal um; ihr Blick warf eine mehr als deutliche Aufforderung an die anwesenden Frauen, sich um ihre eigenen Angelegenheiten zu kümmern, als der Leutnant sich vorsichtig neben seinen Bruder setzte und aufstöhnte.

»Was ist denn passiert?« fragte Wassili kläglich.

Seine Großmutter machte ein böses Gesicht. »Ich habe ihn rausgeholt«, sagte sie. Sie erzählte weder mit welchem alten Parteifreund sie gesprochen hatte, noch daß der Ankläger der Sohn eines Mannes war, der noch unter ihrem toten Ehemann gedient hatte. Sie sagte nur: »Wenigstens haben sie nichts von dem widerlichen Zeug gefunden, von dem Nikolai behauptet, daß er es nie gehabt hat.«

»Mein Arsch tut weh, wo sie mir das Einlaufrohr reingesteckt haben«, sagte er trotzig. »Dabei habe ich nur ein paar Schmerztabletten genommen.«

»Ach, ja«, sagte Aftasia, »das hast du den Organen erzählt, und natürlich haben sie dir ins Gesicht gelacht. Dr. Achmentowa ist so dumm, daß sie Aspirin mit Haschisch verwechselt hat, ganz davon zu schweigen, daß der Bluttest gemacht wurde, bevor du Knochenmark gespendet hast.« Nikolai zuckte die Achseln. »Jedenfalls«, fuhr sie fort, »wenn du intelligent genug bist, das Zeug, das du nicht hast, zu holen und in die Kanalisation zu werfen, bevor du damit erwischt wirst, dann wird diese ganze Sache vielleicht vergessen werden. Sonst haben sie das nächste Mal einen stichhaltigeren Beweis als einen Bluttest, um dich verhaften zu können.«

Nikolai ignorierte sie und wandte sich an seinen Bruder: »Geht es unserem Vater besser?«

Wassili zögerte einen Moment. »Eher schlechter«, sagte er dann. »Sie haben Vorhänge um sein Bett gehängt, und man kann ihn kaum sehen. Aber wir haben eine Weile miteinander gesprochen.«

»Worüber?« wollte Aftasia wissen.

Wassili blies die Backen auf, und dann gestand er: »Wir haben über Politik gesprochen, Großmutter. Ich – ich fürchte, er hat sich dabei ein bißchen aufgeregt, und das war nicht gut für ihn. Es war alles meine Schuld.«

»Du kleiner Idiot!« schimpfte sein Bruder.

Wassili ließ den Kopf hängen. »Ich weiß, daß es ein Fehler war«, entschuldigte er sich. »Du hast recht. Es war idiotisch, daß ich ihn gereizt habe, wo er doch so krank ist, aber zumindest . . .« Er verschluckte den Rest des Satzes. Eigentlich hatte er sagen wollen *aber zumindest bin ich nicht wegen Drogenschmuggel verhaftet worden.* »Zumindest«, sagte er statt dessen, »hat er dann ein wenig geschlafen, und später war ich noch einmal bei ihm.«

»Und?«

»Und er bat mich, etwas für ihn zu erledigen, aber zuerst verstand ich nicht, was er wollte. Ich soll einen Brief abschicken.«

»Einen Brief?« fragte seine Großmutter. »Was für einen Brief?«

»Keine Ahnung. Er war ziemlich dick und an ihn selbst adressiert, Großmutter. Unter deiner Adresse. Als ich dann wieder zu ihm ging . . .« Er zögerte. »Nun, er hat ziemlich viel geredet, aber ich glaube, er hat phantasiert. Er sah mich an und redete mich mit ›Genosse Mitglied des Zentralkomitees‹ an.«

Aftasia Smin runzelte die Stirn und schaute sich um. »So?« Sie sprach jetzt sehr viel leiser. »Und was hatte dein Vater einem Mitglied des Zentralkomitees zu sagen?«

Wassili war den Tränen nahe. »Er sagte seltsame Dinge, Großmutter. Ich habe ihn nicht ganz verstanden. Aber er sagte mir oder dem Mitglied des Zentralkomitees, für das er mich hielt, daß er den Vorschlag, den Obersten Sowjet frei zu wählen, billigt. Er sagte, es sei ausgezeichnet, wenn man für jedes Amt mehr als einen Kandidaten aufstellen würde, selbst wenn sie vielleicht für eine oder zwei andere Parteien kandidierten!«

»Ach«, sagte Aftasia traurig. »Ich verstehe. Du hast recht. Er hat tatsächlich phantasiert.«

32

MITTWOCH, 14. MAI 1986

Seit der Explosion im Kernkraftwerk Tschernobyl sind achtzehn Tage vergangen. Jedes Fernsehgerät in der Sowjetunion ist eingeschaltet, denn eine wichtige Ansprache wurde angekündigt. Michail Gorbatschow erscheint auf dem Bildschirm. Sein Gesicht ist ernst, aber er wirkt dennoch zuversichtlich. Er fängt an zu sprechen.

»Guten Abend, Genossinnen und Genossen«, sagte er. »Wie Sie alle wissen, hat uns ein Unglück getroffen – der Unfall im Kernkraftwerk Tschernobyl. Er hat sich auf das sowjetische Volk schmerzlich ausgewirkt und in der internationalen Öffentlichkeit Besorgnis ausgelöst. Zum ersten Mal mußten wir uns in einem Ernstfall mit etwas so Unheimlichem auseinandersetzen, wie es die Kernenergie darstellt, wenn sie außer Kontrolle gerät.

Was ist geschehen?

Wie die Spezialisten berichten, gab es während einer geplanten Abschaltung der vierten Einheit im Reaktor eine plötzliche Leistungssteigerung. Der erhebliche Dampfaustritt und die anschließende Reaktion hatten die Bildung von Wasserstoff, eine Explosion, die Beschädigung des Reaktors und die Freisetzung von Radioaktivität zur Folge.

Es ist noch zu früh, über die Unfallursachen ein endgültiges Urteil abzugeben. Alle Aspekte des Problems – Entwurf, Konstruktion, Bedienung und Technik – werden von einer Regierungskommission in allen Einzelheiten untersucht.

Nach Beendigung der Untersuchungen werden selbstverständlich alle nötigen Konsequenzen gezogen und Maßnahmen eingeleitet, die sicherstellen, daß sich ein solcher Unfall nicht wiederholen kann.«

Dreißig Kilometer vom Reaktor entfernt saß der Soldat Konow über sein Essen gebeugt am Tisch und schaute dabei auf den kleinen Bildschirm. Er merkte kaum, was er aß, obwohl das Essen aus einem gebratenen Hähnchen bestand, das bei einem örtlichen Bauern gekauft und von den Technikern freigegeben worden war. »Das hört sich an, als würden wir hier noch lange bleiben«, murrte der Soldat, der neben ihm saß.

»Wir bleiben hier, bis die Arbeit getan ist, Miklas«, erwiderte Konow kurz. »Sei still, ich will zuhören.« Und Gorbatschow sprach weiter.

»Der Ernst der Situation war nicht zu verkennen. Es war dringend erforderlich, so schnell wie möglich ein genaues Bild zu gewinnen. Sobald die ersten zuverlässigen Informationen zur Verfügung standen, wurden sie sofort dem sowjetischen Volk zugänglich gemacht und auf diplomatischem Wege an die Regierungen der betroffenen Staaten übermittelt.

In der entstandenen Situation hielten wir es für unsere vornehmste Pflicht, die Sicherheit der Bevölkerung zu gewährleisten und denen wirksam Hilfe angedeihen zu lassen, die von dem Unfall unmittelbar betroffen waren.

Als sich eine potientielle Gefährdung der Gesundheit der Menschen in der Umgebung des Werks abzeichnete, wurden die umliegenden Ortschaften innerhalb von Stunden geräumt und die Menschen in sichere Gebiete abtransportiert.

Dennoch konnten die sofort getroffenen Maßnahmen nicht jeden schützen. Zwei Männer starben zum Zeitpunkt des Unfalls – ein für die Einstellung der automatischen Systeme verantwortlicher Ingenieur und ein Reaktortechniker.

Bis zur Stunde wurden 299 Menschen, bei denen mehr oder weniger schwere Strahlenschäden diagnostiziert worden waren, in Krankenhäuser eingeliefert. Sieben von ihnen sind gestorben. Den übrigen wird bestmögliche medizinische Betreuung zuteil.«

In der Wohnung in Kiew saßen die Ditschuks und die alten Eltern um das Fernsehgerät herum. »Er hat die evakuierten Kinder nicht erwähnt«, ärgerte sich Oksana Ditschuk.

»Aber kein Kind ist bisher durch Strahlung geschädigt worden«, beruhigte sie ihr Mann. »Schießlich hast du noch gestern mit unserer Tochter telefoniert.«

»Ich will mit ihr nicht telefonieren. Ich will sie in den Armen halten!«

»Das kannst du doch auch bald. Aber nun hör zu! Genosse Gorbatschow ist wütend!«

Jedenfalls runzelte er die Stirn, als er weitersprach. »Ich will mir nicht versagen, einen weiteren Aspekt der Angelegenheit zu erwähnen. Ich meine die Reaktion des Auslands auf das Ereignis in Tschernobyl!« Er machte eine Pause. Sein Gesicht war wieder freundlicher, als er fortfuhr: »Im allgemeinen, und das sollte betont werden, hat die Welt auf das Unglück, das uns getroffen hat, und auf unsere Bemühungen, damit fertig zu werden, mit Verständnis reagiert.

Wir sind den sozialistischen Bruderländern zu Dank verpflichtet, die in einer schwierigen Situation ihre Solidarität mit dem sowjetischen Volk bewiesen haben. Wir sind auch den führenden Persönlichkeiten anderer Staaten dankbar, die uns ihres Mitgefühls und ihrer Unterstützung versichert haben.

Wir möchten auch jenen ausländichen Wissenschaftlern und Spezialisten gegenüber unsere freundschaftlichen Gefühle zum Ausdruck bringen, die ihre Bereitschaft gezeigt haben, uns bei der Überwindung der Folgen des Unfalls zu helfen. In diesem Zusammenhang möchte ich besonders die amerikanischen Ärzte Robert Gale und Paul Terasaki erwähnen, die zusammen mit unseren Ärzten die Strahlenopfer behandeln. Auch geschäftlichen Kreisen jener Länder möchten wir danken, die auf unsere Gesuche, bestimmte Geräte, Materialien und Medikamente zu kaufen, sofort reagiert haben.

»Aber«, und jetzt runzelte er wieder die Stirn, »wir kommen nicht umhin, die Art und Weise zu verzeichnen und politisch zu bewerten, in der gewisse Regierungen, Politiker und Massenmedien, besonders in den USA, das Ereignis von Tschernobyl kommentieren.

Sie haben ganz unverhohlen eine antisowjetische Kampagne gestartet.

Es ist schwer, sich vorzustellen, was in diesen Tagen gesagt und geschrieben wurde: ›Tausende von Toten‹, ›Massengräber‹, ›Kiew eine Geisterstadt‹, ›die ganze Ukraine verseucht‹.

Wir stehen vor einem ganzen Gebirge von Lügen – dreisten und bösartigen Lügen. Es ist unangenehm, sich an diese Dinge zu erinnern, aber wir dürfen unsere Augen vor ihnen nicht verschließen. Die Welt muß erfahren, womit wir konfrontiert waren, denn nur so ist eine Antwort auf die Frage möglich: Was steckte tatsächlich hinter der höchst unmoralischen Kampagne?

Die Organisatoren dieser Kampagne waren an korrekten Informationen über den Unfall überhaupt nicht interessiert. Sie waren auch nicht interessiert an dem Schicksal der Menschen in Tschernobyl, in der Ukraine, in Bjelorußland, im übrigen Rußland und in anderen Ländern.

Sie suchten nur einen Vorwand, die Sowjetunion und ihre Außenpolitik zu diffamieren und damit das Gewicht der sowjetischen Vorschläge im Zusammenhang mit der Beendigung der Atomtests zu mindern. Auf der anderen Seite war es ein Versuch, die wachsende internationale Kritik am militärischen Kurs der USA einzudämmen.

Man darf es ganz unumwunden aussprechen: Gewisse westliche Politiker verbanden mit dieser Kampagne ganz bestimmte Ziele; sie wollten unsere Bemühungen stören, auf der internationalen Szene ausgleichend zu wirken, und erneut Mißtrauen und Argwohn gegen die sozialistischen Länder säen . . .«

In seiner Wohnung stand Warner Borden auf, um Emmalines Glas erneut zu füllen, aber sie hielt die Hand darüber. »Nicht mehr, bitte«, sagte sie. »Ich muß in meine Wohnung zurück. Vielen Dank, daß ich hier fernsehen durfte.«

»Keine Ursache«, sagte er lächelnd und behielt die Flasche Wein in Reichweite, für den Fall, daß sie es sich anders überlegte. »Danken Sie dem alten Gorbatschow. Der bringt vielleicht eine Show.«

Emmaline überlegte. »Ich glaube, der Mann hat recht . . .«

»Womit? Mit dem, was amerikanische Zeitungen geschrieben haben? Verdammt, Honey. Wenn die Russen Tatsachen berichtet hätten, wären alle diese Spekulationen gar nicht entstanden.«

»Vielleicht nicht«, sagte Emmaline nachdenklich. »Jedenfalls hat er auch die amerikanischen Ärzte erwähnt.«

»Natürlich. Das gehört sich auch so. Und jetzt – hören Sie? Jetzt redet er über Abrüstung. Das dürfen wir nicht verpassen, und sehen Sie hier, in der Flasche sind nur noch ein paar Tropfen; die könnten wir doch ruhig noch austrinken.«

»Der Unfall in Tschernobyl«, sagte Gorbatschow, »hat wieder einmal gezeigt, was für ein Abgrund sich öffnen würde, wenn die Welt von einem Atomkrieg heimgesucht werden würde, denn in den Kernwaffen-Arsenalen ruhen Tausende und Abertausende von Katastrophen, jede einzelne weit grauenhafter als die von Tschernobyl . . .

Das Atomzeitalter erfordert zwingend eine Neuorientierung auf dem Gebiet der internationalen Beziehungen. Es erfordert die gemeinsamen Anstrengungen von Staaten mit unterschiedlichen Gesellschaftssystemen, um endlich den verhängnisvollen Rüstungswettlauf zu stoppen und das politische Klima in der Welt entscheidend zu verbessern . . .«

Aber in Simyon Smins Krankenzimmer in Moskaus Hospital Nr. 6 hörte niemand die letzten Worte aus dem nun leise eingestellten Fernsehgerät, wenn auch Wassili Smin mit Tränen in den Augen auf den Bildschirm starrte. Sein Bruder Nikolai stand am Fenster und drückte die Stirn gegen die Scheibe. Seine Mutter schaute ausdruckslos ins Leere. Ihr Gesichtsausdruck zeigte weder Wut noch Trauer. Sie schien das Schreckliche, was ihr widerfahren war, noch nicht begreifen zu können.

Am anderen Ende des Krankenzimmes schloß die Großmutter ihrem einzigen Sohn die Augen. Die Vorhänge waren zurückgezogen. Die Blutaustauschmaschine war verstummt und ihre Lichter ausgegangen. Simyon Smin sah aus, als schliefe er, den Mund leicht geöffnet, das freundliche bleiche Gesicht eine starre Maske.

»Sagte Gorbatschow nicht eben, daß neun Leute aus Tschernobyl gestorben seien?« fragte Aftasia. »Jetzt sind es zehn.«

33

FREITAG, 16. MAI 1986

In der Stadt Mtino, nicht weit von Moskau, liegt ein stiller, abgeschiedener Friedhof. Ungefähr zweihundert Meter von seinem Eingang ist ein größeres Stück Land für besondere Sterbefälle reserviert worden. Bis jetzt gibt es dort nur wenige Gräber, aber es ist noch Platz für viele. Man nennt es die Heldengräber. Die Menschen, die dort begraben werden, haben eins gemeinsam: Sie sind alle im Hospital Nr. 6 in Moskau gestorben, und sie kamen alle aus dem Kernkraftwerk Tschernobyl.

Zu Simyon Michailowitsch Smins Beerdigung waren nicht viele Trauergäste gekommen. Im ganzen waren es zehn. Seine zwei Söhne, seine Frau, seine Mutter. Zwei Ärzte vom Hospital Nr. 6. Sein treuer »Genosse Klempner«. Der Zweite Sekretär der Kommunistischen Partei von Pripjet, der froh war, sich einen Tag von den Pflichten, derentwegen er nach Moskau gekommen war, freinehmen zu können. Und zwei andere Herren. Diese beiden versetzten die Ärzte und wahrscheinlich auch den Zweiten Sekretär in Erstaunen, denn sie kamen in einem Zil, und als sie ausgestiegen waren, flüsterte es einer dem anderen zu: Es waren Genosse F. W. Mischko und Genosse A. P. Milaktiew, Mitglieder des Zentralkomitees. Nur die alte Aftasia Smin war kühn genug, auf sie zuzugehen und sie zu begrüßen. Danach allerdings begrüßten die hohen Herren auch alle anderen oder nickten ihnen wenigstens freundlich zu.

Aftasia Smin sagte zu dem älteren von den beiden: »Vielen Dank, daß Sie gekommen sind, Fedor Wassiliewitsch.«

»Aber warum hätte ich denn nicht kommen sollen«, protestierte der Funktionär. »Ihr Sohn war ein guter Mann. Er starb als Held. Ich bezweifle nicht, daß die Untersuchungskommission nur zu dem Schluß kommen kann, daß Ihr Sohn sich vorbildlich verhalten hat. Außerdem«, fügte er hinzu, »es gibt nur noch wenige Altbolschewisten, daß ich es für ehrenrührig hielte, nicht dabeizusein, wenn eines ihrer Familienmitglieder zu Grabe getragen wird.«

Aftasia ging auf die letzte Bemerkung nicht ein. »Sind Sie so sicher, was die Ergebnisse der Untersuchungskommission angeht?«

Dieses Mal antwortete Milaktiew. »Niemand kann das Ergebnis voraussagen, bevor die Untersuchungen abgeschlossen sind. Irren ist menschlich. Aber ich hatte Einblick in die meisten der Unterlagen. Ihr Sohn hat nicht immer ganz korrekt gehandelt, Aftasia Israelowna, aber er hat es immer zum Vorteil seines Werkes getan, nie, um sich persönlich zu bereichern.«

»Dem kann ich nur zustimmen«, bemerkte Mischko, »und Sie sehen selbst, daß man ihm ein würdiges Begräbnis gibt.«

»Wenn auch ein sehr kleines«, erwiderte Aftasia etwas spitz, aber dann lenkte sie ein. »Ich freue mich, daß Sie gekommen sind. Darf ich Sie jetzt mit Simyons Witwe und seinen Söhnen bekannt machen?«

Milaktiew räusperte sich und sah sich um. Die anderen standen weit genug entfernt, um nicht hören zu können, was er sagte. Trotzdem zögerte er. »Aftasia Israelowna«, sagte er schließlich, »darf ich Ihnen sagen, daß Sie außerordentlich gut aussehen. Trotzdem haben wir jahrelang kaum etwas von Ihnen gehört. Man mußte annehmen, sie seien sehr krank oder hätten sich in ein Altersheim zurückgezogen . . .«

»Oder daß ich tot wäre? Ja, es ist wahr. Ich habe lange Zeit sehr zurückgezogen gelebt. Warum auch nicht? Ich bin eine alte Frau. Ich habe nichts zu sagen.«

»Dem kann ich nicht zustimmen«, erwiderte Mischko. »Ich meine, Sie könnten uns viel erzählen, und wir haben jetzt eine

Zeit, in der wir uns ganz besonders das anhören sollten, was Altbolschewisten uns zu sagen haben.«

Aftasia sah ihn abschätzend an. Mischko war nicht groß, aber sie mußten trotzdem zu ihm aufschauen. »Warum gerade jetzt?« fragte sie.

»Es ist eine Zeit der großen Veränderungen. Das wissen Sie. Ich sehe, daß Sie noch einen klaren Verstand haben. Habe ich recht?«

Aftasia antwortete: »All die Jahre waren eine Menge klare Gedanken in meinem Kopf. Viele meiner alten Genossen hatten ebenfalls klare Gedanken und haben sie laut ausgesprochen. Die meisten von ihnen sind deshalb seit fünfzig Jahren tot.«

»Sie sprechen von den Exzessen der Stalin-Zeit«, sagte Mischko. »Wir haben jetzt eine andere Zeit.«

»Oh, ist Lefortowo jetzt leer? Nun gut. Es stimmt, wir haben jetzt eine andere Zeit. Aber alte Gewohnheiten sind schwer abzulegen. Ich hatte für einen Sohn zu sorgen, Fedor Wassiliewitsch. Er hatte keinen Vater, und ich wollte nicht, daß er auch noch die Mutter verliert. Deshalb hielt ich den Mund. Ich wollte nicht dreißig Jahre in einem Lager sitzen, während er niemand hatte, der für ihn sorgte. Ich habe gelernt, still zu sein.«

»Wir alle haben das gelernt. Aus demselben Grunde.«

»Jedenfalls«, sagte sie lächelnd, »muß ich jetzt wohl keine Angst mehr haben, noch dreißig Jahre in einem Lager sitzen zu müssen. Wir sind uns nicht ganz fremd, Fedor Wassiliewitsch. 1944 fragte mich Ihr Vater, ob ich ihn heiraten wollte. Wäre er nicht verhaftet worden, würde ich Sie jetzt als meinen eigenen Sohn betrachten.«

»Ich wünschte, es wäre so gekommen«, sagte Mischko aufrichtig.

»Warum sprechen Sie dann nicht offen mit mir? Möchten Sie, daß ich irgend etwas tue?«

Verlegen warf Milaktiew ein: »Vielleicht ist dies nicht der richtige Ort für eine solche Unterredung . . .«

»Oh, reden Sie schon, Mann«, sagte Aftasia böse. »Sie haben mich zu Recht eine Altbolschewistin genannt. Ich bin keine empfindsame Blume, die vor lauter Gram auf der Beerdigung ihres einzigen Sohnes an nichts anders denken kann. Mein Sohn würde das nicht von mir verlangen. Warum dann Sie?«

»Es ist so«, sagte Mischko und warf seinem Partner einen schnellen Blick zu. »Ein paar von uns wollen gewisse Vorschläge machen . . .«

Scherantschuk hoffte, daß die Feier bald anfinge und beobachtete inzwischen, wie die alte Frau mit den beiden Männern vom Zentralkomitee sprach. Plötzlich kam eine Frau in einem eleganten beigefarbenen Kostüm auf ihn zu. »Ich bin Dr. Achmentowa«, verkündete sie. »Hämatologin im Hospital Nr. 6. Ich habe dort alle Blutuntersuchungen gemacht.«

»Vielen Dank für Ihre gute Arbeit«, entgegnete Scherantschuk höflich. »Ich habe Sie ohne Ihre Krankenhaustracht gar nicht erkannt.«

»Aber ich habe Sie erkannt, Genosse Scherantschuk. Ich muß noch mit Ihnen sprechen, bevor Sie entlassen werden. Ist der Termin nicht morgen?«

»Ich hoffe es«, sagte Scherantschuk erschrocken. »Worüber müssen Sie mit mir sprechen?«

Die Frau schürzte die Lippen. »Ich hatte gehofft, Ihre Frau würde Sie über diese Angelegenheit informieren, aber ich glaube, sie ist nicht mehr hier.«

»Man hat sie an ihren Arbeitsplatz zurückgeschickt, ja. Worüber wollen Sie mit mir sprechen?«

»Nun«, begann die Ärztin bedeutungsvoll, »ich nehme meine Arbeit sehr ernst. Es ist nicht genug, daß man fachlich korrekt vorgeht, obwohl ich auch darin sehr genau bin. So wie ich meine Arbeit verstehe, meine ich, daß es meine Pflicht ist, jede Auffälligkeit, die ich bemerke, den Beteiligten zur Kenntnis zu bringen.«

Scherantschuk wurde ungeduldig. »Und was haben Sie bemerkt?«

»Es geht nicht nur um Sie, Genosse Scherantschuk. Es geht auch um Ihre Frau und den Jungen, Boris Scherantschuk.«

»Ja?«

»Sie haben Blutgruppe Null, Genosse Scherantschuk. Ihre

Frau hat Blutgruppe A, und der Junge AB.« Als sie das gesagt hatte, faltete sie ihre Hände vor der Brust und sah ihn schweigend an.

»Also wirklich, Frau Doktor«, protestierte er. »Ich verstehe nichts von diesen Dingen. Wenn es für meinen Sohn gefährlich ist . . .«

Sie schüttelte nur den Kopf. »Mit seiner Gesundheit hat das nichts zu tun. Ich habe Erfahrung in diesen Dingen. In Vaterschaftsprozessen zum Beispiel, wo die Blutgruppen Auskunft darüber geben, ob ein Mann Vater eines Kindes sein kann oder nicht. Und ich kann Ihnen versichern, Genosse Scherantschuk, wenn Ihre Frau bei der Geburt des Jungen Vaterschaftsklage gegen Sie erhoben hätte, wären Sie bei dem Prozeß Sieger geblieben.«

Die Begräbnisfeierlichkeiten waren lang genug, um niemand zu kränken, aber doch wieder zu kurz, daß der Zweite Sekretär später niemals in die Verlegenheit geraten könnte, sich übergroßen Enthusiasmus vorwerfen zu müssen. Sie dauerten zehn Minuten. Dann wurde der Sarg in die Grube gesenkt. Die Trauergäste warfen, einer nach dem anderen, jeder eine Handvoll Erde auf den Sarg. Dann war es Zeit für sie alle, zu gehen und den Rest den professionellen Totengräbern zu überlassen, die in einiger Entfernung ungeduldig auf ihren Schaufeln lehnten.

Doch niemand mochte vor den zwei Herren vom Zentralkomitee den Friedhof verlassen. Die beiden Funktionäre schienen es aber überhaupt nicht eilig zu haben. Sie gingen in der kleinen Gruppe von einem zum anderen, schüttelten jede Hand, küßten jedes Mitglied der Familie und wechselten mit allen höfliche Worte. Hatten diese hohen Parteimitglieder nichts Wichtigeres zu tun? fragte sich Scherantschuk, der sich vor Wut und Scham ganz elend fühlte. Natürlich war er nicht eigentlich auf diese beiden Männer wütend, und so brachte er es fertig, ihnen auf ihre Fragen über seine Gesundheit zu antworten; er war allerdings ehrlich überrascht, daß sie seinen Namen kannten. »Aber selbstverständlich, Genosse Scherantschuk«, lächelte

Mischko, der ältere und gewandtere von den beiden. »Wir haben Ihren Bericht über den Unfall gelesen und die der anderen auch. Sie enthalten nichts als Lob über Ihre Arbeit und Ihren Mut!«

»Es ist noch zu früh, um schon von Auszeichnungen zu sprechen«, fügte Milaktiew mit Herzlichkeit hinzu, »aber wenn jemand eine Auszeichnung verdient hat, dann sind Sie es.«

Scherantschuk dankte ihnen.

Endlich, eine volle halbe Stunde nach Beendigung der Feier, sah Mischko auf seine Uhr und sagte: »Oh, es ist ja schon fast drei Uhr, und ich habe um halb vier eine Verabredung mit der Staatlichen Planungskommission.«

»Und ich muß zurück in mein Büro«, bemerkte Milaktiew. »Können wir jemand von Ihnen ein Stück mitnehmen? Nein? Dann bringe ich Sie bis zu Ihrem Büro, Fedor Wassiliewitsch. Und wir wollen hoffen, daß wir uns bei einer fröhlicheren Gelegenheit wiedersehen!«

Die fröhlicheren Zeiten waren noch nicht angebrochen, als Milaktiew in seinem Büro ankam. Er nickte seiner Sekretärin freundlich zu, öffnete die Tür zu seinem Zimmer, und blieb stehen.

Auf seinem Schreibtisch lag ein großes Kuvert, auf dem in deutlichen Buchstaben zu lesen stand: An A. P. Milaktiew PERSÖNLICH.

Milaktiew ließ die Tür offen, ging zum Schreibtisch und öffnete das Kuvert, wobei ihm das dreifache Siegel ziemliche Schwierigkeiten machte. Dann besah er sich den Inhalt. Es gab keinen Begleitbrief. Es war auch nirgends ein Absender angegeben. Weder auf dem Umschlag noch auf dem Dokument selbst. Er fand auch keinen Hinweis darauf, woher es kam, aber was das geheimnisvolle Papier aussagte, war überaus deutlich. Es schlug »eine Bewegung für die Erneuerung des Sozialismus« vor. Obwohl es in formeller und leidenschaftsloser Sprache abgefaßt war, war sein Inhalt mehr als nur erstaunlich.

> Unser Land ist jetzt so weit zurückgefallen, daß die Versäumnisse kaum noch aufzuholen sind . . . Die UdSSR

ist auf dem besten Wege, ein unterentwickeltes Land zu werden . . . Ökonomische und politische Reformen müssen zusammenwirken . . . Wir brauchen verschiedene konkurrierende politische Organisationen, die durch freie Wahlen vom Volk kontrolliert werden . . . Wir müssen die fundamentalen, konstitutionellen Prinzipien des sozialistischen Staates beachten, nämlich: Rede-, Presse- und Versammlungsfreiheit, Recht auf Unversehrtheit der Person, Brief- und Telefongeheimnis, und die Freiheit, Vereinen beizutreten . . .

Milaktiew las es ganz durch. Alle siebzehn dichtbeschriebenen Schreibmaschinenseiten. Als die Sekretärin ihn durch die offene Tür anblickte, brüllte er sie an: »Margetta Iwanowna! Was ist das? Woher kommt das?«

Sie eilte nervös an seine Seite. »Es wurde gebracht. Von einem Soldaten. Er sagte, es sei dringend. Und nur für Sie bestimmt . . .«

»Haben Sie sich seinen Namen geben lassen? Hat er sich Ihnen gegenüber ausgewiesen? Er hätte ebensogut eine Bombe bringen können! Oder etwas, das mit todbringenden Bakterien verseucht ist! Lassen Sie jeden Kriminellen hier herein, damit er auf meinen Schreibtisch legen kann, was er will, während ich abwesend bin und Sie hier Dienst tun?«

Sie hatte schon nach den ersten paar Sätzen angefangen zu weinen. Erschrocken war sie weniger über den Wutausbruch an sich, als vielmehr über die Veränderung seines sonst so freundlichen und rücksichtsvollen Benehmens. Nun gut, dachte er, das kann ich später wieder gutmachen. Aber es muß ihr klar werden, wie außerordentlich erstaunt, um nicht zu sagen empört ich darüber bin, daß dieses revolutionäre Dokument hier plötzlich aus dem Nichts auftaucht . . . Und wenn die Jagd nach den Urhebern losgeht, wird man damit sicher nicht bei den Leuten beginnen, die ein Exemplar davon von einem Fremden erhalten haben.

34

MONTAG, 19. MAI 1986

Um die Ruine des Reaktorblocks IV vom Kernkraftwerk Tschernobyl werden Betonwände gegossen. Drinnen wütet noch der Dämon, aber der schlimmste Teil der radioaktiven Strahlung, der vom Kern selbst ausgeht, ist eingeschlossen. Kräne mit bleigepanzerten Kabinen heben die großen Teile der kontaminierten Trümmer aus Lastwagen, deren Fahrer in bleigepanzerten Kabinen sitzen, wenn sie den Schutt wegfahren. Der Boden in der Evakuierungszone ist, wenn er nicht neu gepflastert oder mit frischer Erde bedeckt wurde, mindestens abgewaschen, gesprüht oder mit einem Latexgemisch gestrichen worden. Sogar um die Bauernhöfe innerhalb des gefährdeten Gebietes hat man sich gekümmert. Die Bauern bitten darum, zurückkehren zu dürfen. Sie wollen weiter ihre Felder bearbeiten; das Gebiet nördlich von Kiew gilt als die Kornkammer der Sowjetunion. Hier sind die Winter milder als in Moskau, und der Boden ist schwarz oder grau. Es ist der fruchtbarste Ackerboden der Welt. In der Gegend von Moskau kann man Kohl und Roggen ernten. Hier aber wächst Weizen und Mais, und der Soldat Konow weiß, daß die Sowjetunion diese Lebensmittel braucht.

Er beklagte sich daher nicht, als er aufgefordert wurde, einen der Techniker durch die Kornfelder zu begleiten. Die Sonne brannte. Der rot und weiß gestreifte Schornstein des Kernkraftwerks Tschernobyl war am Horizont zu sehen. Gott sei Dank stieg kein Rauch mehr aus der Anlage auf.

Die Arbeit in den Kornfeldern war schwer; schwerer als das Verschließen von Abwasserrohren mit schnelltrocknendem Zement und schwerer als Schuttschaufeln, denn Konow trug zwei schwere Öltanks auf seinem Rücken, so daß, wenn der erste Tank leer war, er ohne Verzögerung weiterarbeiten konnte. Der Techniker spürte mit seinem Detektor radioaktiv verseuchte Stellen im Kornfeld auf, und Konow sprühte diese Stellen gründlich ab. Das mit Öl besprühte Korn wurde auf diese Weise vernichtet, das übrige sollte ohne Schaden wachsen und reifen. Allerdings konnte Konow sich nicht vorstellen, wer dieses Korn essen sollte.

Um die Mittagszeit bestand der Techniker auf einer Pause. Konow fragte ihn, was mit dem Weizen weiter passieren würde. Der Mann nahm seine Maske ab, um zu antworten. »Das ist alles eine Frage der Strahlenbelastung«, sagte er. »Die wird nach der Ernte gemessen, und wenn die Belastung über der Unbedenklichkeitsgrenze liegt, wird man das Korn einlagern, bis die Strahlung zurückgeht.« Er bot Konow eine Zigarette an, aber der schüttelte den Kopf. Wenn der Techniker seine Gazemaske abnahm, war das seine Sache. Konow hatte seine Vorschriften nicht vergessen.

Als er am Abend in der Baracke die Maske abnahm und testen ließ, gab der Detektor schwache, aber unheilverkündende Pieplaute von sich. »Nichts Ernstes«, sagte der Mann, der den Apparat bediente, gähnend. Aber der Staub war doch sehr unangenehm gewesen, und Konow war froh, daß er die Maske aufbehalten hatte.

Beim Essen – wie üblich dünne Suppe, gesalzener Fisch und Kartoffeln – kam Konow ein neues Gerücht zu Ohren. Nach dreißig Tagen sollten die Truppen abgezogen werden, denn dann würden neue Rekruten eingezogen werden, die sie ablösen konnten.

»Gut«, sagte sein Freund Miklas und stippte sein Brot in den Tee. »Sollen die Rekruten sich die Eier rösten lassen.«

Konow aß schweigend weiter. Plötzlich sagte er: »Ich würde ganz gerne noch hier bleiben.«

Miklas staunte. »Was sagst du da, Serjoscha? Das ist doch wohl nicht dein Ernst?« fragte er. »Wo es hier nicht mal Mädchen gibt!«

»In Mtintsin gibt es auch keine Mädchen, nur Schweine«, sagte Konow und biß in aller Ruhe in eine zweite Scheibe Brot.

»Die Schweine in Mtintsin sprechen wenigstens russisch. Und hier gibt es nicht mal was zu trinken!«

»Wenn du weiter das Zeug trinkst, das sie dir in Mtintsin verkaufen, dann bist du bald blind.«

»Ich will lieber blind sein als meine Eier geröstet kriegen«, sagte Miklas ernst. »Woher weißt du, ob du nicht der nächste bist, den hier der Heldentod ereilt?«

Darauf wußte Konow keine Antwort, obwohl er sich mit dieser Frage gründlich auseinandergesetzt hatte. Er war zu dem Schluß gekommen, daß die Schutzvorschriften sehr vernünftig waren. Deshalb befolgte er sie auch mit äußerster Genauigkeit. Er war nie sauberer gewesen. Er duschte mindestens sechsmal täglich. Wenn er nicht im Dienst war, blieb er in dem alten Stall mit den zugenagelten Fenstern, in dem sie untergebracht waren.

Er wusch seine Uniform jedesmal, wenn er sie getragen hatte. Die Overalls bekamen sie jedesmal neu zugeteilt, bevor sie an die Arbeit gingen. Draußen nahm er nie die Mütze oder die Maske ab und zog auch nie die Handschuhe aus, gleichgültig wie sehr er auch schwitzte. Außerdem begab er sich jeden zweiten Tag zur Krankenstation am Ende der Baracke, um sich Blut abnehmen zu lassen; bisher hatte man ihm jedesmal gesagt, daß er immer noch genug weiße Blutkörperchen besaß, die die radioaktiven Strahlen unschädlich machten.

In dreieinhalb Wochen hatte Konow hier ungefähr ein Dutzend verschiedene Arbeiten verrichtet. Die gefährlichste war gewesen, auf das Dach des toten Reaktors zu rennen und Graphitklumpen herunterzuwerfen. Dort oben hatte er die Hitze der Sonne von der einen Seite gespürt, und von der anderen Seite jene gefährliche Hitze, die immer noch aus dem großen Graphit- und Urankern herauskam. Dreimal war er auf dem Dach gewesen. Aber diese Aufgabe war jetzt erledigt.

Nicht jede Arbeit war gleichermaßen gefährlich. Vieles betrachtete auch er als eintönige Schinderei, zum Beispiel, den Kühlwasserteich mit Sandsäcken einzudeichen oder die kleinen Nebenflüsse des Pripjet abzuleiten oder in einsamen Nächten an der Grenze der 30-Kilometer-Zone Wache zu stehen, um einige Dummköpfe daran zu hindern, in ihre verlorene Heimat zurückzukehren.

Am besten gefiel es Konow, wenn er für irgendeine Arbeit in der verlassenen Stadt Pripjet eingeteilt wurde, egal, ob er flüssigen Gummi über zurückgelassene Autos sprühen oder Schutt in Lastwagen schaufeln mußte. Pripjet war seine Stadt. Er kannte sie so gut wie den Leninskij-Prospekt in der Nähe seiner Wohnung in Moskau. Er kannte Pripjet von dem Vergnügungspark für kleine Kinder (wo waren diese Kinder jetzt? Würde sich das Karussell mit den kleinen rotweißen Autos jemals wieder drehen?) bis zu der aufgewühlten Erde rechts und links der Hauptstraße, wo man Rosenbeete und Grünflächen mit Bulldozern ausgehoben und mit Lastwagen abtransportiert hatte.

Er liebte sogar das nächtliche Wacheschieben in der Stadt. Er trug dann ein Gewehr über der Schulter wegen der Plünderer und hörte die streunenden Hunde den Mond anbellen. Konow tat jede Arbeit, die man ihm zuwies und beklagte sich nicht, und jeden Morgen erwachte er fröhlich und mit neuem Tatendrang.

Sein Leutnant erkannte seinen Gefreiten Sergej Konow kaum wieder.

Am nächsten Tag mußte jeder der Soldaten in eine Musterflasche pinkeln, und der Urin wurde sofort mit dem Strahlendetektor untersucht. Doch anscheinend hatte noch keines dieser piepsenden, kleinen Giftgeschosse den Weg in Konows Körper gefunden. Deshalb sah Konow keinen Grund, warum er nicht noch bleiben sollte, wenn er wollte, gleichwohl ihm der Gedanke an die vielen unerfahrenen Rekruten, die eintreffen würden, unangenehm war. Sie würden von den ersten schrecklichen Tagen nach der Explosion keine Ahnung haben. Auch neue Offiziere würden kommen. Mit den alten hatte er sich inzwischen ganz gut arrangiert. Leutnant Osipew hatte sogar aufgehört, an seiner Frisur herumzumäkeln. Mit neuen Offizieren konnte sich dieser angenehme Zustand ändern, vielleicht würde es wieder so schlimm werden wie im Ausbildungslager.

Trotzdem wollte er die letzten dreißig Tage seiner Dienstzeit – keine tausend Stunden mehr! – in der evakuierten Zone bleiben und mithelfen, die tödliche Bedrohung, die die Katastrophe von Tschernobyl ausgelöst hatte, zu beseitigen.

Als Konow an diesem Morgen sein Frühstück in Empfang

genommen und sich damit in eine Ecke der Baracke zurückgezogen hatte, kam der Leutnant zu ihm herüber und setzte sich neben ihn. Er zündete sich eine Zigarette an und sagte: »Essen Sie weiter, Konow. Wir wollen nur eine kleine private Unterhaltung führen, wenn Sie nichts dagegen haben.«

»Wie Sie wünschen, Leutnant Osipew«, sagte Konow.

»Ich möchte Sie etwas fragen, Gefreiter Konow. Warum haben Sie sich dazu gemeldet, noch länger hierzubleiben?«

»Um der Sowjetunion zu dienen, Leutnant Osipew.«

»Ja, natürlich«, brummte der Leutnant. »Aber Sie waren nicht immer so eifrig. Ich habe mir schon lange meine Gedanken über Sie gemacht, Konow. Sie sind doch kein Arschloch. Sie sind nicht ungebildet. Sie könnten doch schon längst Obergefreiter sein. Sie hätten sogar zu einem Ausbildungsbataillon gehen können und Feldwebel werden. Warum haben Sie bloß soviel Scheiße gebaut?«

Konow sah ihn nachdenklich an und beschloß, die Wahrheit zu sagen. »Der Grund ist, daß ich so schnell wie möglich wieder aus der Armee raus will, Leutnant Osipew.«

»Hm«, sagte der Leutnant, der so eine Antwort erwartet hatte. »Doch bedenken Sie, Konow, das Leben in der Armee ist nicht das schlechteste; nicht als einfacher Soldat, natürlich. Aber Sie könnten sich bei einer Militärakademie bewerben. Als Offizier führen Sie ein ganz anderes Leben.«

»Ich danke Ihnen für Ihr Interesse, Leutnant Osipew«, sagte Konow höflich. Er hatte seine Scheibe Schwarzbrot zur Suppe gegessen und sich das weiße für den Tee aufgehoben.

»Die Sowjetunion braucht gute Offiziere, Konow«, erklärte der Leutnant. »Der Große Vaterländische Krieg wird nicht der letzte gewesen sein.« Konow nickte höflich, und der Leutnant fuhr fort: »Unser Land war damals in großer Gefahr. Gerade in dieser Gegend sind große Schlachten geschlagen worden. 1941 sind Hitlers Truppen hier durchgezogen, und die Pripjet-Sümpfe waren unsere beste Verteidigung.«

»Aber die Verteidigung wurde durchbrochen«, wandte Konow ein.

»Nicht hier im Sumpfgebiet. Mit Panzern konnten sie hier nichts machen. Es hat schwere Gefechte in Tschernigow gegeben, hundert Kilometer östlich von hier und südlich von uns, um Kiew. Es war eine schlimme Zeit, Konow. Aber was haben die Faschisten schließlich davon gehabt? Sie kamen bis Stalingrad, und dann haben wir ihnen das Fürchten gelehrt. Und wer hat das vollbracht? Die tapferen Soldaten und Offiziere der Sowjetarmee. Sie könnten einer von ihnen sein. Nein«, sagte er und stand auf, »antworten Sie jetzt nicht. Ich möchte nur, daß Sie darüber nachdenken.«

Als der Leutnant gegangen war, kam Miklas von seiner Pritsche herüber und fragte: »Was wollte er?«

»Er wollte mich zum Tee im Offizierskasino einladen, was sonst?« sagte Konow. »Und jetzt laß uns an die Arbeit gehen. Heute sind wir wieder in Pripjet.«

Als der gepanzerte Mannschaftswagen sie bei der verlassenen Radiofabrik abgesetzt hatte, befahl Konow: »Her mit dem Zeug.«

Miklas holte umständlich aus seinem weißen Overall den Beutel mit Essenresten, die Konow sich aus dem Küchenabfall hatte geben lassen. »Wohl bekomm's, Euer Ehren«, sagte er mit gespielter Unterwürfigkeit.

Konow ging auf den Scherz nicht ein. Er holte seinen eigenen Beutel mit Brotresten und Kotelettknochen vom Abendessen der Offiziere hervor und sah sich nach einem Platz um, an dem er das Zeug für Pripjets verlassene Lieblinge hinterlegen konnte. »Sie werden sowieso alle sterben müssen«, bemerkte Miklas.

»Wie wir alle, früher oder später«, sagte Konow gutgelaunt. »Ich will es für die Hunde noch ein bißchen hinausschieben, wenn ich kann.«

Miklas seufzte. »Willst du immer noch hierbleiben?«

»Warum nicht?«

»Es gibt tausend gute Gründe, es nicht zu tun. Wenn du dich unbedingt freiwillig melden willst, dann geh doch dorthin, wo sie neue Dörfer für die Bauern bauen. Da bist du wenigstens unter Menschen.«

»Vierzehn Stunden täglich schuften, um Fundamente für ihre Häuser auszuheben? Ohne mich«, sagte Konow. Aber das war nicht der eigentliche Grund seiner Ablehnung.

»Bei der Arbeit hättest du wenigstens die Chance, daß dir nicht ein zweiter Kopf wächst«, brummte Miklas.

»Du«, sagte Konow, »könntest einen zweiten Kopf vielleicht ganz gut brauchen. Such dir dein Gebäude aus.«

»Oh, ich glaube, es ist sehr wichtig, daß die Fabrik bewacht wird«, sagte Miklas sofort.

»Dann tu das«, erwiderte Konow, der genau wußte, daß es in erster Linie die Kisten mit Kwaß und Coca-Cola waren, die Miklas bewachen wollte. Die Soldaten hatten sie gleich am Anfang in der Kantine der Radiofabrik gefunden. Konow überlegte, ob er Miklas davor warnen sollte, seine Maske abzunehmen, um eine Cola zu trinken, aber er wußte, daß es nichts nützen würde. Das Innere der Fabrik, beruhigte er sich, ist wohl kaum verseucht.

Fast ein Viertel von Pripjet war frei von Strahlung – oder fast frei von Strahlung. Selbst in den besten Häuserblocks gab es Nischen mit Strahlung, der nicht beizukommen war. Mauerrisse, in denen sich Radioaktivität eingenistet hatte, oder Asphalt, der sie aufgesaugt hatte. Diese Stellen wurden mit Warnschildern markiert, und man ging schnell an ihnen vorbei. Aber es gab ganze Gebäude, die nicht mehr als die natürliche radioaktive Strahlung abgaben.

In diesen drei Wochen hatte die Stadt Pripjet sich kaum verändert. Sie sah aus wie irgendeine leblose geologische Formation. Zweifellos würde sie verwittern und eines Tages vielleicht ganz verschwunden sein, aber das würde sehr lange dauern. Jetzt änderte sich nichts. Türen, die man offengelassen hatte, blieben offen. Die Kinderwagen und Fahrräder auf den Balkonen blieben unberührt. Zurückgelassene Autos standen noch mit Plastik abgedeckt dort, wo ihre Eigentümer sie abgestellt hatten. Wind und Regen hatten einige Kleidungsstücke so fest auf die Wäscheleinen gewickelt, daß sie nicht mehr in der Brise tanzen konnten, andere hatte der Wind losgerissen, diese Kleider lagen nun verschmutzt auf dem Boden oder hingen an einem toten Rosenbusch. Konow blieb an einer Ecke stehen, sah sich um und betrat das sechsgeschossige Apartmenthaus zu seiner Rechten.

Es waren gute neue Häuser, die man hier für die Arbeiter des Kernkraftwerks Tschernobyl gebaut hatte. Obwohl sie eilig hochgezogen waren, hatte jemand darauf geachtet, daß die Wände stabil waren und die beweglichen Teile funktionierten. Der Strom in den Häusern war selbstverständlich abgeschaltet worden. Der kleine Fahrstuhl stand im Erdgeschoß, die Tür war offen. Aber Konow schaute kaum hinein, als er anfing, die Treppen hochzusteigen.

Die meisten Mieter hatten ihre Wohnungen sorgsam abgeschlossen, als sie sie verließen. Auf der obersten Etage fing Konow an, eine Tür nach der anderen mit festem Griff zu prüfen. Sie waren alle vier verschlossen. Um sicherzugehen, hielt er sein Ohr an jede Tür. Er glaubte zwar nicht, daß er hier Plünderer finden würde, aber es war doch möglich, daß die eine oder andere Familie in der Eile und Aufregung einen Hund, eine Katze oder einen Vogel in der Wohnung vergessen hatte.

Es war nichts zu hören. Konow stieg eine Treppe herunter und wiederholte den Vorgang auf der fünften Etage. Wieder nichts. Aber in der vierten Etage hatte eine Familie namens Daschenko in wilder Panik oder blindem Vertrauen ihre Wohnungstür unverschlossen gelassen. Konow trat in den dunklen Flur und sah sich um. Er rümpfte die Nase. Irgend etwas stank hier ganz fürchterlich. Er hatte aber nicht den Auftrag zu schnüffeln, sondern zu schauen. Also begann er mit seiner Inspektion. Direkt links vom Eingang befand sich ein Kinderzimmer. Kleidungsstücke für zwei Mädchen hingen an der Wand. Eines mußte etwa vier Jahre alt sein, das andere besaß Rock und Bluse der Jungen Pioniere. Daneben lag das Elternschlafzimmer, das von einem Doppelbett fast ausgefüllt wurde. Es war noch nicht gemacht, und die Schubladen der Kommode waren aufgerissen und der Inhalt durchwühlt. An der Wand hing ein Bild von Lenin, aber (Konow lächelte) auch eine Ikone. In beide Zimmer schien die Sonne.

Wenn es seine Wohnung wäre, dachte Konow, würde er sofort alle Fenster aufreißen. Aber es war nicht seine Wohnung, und außerdem würde es nichts nützen. Was hier stank, würde weiter stinken, und in die offenen Fenster würde es beim nächsten Wetterwechsel hineinregnen.

Und an diesem Ort und zu dieser Zeit würde der Regen nicht nur Nässe und Schimmel mit sich bringen.

Der Gestank kam aus der Küche. Die Kühlschranktür stand offen. Konow hielt die Luft an und machte die Tür zu. Das war alles, was er tun konnte. Er fragte sich allerdings, ob die Gase von dem fauligen Zeug im Kühlschrank nicht eines Tages die Tür aufsprengen würden.

Es war eine hübsche Wohnung. Am Ende des Flurs waren zwei kleine Türen. Hinter der einen befand sich ein Badezimmer mit Wanne und Waschbecken, hinter der anderen eine Toilette; auf der Rückseite der Tür klebten Bilder aus einem ausländischen Magazin, die Sprache hielt Konow für schwedisch oder deutsch. Sie zeigten Lady Di und ihren Mann, den Prince of Wales. Dies war also der Platz, wo die kleinen Mädchen, wenn sie ihr privates Geschäft erledigten, mit romantischem Blick zu dem schönen, königlichen Paar aufblickten. Im Eßzimmer stand ein kleiner, aber ganz neuer Fernsehapparat auf dem Boden. Seine Kabel waren säuberlich um ihn herumgewickelt. Sicher hatte der Vater ihn mitnehmen wollen und im letzten Augenblick festgestellt, daß es unmöglich war.

Auch hier war weder ein Plünderer noch ein verlassenes Haustier zu finden. Konow mußte weiter. Er schlug die Wohnungstür hinter sich zu, so daß sie ohne Schlüssel jetzt nicht mehr zu öffnen war. Die Familie würde ihre Wohnung so vorfinden, wie sie sie verlassen hatte.

Wenn sie jemals zurückkehrte.

Als Konow in das zweite Haus eintreten wollte, blieb er stehen und horchte. Es war zwar ein warmer, aber keinesweg ein stiller Tag. Er hörte die Bulldozer, die in einem anderen Teil der Stadt den verseuchten Boden abtrugen, damit er weggefahren und begraben werden konnte. Ganz in der Nähe erklang das Geräusch eines der orangefarbenen Wasserfahrzeuge, die immer wieder den giftigen Staub von den leeren Straßen wuschen. (Aber wer würde das Gift von den Dächern, den

Wänden, den Fenstersimsen waschen?) Konow wollte gerade nach Miklas rufen, der sicher mit heruntergenommener Maske in der Fabrik gegenüber herumschlenderte und eine Zigarette rauchte . . . aber er tat es nicht, sondern lauschte.

In einer der oberen Etagen hatte jemand sehr leise eine Tür zugemacht.

Konow zog sich hinter die Fahrstuhltür zurück und lauschte auf die geheimnisvollen Schritte, ein gelegentliches Rascheln von Kleidung und den leisen, etwas keuchenden Atem der Person, die die Treppe herunterkam. Als sie unten angekommen war, trat Konow ihr in den Weg.

Er traute seinen Augen nicht. »Was, um alles in der Welt, machen Sie hier, Mütterchen?« fragte er erstaunt.

Die Frau war mindestens achtzig und ziemlich klein. Ihr silbergraues Haar war so dünn und so straff zu einem kleinen Nackenknoten zurückgekämmt, daß die Kopfhaut hindurchschimmerte. Sie trug eine schwarze Bluse und einen langen schwarzen Rock wie die meisten alten Frauen. In der Hand hielt sie in eine kleine Gartenschaufel, die sie ihm drohend entgegenstreckte, fast als wäre es eine Waffe. »Wo sollte ich denn sonst sein, Sie Dummkopf?« rief sie mit schriller Stimme. »Ich bin hier zu Hause!«

»Oh, Mütterchen«, sagte Konow vorwurfsvoll, »sind Sie denn nicht mit den anderen evakuiert worden? Wie sind Sie zurückgekommen. Wissen Sie nicht, daß es gefährlich ist, hier zu leben?«

Sie fragte ruhig zurück: »Wie kann es gefährlich sein, in meiner Wohnung zu leben? Mein Name ist Irina Barisowna, und ich wohne in diesem Haus. Bitte gehen Sie mir aus dem Weg. Mir geht es hier sehr gut. Lassen Sie mich in Frieden.«

Natürlich konnte sie Konow nicht zurücklassen. Nach zehn Minuten aufgeregter Diskussion schien sie sich endlich dem Unvermeidlichen zu fügen. Sie sah nur zwei Möglichkeiten: Entweder mußte sie Konow töten und seine Leiche verstecken, aber dann würde man nach ihm suchen und ihn finden, oder er würde Verstärkung herbeirufen und sie wegschaffen lassen.

»Aber bitte, lieber junger Mann«, bettelte sie. »Tun Sie mir einen Gefallen? Einen ganz kleinen? Dann gehe ich auch mit Ihnen. Das verspreche ich Ihnen.«

Als er sie mit ihren paar Habseligkeiten beim Kontrollpunkt abgeliefert hatte, küßte sie seine behandschuhte Hand. Konow grinste. Als er Bericht erstattete, hörte sein Leutnant ihm reserviert zu. »Diese alten Leute«, seufzte er. »Was kann man mit denen machen? Man hat ihnen gesagt, daß sie hier ihr Leben riskieren. Sie wissen, daß es stimmt, aber sie kommen trotzdem zurück. Was hatte sie bei sich?«

Konow zögerte. Dann sagte er: »Ein paar Sachen aus ihrer Wohnung, und ein paar andere Sachen: eine religiöse Medaille, ihren Ehering und einige Kleinigkeiten, die sie im Garten vergraben hatte. Ich half ihr, sie auszugraben.«

Der Offizier zuckte die Achseln. Leutnant Osipew war ein ziemlich mitfühlender Mann, aber dies war schließlich nicht seine Angelegenheit. »Geben Sie mir Ihr Meßgerät, Konow«, befahl er. Er sah die Anzeige und erstarrte. »Was haben Sie gemacht, Sie Dummkopf?« schrie er. »Verschwinden Sie hier! Lassen Sie sich sofort untersuchen!« Zwanzig Minuten später, nachdem die Sanitäter mit ihren Strahlenmeßgeräten seinen gesamten nackten Körper abgesucht hatten, starrte Konow auf den Dreck unter seinen Fingernägeln.

Es sah nicht so aus, als ob er bald in seine Kaserne in Mtintsin zu seiner 416ten Gardeschützen-Division zurückkehren würde. Das Meßgerät hatte sehr laut und schrill reagiert, als es die Finger seiner rechten Hand erreichte, der Hand, von der er den Handschuh abgezogen hatte, um der alten Babuschka zu helfen, ihren Schatz zu heben. Sie hatten das in Plastik eingewickelte Päckchen mit den Sachen, an denen ihr Herz hing, gemeinsam aus der Erde unter der Regentraufe gebuddelt. Als der Sanitätsoffizier Konows Hand sah, fluchte er wütend: »Wenn Sie schon nicht ihre Haare schneiden lassen wollten, dann hätten Sie sich wenigstens die Fingernägel schneiden sollen. Wie lange sitzt dieses Zeug schon da drunter?«

»Ich weiß es nicht. Vielleicht eine Stunde.«

»Eine Stunde. Hm«, sagte der Sanitätsoffizier und griff

nachdenklich nach seiner Instrumententasche. »Die Nägel müssen runter. Mindestens. Wenn wir Glück haben, können wir die Finger retten.«

35

MONTAG, 19. MAI 1986

Die Küste des Schwarzen Meeres gilt als das Paradies der Sowjetunion. Die Strände sind sonnig, und das Wasser ist klar und warm. An der ganzen Küste findet man Ferienhotels, Sanatorien, Jugendlager und Zeltplätze, die das ganze Jahr über belegt sind. Hier geben ausländische Touristen harte Währung aus, aber die meisten der Urlauber sind Sowjetbürger, die sich um ihr Land oder ihren Betrieb verdient gemacht haben und nun ein oder zwei Wochen diesen Luxus genießen dürfen. Schwimmen. Tauchen, Surfen, Fischen, Bergsteigen, Spazierengehen, Sonnenbaden – man kann so vieles tun am Schwarzen Meer! Und jeder Ort hat seine besonderen Attraktionen. Jalta, wo Stalin, Roosevelt und Churchill im Zweiten Weltkrieg zusammenkamen, hat den Gagarin-Park und das alte Haus, wo Tschechow vor fast einem Jahrhundert lebte und schrieb. In der Nähe von Sotschi befinden sich die Mineralquellen und die Höhlen von Nowy Afon. Suchumi, Matsesta, Simferopol und hundert andere Gemeinden wetteifern um die Gunst der Touristen, und niemand wird enttäuscht.

Als Scherantschuk die IL-86 verließ, sah er seine Frau inmitten einer Ansammlung wartender Menschen vor dem Terminal. Er küßte sie zärtlich. »Wie findest du das?« rief er begeistert. »Ein richtiger Jumbo-Jet! Dreihundertfünfzig Passagiere! Wir müssen dafür sorgen, daß Boris auch in so einer Maschine fliegen kann, ja?«

»Natürlich«, entgegnete Tamara und musterte ihn besorgt. Auch er sah sie prüfend an. Seine Frau war nur eine Woche vor ihm hier eingetroffen, aber sie sah schon – sozusagen – tropisch aus: gebräunte Haut, dunkle Brille; um den Kopf trug sie einen leuchtend grünweiß gemusterten Schal, dazu weiße Shorts und eine weiße Bluse. Sie sah mindestens zehn Jahre jünger aus. Nur ihr besorgter Gesichtsausdruck wollte nicht dazu passen. »Mußt du zurück ins Krankenhaus?« fragte sie.

»Niemals!« rief er aus. »Ich bin als geheilt entlassen worden! Ich habe sogar die Erlaubnis, nach unserem kleinen Urlaub hier wieder im Werk Tschernobyl zu arbeiten. Du kannst alles in dem Bericht nachlesen, den die Ärzte geschrieben haben. Aber nicht jetzt. Jetzt will ich dieses Erholungsparadies unseres Arbeiterstaates genießen!«

Er suchte sich seine Tasche aus dem Fluggepäck und hängte sie sich über die Schulter. »Wie herrlich heiß es hier ist!« rief er aus, als sie aus dem Flughafengebäude in den Sonnenschein hinaustraten. »Du hast gut gewählt, mein Schatz.«

»Meinst du das wirklich?« fragte sie unsicher. »Es ist gar nicht einfach, die richtige Wahl zu treffen. In Sotschi zum Beispiel hätten wir die Agur-Wasserfälle und die Höhlen gehabt . . .«

»Aber allein der Gedanke«, grinste er, »daß wir wählen *durften*, ist doch schon wunderbar, findest du nicht? Außerdem sind wir hier in der Nähe von Boris, und morgen werden wir hinüberfahren zu seinem Camp und ihn besuchen. Aber heute ist unser Tag, Tamara. Wir haben viel zu feiern.«

»Wie du willst, mein Lieber«, sagte sie leise. »Aber bitte, nimm dir nicht zuviel vor. Denk daran, daß du gerade aus dem Krankenhaus kommst.«

Es kann ja sein, dachte Scherantschuk, daß sie sich Sorgen um meine Gesundheit macht. Die Zurückhaltung, mit der sie mir begegnet, ihre gelegentliche Zerstreutheit, die Art, wie sie manchmal zögert, etwas auszusprechen, könnte darauf schließen lassen.

Möglicherweise aber beschäftigte Tamara das gleiche wie ihn, seit er mit Dr. Achmentowa vor Smins Beerdigung auf dem Friedhof gesprochen hatte.

Obwohl er vier Tage Zeit gehabt hatte, darüber nachzudenken, hatte er noch mit niemand darüber gesprochen. In diesen vier Tagen hatte er an kaum etwas anderes denken können. Er hatte versucht, sich jeden Augenblick seiner Ehe ins Gedächtnis zurückzurufen, besonders jene Zeit, als seine Frau schwanger gewesen war. Damals war es ziemlich stürmisch in ihrer Ehe zugegangen. Sie hatten sich um lächerliche Kleinigkeiten gestritten. Er hatte feststellen müssen, daß sie eifersüchtig war, und war sehr erstaunt darüber gewesen.

Dummerweise hatte er versucht, die Sache ins Lächerliche zu ziehen, indem er sagte: »O ja, die Mädchen sind in Scharen hinter mir her. Es sind meine Stahlzähne, die wilde Begierde in ihnen wecken!«

Darauf hatte sie in eisigem Ton geantwortet: »Es ist mir egal, was für Mädchen hinter dir her sind. Was mich stört, ist, daß du an ihnen interessiert bist.«

Er hatte gestöhnt. »Aber das ist doch nicht wahr! Du benimmst dich schlichtweg dumm und töricht!« In jener Nacht hatte sie auf einem Stuhl in der äußersten Ecke ihres einzigen Zimmers geschlafen, während er sich schlaflos und allein in ihrem Bett hin- und hergewälzt hatte.

Das Dumme an der Sache war nur, daß sie mit ihrer Eifersucht gar nicht so falsch lag.

Für eine andere Frau hatte er sich wirklich interessiert. Sie arbeitete in der Personalabteilung des Torf-Kraftwerkes nahe bei Moskau. Scherantschuk hatte sie niemals angerührt, wenngleich sie ihm alles andere als gleichgültig gewesen war. Das Schicksal hatte es sogar gewollt, daß sie ihren Urlaub zur gleichen Zeit am gleichen Ort verbracht hatte. Doch auch dort hatte sich zwischen ihnen nichts abgespielt, allerdings vor allem deshalb, weil die Frau sich sofort mit einem anderen Mann eingelassen hatte. Trotzdem war er bei seiner Rückkehr auf einen Wutausbruch seiner Frau gefaßt gewesen.

Zu seiner Überraschung hatte sie ihn jedoch sehr freundlich

aufgenommen. Sie war sogar ausgesprochen zärtlich gewesen – es war fast wie zweite Flitterwochen.

Die Frage, die ihn jetzt beschäftigte, war: Was hatte sie während seines Urlaubs gemacht? Und mit wem?

Sie verbrachten den Nachmittag am Strand. Das Wasser war für ihn zwar noch ein bißchen kühl, aber er genoß es, in der Sonne zu liegen, während Tamara ihn immer wieder mit Sonnenschutzcreme einrieb. Als sie in ihr helles, sauberes Zimmer im Sanatorium zurückgekehrt waren, gingen sie zusammen ins Bett. Sie sprachen kaum ein Wort, während sie sich umarmten und liebten. Auch später wechselten sie nur Belanglosigkeiten, denn als Tamara plötzlich ein ernstes Gesicht machte und sich räusperte, als wolle sie etwas Bedeutsames sagen, sprang Scherantschuk auf und verkündete, er sterbe vor Hunger.

Sie aßen in einem Strandrestaurant. Das Essen war gut, und sie ließen sich Zeit. Sie sprachen über Smins Beerdigung und darüber, was wohl im Kernkraftwerk Tschernobyl geschehen würde. Es war schon ziemlich spät, als sie wieder am Sanatorium ankamen. »Komm, laß uns noch ein bißchen die Luft genießen«, sagte Scherantschuk; sie fanden einen Schaukelstuhl in einer stillen Ecke der Veranda, von der aus man einen Hügel hinab und weiter hinaus auf das Meer schauen konnte. Scherantschuk legte den Arm um seine Frau.

»Du bist sehr still, mein Schatz«, sagte er nach einer Weile.

»Ich habe nachgedacht«, entgegnete sie langsam und zögernd. In dem schwindenden Tageslicht sah er, daß sie wieder diesen ernsten Zug im Gesicht hatte.

»Falls«, sagte er schnell, »du dir über unsere Zukunft Sorgen machst, kann ich dir ein paar interessante Neuigkeiten berichten. Sie haben im Kraftwerk einen neuen Personalchef. Sein Name ist Iwanow. Er war in Moskau im Krankenhaus, kurz bevor ich entlassen wurde. Er hat mir versprochen, daß im Werk ein Arbeitszimmer für mich freigehalten wird. Mit besserer Bezahlung. Er sprach auch darüber, wo wir in den nächsten sechs Monaten oder vielleicht das ganze nächste Jahr wohnen können.«

Sie sah ihn an. »In Pripjet?«

»Nein, nicht in Pripjet. Dort wird für lange Zeit niemand wohnen können. Aber in Tschernobyl. Die Stadt liegt außerhalb der Dreißig-Kilometer-Zone. Dort ist man jetzt sicher. Außerdem wollen sie eine neue Stadt bauen. Sie soll nach der Gegend, in der sie gebaut wird ›Grüne Halbinsel‹ genannt werden. Wenn die neuen Häuser fertig sind, bekommen wir eine Wohnung, die noch schöner sein wird als die, die wir hatten. Iwanow hat versprochen, daß wir in der Bewerberliste für die neuen Wohnungen ganz oben stehen werden. Und die Fundamente werden schon ausgehoben.«

Er wartete auf eine Reaktion. »Das klingt gut«, sagte sie endlich mit tonloser Stimme.

»Natürlich«, sagte er, »werden ohne Smin, der auf alles achtete, wahrscheinlich bald Risse in den Wänden sein und die Türen aus den Angeln fallen. Aber ich habe noch eine andere gute Nachricht. Iwanow sagt, sie wollen dich im medizinischen Stab des Werkes beschäftigen.«

»Oh, wunderbar«, entgegnete sie, und ihre Miene hellte sich für einen kurzen Moment auf.

»Frierst du?« fragte Scherantschuk besorgt. »Vielleicht sollten wir hineingehen und schlafen. Und morgen früh fahren wir zu unserem Sohn.«

Sie schwieg lange. Dann wandte sie sich ihm zu und sagte schnell und fast scharf: »Wir müssen etwas besprechen, Leonid. Was hat Dr. Achmentowa dir erzählt?«

Er war ganz ruhig. »Die Blutsaugerin? Sie hat mir einen Haufen dummes Zeug über Blutgruppen erzählt. Ich konnte das alles nicht verstehen.«

»Leonid«, sagte sie traurig. »Das glaube ich nicht. Du hast sehr gut verstanden, was diese Hexe gesagt hat.«

Scherantschuk schüttelte den Kopf. »Was ich verstehe, meine Liebe, das ist viel wichtiger als jeder Bluttest. Ich weiß, daß wir einen guten Sohn haben. Und er ist immer mein Sohn gewesen. Hast du denn vergessen, wie ich dir den Rücken massiert habe, als er noch in deinem Bauch war, und daß ich durch alle Moskauer Kaufhäuser gelaufen bin, um Gummihöschen für ihn zu kaufen, und daß ich ihn gefüttert und gebadet und gewickelt habe – nicht so oft, wie ich es vielleicht hätte tun sollen«, gab er zu, »und sicher nicht so oft wie du, aber doch oft genug, um zu wissen, wer mein eigenes, liebes Kind ist, das meine geliebte Frau mir geboren hat. Wir haben keinen Grund, uns über Blutgruppen zu unterhalten. Aber jetzt, meine Liebe, habe ich das Gefühl, daß die Mücken darauf aus sind, von mir Blutproben zu nehmen. Laß uns lieber ins Bett gehen.«

36

DIENSTAG, 20. MAI 1986

Gründlich sind die Leute vom KGB immer. Aber manchmal verhalten sie sich geradezu überkorrekt. Wenn sie nur gründlich vorgehen, zum Beispiel bei der Durchsuchung einer Wohnung, wäre ein Tornado ein willkommeneres Ereignis. Jeder Schrank und jede Schublade wird geöffnet, der Inhalt durchwühlt und auf den Boden geworfen, Kissen und Matratzen werden aufgeschlitzt, Behälter mit Salz oder Mehl geleert, die Säume von Vorhängen und Gardinen auseinandergerissen, und was sie dann mitnehmen, ist immer so viel, wie sie transportieren können an Papieren, Büchern und was sie sonst noch für wichtig halten. Wenn sie mit äußerster Gewissenhaftigkeit korrekt vorgehen, nimmt die Prozedur mehr Zeit in Anspruch, wirkt sich aber weniger verheerend aus. Dann sondieren sie mit langen Nadeln, anstatt die Sachen auseinanderzureißen, und bringen, wie das Gesetz es fordert, einen Stadt-Milizionär mit. Im allgemeinen räumen sie auch wieder ein, was sie aus Schubladen und anderen Behältern ausgeschüttet haben – wenn auch vielleicht nicht immer sehr ordentlich. Manchmal weisen sie sogar einen offiziellen Durchsuchungsbefehl vor.

Sie hatten Selena, Aftasia und Wassili Smin einen Durchsuchungsbefehl gezeigt, bevor sie in der kleinen Wohnung am Rande von Kiew an ihre Arbeit gingen. Der Stadt-Milizionär, der in der Gegenwart einer so alten Bolschewistin sehr verlegen wirkte, war froh, daß man ihn zu einer Tasse Tee einlud, während die Beamten sich auf die Räume verteilten. Es waren so viele! Sechs in jedem Zimmer. Einer von ihnen machte Notizen, einer gab die Befehle und paßte auf, daß nichts übersehen wurde; während die anderen vier sich ruhig und geschickt an die Arbeit machten.

Unterdessen unterhielt sich die Smin-Familie – oder was davon übrig war – höflich mit dem Milizionär. »Und dann ist da noch die Sache mit der Wasserversorgung«, sagte Selena Smin und stand zuvorkommend auf, damit einer von der Küchenmannschaft den Stuhl umdrehen konnte, um die Unterseite zu prüfen. »Ich habe gehört, daß wir unser Wasser bald von der Desna und aus neuen Brunnen bekommen sollen.« Denn Radionuklide waren nicht nur im Fluß Pripjet, sondern auch im Grundwasser in der Umgebung von Tschernobyl gefunden worden, und sogar in Bragin, das siebzig Kilometer nördlich lag.

»Sie haben siebentausend alte Brunnen dichtgemacht«, bestätigte der Milizionär und ergänzte mit einem schnellen Blick auf die Beamten, »so wird es jedenfalls erzählt.«

»Ja, das stimmt«, nickte Selena und setzte sich wieder. »Mutter Aftasia, hast du gesehen, ob sie das Gemüse geprüft haben, als du heute morgen auf dem Markt warst?«

»Selbstverständlich haben sie es untersucht«, rief Aftasia begeistert. »Sie rollten diese komischen Dinger über die Tomaten und Früchte, und wenn nur das kleinste ›Piep‹ aus der Maschine kam, dann wanderte das ganze Zeug in den Abfall. Unser sozialistischer Staat sorgt ausgezeichnet für seine Bürger! Noch Tee?« fragte sie den Milizionär, der einen ziemlich unglücklichen Eindruck machte. Er schüttelte den Kopf. »Ach«, fuhr Aftasia fort, »aber das schlimmste waren die Leute. Sie liefen von Stand zu Stand und hielten Ausschau nach Bauern mit orientalischen Gesichtern. Könnt ihr euch das vorstellen? Sie hofften wohl, von diesen Leuten Kohlköpfe zu kaufen, die zweitausend Kilometer von hier in den östlichen Provinzen gewachsen sind! Aber ich habe nur von ehrlichen Ukrainern gekauft«, beendete sie ihren Vortrag.

»Was hoffentlich nicht bedeuten soll, daß unsere tatarischen und kalmückischen Brüder unehrlich sind«, fügte Selena hinzu.

»Wo denkst du hin! Natürlich nicht!« empörte sich Aftasiea. Dann schenkte sie dem KGB-Mann ein strahlendes Lächeln. »Was, Sie sind schon fertig? Und wir haben so nett mit unserem Milizionär geplaudert.«

Der Beamte sah sie nachdenklich an. Einen Moment schien es, als wolle er ihr Lächeln erwidern, aber er tat es schließlich doch nicht. »Wir nehmen einige Bücher und Papiere mit, um sie zu prüfen«, sagte er. »Bitte unterschreiben Sie die Quittung.«

»Wenn es eine Quittung ist, dann sollten Sie sie unterschreiben und mir eine Kopie geben«, erklärte Aftasia Smin. »Aber lassen Sie mich sehen. Diese Briefe? Ja, natürlich können Sie die mitnehmen. Sie sind von meinem ältesten Großsohn, der jetzt seinem Land in Afghanistan dient. Dieses Buch? Das ist von Solschenizyn, ja, aber sehen Sie den Titel? Es ist *Ein Tag im Leben des Iwan Denissowitsch*. Ein anerkanntes Werk. Nehmen Sie es ruhig mit, es ist guter Lesestoff.« Sie sah sich die Titel der anderen Bücher an. Es waren ungefähr ein Dutzend. Schließlich schob sie sie zusammen und sagte: »Gut, wenn Sie meinen, Sie müssen sie mitnehmen, dann werde ich mich nicht mit den Organen des Staates streiten. Vergessen Sie die Quittung. Wenn ich nicht meiner Regierung trauen kann, wem soll ich dann trauen?« fragte sie. »Und vielen Dank für Ihre Rücksichtnahme.«

Der Prüfer sah sie nachdenklich an, während er das Papier langsam zusammenfaltete. Er war nicht älter als dreißig. Ein hellhaariger, etwas rundlicher Mann mit einem angenehmen Gesicht, sehr jung für eine solche Aufgabe. »Genossin Smin«, sagte er. »Sie sind eine bemerkenswerte Frau. Parteimitglied seit 1916. Heldin der Oktoberrevolution. Und noch so aktiv in Ihrem Alter!«

»Das bin ich«, lächelte Aftasia, »und ob Sie es glauben oder nicht, Genosse, selbst in meinem hohen Alter habe ich das Gefühl, daß ich gerade erst anfange zu leben.«

Er nickte, wollte noch etwas sagen, aber dann überlegte er es sich anders. »Vielleicht sehen wir uns noch mal wieder«, sagte er und folgte seinen Männern, die die Wohnung schon verlassen hatten.

»So«, sagte Aftasia Smin und stellte die Tassen zusammen. »Laßt uns jetzt aufräumen.« Sie ging auf ihr Schlafzimmer zu, aber ihr Großsohn hielt sie zurück.

»Großmutter? Glaubst du, daß sie wiederkommen?«

Sie schüttelte den Kopf und sagte bestimmt: »Nein. Wenn er gesagt hätte, daß wir uns sicher wiedersehen, dann würden sie vielleicht zurückkommen. Hätte er gesagt, sie kommen bestimmt nicht wieder, dann kämen sie sicher zurück. Aber er sagte ›vielleicht‹, und das bedeutet ›nie‹. Jetzt hilf mir, dieses Bett zu machen!«

Eine Etage tiefer bereiteten die Ditschuks sich darauf vor, zum Bahnhof zu gehen, wo sie ihre Tochter abholen wollten. Sie versuchten, die Geräusche aus der Wohnung über ihnen zu ignorieren. »Ich frage mich doch«, sagte Oksana Ditschuk zerstreut, als sie den Fenstervorhang ein wenig zur Seite schob, um auf die Straße zu spähen, »ob wir nicht einen Fehler machen, wenn wir sie zu früh zurückkommen lassen. Zumal das Camp uns nichts kostet.«

»Das haben wir doch alles besprochen, meine Liebe«, erwiderte ihr Mann. »Sie hat Heimweh – und hier gibt es wirklich keine Gefahr für sie.« Er warf einen kurzen Blick auf die Kreidezeichen an der Wand dieses Zimmers, die die Männer vom Strahlen-Meßtrupp dort angebracht hatten und die bedeuteten, daß in dieser Wohnung nicht mehr als die normale Strahlung gemessen worden war.

»Das hoffe ich auch«, sagte Oksana und fügte leise hinzu: »Die Autos stehen noch da.«

Ihr Mann nickte. »Gießt du mir bitte noch etwas Tee ein?«

»Ich mache mir Sorgen«, sagte Oksana.

Sie sagte nicht, worüber. Über das, was in der Wohnung über ihnen vor sich ging? Oder über das evakuierte Ehepaar, das sie bei sich aufgenommen hatten? Der Ehemann, der jetzt unterwegs war, um sich Arbeit zu suchen, schien in Ordnung zu sein. Aber seine Frau saß nur in dem Zimmer, das sie ihnen gegeben hatten, und weinte. Ditschuk jedoch bezog ihre Bemerkung auf ihre Tochter. »Alles in allem«, sagte er und versuchte ein Lächeln, »wenn Kiew gut genug ist, Evakuierte aufzunehmen, dann kann es nicht nötig sein, Leute von hier wegzubringen.«

Oksana seufzte. »Vielleicht sollten wir deine Eltern auch zurückholen.«

»Die sind bei meiner Schwester gut aufgehoben«, sagte Ditschuk.

»Aber sie erwartet ein Baby«, sagte sie, froh, ein neues Thema gefunden zu haben, über das man reden konnte, um die Geräusche von oben zu übertönen. »Ich habe neulich einen sehr interessanten Artikel gelesen. Wußtest du, daß siebzig Prozent der Stadtfrauen und über neunzig Prozent der Frauen in ländlichen Gebieten ihre erste Schwangerschaft durch eine illegale Abtreibung beenden?«

»*Illegale* Abtreibung? Das ist ja furchtbar«, sagte er empört. Er war genauso froh wie seine Frau, über etwas anderes reden zu können. »Warum denn illegal?«

Oksana Ditschuk sah ihren Mann an. »Wahrscheinlich bist du nie in einer Abtreibungsklinik gewesen.«

Ditschuk reagierte erschrocken, fast feindselig. »Du doch wohl auch nicht!«

»Nein, nein«, versicherte sie ihm. »Jedenfalls nicht für mich. Aber als Irina Lawtscheck schwanger wurde, bat sie mich, mit ihr zu gehen.«

Ditschuk blickte ziemlich finster drein. »Du meinst die Frau, die von ihrem Mann geschieden ist?«

»Er hat sie geschlagen. Sie wollte sein Kind nicht austragen. Sie wollte die Scheidung.«

»Wenn sie von ihm schwanger war, dann hat er sie nicht nur geschlagen.« Ditschuk unterbrach sich, um auf Geräusche im Treppenhaus zu horchen, dann sprach er weiter: »Sie wollte also eine Abtreibung, und du bist mit ihr gegangen, um ihre Hand zu halten.«

»Die Sache war nicht einfach für sie«, erwiderte Oksana ernst. »Es war schließlich auch ihr Kind. Und um legal abtreiben zu können, brauchte sie eine spezielle ärztliche Bescheinigung. So wußte natürlich jeder Bescheid. Und dann – wenn du in die Klinik hineingehst – weißt du, was du dann als erstes siehst? In der Eingangshalle steht mit Riesenbuchstaben geschrieben ›Mutter, ermorde nicht dein Kind!‹«

»Das brauchte sie ja nicht unbedingt zu lesen, oder?«

»Es ist nicht zu übersehen. Und die Operation selbst ist sehr unangenehm, weil sie glauben, bei solchen Frauen die Narkose sparen zu können.«

»Denkst du denn gar nicht an das Wohl unseres Landes?« fragte er. »Wie soll unser Land stark bleiben für die nächste Generation, wenn soviel abgetrieben wird?«

Oksana schwieg eine Weile. Die beste Antwort wäre der Hinweis gewesen, daß sie ja selber nur ein Kind hatten. Oksana hatte auch nur deshalb noch niemals an eine Abtreibung denken müssen, weil es ihr gelungen war, sich ein Rezept für die sonst schwer erhältlichen Verhütungsmittel zu verschaffen. Sie bedauerte jetzt, dieses Thema angeschnitten zu haben, aber sie sagte: »Ein unerfahrenes junges Mädchen weiß das alles, weil ihre älteren Freundinnen es ihr erzählt haben. Was kann sie also tun? Vielleicht will sie gar keine legale Abtreibung, weil sie noch zu jung ist und die Zustimmung ihrer Eltern braucht. Also tut sie, was ihre Freundinnen getan haben. Sie geht zu einer Engelmacherin.«

»Und manchmal stirbt sie daran!«

»Ja, das ist wahr, aber – was ist?« fragte sie. Ihr Mann hatte eine Hand gehoben und lauschte.

Oksana hörte Schritte auf der Treppe. Sie wagte es, die Tür einen Spalt zu öffnen, und schloß sie schnell wieder. »Sie gehen«, flüsterte sie.

Ihr Mann seufzte. Mehr als zwanzig Männer kamen die Treppe hinunter und unterhielten sich leise miteinander. Oksana schob die Gardine nur ein winziges Stück zur Seite und spähte hinaus.

»Sie steigen in ihre Autos«, sagte sie. »Ja, jetzt fahren sie los.«

»Ah«, sagte er wieder. »Worüber hatten wir gesprochen?«

»Ich weiß es nicht mehr. Nun, wenn wir heute nachmittag zum Bahnhof wollen, muß ich uns jetzt etwas zu essen machen!«

Als sie sich zu Tisch setzten, hörten sie über sich wieder Geräusche. Die Smins brachten anscheinend ihre Wohnung in Ordnung. Die Ditschuks redeten nicht darüber, denn es brachte nichts ein, über die Organe zu sprechen, besonders wenn man nicht genau wußte, ob die Männer schon alle gegangen waren. Noch eine halbe Stunde später erschraken sie beide, als es an der Tür klopfte.

Aber es war nur die alte Aftasia Smin. Für jemand, dessen Wohnung gerade vom KGB durchsucht worden war, sah sie sehr fröhlich aus. »Ich hoffe, ich störe Sie nicht?«

»Natürlich nicht«, sagte Ditschuk höflich, wenn auch etwas unsicher. »Wir wollen nur gerade zum Bahnhof, um unsere Tochter abzuholen.«

»Oh, kommt sie heute zurück? Wie schön für Sie! Ich werde Sie auch nicht lange aufhalten.« Sie wartete nicht, bis sie hereingebeten wurde, sondern ging so entschlossen auf Ditschuk zu, daß er zur Seite treten mußte. »Vielleicht haben Sie bemerkt, daß wir Besucher hatten«, sagte sie heiter. »Sehr lästig, so etwas. Aber die Leute tun ja nur ihre Pflicht, und natürlich habe wir sie dabei unterstützt. Wir haben ja auch nichts zu verbergen. Ich wollte heute gern das Geburtstagsgeschenk für meine Schwiegertochter abholen, das ich Ihnen zur Aufbewahrung gegeben hatte.«

»Hatten Sie nicht gesagt, es sei für ihren Enkel?« fragte Oksana ziemlich erschrocken.

»Eigentlich ist es für beide«, erklärte Aftasia lächelnd, als Ditschuk ein flaches Kuvert aus eine Schublade nahm. »Ist es das? Oh, vielen Dank. Ich werde es jetzt schon mitnehmen. Vielleicht gebe ich es ihnen schon etwas früher. Und wenn ich um noch etwas bitten darf? Ich müßte ein Ferngespräch führen und einen alten Freund in Moskau anrufen. Selbstverständlich bezahle ich Ihnen das Gespräch.« Sie faltete das Kuvert und steckte es in ihre Handtasche, als sie, ohne eine Erlaubnis abzuwarten, zum Telefon ging. Sie wählte eine lange Nummer und hatte sofort Anschluß.

»Hallo«, sagte sie gutgelaunt, ohne einen Namen zu nennen. »Ich möchte dir nur schnell gratulieren. Wir hatten hier auch eine Party, aber ich hätte lieber auf deiner mitgefeiert.«

Die Ditschuks konnten die Antwort nicht hören, aber nach Aftasias Gesichtsausdruck zu urteilen, war sie freundlich ausgefallen.

»Oh, ja«, sagte sie und nickte, »ganz sicher. Ich habe es hier. Unsere Freunde auf der Party wollten es nur zu gerne sehen, aber leider war es in dem Moment nicht zur Hand. Ja? Wann sehen wir uns? Nein? Gut, wenn ihr nicht herkommen könnt, besuchen wir euch vielleicht eines Tages. Das Geschenk mit der Post schicken? Nein, das wäre mir zu unsicher. Ich möchte wirklich nicht, daß es verlorengeht. Ja. Wir grüßen euch alle recht herzlich. Danke. Auf Wiedersehen.«

Aftasia legte auf und suchte in ihrer Tasche nach Kleingeld, um das Gespräch zu bezahlen. »Sie haben Silberhochzeit gefeiert«, erklärte sie. »Der Sohn von einem alten Parteifreund. Ich habe ihn in den Armen gehalten, als er noch ein Baby war – und jetzt hat er schon selber ein Enkelkind. Es ist kaum zu glauben! Nun, ich möchte Sie nicht länger aufhalten . . . und vielen Dank, daß sie mir geholfen haben, mein Geburtstagsgeschenk zu verstecken.«

»Das ist gern geschehen«, sagten die Ditschuks wie aus einem Munde. Als die alte Frau gegangen war, sahen sie sich mit gemischten Gefühlen an. Aber das sonderbare Geburtstagsgeschenk wurde zwischen ihnen nicht mehr erwähnt.

Die Rückkehr ihrer Tochter war für sie ohnehin ein viel interessanteres Thema. Sie fanden ein Taxi für die Fahrt zum Bahnhof. Dort angekommen, baten sie den Fahrer zu warten; natürlich nicht, ohne ihm ein ziemlich üppiges Trinkgeld zuzustecken. Auf dem Bahnhof ging es heute viel fröhlicher zu als vor drei Wochen.

Die Ditschuks waren nicht die einzigen Eltern, die glücklich die Rückkehr eines Kindes erwarteten. Es war eine Art Feiertagsstimmung . . . mit ernsten Untertönen. Die Zahl der Todesopfer war gerade wieder offiziell bekanntgegeben worden. Sie hatte sich jetzt auf dreiundzwanzig erhöht. Einundzwanzig Männer und zwei Frauen. Jeder wußte, daß diese Zahl im Lauf von Monaten und Jahren, ja sogar Jahrzehnten, noch steigen würde. Die radioaktive Strahlung würde menschliche Körperzellen entarten lassen, was zu Krebs führen konnte oder zu Fehlgeburten oder – schlimmer noch – zu bis jetzt unvorstellbaren Mißbildungen. Ärzte hatten gesagt, daß mindestens hunderttausend Sowjetbürger – vielleicht auch doppelt so viele – so hohen Strahlendosen ausgesetzt waren, daß man über Jahrzehnte mit schweren gesundheitlichen Schäden rechnen müsse.

Natürlich hatte der Zug Verspätung. Nach einer halben Stunde ging Ditschuk hinaus, um den Taxifahrer zu bezahlen und wegzuschicken. Er kam freudestrahlend zurück. »Stell dir vor«, erzählte er seiner Frau, »der Fahrer sagt, er will weiter warten, und das soll uns nichts kosten; sein Junge ist auch evakuiert worden und soll am Samstag zurückkehren.«

Seine Frau hatte plötzlich Tränen der Rührung in den Augen. Dann fiel ihr etwas ein. »Am Samstag?« Wie den meisten Bürgern von Kiew war ihr bekannt, daß an den nächsten Wochenenden freiwillige Arbeit geleistet werden sollte, um die jetzt dringend notwendige, neun Kilometer lange neue Wasserleitung nach Kiew fertigzustellen.

Ditschuk sah sie ernüchtert an. »Ach, das hatte ich ganz vergessen. Aber ich hoffe, daß sie ihn freistellen werden, damit er seinen Sohn abholen kann.«

Seine Frau hörte ihm nicht zu. Sie starrte ungläubig zum anderen Bahnsteig hinüber, wo der Intercityzug wartete. Dort hatte eine alte Frau offenbar Meinungsverschiedenheiten mit einem Aufsichtsbeamten, der schließlich die Achseln zuckte und sie in den Zug einsteigen ließ.

»Das ist Aftasia Smin«, sagte Oksana. »Wieso hat sie uns nicht erzählt, daß sie heute nachmittag nach Moskau fährt?«

37

MITTWOCH, 21. MAI 1986

Der großzügig geschwungene Bau der Trans-World-Airlines auf dem New Yorker Kennedy-Flughafen ist nicht nur eine architektonische Sehenswürdigkeit – er ist riesig. Er hat seine eigenen Zoll- und Einwanderungsbüros für Reisende aus Übersee. Dort gibt es kein Gedränge. In die Vereinigten Staaten einzureisen ist gar nicht so einfach, wie man vielleicht denken sollte. Die zollamtlichen Untersuchungen können sehr gründlich sein. Ausländer brauchen Visa und Gesundheitszertifikate, und manchmal müssen sie eingehende Befragungen über ihre politischen Ansichten und womöglich begangene Straftaten über sich ergehen lassen. Gelegentlich werden sie sogar abgewiesen und müssen sofort ihren Rückflug antreten. Jahrelang mußten sich sogar amerikanische Bürger, die in ihr Heimatland zurückkehren wollten, in endlosen Warteschlangen einreihen, aber weil so viele amerikanische Wähler sich bei ihren Kongreßabgeordneten darüber beschwerten, ist die Prozedur inzwischen vereinfacht worden. Die Einwanderungsbehörden kümmern sich jetzt gar nicht mehr um diese Reisenden, und selbst die Zollbeamten lassen die meisten, die erklären, nichts zu verzollen zu haben, ungehindert passieren. Aber nicht alle; und einigen von denen, die dann doch in einen anderen Raum gebeten werden, steht eine schwere Prüfung bevor.

Für Dean und Candace Garfield war es ein böser Schock, als ein Zollbeamter von der Flughafenabfertigung sie höflich bat, ihm zu folgen. »Aber wir haben das Formular korrekt ausgefüllt«, protestierte Garfield.

Dann entdeckte er den New Yorker PR-Mann seiner Fernsehgesellschaft, der mit einer jungen Frau und einem Uniformierten von der Einwanderungsbehörde auf sie zukam.

»Lassen Sie das Gepäck stehen«, sagte der Mann. »Bobby wird es für Sie übernehmen. Sie haben hier Wichtigeres zu tun.«

In einem kleinen Zimmer wartete ein Amtsarzt auf sie, um ihnen Blut abzuzapfen. Vor der Tür standen ein halbes Dutzend Zeitungs- und Fernsehreporter, die scharf darauf waren, mit bekannten Persönlichkeiten Interviews zu machen, möglichst mit solchen, die aus Rußland kamen und in der Nähe von Tschernobyl gewesen waren. An diesem Abend hatten die Garfields das Vergnügen, sich selbst in den Sechs-Uhr-Nachrichten auf dem Bildschirm zu sehen.

»Wäre ich doch bloß in Paris zum Friseur gegangen«, ärgerte sich Candace.

»Du siehst großartig aus, wirklich«, sagte ihr Mann pflichtgemäß, während er nach weiteren Nachrichtensendungen suchte. »Und – sieh dir das an – sogar beim CBS hat er uns untergebracht!«

Natürlich hatte man ihnen hier weniger Zeit zugestanden als bei ihrer eigenen Gesellschaft, aber Garfield hat sich ein zweites Mal in die Kamera grinsen und hörte sich sagen: »Der Arzt hat festgestellt, daß wir Spuren von – wie heißt das Zeug – Tellurium und einigen anderen ›uriums‹ von der Explosion im Blut haben. Aber das hat jetzt jeder in der Ukraine. Es ist nicht viel, und wir brauchen uns darüber keine Sorgen zu machen. Und, ja, den Leuten in Kiew geht es gut, soweit wir das beurteilen können. Einige machen sich allerdings Sorgen um die Zukunft. Aber, zum Teufel, wer tut das nicht?«

»Alles, was ich über *Genossin Tanja* gesagt habe, haben sie weggelassen«, nörgelte Candace, als der Nachrichtensprecher zum nächsten Bericht überleitete.

»Moment mal«, sagte ihr Mann, »das möchte ich hören.« Er meinte einen Bericht von einer Pressekonferenz, die der Amerikanische Verband der Reaktoringenieure gegeben hatte.

Deren Sprecher erklärte, daß ein solches Unglück wie in Tschernobyl in Amerika niemals passieren könne. Zugegeben, es habe auch in Amerika kleine Zwischenfälle gegeben, eigentlich nur ziemlich harmlose technische Pannen, wenn man es unvoreingenommen betrachtete und nicht einer von diesen Atomkraftgegnern sei, und sicherlich seien bei keinem dieser

Zwischenfälle Menschen zu Schaden gekommen. Jedenfalls nur sehr wenige. Ja, zugegeben, zur Zeit des Zwischenfalls auf Three Mile Island hätten die Behörden erst nach einigen Tagen die Öffentlichkeit informiert, und vielleicht sei auch der Vorsitzende der Atomenergie-Kommission eines Tages so irritiert gewesen, daß er den Wunsch geäußert habe, man möge doch die Pressefreiheit in Amerika nicht übertreiben – ja, alles gut und schön, meinte der Mann, der immer ärgerlicher wurde. Sicher könnten Jane Fonda und die Freunde der Wale und Robben viele kleinliche Argumente gegen die amerikanischen Atomkraftwerke vorbringen, und das sei ihr gutes Recht. Aber ein Unfall wie der von Tschernobyl könne hier nicht passieren; daß er in Rußland passiert sei, zeige deutlich, daß die Russen mit hochentwickelter Technik nicht umgehen können. Ihr Management sei solchen Anforderungen einfach nicht gewachsen. Ohne Zweifel steckten die Verantwortlichen von Tschernobyl in großen Schwierigkeiten, die sie sich allerdings selbst zuzuschreiben hatten.

»Großer Gott«, sagte Garfield und suchte ohne Erfolg nach weiteren Nachrichtensendungen. »Das ist ja eine scheußliche Geschichte. Hoffentlich kommt Vetter Simyon mit heiler Haut davon.«

»Schade, daß ich nicht das blaue Kleid anhatte«, bemerkte seine Frau.

Es gab noch eine andere Meldung zum Thema, die aber nicht vom Fernsehen gesendet wurde, sondern an nächsten Tag in der Zeitung stand. Die Geschichte war in Frankreich passiert, wo in der nuklearen Wiederaufarbeitungsanlage in Cap La Hague fünf Arbeiter radioaktiver Strahlung ausgesetzt waren – einer von ihnen der fünffachen Menge der erlaubten Jahresdosis –, als aus einem defekten Rohr radioaktive Flüssigkeit austrat.

Diese Meldung würde in Amerika nicht auf großes Interesse stoßen. Der Vorfall war selbst in Frankreich nicht besonders ernst genommen worden, außer bei einer Zeitung, wo ein wagemutiger Reporter etwas viel Erschreckenderes entdeckt hatte. Anscheinend hatte es vor einiger Zeit in einem französischen Reaktor Schwierigkeiten gegeben, als wegen zu geringer Stromstärke im Primärkreislauf die Pumpen ausfielen. Der Störfall nahm noch gefährlichere Ausmaße an, als man, um eine Kernschmelze zu vermeiden, die Notaggregate einschalten wollte, der erste Generator jedoch nicht funktionierte.

Zum Glück sprang der zweite Generator an. Mit seinem Strom wurde die Kernschmelze abgewendet. Die Franzosen schafften es, ihren Reaktor unter Kontrolle zu bringen, ohne daß die große Katastrophe eintrat. Sie fluchten ein bißchen, und einer oder zwei von ihnen gingen nach Hause, um ihre Unterwäsche zu wechseln. Aber das war alles.

Diese Meldung erregte vor allem deswegen kein großes Interesse, weil die Geschichte gut ausging. Wahrscheinlich war es ein großes Glück für Frankreich, daß der Unfall sich an einem warmen Frühlingstag ereignete, denn auch das zweite Notaggregat wurde von einem Dieselmotor angetrieben, und diese sprangen bei kaltem Wetter nur ungern an, wie die Arbeiter im Werk zugaben.

38

DONNERSTAG, 22. MAI 1986

Das Kernkraftwerk Tschernobyl arbeitet noch nicht wieder. Das wird auch noch eine Zeitlang so bleiben, aber ein paar Optimisten fangen an zu glauben, das könne sich früher oder später ändern. Selbst aus der Luft sieht die Anlage jetzt seltsam verändert aus.

Viele der Trümmer sind von Bulldozern weggeräumt worden. Das große Loch, in dem der Reaktorblock V stehen sollte, ist schon halb gefüllt mit radioaktivem Schutt und abgetragenem Boden. Über hohe Erdrampen können schwere Maschinen in das Innere der Anlage gelangen. In den Turbinenraum und überall hin, wo sie gebraucht werden. Noch immer werden unglaubliche Anstrengungen unternommen. Alle verfügbaren Kräfte der UdSSR konzentrieren sich auf Tschernobyl. Flotten von Lastwagen, Eisenbahnzügen und Flugzeugen bringen Material – Rohre, Bohrmaschinen, Werkzeuge, Baustoffe, usw. Mindestens viertausendfünfhundert Lastwagen und achthundert Busse sind im Einsatz.

Die Arbeitsbereiche der drei intakten Reaktoren haben jetzt Klimaanlagen mit dreifachen Filtern, die alle zwei Stunden auf radioaktiven Staub untersucht und ausgewechselt werden. Jede verseuchte Fläche ist mehrfach mit dicken Lagen strahlensicherer Bleifarbe abgedeckt worden. Die Arbeiter werden (für kurze Schichten) in strahlensicher ausgerüsteten Fahrzeugen zum Werk gebracht. Der größte Teil der Anlage darf noch nicht betreten werden, außer von den Einsatzkommandos. Das Wasser für die Generatoren kommt noch aus dem Kühlwasserteich, aber es ist radioaktiv. Trinkwasser kommt von neuen Brunnen, die in drei Kilometer Entfernung gegraben worden sind. Damit muß sparsam umgegangen werden. Aber noch nötiger als Wasser braucht das Werk Arbeiter, und auch die kommen von weit her. Der nächste Ort, in dem sie leben können, ist jetzt die Stadt Tschernobyl.

Um sich an seinem ersten Arbeitstag im Werk zu melden, mußte Scherantschuk dreißig Kilometer von der Stadt zum Werk fahren, und zwar in einem strahlensicher gepanzerten Fahrzeug. Scherantschuk hatte noch nie in einem gepanzerten Fahrzeug gesessen. Auch die Arbeiter, die auf der langen Fahrt zum Kernkraftwerk mit ihm in diesem Fahrzeug saßen, hatte er noch nie gesehen. Ihren Unterhaltungen nach schienen die Arbeiter sich aber alle untereinander zu kennen. Scherantschuk war sicher, daß keiner von ihnen damals im Kernkraftwerk Tschernobyl beschäftigt gewesen war.

Damals? Siebenundzwanzig Tage waren seit der Explosion vergangen! Am Samstagmorgen um 1 Uhr 23 würden es genau vier Wochen sein.

Es kam ihm vor wie ein halbes Leben.

»Die Masken aufsetzen, wenn ich bitten darf!« rief der Fahrer, und die Männer zogen grinsend ihre Masken über, als der Wagen das Werkstor passierte und anhielt. Scherantschuk erhob sich mit den anderen, aber der Fahrer hielt ihn mit einer höflichen Handbewegung zurück. »Sie nicht, Genosse Scherantschuk. Sie müssen zur Personalabteilung; die befindet sich in der Kommandozentrale zwölf Kilometer von hier.«

»Aber ich wollte die Anlage sehen!«

Der Fahrer zögerte einen Moment. Dann sagte er: »Kommen Sie nach vorn und setzen Sie sich neben mich. Die Windschutzscheibe ist aus Bleiglas. Hier können Sie rausschauen. Ich muß sowieso noch ein paar Mitfahrer abholen, und vorher mache ich für Sie eine kleine Rundfahrt.«

Man sah kaum Menschen auf dem Gelände des Kernkraftwerks Tschernobyl. Immer wieder mußte der Wagen schweren Räumfahrzeugen ausweichen. Große Flächen der Werksanlage waren durch Warnschilder gesperrt. Die Straße selbst war in einem schlechten Zustand. Die Bulldozer hatten bei ihren Einsätzen tiefe Schlaglöcher in den Belag gerissen. Je länger der gepanzerte Mannschaftswagen über das verwüstete Gelände rumpelte, um so düsterer wurde Scherantschuks Stimmung. Alles sah noch verwüsteter aus als kurz nach der Explosion. Nichts war bisher repariert worden, sondern nur weiter zerstört. Scherantschuk versuchte sich zu trösten. Natürlich muß zuerst das verseuchte Material abgetragen werden, sagte er sich, bevor man mit dem Wiederaufbau beginnen kann.

Dann bog der gepanzerte Wagen um eine Ecke, und Scherantschuk sah den zerstörten Reaktor.

Ein riesiger Kran erhob sich über dem, was von Reaktorblock IV übriggeblieben war. Die Reste seiner Außenmaumern hatten sich in ein häßliches Rosa verfärbt. Ein großes Kettenfahrzeug mit fensterloser Kabine stand bewegungslos auf einer Erdrampe. Daneben waren kleinere Maschinen im Einsatz. Sie kamen jetzt noch schwerer voran; trotzdem gab der Fahrer Gas, und der Mannschaftswagen schleuderte heftig, als sie mit hoher Geschwindigkeit an der Reaktorruine vorbeifuhren. Nachdem sie das fensterlose Bürogebäude zwischen sich und das Wrack gebracht hatten, wurde der Fahrer merklich ruhiger.

»Das war alles, was es hier zu sehen gibt«, sagte er. »Jetzt holen wir noch ein paar Leute ab, und dann geht es zur Kommandozentrale.«

Er hupte vor einer Art Segeltuchbaldachin, der sich in der warmen Nachmittagsbrise bauschte. Sechs oder acht Männer, die in ihren weißen oder grünen Anzügen und Masken nicht zu erkennen waren, kamen herausgelaufen und stiegen ein. Scherantschuk sah sich hoffnungsvoll um, als der Fahrer die Tür schloß und die Männer anfingen, ihre Masken abzunehmen, doch auch von ihnen kannte er niemanden.

Als sie sich untereinander bekanntmachten, wobei sie fast schreien mußten, um den Lärm des Motors zu übertönen, stellte Scherantschuk überrascht fest, daß der Mann neben ihm ein Armeegeneral war. Ein anderer kam vom Staatlichen Komitee für Nuklearaufsicht. In ihren Schutzanzügen sahen sie alle gleich aus. Der Mann von der Nuklearaufsicht war sehr erstaunt zu hören, daß Scherantschuk schon vor der Explosion als Ingenieur im Werk gearbeitet hatte. »Tatsächlich?« sagte er. »Ich dachte, die wären alle – weg.« Entweder hatte er *tot* oder *im Gefängnis* sagen wollen.

»Einige von uns sind geblieben«, entgegnete Scherantschuk trocken. »Erzählen Sie mir doch bitte, was sich hier getan hat, während ich weg war.«

Er erfuhr während der zwölf Kilometer langen Fahrt, daß man aus Hubschraubern über siebzig Tonnen Bleischrot abgeworfen hatte, die über dem tödlichen Kern schmelzen und ihn einschließen sollten. (»Trotzdem gibt er noch soviel Strahlung ab, daß die Arbeiter für Aufräumarbeiten auf den nahe gelegenen Dächern nur für jeweils eine Minute eingesetzt werden können.«) Des weiteren hatte man große Betonplatten für die neuen Reaktorwände gegossen und riesige Stahltanks errichtet, in denen das Abwasser von den Reinigungsarbeiten gesammelt wurde, damit nicht noch mehr Radioaktivität ins Grundwasser gelangte. Außerdem waren alle Korridore in der Nähe des Reaktorkerns mit Stahltüren verschlossen worden, um niemals wieder geöffnet zu werden. Sie seien Teil des »Sarkophags«, erklärten die Männer, in dem der Kern für immer begraben sein würde.

»Für immer?« fragte Scherantschuk. »Was meinen Sie damit?«

Der Mann vom Staatlichen Komitee für Nuklearaufsicht erwiderte sehr bestimmt: »›Für immer‹ bedeutet *für immer.* Für *Ihr* ganzes Leben und für das Leben Ihrer Kinder und für das der Kinder Ihrer Kinder, für vielleicht Hunderte von Jahren. Lange nachdem die anderen Reaktoren des Kernkraftwerks Tschernobyl stillgelegt und abgerissen und weggeschafft worden sind, wird dieser Sarkophag hier noch stehen.«

»Und wenn die anderen Reaktoren wieder in Betrieb gehen, werden die Menschen hier neben diesem Sarkophag arbeiten?«

»Jeden Tag. Und sie werden die Instrumente beobachten, um sicherzustellen, daß nichts passiert. Für immer.«

Das Kontrollzentrum befand sich jetzt in einem Ferienlager der Komsomolzen. Scherantschuk stieg mit den anderen aus und ging rasch über die Kieswege zu dem Haus, das der Fahrer ihm gezeigt hatte. Er beachtete kaum die hübschen Bäume vor den Baracken und Eßsälen, weil ihn die Bedeutung des Begriffes »für immer« noch beschäftigte.

Er hatte noch gar nicht richtig darüber nachgedacht, was mit dem zerstörten Reaktorkern geschehen sollte – zerlegen und begraben würde man ihn, hatte er angenommen. Wenn er überhaupt irgend etwas angenommen hatte. Aber daß er dort für immer stehenbleiben würde, war ihm nicht in den Sinn gekommen.

Die Personal- und Sicherheitsbüros waren in der ersten Etage des einfach, aber stabil gebauten Hauses untergebracht. Doppelfenster und zweite Türen waren zusätzlich eingebaut worden, und jedes zweite Fenster hatte eine Klimaanlage mit dreifachen Filtern. So heiß es draußen war, drinnen war es angenehm kühl. Der erste Mensch, den Scherantschuk entdeckte, als er den Raum betrat, war der Techniker, der in jener Unglücksnacht weggelaufen war. Er stand am Fenster und sah hinaus in die schöne, grüne Frühlingslandschaft. Wie war noch sein Name! Kalytschenko. Als der Mann sich umdrehte und Scherantschuk ansah, lag Erkennen in seinem Blick und eine gewisse Feindseligkeit.

Scherantschuk nannte der Sekretärin seinen Namen und ging dann auf Kalytschenko zu, um ihn zu begrüßen. »Hallo«, sagte er, und dann, weil ihm nichts Besseres einfiel: »Sie hatten Dienst in jener Nacht, nicht wahr?«

»Ja«, entgegnete Kalytschenko.

Scherantschuk sah ihn nachdenklich an. »Wir müßten uns bald mal zusammensetzen und Erinnerungen austauschen, wenn es Ihnen nichts ausmacht«, sagte er. »Ich habe da noch eine Menge Fragen.«

»Gerne«, erwiderte Kalytschenko höflich und wünschte sich, der Mann möge auf der Stelle tot umfallen. Fragen! Als ob er nicht schon zehntausend Fragen beantwortet hätte – und weitere zehntausend kamen jetzt mit Sicherheit auf ihn zu, bei diesem Gespräch mit dem Chef der Ersten Sektion.

Aber als Iwanow, der Chef der Ersten Sektion, aus seinem Büro trat, streifte er Kalytschenko nur mit einem kurzen, uninteressierten Blick. Scherantschuk jedoch begrüßte er mit einem freundlichen Lächeln. »Bitte«, sagte er, »kommen Sie doch herein!«

»Danke«, sagte Scherantschuk höflich, »aber ich glaube, Genosse Kalytschenko war vor mir hier.«

»Nein, nein, das ist schon in Ordnung«, sagte Iwanow. »Ich bin sicher, Genosse Kalytschenko hat nichts dagegen, noch ein bißchen zu warten.« Zu der Sekretärin sagte er: »Ich möchte nicht gestört werden«, und ließ Scherantschuk in sein Büro eintreten. Kalytschenko wandte sich verdrießlich ab.

Ohne Zweifel war der neue Personalchef Iwanow ein anderer Typ als sein Vorgänger Chrenow. Vertraulich und hinterhältig der alte, der neue dagegen heiter und überschwenglich, aber es war in Wahrheit lediglich ein Unterschied wie zwischen Schokoladeneis und Himbeereis. Das Innere der beiden Männer hatte die gleiche eisige Temperatur. Die Tatsache, daß Iwanow den Ingenieur an diesem Tage mit überschwenglicher Herzlichkeit begrüßte, bedeutete nichts für die Zukunft, sondern nur, daß Iwanow heute daran gelegen war, daß Scherantschuk ihn als seinen Freund betrachtete.

Scherantschuk war daher kein bißchen überrascht, als Iwanow mit einem Augenzwinkern eine Flasche aus seinem Schreibtisch hervorzauberte und sich scherzend entschuldigte, daß es leider nur Wein sei, aber immerhin bester georgischer. »Bitte, Leonid«, sagte er, indem er ein Glas bis zum Rand füllte, »nehmen Sie Platz. Nein, nicht da auf dem harten Stuhl. Setzen Sie sich dort am Fenster auf die Couch. Ich komme mit meinem Stuhl zu Ihnen herüber.« Er hob sein Glas. »Ich trinke auf die Zukunft des Kernkraftwerks Tschernobyl! Wie unsere ganze Nation übersteht es jeden Sturm und wächst an seinen Aufgaben.«

»Selbstverständlich«, sagte Scherantschuk und nippte an seinem Wein, wobei er feststellte, daß der Personalchef sich selbst nur sehr wenig eingeschenkt hatte.

Irgend etwas hatte sich geändert.

Scherantschuk hatte keine Ahnung, was es sein könnte, aber in dem Benehmen Iwanows war etwas, was in ihrer kurzen Unterhaltung in Moskau nicht vorhanden gewesen war. Der Mann war nicht nur freundlich, er strahlte geradezu. »Wie ich Ihnen schon sagte, mein lieber Leonid, werden Sie hier dringend gebraucht. Ich glaube, ich sollte Ihnen schon mitteilen – es ist noch nicht ganz offiziell, aber ich sehe keinen Grund, warum Sie es nicht wissen sollten –, daß die vorläufigen Untersuchungen des Unfalls nichts ergeben haben, das Ihnen zur Last gelegt werden könnte.«

»Untersuchungen?« fragte Scherantschuk vorsichtig.

»Alles bisher nur sehr vorläufig«, versicherte Iwanow ihm. »Ich glaube, Sie können sich vorstellen, was für ein Haufen Unrat dabei ans Tageslicht kommt. Aber was Ihre persönliche Handlungsweise betrifft, so ist sie über jeden Zweifel erhaben. Es steht fest, daß Sie immer wieder auf Mängel aufmerksam gemacht haben und laufend bemüht waren, sie zu beseitigen. Es gibt also keinerlei Vorwürfe gegen Sie. Ich nehme an, daß Sie mit einer Würdigung rechnen können. Man spricht sogar von einer Medaille.«

»Ich will keine Medaille«, knurrte Scherantschuk.

»Mein lieber Leonid! Das kann ich vollkommen verstehen. Keiner von uns legt Wert auf solche Sachen, aber wenn der Staat

Ihre vorbildliche Handlungsweise öffentlich würdigt, könnte das ein nachahmenswertes Beispiel für viele andere sein.«

Scherantschuk schüttelte den Kopf. »Der Mann, der sich Medaillen verdient hat, ist tot.«

»Oh, wirklich? Und wer ist das, wenn ich fragen darf?«

»Gibt es da einen Zweifel? Der stellvertretende Direktor Smin.«

»Ach«, sagte Iwanow, »Smin? Wie kommen Sie auf Smin?«

»Sie waren damals nicht hier, Iwanow. Sie können sich nicht vorstellen, was Smin für dieses Werk getan hat. Es ist immer wieder über minderwertiges Material und schlechte Arbeitsdisziplin geredet worden – alles richtig, aber ohne Smin wäre das alles viel schlimmer gewesen. Es hätte allerdings noch besser laufen können, wenn man ihm die volle Entscheidungsfreiheit übertragen und ihn zum Ersten Direktor gemacht hätte. Er wäre der richtige Mann gewesen!«

»Ah«, sagte Iwanow unverbindlich und griff nach der Flasche. »Lassen Sie mich nachschenken.« Als er Scherantschuks Glas wieder bis zum Rand gefüllt hatte, sagte er: »Es ist interessant, daß Sie Smin erwähnen, denn, um die Wahrheit zu sagen, ich bin ziemlich neugierig auf den Mann. Ich habe ihn nie kennengelernt, solange er noch lebte. Wenn ich mir eine Meinung über ihn bilden will, bin ich auf das angewiesen, was in seiner Akte steht, und auf das, was Leute wie Sie mir über ihn erzählen können.«

Iwanow lächelte Scherantschuk über sein erhobenes Glas an und wartete auf eine Antwort. Darum also geht es, dachte Scherantschuk. Das Thema der Befragung ist Smin.

Vorsichtig sagte er: »Der stellvertretende Direktor Smin war ein großer Mann.«

»In der Tat.« Der Personalchef stellte sein Glas auf den Tisch. »Würde es Ihnen etwas ausmachen, wenn ich Ihnen ein paar Fragen stelle, um mir ein Bild von ihm zu machen?«

»Was für Fragen?«

»Oh, verschiedene. Sie teilten doch im Krankenhaus in Moskau mit ihm ein Zimmer, nicht wahr? Es würde mich zum Beispiel interessieren, worüber Sie dort gesprochen haben.«

Doch schon bald ging es nicht mehr darum, was Scherantschuk mit Smin gesprochen hatte, sondern darum, wer Smins Besucher gewesen waren. Scherantschuk, der bei seinem dritten Glas Wein angelangt war, begriff, daß Iwanow schon eine ganze Menge über Smins Besucher wußte, wahrscheinlich durch das Krankenhauspersonal. Er wollte jedoch noch mehr erfahren – zum Beispiel, ob Scherantschuk, als Smins Zimmergenosse hin und wieder etwas von Smins Gesprächen mitbekommen habe.

Scherantschuk antwortete immer vorsichtiger. Zweifellos waren Iwanow alle Akten der Sicherheitsorgane zugänglich. Bei den Fragen nach dem Drogenmißbrauch von Smins älterem Sohn paßte er deshalb besonders auf. Hatte es andere Besucher gegeben als Smins Familienmitglieder? Nun ja, den einen oder anderen. Seien nicht auch zwei ziemlich hochgestellte Persönlichkeiten darunter gewesen, fragte Iwanow mit einem Lächeln.

Scherantschuk zögerte. Er war mißtrauisch. Aber in diesem Fall brauchte er sich wohl keine Sorgen zu machen. Die Tatsache, daß Smin Freunde in den höchsten Kreisen gehabt hatte, konnte doch kaum ein schlechtes Licht auf ihn werfen. Er war also durchaus bereit, über die beiden Herren vom Zentralkomitee zu sprechen. Er gab zu, von ihrem Erscheinen bei Smin sehr beeindruckt gewesen zu sein, aber er war natürlich nicht so taktlos gewesen zu lauschen und hatte immer gleich das Zimmer verlassen, wenn Smin Besuch bekam.

»Natürlich«, sagte Iwanow höflich. »Aber es gibt ja auch noch andere Möglichkeiten, sich zu unterhalten. Briefe zum Beispiel. Vielleicht eine Zeitschrift? Können Sie sich erinnern, ob Smin im Krankenhaus irgend etwas geschrieben hat?«

Scherantschuk zögerte. Die Richtung, in die die Fragen jetzt gingen, gefiel ihm überhaupt nicht. »Nun ja«, räumte er widerstrebend ein, »aber ich weiß natürlich nicht was. Er hat mir nie etwas gezeigt. Ich nahm an, es seien Briefe an seine Familie, vielleicht ein Testament – ich weiß es nicht. Ich habe nichts davon aus der Nähe gesehen.«

»Und was hat Genosse Smin gelesen? Das haben Sie doch sicher gesehen?«

»Er hat kaum gelesen. Ich glaube, lesen strengte ihn zu sehr an oder verursachte ihm sogar Schmerzen. Hin und wieder habe ich ihn mit der *Prawda* gesehen und vielleicht ein- oder zweimal mit einem Buch, aber immer nur sehr kurz.«

»Ich verstehe«, sagte Iwanow. »Nur eine Zeitung und vielleicht hin und wieder ein Buch. Dagegen ist nichts einzuwenden. Aber ich denke an ein Dokument, das er gelesen haben könnte. Ein Bündel von vielleicht siebzehn Schreibmaschinenseiten. Haben Sie so etwas gesehen?«

Scherantschuk schüttelte den Kopf. Iwanow schaute nachdenklich die Wand an. Dann fragte er: »Haben Sie den Genossen Mischko oder den Genossen Milaktiew, die beiden Männer vom Zentralkomitee, irgendwann getroffen?«

»Nur damals im Krankenhaus – und, ach ja, auf Smins Beerdigung, aber nur sehr kurz.«

Iwanow schwieg eine Weile. Dann lächelte er und goß noch ein Glas Wein ein. »Und jetzt«, sagte er heiter, »bevor Sie nach Hause eilen zu Ihrer lieben Frau, die sicherlich schon darauf wartet, zu sehen, wie Ihnen Ihr erster Tag in der Firma bekommen ist, wollen wir über Ihre Zukunft reden. Sie wissen ja, daß Sie eine ziemlich starke Dosis radioaktive Strahlung abbekommen haben.«

»Man hat mich aus dem Krankenhaus entlassen«, entgegnete er abwehrend.

»Auf jeden Fall haben Sie die für einen Arbeiter in einem Kernkraftwerk zulässigen Höchstwerte überschritten. Wir dürfen hier niemand beschäftigen, der mehr als fünfundzwanzig rad absorbiert hat. Sie haben mindestens achtzig. Ich muß Ihnen leider sagen, daß Sie niemals wieder einen Reaktorraum betreten dürfen.«

»Aber das ist unmöglich«, rief Scherantschuk aufgeschreckt. »Wie soll ich denn dann meine Arbeit machen?«

»Ganz einfach auf einem anderen Platz«, sagte Iwanow freundlich, »und mit einer anderen Aufgabe. Nein, nein, wir schicken Sie nicht weg. Wir brauchen Sie hier. Zunächst sollen Sie die Einsätze der Räummannschaften beratend vorbereiten, und dann werden wir Sie, wenn Sie damit einverstanden sind, zu einigen Kursen über nukleare Sicherheit schicken. Das Komitee für Nuklearaufsicht hat dies für alle leitenden Mitarbeiter angeordnet. Wenn Sie dann zurückkommen, obliegt

Ihnen die Einführung der neuen Sicherheitsstandards und das Training der Leute. Das ist eine sehr wichtige Aufgabe, Leonid. Bitte nehmen Sie sie an.«

Scherantschuk starrte sein Weinglas an. »Ich könnte mich auch an ein anderes, nicht-nukleares Kraftwerk versetzen lassen.«

»Natürlich könnten Sie das. Ich würde Sie nicht davon zurückhalten. Aber wir möchten sehr gern, daß Sie hier bleiben.«

Eigentlich hatte er auch keine Wahl, denn er konnte das Werk des stellvertretenden Direktors Smin nicht einfach so verlassen. »Gut«, sagte er schließlich. »Ich akzeptiere Ihren Vorschlag.«

»Sehr gut! Wunderbar! Warten Sie – heute ist Donnerstag, da lohnt es sich nicht, daß Sie morgen herkommen. Benutzen Sie das lange Wochenende, um sich wieder mit Ihrer Frau bekanntzumachen. Habe ich Ihnen schon gesagt, wie sehr es mich freut, daß Sie trotz allem noch zusammen sind?« Scherantschuk zuckte zusammen, und Iwanow fuhr fort: »Und, ach ja, Genosse Scherantschuk, sollten Ihnen zufällig noch einmal Genosse Mischko oder Genosse Milaktiew über den Weg laufen, bitte lassen Sie es mich wissen.«

Als die Sekretärin fünf Minuten später Kalytschenko sagte, er könne hineingehen, wurde er wesentlich weniger liebenswürdig empfangen. Er bekam keinen Wein angeboten, ja, Iwanow schien ihn zunächst überhaupt nicht zu bemerken.

Kalytschenko wartete geduldig. Er hatte nichts anderes erwartet. Seit dem Interview mit den Leuten vom KGB in Juschewin hatte er gewußt, was ihm bevorstand, und Iwanow bestätigte nur seine Befürchtungen. Die Tatsache, daß er seinen Arbeitsplatz verlassen hatte und unter welchen Umständen das geschehen war, würde wohl nie aus seiner Akte getilgt werden. Man würde ihn sorgfältig beobachten. Ein weiterer Fehltritt würde sein letzter sein.

Kalytschenko stand die ganze Zeit unterwürfig und reumütig da. Er leugnete und beschönigte nichts. Er gab zu, daß er sich der Feigheit, des Mangels an Disziplin, der Desertion von seinem

Posten, der unerlaubten Abwesenheit schuldig gemacht habe – wie viele verschiedene Bezeichnungen Iwanow auch vortrug, um die eine ebenso unverzeihliche wie unleugbare Verfehlung zu beschreiben, Kalytschenko akzeptierte sie alle.

Nur ganz am Ende dieser Unterhaltung sagte Iwanow etwas, was Kalytschenko nicht erwartet hatte.

Aber selbst diese Bemerkung stellte, wenn man es recht bedachte, keine Überraschung dar. Es war nur der unvermeidliche nächste Schritt.

Kein freundlicher Feuerwehrmann bot Kalytschenko eine Koje an, als er auf den Beginn seiner ersten Nachtschicht unter dem neuen Kommando wartete, aber er fand eine gemütliche Ecke in der Kantine, wo er über einem Becher Kwass döste, bis es Zeit war, sich zur Schicht zu melden.

Er wußte ganz genau, daß ihn nur ein paar Wände von der Ruine des explodierten Reaktorblocks IV trennten. Die anderen Männer dieser Schicht waren genau so nervös wie er selbst. Die Monotonie der Arbeit jedoch wirkte beruhigend. Er hatte das Bedürfnis, über das nachzudenken, was Iwanow ihm gesagt hatte.

Es gab nicht viel zu tun. Drei der Reaktoren waren auf Null heruntergefahren und der andere völlig außer Betrieb. Das Wenige, was getan werden mußte, war allerdings sehr wichtig. Die Temperaturen der Kerne mußten laufend überwacht, die Pumpen und Kühlsysteme täglich geprüft werden. Alles mußte vollkommen normal und einsatzfähig sein, denn niemand wagte sich die Folgen vorzustellen, wenn noch ein Reaktor des Kernkraftwerks Tschernobyl durchginge.

Dennoch nahm die Arbeit wenig von Kalytschenkos Aufmerksamkeit in Anspruch. Er konnte darüber nachdenken, was Iwanow ihm zum Schluß gesagt hatte. Er versuchte, sich an den genauen Wortlaut zu erinnern: »Es gibt für Sie nur zwei Möglichkeiten, Ihren guten Ruf wiederherzustellen, Kalytschenko. Die eine wäre, daß Sie für den Rest Ihrer Tage ein absolut fehlerfreies Leben führen. Leider können Sie nicht lange genug leben, um Ihre Schuld wiedergutzumachen. Die andere ist, daß Sie der Sowjetunion einen großen Dienst erweisen. Es gibt hier schlechte Elemente, Kalytschenko. Nicht alle Ukrainer sind so loyal wie Sie – jedenfalls nicht so wie Sie hoffentlich eines Tages sein werden. Es gibt Gerüchte von nationalistischer Agitation. Unermüdliche Wachsamkeit ist nötig, um diese Elemente zu demaskieren. Dabei können Sie helfen. Tun Sie es, Kalytschenko.«

Bei dem Gedanken an diese letzten Worte zuckte Kalytschenko zusammen. War es schon schlimm genug, bei seinen Kollegen als Feigling zu gelten, wie würde es erst sein, wenn Sie ihn auch noch als Spitzel entlarvten?

Plötzlich hörte er Schreie und das Schrillen einer entfernten Alarmglocke. Jetzt erkannte er auch, daß schon seit einiger Zeit Qualmgeruch in der Luft lag.

Wieder Feuer!

Das ist unmöglich! dachte Kalytschenko verzweifelt. Das Kernkraftwerk Tschernobyl darf nicht noch einmal explodieren! Und wieder wurde Kalytschenko von Panik ergriffen und rannte . . . aber dieses Mal rannte er – ohne eine bewußte Entscheidung getroffen zu haben – nicht vom Ort des Unheils weg, sondern direkt darauf zu.

39

DONNERSTAG, 22. MAI 1986

Was früher die Park Avenue für New York City war, ist die Gorkij-Straße für Moskau. Hier leben nur Leute von Bedeutung. Die Wohnungen in den Gebäuden an der Gorkij-Straße sind hell und komfortabel. Wände treffen im rechten Winkel aufeinander, Türen schließen ohne Gewaltanwendung, und niemand versucht, den Bewohnern die Neun-Quadratmeter-pro-Person-Regel aufzuzwingen. Autos, gepflegte, teure Limousinen zumeist, stehen nicht mit Plastik abgedeckt auf dem Fußweg, sondern in geräumigen Garagen. In der Gorkij-Straße wohnen Ballerinen und Filmstars, Pianisten und Schach-Champions, Brüder von Mitgliedern des Zentralkomitees und Enkel von großen Generalen. Natürlich haben sie alle Datschas, und natürlich reisen sie viel, auch ins Ausland. Paradox ist vor allem, daß diese Leute, die so herrliche, geräumige Wohnungen haben, ziemlich selten in ihnen leben.

Emmaline Branford war zum ersten Mal auf einer Party in einem Haus an der Gorkij-Straße. Zuerst war sie ein wenig schüchtern, denn, wie sie richtig vorausgesehen hatte, waren alle diese Leute weitaus bedeutender als sie. Ein hagerer uniformierter Mann mit vielen Sternen auf seinen Schulterklappen war vermutlich ein General. Die hübsche Frau mit dem etwas dicklichen jungen Mann in ihrem Arm war, wenn Emmaline sich nicht sehr irrte, eine bekannte Tänzerin vom Leningrader Kirow, und der Mann, mit dem sie sprach, gehörte als Opernbariton dem Bolschoi-Ensemble an. Emmaline hatte den Eindruck, daß sie und Pembroke Williamson die einzigen Amerikaner auf dieser Party waren – wenn man von Johnny Starks Ehefrau absah. Aber die ältere Dame mit blauem Haar hatte etwas mit dem französischen Film zu tun, und das junge Paar in Wanderstiefeln kam aus Australien. Emmaline versuchte, Pembroke nicht aus den Augen zu verlieren, bis der dritte oder vierte interessante Mann sie ansprach, um seine Englischkenntnisse an ihr auszuprobieren oder ihr Gelegenheit zu geben, ihr Russisch zu üben. Der erste war ein Filmregisseur gewesen, der zweite – großer Gott – ein Kosmonaut!

Dann fiel ihr ein, daß ihre Hautfarbe auch ihr in Moskau zu einer gewissen Berühmtheit verhalf.

Ihr Kleid aus rotem Crêpe war kein bißchen zu auffallend. Die anderen Damen waren mindestens so elegant gekleidet wie sie. Die Perlen der Tänzerin waren höchstwahrscheinlich echt, und die Frau von Johnny Stark, die Amerikanerin – die *frühere* Amerikanerin – wirkte sehr schlicht gekleidet, solange man den großen Stein nicht bemerkte, den sie am Finger trug. Der hatte mindestens drei Karat.

Emmaline konnte sich immer noch nicht vorstellen, warum sie zu den geladenen Gästen dieser exquisiten Party gehörte.

Als Pembroke sie anrief, um ihr zu sagen, daß Johnny Stark ihn zu einer Party eingeladen hatte – es war gar nicht Starks Party, sondern die eines Freundes – und daß auch sie eingeladen war (»Ja, unbedingt, bringen Sie jemand mit; warum nicht diese hübsche Amerikanerin, die ich neulich mit Ihnen gesehen habe?«) –, hätte Emmaline am liebsten abgelehnt. Allerings bot sich einer amerikanischen Botschaftsangehörigen sehr selten die Möglichkeit, so viele wichtige und interessante Leute zu treffen.

Zehn Sekunden Nachdenken überzeugten sie, daß sie sich diese Chance nicht entgehen lassen konnte: als einzige amerikanische Diplomatin in Moskau persönlich eingeladener Gast des berühmten (und geheimnisvollen) Johnny Stark zu sein. Jetzt war sie also hier, umgeben von Moskaus Jet-Set, und ließ sich von einem jungen Mann, der fast so etwas wie einen Punk-Haarschnitt trug, erzählen, wie sehr er sich wünschte, einige seiner sowjetischen Rocksongs in Amerika zu singen.

Immerhin hatte der Sänger sie zum kalten Büfett hinübermanövriert, ziemlich unaufmerksam lauschte sie seinen ungelenken Versuchen, ihr seine Musik zu erklären – »Nicht *Prince*, nicht *The Grateful Dead*, aber vielleicht ein – ein Hauch, ist es das? – von den *Stones*, ja.« –, und bediente sich mehr als einmal bei den herrlich zubereiteten Speisen des Büfetts. Pembroke hatte sie längst aus den Augen verloren. Als sie ihn zuletzt sah, führte er ein ernstes Gespräch mit dem General, das Johnny Starks Frau dolmetschte. Der Rocksänger (aus der Nähe betrachtet war er gar nicht so jung) verlangte nicht viel Aufmerksamkeit von Emmaline. Hin und wieder ein verständnisvolles Nicken genügte.

Also hatte Emmaline Zeit genug, sich umzuschauen und darüber nachzudenken, warum sie hergebeten worden war. Ganz offensichtlich hatte Johnny Stark sie nicht nur deshalb eingeladen, weil sie hübsch oder gar, weil sie schwarz war.

Nein, es mußte einen anderen Grund geben. Leute wie Johnny Stark taten so etwas nicht aus einer Laune heraus. Plante er, sie betrunken zu machen, damit sie geheime CIA-Pläne ausplauderte? Genug Champagner dafür gab es hier sicherlich, aber es blieb ganz und gar ihr überlassen, wieviel sie davon trank. Außerdem war Johnny Stark viel zu gut unterrichtet, um nicht zu wissen, daß sie zu geheimen Informationen so gut wie keinen Zugang hatte.

Emmaline war so von ihren Überlegungen in Anspruch genommen, daß sie gar nicht bemerkte, daß der Rocksänger sie verlassen hatte, um ein geneigteres Ohr zu finden. Doch plötzlich stand Johnny Stark neben ihr und berührte ihren Arm. Er überreichte ihr ein neues Glas Wein und sagte liebenswürdig in perfektem amerikanischem Englisch: »Amüsieren Sie sich gut mit unseren Hollywoodtypen? Ich hoffe es, denn das steht Ihnen zu. Sie sind das hübscheste Mädchen hier.«

Für sein Diplomaten-Geschwätz schenkte sie ihm ein Diplomaten-Lächeln und sagte: »Ich habe bis jetzt noch keine Hollywoodtypen getroffen.«

Wenn ich Sie nicht rechne, dachte sie. Er trug ein schwarzes Seidenhemd, das er nur bis zur Hälfte zugeknöpft hatte. Auf seiner Brust hing an einer schweren Goldkette ein schweres Medaillon, er sah aus, wie jeder Russe sich einen Filmproduzenten in Hollywood vorstellt.

Stark lächelte wieder und sagte: »Teedy hat diese Party veranstaltet. Für einige dieser Filmleute, die an dem Gewerkschaftskongreß teilnehmen. Aber ich fürchte, viele von ihnen streiten sich noch über die Wahlen. Haben Sie gehört, was sie heute gemacht haben? Sie haben völlig unerwartet diesen Verrückten Elem Klimow zum Ersten Sekretär der Gewerkschaft gewählt.«

Völlig unerwartet! dachte Emmaline. Sowjetische Gewerkschaften tun nichts Unerwartetes. So etwas kommt nicht vor. Sie versuchte, sich an den Namen zu erinnern. »Ist Klimow der Mann, der *Go and See* gemacht hat?«

»Ja, genau. Nichts als Mord und Totschlag. Vielleicht könnten Sie es unser Gegenstück zu *Straw Dogs* oder *Apocalypse Now* nennen. Er ist verrückt. Der arme Kerl. Seine Frau starb bei einem Autounfall – sehr tragisch –, und er spricht jede Nacht mit ihrem Geist. Gott weiß, was er mit der Gewerkschaft tun wird.« Er sah sich um. Immer noch lächelnd fuhr er fort: »Ich frage mich, ob Sie Lust hätten, sich einige meiner Ikonen anzusehen.

Ich habe versprochen, sie unserem hohen Gast zu zeigen, und ich dachte, Sie und Pembroke würden vielleicht mitkommen. Ein Auto? Wir brauchen kein Auto. Meine Wohnung liegt nur eine Etage höher. In Amerika nennt man das wohl Penthouse.«

»Gut«, sagte Emmaline und fragte sich, was Stark vorhaben könnte, »dann sollte ich mich wohl von meinem Gastgeber verabschieden . . .«

»Teddy ist im Moment nicht hier. Ich kann das später für Sie erledigen.«

Sie sah sich suchend um. »Wo steckt denn Pembroke?«

»Den habe ich schon gefragt«, grinste Stark. »Er war ganz aus dem Häuschen. Er hätte sich nie träumen lassen, ein Mitglied des Zentralkomitees persönlich kennenzulernen.«

Emmaline hatte das Gefühl, einen elektrischen Schlag erhalten zu haben. Ihre Muskeln verkrampften sich. Sie hörte kaum den Namen des höflichen älteren Herrn, dem sie vorgestellt wurde – war es Mischko? –, denn der Widerhall des Wortes »Zentralkomitee« übertönte alles andere.

Das gibt es doch nicht, dachte sie, daß eine Botschaftsangestellte wie sie mit einem Mitglied des Zentralkomitees der Kommunistischen Partei der Sowjetunion bekanntgemacht wurde. Das hat es noch *nie* gegeben!

Den Fahrstuhl, in den Stark die vier hineinkomplimentierte, nahm sie kaum wahr (obwohl er mindestens dreimal so groß war wie der Lift in dem Haus, das sie bewohnte, und vollkommen geräuschlos funktionierte).

Sie bemerkte, daß der Raum, den sie dann betraten, riesig war und angenehm kühl. Dann betrachtete sie Starks Ikonen, ohne sie wirklich wahrzunehmen, obwohl die wertvollste, eine bjelorussische aus dem sechzehnten Jahrhundert (wie Stark ihnen erzählte) nicht nur so groß war wie die Mona Lisa, sondern auch noch mit Blattgold ausgelegt und von Scheinwerfern angestrahlt wurde. Emmaline kam erst wieder zu sich, als sie auf einer mit wertvollem Stoff überzogenen Chaiselongue saß. Daneben auf einem Tischchen lagen die neuesten Ausgaben von *The Economist, Der Spiegel* und *The New Yorker.*

Stark begann zu sprechen. Sein Ton war freundlich, aber ziemlich ernst. »Hier können wir uns vielleicht ein wenig offener unterhalten. ›Nichts fürs Protokoll‹, wie es bei Ihnen heißt. Damit wir uns besser verstehen und damit wir unseren Heimatländern helfen können, sich besser zu verstehen. Einen Augenblick bitte«, sagte er entschuldigend und wiederholte dasselbe auf russisch für Mischko, während er eine kleine Kühlbox öffnete und vier vereiste Gläser und eine Flasche mit strohfarbener Flüssigkeit herausnahm.

Als Mischko antwortete, übersetzte Stark: »Er sagt, daß ihn diese Begegnung sehr freut. Er sagt weiter, daß wir absolut ehrlich miteinander reden können, wenn auch innerhalb gewisser Grenzen, denn es gibt Dinge, die selbst gute Freunde sich nicht sagen sollten. Wir sollten uns für diesen Abend als ehrenamtliche Freunde betrachten, besonders, da eine Person in unserem kleinen Zirkel zum diplomatischen Dienst der Vereinigten Staaten gehört.«

Er lächelte Emmaline aufmunternd zu. Aha, dachte sie. Ich bin also inoffiziell hier, damit ich inoffiziell berichten kann. Aber was? Mischko, der sie aufmerksam beobachtete, sprach sie direkt auf russisch an: »Sie brauchen mir nicht zu versprechen, unser Gespräch von heute abend für sich zu behalten. Ich werde nichts Unmögliches von Ihnen verlangen. Wenn Sie dieses Gespräch an Ihre vorgesetzte Dienststelle weitergeben, wird es sofort für geheim erklärt, und niemand wird es für die nächsten fünfundzwanzig Jahre lesen dürfen, und danach wird es keine Rolle mehr spielen.«

Stark übersetzte für Pembroke und goß eisgekühlten Wodka in die eisgekühlten Gläser. »Ich trinke auf die Antialkoholkampagne«, sagte er. »Bitte glauben Sie nicht, daß ich mich darüber lustig mache. Ich halte es für eine gute Sache. Ich selbst beschränke mich neuerdings auf zwei Glas pro Tag an nur zwei Tagen in der Woche, außer zu besonderen Anlässen. Dies ist einer.«

Als sie alle getrunken hatten, ergriff Mischko das Wort. »Wenn wir aufrichtig reden sollen«, schlug er gutgelaunt vor, »lassen Sie uns bei den kleinen Dingen anfangen. Es gibt da so eine kleine Sache, über die ich schon lange gern mit einem

Amerikaner gesprochen hätte. Es handelt sich um Ihre Filme. Ich habe ›Weiße Nächte‹ und ›Moskau am Hudson‹ gesehen. In dem einen ist jeder Russe ein Bösewicht, in dem anderen sind wir alle dumm. Warum gibt es keinen amerikanischen Film, in dem wenigstens ein Russe als anständiges, menschliches Wesen dargestellt wird?«

»Der Film würde kein Kassenerfolg werden«, behauptete Pembroke, nachdem Stark übersetzt hatte. »Das oberste Gebot für unsere amerikanischen Filmemacher ist: der Film muß Geld einspielen, er darf kein Zusatzgeschäft sein. Alles andere wird man ihnen verzeihen, nur das nicht.«

»Ach ja. Die kapitalistische Anbetung des Dollars.«

Pembroke schüttelte den Kopf, bevor Stark mit seiner Übersetzung zu Ende war. »Ja und nein. Der Kapitalismus funktioniert zwar nach diesen harten Marktgesetzen, aber die Auswirkungen sind meistens sehr positive. Bei McDonald's ißt man besser als in einem sowjetischen Hotel. Warum? Die Bosse bei McDonald's sind besser motiviert. Sie wissen, daß sie nichts mehr verdienen können, wenn sie ihre Kunden nicht zufriedenstellen. Was sie motiviert, ist das Geld.«

»Tatsache ist«, sagte Stark auf englisch, als er Pembrokes Bemerkungen ins Russische übersetzt hatte, »daß sogar Wladimir Iljitsch Lenin aus eben diesem Grunde in der Periode der Neuen Ökonomischen Politik zu kleinen privaten Unternehmungen aufrief.«

»Das könnten Sie doch wieder versuchen«, meinte Pembroke, »besonders, was die Restaurants betrifft. Bin ich jetzt dran, ein kleines Thema ins Gespräch zu bringen? Dann wäre es dies: Warum geben sich die Portiers in jedem einigermaßen brauchbaren Restaurant in Moskau soviel Mühe, die Gäste abzuwimmeln?«

»Eine gute Frage«, bemerkte Stark erfreut. »Ich habe eine Antwort darauf, aber lassen Sie mich zunächst die Frage an Mr. Mischko weitergeben.« Er übersetzte rasch die Frage und dann Mischkos Antwort. »Mr. Mischko meint, es liege daran, daß es meist alte Leute sind, die diese Arbeit machen, und alte Leute seien eben oft schrullig, egal in welchem Land. Ich habe da eine andere Theorie. Ich meine, es liegt an unserer Forderung nach

›ewiger Wachsamkeit‹. Jedem sowjetischen Kind wird beigebracht, daß es jeden Augenblick auf der Hut sein muß vor Feinden des Staates – vor Drückebergern, Schwarzmarkthändlern, Säufern. Oh, und vor schlimmeren Elementen, natürlich, aber wenige unserer Zehnjährigen haben Gelegenheit, auf ihren Spielplätzen Verräter oder CIA-Agenten kennenzulernen. Viele dieser Kinder werden vielleicht später selber Säufer oder Schwarzmarkthändler, aber sie vergessen niemals die ›ewige Wachsamkeit‹. Eines Tages übernehmen sie einen Posten, der ihnen eine gewisse Autorität verleiht – Portier in einem Restaurant, Kartenkontrolleur in einem Theater oder Busschaffner. Und sie passen auf! Sie sind sehr wachsam! Im Zweifelsfalle sagen sie lieber nein, denn zu wachsam zu sein ist allenfalls Übereifer, aber nicht wachsam genug zu sein, bringt den Staat in Gefahr – und so ist jeder mit so heiligem Eifer bei der Sache wie die Agenten des KGB selber!«

Er hatte offenbar Spaß an der Darlegung seiner These, und Pembroke und Emmaline erwiderten sein Lächeln. Aber als er seine Ausführungen für Mischko übersetzte, verging sein Lächeln vor dem Ausdruck des Unwillens, den das Gesicht des Mannes vom Zentralkomitee annahm. Es gab einen schnellen Wortwechsel, dem Emmaline nicht folgen konnte. Dann sagte Stark mit kaum veränderter Stimme: »Unser verehrter Gast hat mich zurechtgewiesen. Er sagt, daß ich vom KGB spreche, wie die Amerikaner es in ihren Agentenromanen tun, während in Wirklichkeit die Organe des Staates gewissermaßen die Elemente sind, die uns einer umfassenderen Demokratie näherbringen.«

»Ach, wirklich!« entfuhr es Emmaline.

»Ja, *wirklich«*, sagte Stark sehr energisch. »Mr. Mischko hat vollkommen recht. Sie sind sicher der Meinung, daß die Sowjetunion in den letzten zehn Jahren ›liberaler‹ geworden ist, wie Sie das nennen. Und wem haben wir das zu verdanken? Erstens Andropow, der vordem eine leitende Position im KGB innehatte. Jetzt Gorbatschow, Andropows Protegé. Sie machen einen großen Fehler, wenn Sie annehmen, daß die Leute vom KGB alle kalte Krieger sind wie Ihre eigenen Spione und Agenten, die . . .«

Er hielt inne. Dann zuckte er die Achseln und nahm sein Lächeln wieder auf. Er öffnete die Kühlbox und brachte vier neue, vereiste Gläser zum Vorschein. Als er sie füllte, sagte er: »Und so sehen Sie, wie schnell man von den kleinen Themen zu den großen kommt!«

Die Themen wurden immer bedeutsamer. Emmaline wußte, was kommen würde, und war trotzdem erstaunt, als der alte Mr. Mischko sofort die *Star-Wars*-Frage aufwarf. »Da ich jetzt wieder an der Reihe bin, frage ich, warum Amerika stärker an neuen Waffen im Weltraum interessiert ist als an nuklearer Abrüstung?«

Pembroke drehte das leere Glas in seiner Hand. »Glaubt Mr. Mischko, daß *Star Wars* funktionieren wird?« fragte er.

Der Russe antwortete schnell. »Nicht als ›nuklearer Schirm‹, der das hübsche kleine Mädchen, das das amerikanische Fernsehen uns zeigt, zuverlässig schützt. Unsere Wissenschaftler glauben, daß eine so totale Abschirmung nicht möglich ist, und unsere Wissenschaftler sind nicht dumm. Übrigens sagen die meisten Ihrer Wissenschaftler dasselbe.«

»Warum sind Sie denn dann so sehr dagegen?«

»Weil es erstens, selbst wenn es nicht als absoluter Schutz wirkt, ein vorzügliches Hilfsmittel zur Unterstützung eines atomaren Überraschungsangriffs wäre – Ihr Land hat es bisher abgelehnt, der Anwendung eines atomaren Erstschlages abzuschwören. Zweitens könnten Sie bei der Entwicklung dieses Waffensystems neue gefährliche Waffen entdecken. Zum Beispiel diese Laser-Strahlen, mit denen Sie unsere Raketen im Anflug zerstören wollen: Wenn sie in fünf Minuten tausend Raketen abschießen können, dann können sie vielleicht auch alle unsere Städte in Flammen setzen. Ist das eine wirkungsvolle Art, Krieg zu führen? Fragen Sie die Bewohner von Dresden oder Tokio! Aber«, dolmetschte Stark weiter und hob eine Hand, um Pembroke am Antworten zu hindern, »Mr. Mischko bittet mich, Ihnen zu sagen, daß er Ihre Frage beantwortet hat, Sie aber nicht die seine. Warum?«

Dieses Mal zögerte Pembroke nicht. »Die Amerikaner haben

Angst vor Ihnen«, sagte er. »Sie fürchten, daß Verträge nichts nützen, weil sie von Ihrer Seite möglicherweise nicht gehalten werden.«

Mischko blieb erstaunlich ruhig. »Ja, man hat uns Nichteinhaltung von Verträgen vorgeworfen, aber gilt nicht bei Ihnen die Regel, daß jeder Angeklagte bis zum Beweis seiner Schuld als unschuldig betrachtet werden muß?«

Pembroke blieb stur. »Das funktioniert nur bei einem ordentlichen Gerichtsverfahren, an dessen Ende ein eindeutiger Schuldspruch steht. Aber wir haben kein internationales Strafrecht.«

»Wir haben die Vereinten Nationen, die Amerika – zum Beispiel – der Verminung der nicaraguanischen Häfen für schuldig befunden haben.«

Pembroke überlegte einen Augenblick, dann sagte er: »Ich bin weder für die Contras noch für geheime Kriegführung, und ich liebe die CIA ebensowenig wie das KGB. Aber die Vereinten Nationen sind ein Witz. Sie mögen voreingenommen sein, wie mein Präsident behauptet, auf jeden Fall sind sie zahnlos. Sie können schuldig sprechen, aber nicht strafen.«

»Weil sie keine Macht haben. Aber würden Sie ihnen die Macht geben, die sie brauchten, um ein Land wie das Ihre zu strafen?«

»Würden Sie es tun?«

Dieses Mal nahm Mischko sich Zeit zum Nachdenken. »Es wäre nicht meine Sache, das zu entscheiden«, ließ er durch Stark verkünden. »Aber wenn die Entscheidung bei mir läge, würde ich wahrscheinlich nein sagen. Es ist ja so: Auch wir trauen den Amerikanern nicht. Sie hatten einen Vertrag, der sie verpflichtete, niemals das Territorium eines anderen amerikanischen Staates zu verletzen. Dieser Vertrag wurde gebrochen, als Sie Grenada angriffen. Sie haben Libyen ohne Kriegserklärung bombardiert. Wo ist da der Unterschied zu Pearl Harbor? Sie verurteilen Flugzeugentführungen, aber Ihre Luftwaffe entführte ein Zivilflugzeug einer befreundeten Nation über internationalen Gewässern, weil Sie in ihm die Leute vermuteten, die Ihrer Meinung nach für den Zwischenfall auf der *Achille Lauro* verantwortlich waren. Das ist Piraterie . . .«

»Ich bitte Sie . . .«

»Einen Augenblick noch«, sagte Stark und hörte auf zu dolmetschen, »es fehlt nur noch ein Punkt: Ihre CIA stürzte die chilenische Regierung und hatte nicht einmal genug Anstand, es zuzugeben. So«, sagte er freundlich, »jetzt sind Sie dran, Pembroke. Was wollten Sie sagen?«

Pembroke machte ein finsteres Gesicht. »Ich wollte sagen, daß die *Achille-Lauro*-Leute Terroristen waren, aber ich habe eine bessere Idee. Es gibt da eine lange Liste, die ich vortragen kann: Ihr Land verletzt die Vereinbarungen der Schlußakte von Helsinki. Es hat bei Krasnojarsk eine Radarstation gebaut, die gegen den ABM-Vertrag verstößt. Die Leute von Ihrem netten, freundlichen KGB betreiben einen Archipel Gulag, der . . .«

Stark stoppte ihn mit einer Handbewegung. »Lassen Sie mich bis dahin übersetzen, bevor Sie weitersprechen. Ich möchte nichts falsch machen.« Als er fertig war und Pembroke in seiner Aufzählung fortfahren wollte, grinste Mischko breit, lehnte sich vor und gab Pembroke ein paar freundschaftliche Klapse aufs Knie.

Zu Emmalines Erstaunen wandte Mischko sich direkt an Pembroke in einem langsamen, schwerfälligen Englisch: »Ich sage zu Ihnen ›Vietnam‹, und Sie sagen ›Afghanistan‹. Ich sage ›El Salvador‹, Sie sagen ›Polen‹. Ich sage ›Schweinebucht‹, Sie sagen ›Ungarn‹. Und deshalb – und deshalb . . .« Mischko schüttelte sich und gab den Versuch, englisch zu sprechen auf. Er kehrte zu seiner Muttersprache zurück, und Stark übersetzte wieder.

»Deshalb sagt Mr. Mischko, sollten wir aufhören, uns gegenseitig unsere Sünden vorzuwerfen, und lieber ernsthaft über unsere Probleme reden. Er fand die Diskussion über *Star Wars* sehr wertvoll und fragt, ob Sie noch eine Frage an ihn haben.« Bevor Pembroke sprechen konnte, redete Stark weiter, wobei er mit seinem goldenen Medaillon spielte. Sein Tonfall hatte sich nicht verändert, aber etwas in seinem Gesichtsausdruck ließ Emmalines Spannung weiter steigen. »Sie haben vor einiger Zeit«, fing er an, »nach einem geheimen Dokument gefragt, von dem Sie gerüchteweise gehört hatten. Ich glaube, auch Miß Branford hatte einige Fragen dazu. Möchten Sie, daß Mr. Mischko sich dazu äußert?«

Auch Mischkos Haltung änderte sich. Er hörte noch aufmerksamer zu als vorher und nickte jedesmal aufmunternd, wenn Stark übersetzt hatte, was Pembroke sagte. »Was ich hörte, war ein Gerücht. Aus zweiter Hand. Natürlich werde ich nicht erzählen, wo ich es hörte.« Er führte weiter aus, was er gehört hatte, mit besonderer Betonung der revolutionärsten Aspekte des Dokuments, wie zum Beispiel das Ende der Zensur und freie Wahlen mit verschiedenen politischen Parteien.

Als er geendet hatte, wechselten Stark und der Mann vom Zentralkomitee ein paar Sätze miteinander. Dann wandte Stark sich an die Amerikaner. »Mr. Mischko hat mich gefragt, was ich Ihnen geantwortet habe, als Sie das Thema zum ersten Mal erwähnten«, berichtete er. »Ich habe ihm erzählt, was ich Ihnen sagte. Damals erklärte ich, wie Sie sich erinnern werden, daß ich persönlich nichts von der Sache wüßte, mich aber fragte, ob es nicht eine Fälschung sei, die parteifeindliche Emigranten aus dem Westen eingeschleust haben.«

»Das haben Sie mir gesagt«, stimmte Pembroke zu. »Und was meint Mr. Mischko?«

»Ich werde ihn fragen«, entgegnete Stark und übersetzte Satz für Satz: Erstens, sagt Mr. Mischko, daß freie Wahlen jederzeit stattfinden können – ohne Änderung der sowjetischen Gesetze. Und sie finden in der Tat statt. Er erwähnte eine Sache, über die wir heute abend schon sprachen, Miß Branford: die Wahlen der Gewerkschaft der Filmemacher, wo die Mitglieder einfach die vorgeschlagene Kandidatenliste zurückwiesen und eine neue aufstellten. Solche Dinge geschehen also in der UdSSR, wenn auch selten . . .«

»Das kann man wohl sagen«, knurrte Pembroke.

Stark bedachte ihn dafür mit einem finsteren Blick, aber dann fuhr er fort: »Mr. Mischko erklärt, daß die Möglichkeit einer Fälschung bei einem anonymen Dokument natürlich nicht auszuschließen ist. Außerdem seien höhergestellte Persönlichkeiten bei ihren Diskussionen nicht auf Samisdat angewiesen. Schließlich laufen die Führer der Partei und der Nation nicht mit Scheuklappen herum. Sie prüfen fortwährend alle möglichen

Alternativen. Jede kann vorgeschlagen und diskutiert werden. Vorschläge, die gut sind, werden angenommen. Aber unsere Funktionäre sind keine Papiersoldaten. Die Vorschläge einiger Leute werden abgewiesen. Selbst wenn also das Dokument eine Fälschung ist, kann es sein, daß es streckenweise die Meinung gewisser hoher Funktionäre repräsentiert – allerdings, sagt Mr. Mischko, nicht die der Mehrheit« – Stark lächelte – »denn dann hätte man es in der *Prawda* gedruckt und nicht in Samisdat.«

Als Pembroke und Emmaline auf ihren Bus warteten, sagte sie nachdenklich: »Johnny Stark wußte, daß ich Fragen über das Manifest gestellt hatte.«

»Beweist das, daß er zum KGB gehört?«

Emmaline zuckte die Achseln. Sie glaubte, daß es bewies, daß zwei Leute zum KGB gehörten – Stark und Rima. Rima war die Person, mit der sie darüber gesprochen hatte, aber das erwähnte sie nicht. Sie sagte nur: »Zuerst hielt ich es für ziemlich unüberlegt von Stark, uns zu einem Gespräch mit diesem Mr. Mischko einzulassen. Ich muß unbedingt als erstes morgen früh herausfinden, wer dieser Mann ist. Aber ich glaube nicht, daß Stark jemals etwas Unüberlegtes tut.«

»Was hat sich denn nun Ihrer Meinung nach da oben abgespielt?«

»Das weiß der Teufel! Es sah aus, als ob einer den anderen übertrumpfen wollte. Aber wozu?« Emmaline zuckte die Achseln. »Stark war derjenige, der das mysteriöse Dokument ins Gespräch brachte, stimmt's?«

»Aber selbst hat er nicht viel dazu gesagt.«

»Vielleicht wollte er hören, welche Meinung Mischko dazu hat. Vielleicht glauben sie, daß Mischko mit der Sache zu tun hat. Sie sind beide ziemlich einflußreiche Leute. Das KGB kann sich nicht einfach Mischko vornehmen und ihn verhören. Möglicherweise wollte Stark auf diese Weise etwas aus ihm herausbringen.« Sie seufzte. »Was immer es war. Ich glaube kaum, daß wir es jemals erfahren werden.«

»Auch nicht dank *glasnost?*«

»Soviel *glasnost*«, erwiderte Emmaline ernst, »wird es nie geben.«

40

FREITAG, 23. MAI 1986

Wenn Meteorologen die Zirkulation der Erdatmosphäre erklären wollen, greifen sie manchmal zu einer Illustration, die sie »Cäsars letzter Atemzug« nennen. Durch einen arithmetischen Zufall ist nämlich die Anzahl der Moleküle, die in einer durchschnittlichen menschlichen Lunge Platz haben, fast genauso groß wie die Gesamtzahl der »Lungenfüllungen«, die die Erdatmosphäre ausmachen. In den zweitausend Jahren seit Julius Cäsar im Forum Romanum an seinen Stichwunden starb, hatten die Moleküle, die er dabei ausatmete, reichlich Zeit, sich mit der übrigen Luft zu vermischen. Deshalb sind die Moleküle von Cäsars letztem Atemzug jetzt überall. Auch in Ihren Lungen. Im Durchschnitt werden Sie jedesmal, wenn Sie Luft holen, ein Molekül von jenen einatmen, die Cäsar damals ausgeatmet hat. Das muß Sie nicht beunruhigen. Cäsars letzter Atemzug enthielt nichts, was Ihnen schaden könnte. Der letzte große »Atemzug« des sterbenden Tschernobyl-Reaktors IV hat sich jedoch noch nicht so gut verteilt. Besonders in der südlichen Hemisphäre, die sich mit der nördlichen nur langsam vermischt, sind bis jetzt nur geringe Spuren der Tschernobyl-Gase angekommen. Aber es hat so viel davon gegeben, daß jeder von uns jetzt eine gewisse Anzahl von Tschernobyl-Molekülen in seinen Lungen hat. Das gilt nicht nur für alle Amerikaner, Russen, Chinesen, Franzosen und Italiener, sondern auch für jeden Afrikaner, Australier, Kambodschaner, und sogar für alle

Elefanten in Kenia und die Pinguine in der Antarktis. Wir atmen jeden Tag etwas von Tschernobyls letztem Atemzug ein und werden damit fortfahren, solange wir leben.

Um 8 Uhr am Morgen des 23. Mai hatte das neue Feuer im Kernkraftwerk Tschernobyl bereits sechs Stunden lang zusätzliche Gifte in die Welt gesetzt. Leonid Scherantschuk wußte davon nichts. Er befand sich dreißig Kilometer vom Kraftwerk entfernt in der kleinen Wohnung, die man ihm und seiner Frau in der Stadt Tschernobyl zugeteilt hatte. (Nur zwei Zimmer. Wo sollte Boris schlafen? Aber sie hatten ja Glück gehabt, überhaupt so schnell eine Wohnung zu bekommen!) Scherantschuk und seine Frau besprachen gerade die Frage, ob sie Smins Witwe ein Kaufangebot für ihre noch nicht fertiggestellte Datscha, an der sie vermutlich nicht mehr interessiert war, unterbreiten sollten.

Plötzlich klopfte es an der Tür, und Wladimir Ponomorenko, der einzige Überlebende von den Vier Jahreszeiten, trat ein, etwas verlegen, aber vor allem besorgt.

Er bat Scherantschuk, ihn wegen des Notfalls zum Kraftwerk mitzunehmen. Doch als der Ingenieur erklärte, er wisse von keinem neuerlichen Unglück, berichtete er: »Ein ziemlich großes, gefährliches Feuer ist in der Nacht ausgebrochen. Keiner weiß, wie es entstehen konnte. Es ist schon fast außer Kontrolle, weil die Sektion 24 so dicht am tödlichen Kern liegt und so stark radioaktiv verseucht ist, daß die Feuerwehrleute nicht nah genug herankommen, um es zu bekämpfen. Bitte, Genosse Scherantschuk, ich muß sofort zur Anlage, um mithelfen zu können.«

Natürlich machte auch Scherantschuk sich sofort auf den Weg, schließlich war Simyon Smins Werk wieder in Gefahr.

Sie fanden einen Taxifahrer, der bereit war, sie bis zum Kontrollpunkt zu fahren. Dort überredeten sie den Fahrer einer Ambulanz, sie weiter mitzunehmen. Er hatte Verletzte vom Kraftwerk zum Kontrollpunkt gebracht – natürlich Feuerwehrmänner. Einer war von einem außer Kontrolle geratenen

Schlauchstutzen bewußtlos geschlagen worden, der andere war schlimmer dran, denn sein Schutzanzug war aufgerissen bei dem Versuch, durch eine Mauer näher an das Feuer heranzukommen. Die Sanitäter gingen sehr vorsichtig mit ihm um, als sie ihn in den anderen Wagen brachten.

Das neue Unglück hatte beträchtliche Ausmaße. Auf dem Weg zum Kraftwerk berichtete der Fahrer ihnen, was er wußte. Manchmal mußten sie die Straße verlassen, um einen noch kontaminierten Abschnitt zu umfahren.

Scherantschuk kannte die Stelle, an der das neue Feuer ausgebrochen war. Die Sektion 24 des Reaktorgebäudes lag mehrere Stockwerke über dem einzementierten Kern. Dort war alles beim ersten Feuer ausgebrannt. Wahrscheinlich hatte etwas von dem verkohlten Schutt sich wieder entzündet. Wer konnte das wissen? Es war niemand dort gewesen, der es hätte sehen können. Die ganze Sektion war mit dicken Stahlplatten versiegelt worden, da gerade dieser Teil des Gebäudes besonders stark radioaktiv verseucht war. »Sie haben die Wände eingerissen«, sagte der Fahrer, während er versuchte, einer Reihe von Schlaglöchern auszuweichen, »aber das Feuer war weiter oben. Ich weiß nicht, was sie jetzt machen. Jedenfalls brennt es noch. Dort – sehen Sie den Rauch?«

Dicker schwarzer Qualm stieg in den klaren Morgenhimmel. Scherantschuk lehnte sich vor und kniff die Augen zusammen, um erkennen zu können, was dort in einem halben Kilometer Entfernung vor sich ging.

»Was machen die Leute auf dem Dach?« fragte er. Aber der Fahrer wußte es nicht. Als er losgefahren war, hatte sich noch niemand auf dem Dach befunden. »Das ist gefährlich!« murmelte Scherantschuk.

Der Reaktorkern war zumindest teilweise abgeschirmt. Durch Wände an allen vier Seiten und unter dem Kern, wo Scherantschuk mitgeholfen hatte, das Wasser zu entfernen, lag eine dicke Betonschicht. Über dem Reaktorkern jedoch lag nur das, was die Hubschrauber und Kräne abgeworfen hatten. Das reichte bei weitem nicht aus, um die Strahlung zu stoppen. Selbst in ihren grotesken Schutzanzügen aus Gummi und Blei setzten die Leute auf dem Dach ihr Leben aufs Spiel. Als der

Wagen fast am Werkstor angekommen war, erkannte Scherantschuk, wo die Leute auf dem Dach sich bewegten. »Das Dieselöl!« rief er.

Der Fahrer und Ponomorenko sahen ihn fragend an. Scherantschuk schüttelte den Kopf. Die Stelle, an der die Feuerwehrleute auf dem Dach arbeiteten, lag nur wenige Meter von dem Treibstoffbehälter für die Notaggregate entfernt! Wenn der hochging . . .

Scherantschuk wagte nicht, sich vorzustellen, was passieren würde, wenn das Feuer das Dieselöl erreichte.

Die Männer auf dem Dach schoben Schläuche hin und her. Scherantschuk und Ponomorenko verließen den Ambulanzwagen und rannten auf das Gebäude zu. Ein Feuerwehrhauptmann schnitt ihnen den Weg ab. »Sind Sie wahnsinnig? Verschwinden Sie hier«, schrie er. »Sie tragen keine Schutzanzüge!«

»Ich bin Ingenieur Scherantschuk. Die Dieselöltanks auf dem Dach! Sie müssen geleert werden, sonst gibt es *noch* eine Explosion!«

Der Feuerwehrmann runzelte die Stirn. »Scherantschuk? Ach ja, ich weiß, wer Sie sind. Sie müssen in den Bunker! Was ist mit den Dieselöltanks?«

Feuerwehrleute, die einen leeren Schlauch hinter sich herzogen, rannten auf sie zu. Sie wollten eine Verbindung herstellen zu den Schläuchen, die vom Dach herunterhingen. Scherantschuk sprang zur Seite und erklärte hastig: »Ich weiß, wo sie sind. Lassen Sie mich da rauf! Sie brauchen einen Tankwagen und Schläuche . . .«

»Sie können da nicht rauf«, unterbrach ihn der Hauptmann. »Sie haben schon zuviel Strahlung abgekriegt. Machen Sie sich keine Sorgen, wir finden die Tanks . . .«

»Genosse Hauptmann«, rief Ponomorenko aufgeregt, »ich weiß, wo sie sind.«

Der Feuerwehrhauptmann starrte ihn an. Dann zuckte er die Achseln. »In Ordnung. Holen Sie sich einen Schutzanzug. Dann können Sie uns die Tanks zeigen. Aber Sie, Scherantschuk, müssen in den Bunker. Keine Widerrede! Für Sie wäre es lebensgefährlich.«

So saß Leonid Scherantschuk hundert Meter entfernt von den Feuerwehrleuten und Freiwilligen, die den Brand bekämpften, in einem stinkenden, verqualmten unterirdischen Raum. Früher hatte sich hier die Unterkunft für die Werksfeuerwehr befunden. Jetzt diente der Raum als Befehlsstelle für Einsätze an diesem Gebäude.

Hier konnte er nicht bleiben. Er kannte die Anlage. Das ganze Gebäude war ein Labyrinth von Sackgassen. Viele Korridore waren durch Stahltüren versperrt oder einfach durch Schutt. Die alte Feuerwehrmannschaft war längst abgelöst worden durch neue Leute, die die Anlage nicht kannten. Würden sie sich hier zurechtfinden? Würde Ponomorenko es schaffen, sie zu den Dieseltanks zu führen? Wüßten sie, wie man die Ventile öffnet? Würden die Pumpen auch funktionieren? Hatten sie einen Tankwagen für das Dieselöl auftreiben können?

Scherantschuk sah sich um und fand einen Schutzanzug. Keinen von den schweren aus Gummi und Blei, sondern einen einfachen, wie sie jetzt jeder bei der täglichen Arbeit im Werk tragen mußte, um gegen kleine Strahlungsmengen geschützt zu sein. Der Anzug war mindestens zwei Nummern zu groß für ihn, aber er zog ihn an, und als eine Gruppe von Feuerwehrleuten, die eine Besprechung gehabt hatten, hinausrannten, mischte er sich zwischen sie.

Glücklicherweise schienen die Feuerwehrleute diesmal zu wissen, wie sie vorgehen mußten. Sie hatten sogar die nötige Ausrüstung. An der Reaktorwand stand ein Tankwagen. Die Schläuche waren schon angeschlossen. Die Dieseltanks wurden geleert. Jetzt klappt alles viel besser, dachte Scherantschuk. Kein Wunder, sie hatten genug Gelegenheit zum Üben. Außerdem schien jeder das neue Feuer als persönliche Beleidigung zu empfinden, weil keiner geglaubt hatte, daß so etwas noch mal passieren könnte.

Plötzlich hörte er über sich den lauten Knall einer Explosion

Er rannte ein Stück zur Seite und starrte dann in plötzlicher Panik nach oben. Nein, es waren nicht die Dieseltanks. Komisch! Irgend jemand hatte eine Sprengladung vom Dach heruntergelassen und ein Loch in die Reaktorwand gesprengt. Schwarzer Rauch quoll daraus hervor.

Schon wurden von unten Schläuche heraufgezogen, und vom Dach schwebte langsam, etwas ruckweise, eine Art Gerüst herunter. Auf dem Gerüst standen Männer! Mindestens vier klammerten sich auf der schwankenden Plattform an die Seile. Sie sahen aus wie Tiefseetaucher – und über ihnen wurden noch zwei Männer an Gurten heruntergelassen.

Staunend verfolgte Scherantschuk die Aktion. Die Männer erreichten die Öffnung. Einer sprang ohne zu zögern hinein, wodurch die Plattform nach außen schwang. Als sie wieder zurückschwang, ergriff er sie, während seine Kameraden die Schläuche nahmen und ihm folgten. Es wurde etwas gerufen. Dann straffte sich der erste Schlauch, und der Rauch, der aus der Maueröffnung quoll, vermischte sich mit scheußlich gelben Dampfwolken.

Er stand noch immer da und starrte nach oben, als ihm jemand auf die Schulter klopfte. »Sie müssen in den Bunker, Mann. Ich muß Sie sonst festnehmen und wegbringen lassen. Das Feuer? Oh, machen Sie sich darüber keine Sorgen – das haben wir jetzt im Griff. Es wird bald gelöscht sein.«

Und so war es tatsächlich.

Das Feuer war allerdings gar nicht so einfach zu löschen gewesen. Es gab fünfundzwanzig Verletzte. Fast alles Feuerwehrleute. Aber die Schutzanzüge aus Blei und Gummi hatten den schlimmsten Teil der Strahlung abgewehrt – auch für die Helden, die in das Loch in der Reaktorwand gesprungen waren.

Wenn sie vor einem Monat dieselbe Ausrüstung gehabt hätten, überlegte Scherantschuk, wie viele Leben hätten dann gerettet werden können? Vermutlich wäre auch Simyon Smin noch am Leben.

Durch dieses zweite Feuer würde niemand sterben. Die höchste empfangene Strahlenmenge, die diesesmal gemessen wurde, war weniger als hundert rad. Ein paar von den Männern, die auf ihren Abtransport warteten, waren blaß und mußten sich übergeben, aber die meisten fluchten und machten Witze.

Und einige, wie Wolja Ponomorenko, waren sogar stolz auf die Strahlung, die sie abgekriegt hatten. »Dreizehn rad!« prahlte er und schwenkte das stiftförmige Meßinstrument, »aber wir haben die Treibstofftanks geleert, Genosse Scherantschuk.«

»Das Land ist stolz auf dich, Herbst«, sagte Scherantschuk und erinnerte sich an das Gespräch am Sterbebett von Woljas Vetter. »Ich meine – das ganze Land. Besonders die Ukraine, natürlich.«

Ponomorenko wurde plötzlich ernst. Er spielte ein wenig mit dem Meßgerät, bevor er sprach. »Was Arkady sagte, war in gewisser Weise richtig. Du bist auch Ukrainer, Genosse Scherantschuk. Aber andererseits hatte er auch ein bißchen unrecht. Nur ein paar Idioten wollen eine unabhängige Ukraine.«

»Ich denke nicht viel über Politik nach«, entschuldigte sich Scherantschuk.

»Arkady hat zuviel darüber nachgedacht«, sagte der Fußballer. »Er hat auch mich nachdenklich gemacht, und ich bin zu dem Schluß gekommen, daß die Ukraine vielleicht sehr bald ein gewichtigeres Wort mitzureden hat über das, was in der Ukraine passiert. Und darauf lohnt es sich zu warten.« Er schüttelte sich und lächelte. »Haben Sie schon mit unserem größten Helden gesprochen?«

»Wer ist das?«

»Bohdan Kalytschenko. Er war eben noch hier, aber ich glaube, jetzt haben sie ihn ins Krankenhaus gebracht. Er soll der erste auf dem Dach gewesen sein. Noch vor den Feuerwehrleuten. Stellen Sie sich das vor! Er hat sich irgendwo einen Schutzanzug organisiert, und sie dachten, er wäre einer von ihnen!«

Als Scherantschuk schließlich nach Hause zurückkehrte, war die kleine Wohnung leer. Er fand eine Notiz vor: Ich bin zum Dienst ins Krankenhaus gerufen worden. Komm und sage mir, daß dir nichts passiert ist!

Er goß sich ein Glas Apfelsaft ein und nahm sich vor, gleich hinauszugehen und das Krankenhaus anzurufen (ein Telefon hatten sie in der neuen Wohnung leider noch nicht). Dann beschloß er, selbst hinzugehen.

Scherantschuk fühlte sich niedergeschlagen, als er durch Tschernobyls belebte Straßen ging. Die Aufregung, die das Feuer in ihm ausgelöst hatte, war verflogen. Er war letzten Endes kaum von Nutzen gewesen bei diesem Notfall, wenngleich er die Leute auf die Gefahr aufmerksam gemacht hatte, die von dem Dieselöl ausging. Doch es war Ponomorenko gewesen, der sich in die Gefahr begeben hatte, um sie zu beseitigen. Und wer weiß, ob die Feuerwehrleute nicht auch selbst darauf gekommen wären?

Leonid Scherantschuk war in keiner guten Stimmung an diesem sonnigen Tag. Das Feuer war aus, gut. Aber wer konnte behaupten, daß es das letzte sein würde? Es könnte auch irgend etwas anderes passieren. Plötzlich. Unerwartet. Und wieder würde niemand darauf vorbereitet sein, wenn Simyon Smins Werk ohne Vorwarnung in tödliche Gefahr geriet. War es denn wirklich so, wie der Mann gesagt hatte, daß »für immer« bedeutete, daß sie immer – jeden Tag – wachsam sein mußten und daran denken, wie schlimm es kommen konnte?

Er erlaubte es sich nicht, an Simyon Smin zu denken. Er trauerte noch immer. Der Schmerz über Smins Tod würde vermutlich niemals aufhören.

Er dachte an Tamara. Bestimmt hatte er ihr verziehen – wenn es überhaupt einen Grund dafür gab; wenn das, was die Ärztin Achmentowa gesagt hatte, überhaupt irgend etwas mit der Realität zu tun hatte. Aber würde er auch nie vergessen, daß er ihr vergeben hatte? Selbst wenn so etwas passiert wie die Sache mit Iwanow. Etwas, das befürchten ließ, daß auch andere es wußten (wenn es denn stimmte . . .). Abgesehen davon, daß er nie mehr seine frühere Arbeit im Kraftwerk tun konnte oder in irgendeinem anderen Kernkraftwerk.

Er seufzte, als er die Straße vor dem Krankenhaus überquerte. Du kannst nicht erwarten, daß das Schicksal nur glückliche Tage für dich bereithält, sagte er sich.

Dann korrigierte er sich. Nein, dachte er. Die Hauptsache ist, daß du dein Schicksal annimmst. Egal, was es ist. Und daß du einen Weg findest, irgendwie ein glückliches Leben daraus zu machen.

Er fand seine Frau, die mit geröteten Wangen im Behandlungsraum hin und her eilte. Zuerst versicherte er ihr, daß ihm nichts passiert sei. Dann umarmte er sie impulsiv und gab ihr einen langen Kuß.

Tamara war überrascht und wollte sich von ihm losmachen. Aber dann lachte sie und gab ihm auch einen Kuß. »Das alles, mein Lieber, kann bis später warten«, sagte sie. »Ich bin froh, daß dir nichts passiert ist! Aber ich habe zu tun – warum gehst du nicht zu Bohdan Kalytschenko und läßt dir von ihm erzählen, was für ein großer Held er ist?«

Kalytschenko trug einen Krankenhauspyjama. Er stand in der Halle und redete ermutigend auf den Feuerwehrmann mit der Kopfverletzung ein. Als er Scherantschuk sah, zögerte er zuerst, dann ging er grinsend auf ihn zu. »Der arme Kerl. Er muß operiert werden. Aber Sie können sicher sein, die kriegen ihn wieder hin. Ich? Ach, mir geht es gut. Aber ich konnte keinen Anzug finden, der groß genug für mich war. Deshalb habe ich mir fast fünfzig rad eingefangen. Jetzt wollen sie mich zur Beobachtung hierbehalten. Na ja, das machen sie immer so.«

»Es scheint tatsächlich Ihre Art zu sein, immer von Ihrem Posten wegzurennen«, sagte Scherantschuk trocken.

Kalytschenko errötete. »Aber der Reaktor war doch gar nicht in Betrieb!« protestierte er. »Es gab doch überhaupt nichts zu tun, nur die paar Anzeigen ablesen . . .«

»Ich hab' doch nur einen Scherz gemacht«, entgegnete Scherantschuk schnell. »Nein, Kalytschenko, diese Tat hat Ihnen nur Ehre eingebracht und – natürlich – Strahlung.« Er zögerte. »Es ist schade, aber das bedeutet wohl, daß man Sie von hier wegschicken wird. Für mich haben sie allerdings eine Ausnahme gemacht. Vielleicht auch für Sie?«

»Nein«, erwiderte Kalytschenko, ohne betrübt zu wirken. »Man hat mir schon gesagt, daß ich nicht mehr bleiben kann, aber das ist schon in Ordnung. Ich habe schon eine andere Arbeit in Aussicht. Etwas ganz anderes. Ich kehre nach Juschewin zurück, jenes Dorf, in das wir evakuiert wurden.« Es ist zwar ein langweiliges Nest, aber die Arbeit ist gut, sagte er sich im stillen. Raia gefällt es dort, und jedenfalls werde ich dort keine Kollegen bespitzeln müssen.

Scherantschuk konnte Kalytschenkos Gesichtsausdruck nicht deuten. »Nun gut«, sagte er, »ich wünsche Ihnen jedenfalls viel Glück. Habe ich Ihnen eigentlich schon zur Hochzeit gratuliert?«

Er überlegte, wie er dem Gespräch zu einem freundlichen Abschluß verhelfen könnte. »Ach ja«, sagte er, »mögen Sie Radio-Eriwan-Witze? Sie waren eine Spezialität von Direktor Smin. Diesen hat er mir im Krankenhaus in Moskau erzählt, kurz bevor er starb. Er spielte im einundzwanzigsten Jahrhundert. Was sagt der Vater zu seiner Tochter, wenn er mit ihr auf einen bestimmten Hügel steigt? Er sagt: Hab keine Angst, mein Täubchen. Unter diesem Hügel liegt ein altes Kernkraftwerk begraben. Hier kann dir gar nichts passieren. Und wenn das ängstliche kleine Mädchen den Hügel nicht besteigen will, was sagt er ihr dann? Er sagt: Aber es kann dir wirklich nichts tun. Wenn du Angst hast, gib mir deine Hand, nun die andere und die andere . . .«

Am späten Abend erzählte Scherantschuk diesen Witz auch seiner Frau. »Kalytschenko ist ein ziemlich humorloser Kerl«, beklagte er sich. »Er fand den Witz überhaupt nicht komisch. Dabei ist er doch gut. Findest du nicht?«

Aber Tamara konnte auch nicht darüber lachen.

Nachwort

Da *Tschernobyl* ein Roman ist, dem eine tatsächliche Begebenheit zugrunde liegt, ist es für den Leser schwer, Tatsachen und dichterische Freiheiten des Autors auseinanderzuhalten.

Als erstes muß gesagt werden, daß alle Personen des Romans frei erfunden sind. Einige der Ereignisse, die in dem Roman beschrieben werden, haben sich wirklich so abgespielt, zum Beispiel tauchten drei Männer tatsächlich in die überfluteten Korridore unter dem Reaktor, um die Abflußventile zu öffnen. Die Namen der drei lauten Alexej Ananenko, Walerij Bespalow und Boris Baranow. Doch meine drei Romanfiguren sind diesen Männern in keiner Weise nachempfunden.

Die Explosionen und ihre Folgen habe ich so genau wie möglich geschildert, nur im zeitlichen Ablauf habe ich mir ein paar Freiheiten erlaubt. Auch die begleitenden Umstände entsprechen den Tatsachen. In einigen Fällen sind die Tatsachen allerdings noch umstritten.

Eine besondere Bewandtnis hat es mit dem von mir erwähnten »Siebzehn-Seiten-Dokument«. Dieses Dokument existiert tatsächlich. Es ist ein Manifest, das für drastische Reformen plädiert, z. B. auf dem Gebiet der Redefreiheit, der politischen Entwicklung oder der Prioritäten im industriellen Bereich. Man weiß aber nicht, wer es in der Sowjetunion und später – nach Tschernobyl – auch im Ausland in Umlauf gebracht hat. Stammt es von hohen Parteifunktionären – wie es selbst behauptet – oder von West-Emigranten aus der Sowjetunion? Es gibt Anzeichen dafür, daß viele der so revolutionären Änderungen, die das Dokument vorschlägt, von älteren Funktionären tatsächlich ernsthaft diskutiert werden, während andere hohe Funktionäre heftig dagegen opponieren.

Ein besonders auffallendes Zeichen eines solchen Wandels ist Michail Gorbatschows anhaltende Propagierung einer Politik des *Glasnost*, mit anderen Worten der Offenheit und Ehrlichkeit, was sowohl die Aufdeckung von Problemen betrifft als auch die Diskussion darüber, wie diese gelöst werden können. Diese Politik begann nicht erst mit der Katastrophe von Tschernobyl aber an ihr wurde sie zum ersten Mal für alle Welt erkennbar demonstriert. Nur dank *Glasnost* konnte der außergewöhnlich kritische Artikel von Ljubow Kowalewska über die Mängel im Kernkraftwerk Tschernobyl in der *Literaturna Ukraina* erscheinen. Das geschah am 27. März 1986 – ein paar Wochen vor der Explosion. Ohne *Glasnost* wäre es sicher auch nicht zu dem unerhört ehrlichen und genauen Bericht über den Unfall gekommen, den die Sowjets der Internationalen Atomenergiebehörde in Wien im September 1986 vorlegten. (Aus diesem Bericht stammen viele der technischen Daten für meinen Roman.) Auch die neuerdings in der Sowjetpresse und anderswo erscheinenden Berichte über Unruhen und Ausschreitungen, Unfälle, Demonstrationen und andere Ereignisse in der UdSSR, die früher fast niemals zugegeben wurden, wären ohne *Glasnost* undenkbar. Man hat sogar Geschichten über Amtsvergehen von hohen Parteifunktionären oder gar Mitgliedern des KGB lesen können.

Auch ich habe von *Glasnost* profitiert, wenn auch in dem viel kleineren Rahmen meiner Recherchen, die ich für diesen Roman in der Sowjetunion durchführte. Dabei haben mir viele sowjetische Beamte sehr geholfen, aber ganz besonders die Mitglieder der Union der Sowjetischen Schriftsteller. Sie haben viele Türen für mich geöffnet und mir keine Beschränkungen auferlegt in bezug auf das, was ich schreibe oder mit wem ich spreche. Mit ihrer Hilfe konnte ich viele Menschen interviewen, die genau über den Unfall von Tschernobyl informiert waren: Journalisten, Augenzeugen, Feuerwehrleute, die bei der Katastrophe im Einsatz waren, Kernphysiker, die die Anlage kannten, und viele andere. Sie haben mir mehr geholfen, als ich zu hoffen gewagt hatte, und ich bin ihnen sehr dankbar dafür.

ENDE

Band 22 105
Frederik Pohl
Supercity
Deutsche Erstveröffentlichung

Der Held dieses Romans ist kein einzelner Mensch, sondern eine Stadt – New York City, Symbol der Freiheit, Zeichen der Tragödie und der Hoffnung unserer Zivilisation.
Aus dem Hexenkessel der Armut und des Verfalls von morgen erhebt sich die gigantische, überkuppelte Megalopolis des einundzwanzigsten Jahrhunderts, in einer Generationen umspannenden Geschichte von gewöhnlichen Menschen, die außergewöhnliche Probleme zu bewältigen haben.